●2014 年度宁波市自然科学学术著作出版资助项目

美食与健康

主　编　吴祖芳（宁波大学）
副主编　翁佩芳（宁波大学）
张　鑫（宁波大学）
沈　飚（舟山出入境检验检疫局）
夏　明（浙江中医药大学）

ZHEJIANG UNIVERSITY PRESS
浙江大学出版社

图书在版编目 (CIP) 数据

美食与健康 / 吴祖芳主编. 一杭州：浙江大学出版社，2014.11

ISBN 978-7-308-13887-1

Ⅰ.①美… Ⅱ.①吴… Ⅲ.①饮食—文化—中国②食品安全 Ⅳ.①TS971②TS201.6

中国版本图书馆 CIP 数据核字（2014）第 219886 号

内容简介

本书首先从美食与养生的基本认识开始，介绍美食和养生的文化背景与历史发展。其次通过对美食色香味形成的化学基础、美食材料营养组分以及功效成分的介绍，阐明美食制作的原料要求以及美食与健康的辩证关系。最后对健康与食物的关系（包括转基因食品与健康）、不同类型食品的功效成分、饮食安全与卫生、中国传统美食的成因、分类与流派及其代表性美食的制作方法展开了较系统的论述。书中同时介绍了美食烹饪原料、制作技艺、食谱以及食品营养与健康方面的最新研究进展。

本书在编写过程力求做到通俗易懂、图文并茂和通用性强，同时又考虑到知识的系统性与科学性。因此，本著作可作为高等学校本科生通识教育公共选修课教材使用，也可作为食品、烹饪或生物等专业学生的选修课教材；同时也适合对食品饮食（美食）与人类健康保健方面有兴趣或重视饮食养生的大众阅读。

美食与健康

吴祖芳 主 编

责任编辑 石国华

封面设计 刘依群

出版发行 浙江大学出版社

（杭州市天目山路 148 号 邮政编码 310007）

（网址：http://www.zjupress.com）

排 版 杭州星云光电图文制作有限公司

印 刷 杭州杭新印务有限公司

开 本 787mm×1092mm 1/16

印 张 18.5

字 数 450 千

版 印 次 2014 年 11 月第 1 版 2014 年 11 月第 1 次印刷

书 号 ISBN 978-7-308-13887-1

定 价 39.00 元

前　言

民以食为天，饮食作为大众百姓的一方“天”，在历史的变迁中形成了一种独特的文化，具有浓郁的时代特色和民族风情，饮食文化是中国传统文化最灿烂的一面。“舌尖上的中国”更使人们了解了中国美食的博大精深，从而对中国的传统美食有更深的向往。

然而饮食的精髓和先行之道随着物质生活和精神生活的富足、思想观念的变化等往往偏离了其根本的意义和升华的价值。饕餮容易，健康不易，且吃且珍惜，吃出健康长寿来，乃是食客的最高境界。近几年来我国经济发展有目共睹，人们营养和生活方式的变化以及人口的老龄化，我国人群的疾病从传统传染性疾病转向以肿瘤、心血管疾病、糖尿病和肥胖等为代表的慢性非传染性疾病，健康观念和医学模式正在发生深刻变革，全球医疗模式已从单纯病后治疗转向预防为主。随着人们生活水平的提高和人们对健康的追求，民众一方面在急切地了解食以何为先？即以味道、口感还是食材？其实现在看来饮食的先行之道和上乘精髓在于其科学健康的全程，包括了食物的来源、烹饪的方式、食材的加工、搭配的科学、养生的功效、膳食的习惯、心理状态等一系列问题。因此，在享受中国传统美食的同时怎么吃得更健康、更营养和更安全已成为人们日常生活讨论和关注的焦点。本书正是在此背景下以及饮食养生、饮食与健康等相关书籍相继出版的状况，结合国内外在食品、烹饪、营养及医学等领域科学研究的最新成果，让读者了解美食在中国的历史地位、发展与美食流派；通过美食产生的色香味化学等科学基础以及美食与健康辩证关系的介绍，以及人们在享受美食时的安全隐患(风险)及违避办法的分析，指导人们认识美食的营养成分、功效以及与人类健康的关系，科学地享受美食。

在全社会关心食品质量与安全以及人们对自身健康与幸福生活的追求这个大背景下，当代人们对此方面知识的系统学习要求也越来越强烈，鉴于此原因促使作者整理出版此书的强烈愿望，相信此书的出版无疑会引起大家的兴趣与关注；也正是出于这样的理念，作者认真处理本书学习内容的深度和广度之间的关系，如在饮食与健康关系的内容阐述中，既运用中国传统医学的思想，又应用现代营养学原理阐述食物中功效成分的营养作用及生理功能等，做到两者辩证的统一与相得益彰。也尽量考虑到读者在阅读本书时使获得的启发大于知识本身的传授，增进和提高读者的人文素养和科学素养。

本书的主要内容包括如下方面：

美食、养生的概念，介绍美食与养生的文化背景与历史发展，美食与养生的辩证关系，使读者了解中国美食的文化基础和博大精深。美食形成的色香味化学基础及变化规律和机理，使读者对传统美食的内涵有深刻的理解和科学的认识，从而更好地享用和制作美食。介绍中国传统美食的成因、分类与流派以及养生的基本要素的分析；介绍了美食制作的原料学和代表中国传统美食及其制作方法；对食物中的功效成分、饮食方法以及饮食安全与卫生包括转基因食品安全问题等作全面系统的介绍。最后对养生食品进行案例分析和养生功能评析等。本书在不同章节中引进并介绍了烹饪原料的构成、制作技艺、食品营养研究以及对健康的影响等方面的最新科研成果，使著作内容更具系统性与先进性。

本书内容第一、二、三、八章由吴祖芳完成，第九章由吴祖芳和夏明完成，第四、五章由张鑫完成，第六章由翁佩芳完成，第七章由翁佩芳和沈飚完成。

在本书写作过程中，宁波大学海洋学院食品生物技术实验室研究生葛燕燕、张庆峰、张胜男、刘茜、徐赛男、杨阳、黄鹏晓、史建阳、雷纪锋、候东园和熊长冲等对文献资料的收集、整理、归档与文字校对等工作付出了辛勤劳动；同行专家提出了宝贵的建议；浙江大学出版社对本书的出版给予了大力支持；本著作的完成同时得到国家自然科学基金(批准号：31071582，31171735 和 31471709)的资助；在此一并致谢！

由于作者涉及的研究领域及学术水平有限，加上写作时间较仓促，在编写本书过程中难免有错误或欠妥之处，真诚希望读者批评指正。

编　者

2014 年 6 月于宁波大学

目　录

第一篇　美食与养生概论

第二篇　美食色香味的化学基础

第四篇　美食养生原理与案例

第一篇 美食与养生概论

第1章 绪 论

本章内容提要：主要介绍食品、美食与养生的概念、特点及作用，了解美食、养生的文化背景与历史发展，美食与养生的辩证关系等。通过本章内容的学习，可使读者了解美食在人类饮食活动以及养生中的地位与作用，同时可初步了解美食的研究内容、养生的基本方法与途径以及饮食生活对人类健康的影响，理解饮食与健康的关系。

引 言

民以食为天，饮食是人们赖以生存的基础，也是社会不断发展的重要物质基础，人们每天的生活已离不开食品；而营养是健康之本，食品营养和科学膳食对健康的重要性已成为人们的共识，也是当今社会人们普遍关注食品质量、食品安全等问题的重要原因。饮食养生早在一千多年前就有文献记载，东汉思想家王充（公元27—约97年）在《论衡》中写道："人之生地，以食为气，犹草以土为气，闭口不食，拔草离地，必不寿矣。"饮食之于人是天经地义，现代社会通过有意识和科学合理的饮食来提高人的健康水平，将会赋予健康新的含义。

改革开放以来，我国人民的生活发生了很大的变化，在大多地区特别是沿海经济发达地区人们的生活已经从温饱向小康迈进；我国经济的快速发展，促使人们的生活水平不断提高，生活质量不断改善，人均寿命不断增加。2013年世界卫生组织在瑞士日内瓦发布的《2013年世界卫生统计报告》，对全球194个国家和地区的卫生及医疗数据进行分析，包括人类预期寿命、死亡率和医疗卫生服务体系等9个方面；报告显示，2011年中国人均寿命已达到76岁，高于同等发展水平国家，甚至高于一些欧洲国家。饮食生活是中国居民日常生活中也是追求幸福生活的最重要内容之一，然而在我国经济水平不断提高的同时人们的健康问题也越来越多，比如疾病谱也发生了较大的变化，如高血压、糖尿病、肥胖症、痛风、骨质疏松症及肿瘤等逐年上升，这给人们的日常生活带来不利影响甚至痛苦。人们在享受美食的同时更希望能满足健康的要求。医学营养学也由此兴起，合理营养是维持人体正常生长发育和保持良好健康状态的物质基础，如日常饮食中食物合理量的摄取与搭配、人体每天的营养需求量，了解饮食中科学方法以及饮食对生命健康的影响等。通过合理的营养与膳食来调整身体健康状况，享受健康快乐的人生。

第一节 美 食

一、美食的定义

(一)美食的概念

美食,顾名思义即美味的食物,从文字含义上来说,美食是不分贵贱的,广义上来说,只要是个人喜欢的,即吃前有期待、吃后有回味的食品,就可称之为美食。也有简单地被认为是吃了一种使人美丽健康的食物,同时也具有使人心情愉悦,统称美食。美食已不仅仅是简单的味觉享受,更是一种精神上的满足,因此,美食是人类的一大文明与进步。

在中国传统文化教育中阴阳五行的哲学思想、儒家伦理道德观念、中医营养养生学说,还有文化艺术成就、饮食审美风尚和民族性格特征等诸多因素的影响下,创造出了彪炳史册的中国烹饪技艺,形成博大精深的中国饮食文化;美食已成为中国传统文化中最绚丽的一道风景线。

(二)美食的特点

中国美食体现了中华民族的饮食文化传统,它与世界各国烹饪相比,也有许多独特之处。美食的特点可概括为如下几个方面:(1)风味多样。地域广阔的中华民族,由于各地气候、物产和风俗习惯等的差异,自古以来,中国在饮食文化的发展上形成了各不相同的很多菜系。如就地方划分而言,有巴蜀、淮扬、齐鲁、粤闽等几大菜系之分。(2)四季有别。一年四季,按季节而调配饮食,是中国烹饪的主要特征。中国一直遵循按季节调味、配菜,冬则味醇浓厚,多炖焖煨;夏则清淡凉爽,凉拌冷冻。各种菜蔬更是四时更替,适时而食。(3)讲究菜肴的美感。注意食物的色、香、味、形、器的协调一致,对菜肴美感的表现是多方面的,厨师们利用自己的聪明技巧及艺术修养,塑造出各种各样的美食,独树一帜,达到色、香、味和形的统一,而且给人以精神和物质高度统一的特殊享受。(4)注重情趣。中国烹饪自古以来就注重品味情趣,不仅对饭菜点心的色、香、味、形、器和质量、营养有严格的要求,而且在菜肴的命名、品味的方式、时间的选择、进餐时的节奏、娱乐的穿插等都有一定雅致的要求,立意新颖,风趣盎然。(5)食医结合。中国的烹饪技术和医疗保健有密切的联系。在中国,向来就很重视"医食同源"、"药膳同功",利用食物原料的药用价值,烹成各种美味的佳肴,达到对某些疾病防与治的目的。药食同源即药与食物相同。《黄帝内经太素》中写道:"空腹食之为食物,患者食之为药物",反映出"药食同源"的思想。(6)汤补。它是中医学最常用的剂型,古称汤液,现称汤剂,民间则叫作汤药。汤在南方地区的餐桌上非常普遍,做法各异,其中以特色养生——绿色汤:汤饱宝为主要代表,其养生效果被大众所肯定。食疗上说的汤,是指用少量食物或适量中药,放较多量的水,烹制成汤多料少的一类汤菜。汤中配用药物,可采用下述三种不同的用法:一是洗净后直接放入,或用洁净纱布包裹放入,待汤烧好后弃药食用。人参、枸杞子、莲子等可食药物及药食两用之品可一并吃下。二是先将药物加水煎取汁,然后在烹制中倒入。三是原料用人参等珍贵药物的,除切片烧制外,还可加工成粉末,在临起锅前放入，以便充分利用，不致浪费。汤的烹制，最常用的是加水煮。水应一次加足，中途不得已要加水的话，一定要添加沸水；火候上，宜先用旺火煮沸，再用中小火烧至菜熟汤成；汤也可用隔水蒸或炖，将原料放盛器内，加入足量水和调味品，盖好，再放入蒸具蒸制，或放锅内隔水炖，至原料熟烂为止，是温补的上好方式。

二、美食产生的历史过程

人类的饮食活动是与生俱来的事情，而饮食文化则是人类与大自然和谐相处中有目的的创造与积累的结果。中国饮食文化有漫长的形成历史与发展过程，在这个过程中，中国饮食文化以创造华夏文明历史的中华民族及其祖先为主体，以祖国的丰富物产为物质基础，以饮食生产与消费的一切活动为基本内容，以不同时期人类饮食活动中烹饪器械和技艺而不断发展的文化物质财富为主线，由此而产生的各种文化创造为精神财富的表现形态，从简到繁，不断发展，形成了博大精深的餐饮文化。

从中国历史文化的长远发展过程来看，《墨子·辞过》中："今则不然，厚作敛于百姓，以为美食，刍豢、鱼鳖"。《韩非子·六反》："今家人之治产也，相忍以饥寒，相强以劳苦，虽犯军旅之难，饥馑之患，温衣美食者必是家也"。《晋书·傅咸传》中："奢不见诘，转相高尚。昔毛玠吏部尚书，时无敢好衣美食者"。因此，中华美食历来为文人墨客所研究和推崇，形成了中华民族博大精深的美食与养生文化。中华饮食文化的发展可由最早的饮食起源阶段开始，主要包括原始的烹饪方法（如火烹熟食阶段、石烹熟食阶段和陶烹熟食阶段）；经原始调味与筵饮阶段到饮食文化的产生及初步形成阶段，主要表现为农业与养殖业发展，饮食器具的生产以及盐业、酿酒业等的发展；其主要特征为烹饪工具及食器种类增多，烹饪原料品种与数量不断增加，烹饪技艺日趋精细和成熟，饮食结构与宴食制度逐步形成与发展，随之制作精美的菜肴与丰富多样的食品，使中国的餐饮文化日趋成熟，并形成不同的流派与充分显示其地域的特点，饮食养生观也随之日趋成熟与发展。

在中国饮食文化的发展过程中，其研究的内容主要可归纳为五个方面：(1)重食，为了生存的需要；(2)重养，为了健康长寿的需要；(3)重味，饮食审美的需要；(4)重利，国人在饮食方面的信仰问题；(5)重理，国人对饮食的理性认识。

在这五重中间，其中重食是中国饮食文化的基础；重养是以重食为基点而产生的；重味是美食产生的基础，为食之魂；重利则反映中华民族在饮食上的求福避祸的民族心态；重理即着重于对饮食生活的深层思考。

第二节 养 生

一、养生的定义

养生，原指通过各种方法颐养生命、增强体质、预防疾病，从而达到延年益寿的一种医事活动。或者说，养生就是各种对生命养护方式的实施过程。这里所指的生，就是生命、生存、生长之意；所谓养，即保养、调养、补养之意。总之，养生就是保养生命，使之绵长的意思。通常所说的养生是狭义的养生学，是指通过非药物的方法达到提高自我康复能力的学问。

从中华医学长远发展历史的角度分析，养生的宗旨是身体阴阳平衡，《黄帝内经》中养生的主要观点是阴阳平衡，人阴阳平衡则健康、有神；阴阳失衡就会患病、早衰，甚则死亡，当身体阴阳失衡时，应选择药疗、食疗、体疗或针灸疗法，使身体阴阳恢复平衡，病自然就好了。因此，食疗或药膳并非是养生的全部内容，在增进健康方面实施食疗或药膳的目的只是为了提高人体自组织、自康复能力，达到身体健康的目的。

二、养生产生的历史过程

我国有着悠久的养生文化与传统，"养生学"从先秦时期发端到现在，经历了几千年的演变与发展，已经形成了较为完善的理论体系和实践经验。在中国漫漫的历史长河中，不仅在医书中提出丰富的养生之道，如《黄帝内经》、《景岳全书》、《备急千金要方》等，很多诸子之书，如《老子》、《庄子》、《管子》等书籍中也蕴含着相当丰富的养生思想，此外很多的笔记小说和家训等文献，也都留下或多或少的养生内容。

公元前50世纪人天合一整体观的形成标志着养生概念的成熟；公元610年，隋大业年间，当时的太医令巢元方在《诸病源候论》集中论述了各种疾病的病源和病候，但书中没有药方，只列养生方、导引法213种。由此可知，中国从那时起就已经将养生作为治疗的常规方法，并得到官方的提倡。《庄子·养生主》中提到"保养身体养生之道得养生焉"，可从以下几方面对养生作进一步的解释：

保养生命　汉朝荀悦《申鉴·政体》："故在上者，先丰民财以定其志，帝耕籍田，后桑蚕宫，国无游民，野无荒业，财不虚用，力不妄加，以周民事，是谓养生。"唐韩愈《与李翱书》："仆之家本穷空，重遇攻劫，衣服无所得，养生之具无所有。"田北湖《论文章源流》中"夫鸟兽杂处，角力以养生"。

摄养身心使长寿　《庄子·养生主》中文惠君曰："善哉！吾闻庖丁之言，得养生焉。"宋陆游《斋事》："食罢，行五十七步，然后解襟褫带，低枕少卧，此养生最急事也。"清袁枚《随园诗话》卷二，"同年储梅夫宗丞，能养生，七十而有婴儿之色"。

饮食是供给机体营养物质的源泉，是维持人体生长、发育，完成各种生理功能，保证生命生存的不可缺少的条件。饮食养生历史悠久，追溯到人类使用火种煮熟食物，我们的祖先便开始了饮食养生经验的积累，而中医饮食养生理论是中医学理论不可分割的一部分，与中华文明的饮食文化共生共存。现代食品科技与食品营养科学及医学的不断发展，将逐步阐明食疗学的原理，而且将有更多的具有保健功能的食物组分被研究和开发，同时对食材进行较为严格的安全评估，不断丰富药食同源的内涵，使人们进一步明晰传统医学的科学性与思想性。

三、养生的方法

养生不拘一法、一式，应形、神、动、静、食、药……多种途径、多种方式进行养生活动。此外，也要因人、因地、因时之不同用不同的养生方法，正所谓"审因施养"和"辩证施养"。以上提到的养生方法，可以概括为如下几种：

（一）经络养生

人的经络是遍布人体全身的"网络"系统，它控制着血和气的运行流动，以保证各组织系统的正常功能。《黄帝内经》说,经络具有决生死、处百病、调虚实之作用。古代养生学家认为,疏通经络可作为养生的重要措施,而最简便的方法就是经常刺激、按摩、针灸三个重要穴位,即合谷穴、内关穴和足三里穴。合谷穴可以防治颜面及五官方面的疾病,内关穴有助于防治心脏疾患,足三里穴则对预防五脏六腑特别是消化系统的疾病最有效。而食、药的防病治病作用从某种意义上来说是对人体的器官、经络的影响,即"归经"问题,从现代营养学分析,是食物中的营养组分或及其功效成分对人体生长、代谢、组织修复及生理调控等发生作用或组分之间发生的协同影响,最后对人体健康产生影响,随着现代科技的发展,相关研究成果将会陆续问世,揭示人类健康的本质。

(二)顺时养生

古人认为,天有四时气候的不同变化,地上万物有生、长、收、藏之规律,人体亦不例外。因此,古人从衣食住行等方面提出了顺时养生法。人的五脏六腑、阴阳气血的运行必须与四时相适应,不可反其道而行之。因时制宜地调节自己的生活行为,有助于健体防病,否则,逆春气易伤肝,逆夏气易伤心,逆秋气易伤肺,逆冬气易伤肾。

(三)减毒养生

古人认为,人若喜怒无常则会导致体内阴阳、气血失调。劳累过度会损伤脾气,伤于饮食则生湿、热、痰浊。冒犯六淫,伤之外邪则百病丛生。这种致病因素被人体视为"毒",因此提出以"减毒"来保全真气的养生之道。而通过饮食调理、服用药物及其他措施,减少体内积聚之毒,可免生疾患,防止早衰,进而延年益寿。

(四)静神养生

静神在传统养生学中占有重要地位。古人认为,神是生命活动的主宰,保持神气清静,心理平稳,可保养元气,使五脏安和,并有助于预防疾病、增进健康和延年益寿。反之则怒伤肝、喜伤心、忧伤肺、恐伤肾,以至诱发种种身心疾患。

(五)修身养生

凡追求健康长寿者首先要从修身养性做起。平日应排除各种妄念,多说好话、多行善事。古医家孟说云:"若能保身养情者,常须善言莫离口","口有善言,又当身行善事"。孙思邈则说:"心诚意正思虑除,顺理修身去烦恼。"养成良好品行,常做有利于他人的事,可使自己心胸开阔、心情愉悦。

老子在《道德经》中指出,"天长地久。天地之所以能长久者,以其不自生,故能长生。是以圣人后其身而身先,外其身而身存";认为"上善若水,水善利万物而不争"。明代学者王文禄在《医先》一书中指出:"养德、养生一也,无二术也。"确实一语中的,言简意赅。修身以养生,在儒家许多经典著作中均有论述,孔子提出"仁者寿"的命题。现代哲学家和医学科学工作者更是从修身养性与健康的关系从哲学和医学的高度加以思考与分析。提出养生需要良好的情绪,人的情绪是心身交互作用的通道,也是修身与养生间的中介。首先,情绪既是人对客观现实的反映,又是人脑的机能。客观现实的变化,尤其是这些变化影响到人的利害得失时,就必然使人产生情绪反应,并通过"皮层—植物神经—内脏器官"、"皮层—垂体—内分泌系统"或"皮层—免疫系统"等途径引起人的生理变化。当这些变化突破一定界限时,便会出现病理变化,从而导致疾病。

(六)调气养生

人体元气有化生、推动与固摄血液,温养全身组织,抵抗病邪,增强脏腑功能之作用。营养失衡、劳逸失当、情志失调、病邪夹击等诸多因素,可导致元气的虚、陷、滞、逆等症候,进而使机体发生病理性变化。调气养生法主张通过慎起居、顺四时、戒过劳、防过逸、调饮食、和五味、调七情、省言语、习吐纳、行导引等一系列措施来调养元气、祛病延年。

(七)进补养生

传统医学十分推崇用滋补药物调理阴阳、补益脏腑、滋养精血。合理进补可以强身、防病、祛病。但进补既要辩证,又要适量,还应考虑顺应四时。服用补药时,如系入肺药,在秋季较合适;如系温补药,则在冬季比较适宜。

(八)固精养生

古人认为,精血是人体营养物质中的精华部分,是生命的物质基础,五脏六腑得精血的供养,才能保持其正常功能。如性欲无节、精血亏损过多,就会造成身体虚弱、病变百出、减损寿命,而保养阴精则可延缓衰老。

(九)饮食养生

食养是养生的重要形式,养生为何同食物联系起来呢?我们知道人类生命存在最基本的需求形式是饮食,而饮食是人类获取食物的一种活动。因此,养生与食物密切有关。食养主要从食物性味、补泄滑肾的效用与人体状态、天时气候、地理方域等的关系论述养生之道,也包括节食、辟谷等内容。古人认为,合理饮食可以调养精气,纠正脏腑阴阳之偏,防治疾病,延年益寿。故饮食既要注意"博食"即以"五谷为养、五果为助、五畜为益、五菜为充",又要重视五味调和,否则,会因营养失衡、体质偏颇、五脏六腑功能失调而致病。出版的著作如元代忽思慧的《饮膳正要》、《道藏精华录》收载的《服气长生辟谷法》(著者佚名)、清代简缘老人的《节饮集说》等。在以上几种经典的养生方法中,其中顺时养生、减毒养生、调气养生和进补养生等无不在一定程度上与饮食养生有关,可见饮食养生在养生中具最重要的地位。

在养生方法研究中也有将养生(即健康长寿)的方法(秘诀)归纳为三点,即养身生活、保身生活和修身生活;养身生活指营养(均衡饮食),保身生活指保养(正常作息),而修身生活指修养(达观态度),以上也叫三养,其中营养为三养之首,也说明了食养在养生中的重要地位。

四、饮食养生对健康的影响

饮食养生在中华民族文化发展历史长河中源远流长,从《黄帝内经》的饮食养生观到《千金方》中孙思邈十分重视食宜、食养、食疗及食禁。金元四大家之一刘完素关于饮食养生方面认为:"食饮之常,保其生之要者,五谷、五果、五畜、五菜也";而李杲从调养脾胃入手,强调脾胃的升降作用对人体的作用十分重要,精气的输布依赖于脾气之升,湿浊的排出依赖于胃气之降;提出人身之气的来源不外两端,或来源于先天父母,或来源于后天水谷,而人生之后,气的先天来源已经终止,其唯一来源则在于后天脾胃。可见,脾胃之气充盛,化生有源,则元气随之得到补充亦充盛;若脾胃气衰,则元气得不到充养而随之衰退;在疾病治疗中也强调以调治脾土为中心。宋金名医张从正主张"养生当论食补",等等。现代医学营养学的兴起,证明了许多疾病的预防、发生、治疗与营养学有十分密切的关系,"治未病"作为医学的最高境界说明饮食养生在人类健康中具有重要的地位。

现代医学营养提倡健康饮食方式 对于食养，每年一月份美国糖尿病协会（ADA）都会在《糖尿病诊疗》(Diabetes Care)杂志发布新的糖尿病诊疗标准。其中医学营养部分建议糖尿病患者应该进行健康饮食，而非糖尿病饮食，说明饮食营养与合理膳食的重要性。认为并无理想的碳水化合物、蛋白质和脂肪的比例，近年流行的碳水化合物、蛋白质和脂肪的比例缺乏证据，同时认为脂肪摄入的质量远比数量更重要，而碳水化合物的摄入量比碳水化合物的种类更重要；建议碳水化合物的来源为蔬菜、水果、全谷类、大豆和乳制品，而否认了流行的糖尿病患者不能吃水果的错误观点，认为其应当多吃富钙和维生素的食物。有研究发现，长期缺钙对血压的影响远远超过食盐摄入过量的影响。

另外，高血脂症与饮食密切相关；高脂血症是指血液中胆固醇和（或）甘油三酯含量过高；在饮食方式中，如果能量类食物摄入过多，会导致肥胖、胰岛素抵抗和脂肪酸分解，容易引起高甘油三酯血症；对于富含胆固醇的食物和动物脂肪摄入过多与高胆固醇血症形成有关，如果长期摄入过量的蛋白质、脂肪，而碳水化合物或者膳食纤维摄入过少，也有可能促使高脂血症的发生。大量现代科学研究表明，合理的饮食营养对生命健康发挥着重要的影响。

因此，通过饮食养生，其方法必须做到科学合理，否则会适得其反，不利于身体健康、颐养生命，达不到健康长寿的目的。

思考题

1. 美食与养生的定义分别是什么？
2. 美食有哪些特点？
3. 简述美食与养生有何关系？
4. 养生的方法有哪些？美食在养生中有何地位？

参考文献

[1]贺娟. 黄帝内经——饮食与养生. 北京：中国轻工业出版社，2010.
[2]何绪良.《黄帝内经》饮食养生观. 中国中医药现代远程教育，2006(12)：57-58.
[3]蒋力生. 中医饮食养生要略. 江西中医学院学报，2010(6)：27-34.
[4]刘琼，李成平. 试析孙思邈饮食养生观. 辽宁中医杂志，2012，(1)：62-63.
[5]柳启沛，郭俊生. 营养指导师. 北京：中国劳动社会保障出版社，2006.
[6]罗晶. 饮食养生. 北京：北京出版社，2002.
[7]三叶，著译. 美食中国. 北京：中国城市出版社，2005.
[8]孙晓生，蔡其昀.《老老恒言》养生方法及其现实意义. 新中医，2013(8)：202-203.
[9]王焕华. 中华食物养生大全. 广州：广东旅游出版社，2006.
[10]魏说全. 高血压与钙营养. 中老年保健，2004(11)：251.
[11]吴澎，主编. 中国饮食文化. 北京：化学工业出版社，2011.
[12]徐刚. 浅析《周易》哲学观念对中国饮食养生的影响. 四川烹饪高等专科学校学报，2010(4)：13-15.
[13]薛芳芸，许馨.《东坡养生集》中饮食养生观探析. 新中医，2013(3)：704-706.

第2章 饮食养生观的发展简史

本章内容提要：中国的饮食文化源远流长，蕴涵的内容丰富。本章介绍饮食文化在中国的历史发展以及对人类生活、生命发生的重要影响。通过本章内容的学习，可使读者了解美食在人类饮食活动的发展过程及其重要的地位与作用；同时还可进一步了解美食、美食与健康的关系以及饮食养生的最新研究成果。

第一节 饮食的发展

饮食是人类生存的第一要素，因此，饮食发展随着人类的繁衍一步一步地走来，饮食发展从初萌时代和温饱时代发展到现在丰富与健康时代，不同时代形成了不同的饮食变化。

一、初步形成阶段

中国饮食文化发展的脚步，在经历夏、商、周近两千年的时间，积累渐渐丰富，且日趋完善，出现了中国饮食文化发展史上的一个高潮阶段。这一时期中国饮食文化初步定型，烹饪原料得到进一步扩大和利用，炊具、饮食器具已不再由原来的陶器一统天下，青铜制成的烹饪器和饮食器在上层社会中已成主流，烹调手段出现了前所未有的成就。许多政治家、哲学家、思想家和文学家在他们的论著和作品中表达出了自己的饮食思想，中国饮食养生理论已现雏形。这一时期，可谓中国饮食文化的初步形成时期。

（一）烹饪原料品种日益繁多

从甲骨文和三代时期的一些文献记载看，当时已有了粟、粱、稻、稷、黍、稗、秫、菽、麦等粮食作物，说明三代时期的农业生产已很发达。农业生产工具、技术和生产能力的提高，对蔬菜的种植也起到了极大的推动作用，当时先民所种植的蔬菜品种已有很多，如蔓菁、萝卜、芥、韭、薇、芹、笋、蒲、芦、苹、崧、荇、蒿、蒌、瓠、苋等二十多种。三代时的水果已经成为上层社会饮食种类中很重要的食物，已不再是充饥之物。像桃、李、梨、枣、杏、栗、杞、榛、棣、棘、羊枣、山楂等水果已成为当时人们茶余饭后的零食。这不仅说明了当时上层社会饮食生活较之原始时期已有很大的改善，也说明了三代的种植业已有很大发展。

三代时期，人们食用的动物肉主要源于养殖和渔猎，在当时，养殖业比新石器时代有很大的发展，但是人们仍将渔猎作为获取动物类原料的重要手段之一。当时人们食用的动物类品种显得很杂，主要有牛、羊、豕、狗、马、鹿、熊、獐、兔、羚、鸡、鸭、鹅、雀、鲤、鲂、鳟、鳝、龟、鳖、虾等。此外，人们对美味的追求也极大地促进了调味品的开发和利用，诸如盐、醯（醋）、醢（肉酱）、大苦（豆豉）、蜜、饴（蔗汁）、酒、糟、花椒等。在食物富足的同时，腌制、干制等保存食物方法的发现也进一步促进了食物种类的多样性。

(二)烹饪器具种类复杂化

烹饪灶具、用具和饮食器具由原来的陶质过渡到青铜质,这是本阶段取得的伟大成就之一。但是在夏、商、周时期,陶器仍在人们的饮食生活中扮演着重要的角色,保留至今的青铜质或陶质烹饪器具形制复杂,种类多样。

当时的烹饪器具及食器主要有鼎、甗、鬲、簋、豆、盘、匕等,种类繁多,形状大小不一。鼎,是远古先民重要的食器,它从"调和五味之宝器"到天子列鼎而食,发展到后来成为国家和统治者最高政治权力的象征。甗,是商周时的饪食器,相当于现在的蒸锅,全器分为上下两部分,上部为甑,放置食物,下部为鬲,放置水。簋,用来盛饭的器具。豆,圆底高足,既是食器,又是饮器。盘,常用来盛水。匕,类似于餐匙一类的进食器具。在先秦出土的青铜器中,酒器的数量是最多的,商代以前的酒器主要有爵、盉、觚等。商代以后,陶觚数量增多,并出现了尊、觯等。考古成果表明,这一时期还有俎、盘、匜、冰鉴等一些其他的辅助性烹饪器具。

(三)饮食结构与宴饮制度形成

在我国秦汉以前的文献资料记载中,"食"与"饮"常常是同时进行的两件事,如《论语·述而》的"饭疏食饮水"、"啜菽饮水"、"一箪食、一瓢饮"等。可见,古人吃的一顿饭,至少是由"食"、"饮"两部分构成的,成为我国先秦人们最基本、最普遍的饮食结构。

三代时期,除了日常饮食之外,随着礼仪制度的建立,筵席宴飨不仅成为制度化,而且非常发达完备。在商王朝,筵席飨宴一般称为"飨",飨对象主要有王妇、要臣元老、武将、戚属、诸侯等。宴飨的重要目的,就是对内笼络感情,即所谓"饮食可飨,和同可观",融洽贵族统治集团的人际关系。周代的宴饮不仅频繁,而且宴饮的种类和规矩不尽相同,较为重要的宴饮有祭祀宴饮、农事宴饮、燕礼、射礼、聘礼、乡饮酒礼和王师大献等。

二、饮食养生观的形成

随着三代时期礼仪制度的建立和健全,上层社会在礼制规定下的饮食结构基于等级享受的前提下,形成了饮食养生的观念与实践。中国传统的养生之道以"天人合一"为核心,着重突出人与自然的关系,尽管儒、道学说水火不相容,但在这个问题上却是水乳交融的。礼仪制度在很大程度上强调饮食结构的变化规律,在食礼定制下有两种情况:一是日常饮食的四时变化。古人将烹饪原料的开发利用与顺应天时相结合,强调四时的饮食调和规律,六谷、六饮、六膳的提出由此而发;二是从"食医"角度提出的以五行相生相克为依据的四时之变。食礼在很大程度上强调了饮食结构的这种变化规律,在食医看来,配膳、烹调中的五味,当以和为宜。根据五行学说,食物中酸、苦、甘、辛、咸分属木、火、土、金、水,五行之间相生相克、相需相使。春天酸味需大,夏天苦味需大,秋天辣味需大,冬天咸味需大,但"需大"不等于"过大",也就是《普济木事方》所说的"五味养形。过则治病"。可见,因食调和,适时而食,不仅是中国传统养生观念的重要方面,也是饮食制度的一项重要内容,更是食礼规定下的先民饮食结构的变化依据,甚至可以说是先民饮食结构的应时之变的魅力所在。

饮食养生是中国饮食文化发展中的一个重要内容,如果说饮食的基本目的是为了维持生命，那么，饮食养生则是为了追求人的生存质量，表现出一种健康向上、积极乐观的人生态度。《周礼》中提到的五谷、六谷、五畜、六牲、五味和六清等，将养生之道作为饮食变化依据。《周礼·食医》表明当时宫廷医生中已有营养医生，且排在疾医、兽医和疡医之首，可见饮食在保养身体健康方面的重要性。古代中的食礼指适时而食，即烹饪原料的开发利用与顺应天时相结合；现代科学技术发展充分证明不同食物原料组分与其生产季节相适应。因食调和，指的是从食医角度，相生、相克为依据的四时之变；而现代饮食养生则提倡调味（调料作用）与调养（身体）两不误。

饮食发展中的温饱阶段，人们在饮食方面首先关心的问题是怎样吃饱，吃饱或温饱偏重于“量”而难以顾及“质”，即使顾及“质”也只是追求口味珍美而忽视营养均衡。在当今从中国的传统饮食生活（方式）迈向小康时代的潮流中，食物资源丰富，四季原料供应充足，人们的饮食状况得到全面改善，人们有意识地注意饮食质量，但由于传统观念与习俗的制约，大多数人在提高饮食质量的同时，未能调整饮食结构而使之更加科学合理，促进人体健康。忽略科学用餐与合理的膳食，因此，健康饮食方式还需加大教育与宣传。

尽管如此，健康饮食并不是现代人才有的概念，我国自古以来就强调食疗保健作用，并积累了丰硕的成果，这是中华民族健康饮食的传统与基础。但传统的食疗保健只是采用朴素的食补食疗手段来调节人体机能，以养生长寿为主导，并仅仅以人类个体为对象，科技含量有限，还不能为全民族的健康饮食提供未来导向。“健康饮食”是近年来饮食界共同倡导的一种全新的饮食理念，随着小康时代的到来，人们对健康的关注也越来越多，健康饮食的理论研究深度也在不断加大。当然，现代的健康饮食则以现代科学为基础，根据国民经济能力和现有国情，通过整个社会的努力而完成饮食领域的进步与革新。所以说，只有现代人提倡并付诸实施的健康饮食理念才具有最重要的现实意义。

总之，中国饮食文化初步形成时期与中国灿烂辉煌的青铜器文化时期正可谓同期同步，这一时期由于陶器转向青铜器的变化，生产力的提高，社会经济、政治、思想、文化的全面发展而跃上了一个新的水平，中国的饮食文化创造了多方面的光辉成就。从烹饪原料增加、扩充、烹饪工具革新、烹饪工艺水平创新提高、烹饪产品丰富精美到消费多层次、多样化等，都形成了独自的特色和系统，并由此形成了中国传统的饮食养生思想与食疗食治的理论体系，所有这些为中国饮食文化的进步、提高和发展奠定了坚实的基础。

三、丰富发展阶段

一般意义来说，中国饮食文化经过三代时期的逐步完善，基本形成了一个完整的、具有独特内涵的文化体系，包括物质层面与精神层面的有机结合。在前期形成初步文化模式的基础上，历经秦汉、直到唐代的结束，其间历时一千多年，中国饮食文化承上启下，不断壮大与丰富自己的内涵，创造了一系列重要的文化财富，为后来中国饮食文化迈向成熟奠定了坚实的基础。

（一）烹饪原料供应充足

这一时期烹饪原料无论是品种还是产量都大大地超过了以前，粮食产量的提高使人们饮食生活中的粮食结构出现了新的变化。稻谷生产自古以南方地区为盛，到了唐代，中原地区的水稻生产技术大大提高，人们饮食生活中的粮食结构正发生着变化。汉代时期，野菜由采集逐渐转向人工栽培，不断的栽培选育产生了新的蔬菜变种；西汉张骞出使西域更是引入了今天最常食用的洋葱、蒜、黄瓜、莴苣、菠菜等蔬菜品种。在此阶段的文献记载中，全国各地的特产烹饪原料可谓不胜枚举，极大地丰富了人们的饮食生活，为烹饪技术的进步与发展奠定了丰厚的物质基础。此外，西汉时期豆腐的发明，是中国人对世界饮食文明的一大贡献，今天，它已经成为全世界各族人们喜爱的食品之一。

两汉以前，我国的食用油来自于动物脂肪，直至魏晋南北朝才开始使用胡麻、芜菁等植物籽实用来压油，后又有豆油、麻油等。植物油的出现，是中国饮食文化史上十分值得注意的事件，它直接导致了油煎爆炒等烹饪技艺的重大变革。此时期肉类食物在整个膳食结构中的比重比前一阶段加大，特别是猪和羊在肉类食品中的地位很重要，鸡鸭犬兔等肉类也为厨中兼备之物，野味更多地被提及食疗作用。由于水产养殖技术的提高，水产的品种和产量都大大地超过了前期。中国幅员辽阔，各地区气候及生态环境差异造成了食用原料品种分布的差异性和丰富性。

(二)烹调工具及饮食器具的进步与发展

据历史学的研究成果表明，早在战国时期铁器的使用及铁的冶炼既已有之。到了汉代，铁器的冶铸技术水平已有提高，铁器已经普及到生活的许多方面，如在烹调活动中铁釜和镬已普遍使用。到了三国时期，魏国已出现了“五熟釜”，即釜分为五挡，可同时煮多种食物。蜀国还出现了夹层可蓄热的诸葛行锅。至西晋时，蒸笼又得以发明和普及，蒸笼的发明使中国的面点制作技术发生了相应的变化。汉代初期，人们开始在地面上用砖砌制炉灶；魏晋南北朝时出现了烤炉，可烘烤食物；唐代炉灶的形式更加多样化，唐代火钳也在考古发掘时被发现。

盛放食物的器具也由以往繁复的青铜和陶器变为更为简洁的碗、盘、耳杯等，至魏晋南北朝，瓷质饮食器具在人们的日常饮食生活中日渐普及。唐代，我国瓷器生产步入繁荣时期，上至贵族，下至平民，皆用瓷质器皿。此外，我国使用金银制品的历史也很悠久。

(三)中国风味流派的初创与筵饮之风大盛

唐代以前，由于交通运输的不发达，商品的流通还很有限，只有上层社会和豪商巨贾才能独享异地特产，所以风味流派首先是建立在烹饪原料的基础上，并受着烹饪原料的制约。西汉前，南方以水产、猪、水稻为主，而北方仍以牛、羊、狗、麦、粟等为主。在调味上，北方用糠(粟麦类)醋，南方用米醋。北方多鲜咸，蜀地多辛香，荆吴多酸甜。随着水陆交通的便利，商业经济的发展和饮食文化的交流，各地的饮食风俗又彼此相互影响。值得一提的是，这一时期的宫廷饮食与官府饮食在一定程度上得到了相当大的发展，形成了宫廷饮食风格与官府饮食风味。

如果说先秦时期的宴会带有更多的制度色彩与礼仪规范意义的话，那么，汉唐时期的宴席更与社会经济的兴旺发达有着直接关系，所反映的是社会稳定与经济繁荣的景象。魏晋之后，宴会大行“文酒之风”，张华的园林会，王羲之的流觞曲水，竹林七贤的畅饮山林，文采凌俊，格调高雅，不仅是对宴会的丰富发展起到推动作用，而且对文人饮食文化风格和文人饮食流派的形成与发展产生了很大的影响。

(四)烹饪饮食理论繁荣、名家辈出

中国烹饪技艺在这一时期的大发展与饮食文化的繁荣，使烹饪饮食理论的研究在此时期呈现出前所未有的发达状态。有关研究成果显示，从魏晋到南北朝出现的烹饪饮食专著多达38种之多，隋唐五代史烹饪专著有13种，总计50多种。其中，陆羽的《茶经》因记述茶的历史、性状、品质、产地、采制、工具、饮法、典故等而成为中国茶文化发展的标志；西晋束皙的《饼赋》讲述了饼的产生、品种、功用和制作，可谓是关于饼的专论之祖。北魏贾思勰所著《齐民要术》是我国第一部农学巨著，其中关于烹饪方面的内容具有较高的史料价值。唐代段成式的《酉阳杂俎》，共20卷，其中《酒食》卷录入了历代百余种食品原料及食品，参考价值很高。

烹饪饮食理论的发达，得益于烹饪饮食实践活动的运用，这一时期涌现出了一大批烹饪大师与饮食名家。如"五侯鲭"的创始人娄护，他可被视为杂烩菜肴的发明者；西汉的张氏、浊氏医制脯而成名；北魏刘白堕酿酒香美醉人；北魏崔浩之母，口授烹饪之法于崔浩才得以有《崔氏食经》传世；唐代段文昌为"知味者"，《清异录》说他"尤精膳事"，精于烹调之术；还有五代时期的尼姑樊正模仿唐代大诗人王维的"辋川图"制作的花色拼图，堪称艺术冷拼之鼻祖……从所列举的这些烹饪大师与饮食名家，便可看出这一时期餐饮界烹饪大师与饮食名家高手如云的盛况。

总之，中国饮食文化在这一时期取得了重大的成就，突出表现在以下几个方面：一是原料范围进一步扩大、品种进一步增多、域外原料大量引进。二是植物油用于烹饪，使烹饪工艺的某些环节出现了新的变化。三是铁质烹饪器具的使用，"炒"、"爆"等特色烹调工艺的出现，实现了中国烹饪技术的又一飞跃；花色拼盘的出现，为烹饪造型工艺拓宽了更为广阔的创造空间。四是瓷器和高桌座椅的普及，开始了中国餐具瓷器化和餐饮桌椅化的新时代。五是宴会大盛，形成了中国传统宴会的基本模式。六是烹饪专著大量涌现，养生食疗理论的进一步发展，大大丰富了这一时期的中国饮食文化研究内容。

四、走向成熟阶段

从宏观意义来说，自我国北宋建立到清朝灭亡的一千多年时间，是中国传统饮食文化在其各个方面都日臻完善，走向成熟发展的时期。这期间，既有北宋京城繁荣昌盛的中原饮食文化与饮食市场的景况，又有南宋时期北方饮食方式与饮食观念在经历了文化重心难移的波折后，出现了与南方饮食文化的冲击与汇流的过程，同时还有金、元、清、汉民族饮食文化与中华各少数民族饮食文化的交流与大融合。中国饮食文化在这一时期发生了巨大转变，而自身却日益成熟起来。

(一)烹饪原料的广泛引进和利用

中国饮食文化走向成熟标志之一是烹饪原料的广泛引进和利用，这一时期外域烹饪原料大量地引进中国，如辣椒、番茄、番薯、南瓜、四季豆、土豆、花菜等。其中，辣椒原产于秘鲁，明代传入中国，番薯原产于美洲中南部，也是明代传入中国的。南瓜，原产于中、南美洲，明末传入中国。面对这些引进的烹饪原料，中国的厨师们洋为中用，利用这些洋原料来制作适合中国人口味的菜肴。尽管当时的社会经济有了很大的发展，烹饪原料日渐丰富，但人们在如何巧妙合理地利用烹饪原料方面还是不断地探索和尝试，并总结出一料多用、废料巧用和综合利用的用料经验。如通过分档取料和切配加工，采用不同的烹调方法，就可以把猪、羊、牛等肉类原料分别烹制出由多款美味组成的全猪席、全羊席、全牛席，真可谓匠心独运，妙手创造。

(二)烹饪工具和烹饪技术的进步和应用

烹饪工具和烹饪技术的进一步发展与应用是中国饮食文化走向成熟标志之二。这一时期的烹饪工具有很大的发展,如宋代配合风炉使用的“铫”,其实就是今人所说的火锅;河南出土的宋代镣炉可以移动,通风性能良好,火力很猛,是当时先进的烹调工具;元代发明了“铁烙”、“石头锅”、“铁签”等新的烹饪工具;明代以后,铁制炊具的成品质量较前代大大提高;到了清代,锅的种类很多,而且使用得相当普及。

自两宋开始,我国烹饪工艺的各大环节如原料选取、预加工、烹调、菜品成形已基本定型。又经明清数百年的完善,整个烹饪工艺体系已完全建立。首先是对烹饪原料的选用已不仅考虑到原料自身的特性及烹调过程中配伍原料间的内在关系,而且也开始对原料的配用量重视起来。明代厨师已经能较为全面地掌握一般性原料,如牛、羊、猪、鸡、鱼等如何治净、如何分档取料等的基本原理,如用生石灰加水释热以涨发熊掌等。其次,这一时期的刀工技术有了很大的提高。据《广东新语》记载,明代厨师已能将鱼片切得非常之薄,说“细脍之为片,红肌白理,轻可吹起,薄如蝉翼,两两相比”。再次,是烹调方法与调味技术在这一时期有了很大的发展。如花样繁多的制熟方法,仅“炒”就区分生炒、熟炒、南炒、北炒;还有清代厨师在蒸法上的诸多创新,如无须去鳞的清蒸鲥鱼,以蟹肉填入橙壳进而清蒸的蟹酿橙等,这都是对蒸法的改进。宋元时期的厨师在烹调过程中已开始了复合味和调味方法,清代后期,厨师们将番茄酱和咖喱粉用于调味之中。至此,已出现了姜豉、五香、麻辣、蒜泥、糖醋和椒盐等味型,今天的烹饪调味工艺中大多数的味型都是在这一时期定型的。

(三)饮食风味流派与地方菜的形成

饮食风味流派的形成与社会的发展以及政治、经济、文化中心的形成和转移相关联。宋代以后,市肆饮食文化流派已成气候,出现了不同风味的餐馆。至清代末年,地域性饮食文化流派已经形成,清人徐珂编撰的《清稗类钞》论述了有关当时地域性饮食风味流派的情况,“肴馔之有特色者,为京师、山东、四川、广东、福建、江宁、苏州、镇江、扬州、淮安”。我国目前所说的四大菜系即长江下游地区的淮扬菜系、黄河流域的鲁菜系、珠江流域的粤菜系和长江中游地区的川菜系,这四大菜系在这一时期已经发展成熟。除地域性饮食文化、少数民族饮食文化和市肆饮食文化外,这一时期的宫廷饮食文化、官府饮食文化也都走向成熟并基本定型,这正是中国饮食文化在其历史长河中发展、积淀、走向成熟的结果。

(四)饮食养生与烹饪理论的发展

中国饮食文化走向成熟标志之四是饮食养生与烹饪理论的发展。根据著名饮食文化学者邱庞同先生所著《中国烹饪古籍概述》等有关资料统计,这一时期在完整地流传下来的有关饮食养生、烹饪理论文献中,影响较大的主要有宋代浦江吴氏《中馈录》、顾仲的《养小录》、陈达叟的《本心斋疏食谱》、元明之际贾铭的《饮食须知》和韩奕的《易牙遗意》、明代宋诩的《宋氏养生部》、宋公望的《宋氏尊生部》、高濂的《饮馔服食笺》、张岱的《老饕集》等。清代出现的饮食烹饪专著,数量更是空前,而且理论水平较高,主要有著名文人袁枚的《随园食单》、戏剧理论家李渔的《闲情偶寄·饮馔部》、张英的《饭有十二合》、四川人李化楠著并由其子李调元整理刊印的《醒园录》、著名医学家王士雄的《随息居饮食谱》、宣统时文渊阁校理薛宝辰的《素食说略》、清末朱彝尊的《食宪鸿秘》以及《调鼎集》等。这些饮食烹饪文献中,既有总结前任烹饪理论方面的,又有饮食保健方面的,从烹饪原料、器具、工艺、产品,一直到饮食消费,这些文献都有不同程度的理论研究与概括,并形成了一个较为完善的体系,其中袁枚的《随园食单》堪称是这一理论体系的代表。

(五)烹饪的申遗问题

温家宝总理在2007年6月9日中国第二个文化遗产日的讲话中曾说:"非物质文化遗产也有物质性,要把非物质文化遗产的非物质性和物质性结合在一起。物质性就是文象,非物质性就是文脉。"很显然,文象就是物质载体,而文脉则是文明精神。中国饮食中的非物质文化遗产,无论是从文象,还是从文脉的角度去认识,将自然的食物原料加工成适宜于食用的食品的过程,都是问题的核心所在。

中国饮食烹饪申请非物质文化遗产已取得良好开端。中国饮食、中国烹饪技艺、食俗申请世界非物质文化遗产的工作已经启动。尽管饮食项目进入国家级非物质文化遗产目录已有三批,比如法国大餐、墨西哥美食、地中海饮食也已成功申请了世界非物质文化遗产,但是,仍然有些人不承认饮食烹饪可以申报非物质文化遗产。总之,对于饮食入非遗,还是应该加强理论上的研讨,对饮食入非遗的必要性和必然性都应加强宣传。

第二节　饮食养生的新进展

现代技术的发展使美食与养生得到更充分的融合与深入,将食品科学、营养学、生物学、电子科学与信息技术等与养生学高新技术得到充分的运用与结合。主要研究领域及近几年的科研进展主要表现在鱼类肉质改善、植物油脂组分调整、彩色稻谷的繁育、高维生素类植物果蔬培育、高加工性能农作物的培育、烹饪技艺及设备和饮食预防医学等方面。

一、饮食原料与营养配方

(一)原料的充分利用

人们餐桌上的食品种类越来越繁多,许多曾经被人们丢弃或难以加工的原料现在都被当做食品原料所利用。如制作豆制品时留下豆腐渣,由于口感较差而视为食物糟粕多被废弃,但豆腐渣干物质中含有蛋白质、膳食纤维和钾、钙、铁等矿物质及少量的异黄酮和皂甙物质;张泓等利用超微粉碎技术和杀菌技术将鲜豆腐渣进行微粒子化去腥处理,可食性大大提高,几乎可以添加到所有食品中使用。

(二)原料性能的改善与品质提高

将现代高新技术应用于食品原料的前期处理阶段,不仅保证了饮食原料的安全性,更使得一些容易流失的营养素得到很好的保留。李汴生用超高压技术对鲜榨菠萝汁进行处理,实验结果表明,与热处理相比,超高压处理的菠萝汁除能保持果汁体系的均匀稳定及原有色泽外,还能使果汁中还原型Vc的保留率达94.92%。张琥利用红外辐照技术,在加速马铃薯片多酚氧化酶(PPO)失活的同时,又较大程度地保留了马铃薯中Vc的含量,使得马铃薯在加工过程中的褐变问题得到了有效控制，该方法与传统的烫漂、超声及化学方法处理相比，减少了能源的消耗及环境的污染。周津津以柑橘原浆为原料开发的橘子纤维作为纯天然功能膳食纤维，不仅可赋予产品良好的外形，对产品的口感也有一定促进作用，并以其独特的持水性、乳化性、脂肪替代、黏度控制等功能优势，成了绿色健康食品原料的新宠。

(三)食材的搭配与科学设计配方

王琴等充分分析了杂粮面的生产技术现状和我国杂粮杂豆食品研发共性问题，分别根据儿童型、上班族两类人群的营养需求与膳食结构特点，优选配方及原料，设计出了各种类型的杂粮免煮面的配方；如利用洋葱能帮助细胞更好地利用葡萄糖、降低血糖，同时能够提高骨密度的功能开发出洋葱浸红葡萄酒等新产品；利用益生元能促进人体内的益生菌群尤其是双歧杆菌的生长，提高人体免疫力，开发研制食物加益生元低聚糖，同时研发出了针对不同病症的食疗食谱。郑立红等将功能性食品原料枸杞添加到肉中制成枸杞香肠，既增加了香肠制品的营养保健功能，又增加了香肠的感官品质，还在一定程度上降低了亚硝酸钠的残留，增加了肉制品的安全性。将枸杞菜粉添加于面粉中制成的枸杞菜营养挂面，口感细腻、不黏、有咬劲、柔滑爽口、具有枸杞菜特有的香气，煮熟后不糊汤，这种挂面符合大众口感需求，具有广阔的市场开发前景。

二、烹饪与加工技艺

烹饪是我国传统食品工艺的核心之一，主要分为狭义和广义两个方面，从狭义上来说烹饪指的是对食物进行调味加工使之成为色香味俱全的食物，从广义上来说就是对食品的原材料进行加工。随着人们生活水平的提高、口味的改变、健康意识的增强以及餐饮市场激烈的竞争，中国烹饪也与时俱进，这一切都驱动着餐饮业不断推出创新菜肴，新的原料、配料的新组合，新的烹饪技法与盛器，新型口味与新的营养功能菜品层出不穷。

(一)绿色烹饪

国以民为本，民以食为天，人类为维持生命活动需要从食物中汲取营养，而食品的安全是人类获取营养的前提，是目前社会关注的重点。绿色烹饪又称为绿色餐饮或生态餐饮，是在生态环保效益型经济模式的指导下，开发全新的餐饮经营模式。绿色烹饪的发展目标概括起来有三个方面，确保生态环境安全(获得安全食物资源)、确保食品质量安全(食物的制作流程)、提高餐饮综合经济效益(实现最终目标)。绿色烹饪的内涵包括：一是烹饪过程中所使用的原料应当是安全可靠、符合生态环保要求；二是菜肴的烹饪方法应当符合环保要求，尽量少用易产生对人体有不利影响的烹饪方法，如烟熏、反复高温油炸等；三是部分食品食用包括添加食品外成分的安全剂量问题。

科学烹调，要使人们吃到真正的绿色食品，须确保烹饪加工过程中控制好食品的安全卫生问题。(1)了解温度对烹饪材料的影响。为防止油脂经高温加热带来的毒害，用油加热时应做到尽量避免持续高温煎炸食品，一般烹饪用油温度最好控制在200℃以下；反复使用油脂时，应随时加入新油，并随时沥尽浮物杂质；据原材料品种和成品的要求正确选用不同分解温度的油脂，如松鼠鱼、菠萝鱼等要求230℃以上温度成型时，应选用分解温度较高的棉籽油和高级精炼油。(2)烹饪过程中，控制食物的安全，谨防有害化合物对食品的污染。例如腌制腊肠用佐料事先将黑胡椒、辣椒粉等香料与粗制盐、亚硝酸盐等混合，腊肠中就会有亚硝酸基比咯烷、亚硝基哌啶检出，因此应禁用事先混合的盐腌佐料来腌制腊肠，盐和香料要分别包装；油脂经高温聚合会产生多环芳烃-苯并芘，烟熏和烘烤食品时也会产生苯并芘。(3)有效削减或消除原料中对人体不利的成分，确保食品安全。恰当使用香辛料、调料、色素等调味、调色辅助料，防止食品中人为加入有害成分。据分析花椒、胡椒、桂皮、茴香和生姜等香辛料中或多或少含有一种叫"黄漳素"的成分，特别如生姜烂了不能再食用，烂生姜的黄樟素含量更高；黄漳素被美国政府认定有弱致癌作用，经研究过量摄入可引起肝癌。劣质或假冒的酱油、米醋、食盐等多含黄曲素、甲醇、重金属等有害成分。(4)烹饪过程中，烹饪工作者需身体健康。由于从事烹饪生产的从业人员是食品污染疾病传播的重要途径之一，所以他们需要搞好个人卫生。凡传染病患者或带菌者都应停止工作、立即治疗，待三次检查合格后，才可恢复工作。总之，要实现现代生活追求"绿色烹饪"的理想，烹饪工作者应悉心关注了解烹饪过程中各个环节对食品的影响，并不断地积累掌握烹饪过程中控制食物安全性问题的各项措施，逐步推广应用更科学合理的烹饪方法。

(二)烹饪与营养

烹饪是我国传统获取食物营养和享受美食的最核心加工方法之一，在中式烹饪中一直都有"五果为助、五谷为养、五菜为充、五畜为益，气味合而服之，以补精益气"膳食营养的说法。随着人们健康意识的提高，在烹饪加工过程中，逐渐形成了营养化和科学化的烹饪理念，但实际烹饪过程中仍然有很多问题存在。

烹调对营养素都有一定的影响，且烹调方法不同，其影响也不一样。以肉为例，采用不同方式的热处理，肉中含氮物质和无机盐的损失情况也不同(见表 2-1)(黄爱卿，2010)，油炸肉、鱼，其含氮物质和无机盐损失却较少。

表 2-1 不同热处理营养素变化对照　　单位：%

烹饪方法	损失量	
	含氮物质	无机盐
煮、炖、烩	3.2～21.7	20～67.4
炸、煎	2.1	3.1
烙	0.2～4.5	2.5～27.2

烹调过程中，最易损失的营养素是维生素，尤其是水溶性维生素，其次为无机盐。一般脂溶性维生素较稳定，不怕酸、碱，但易被氧化破坏，特别是在高温或有紫外线的照射下更加速其氧化。因此，不能用酸败的油脂，即已变"哈"的油脂炒菜。水溶性维生素易溶于水，在酸性环境中稳定，遇碱破坏，维生素 B_1 即如此。它主要含于谷类和豆类食品中，故洗米次数过多，捞饭去掉米汤，煮粥、煮豆或蒸馒头时加碱过量，都会使维生素 B_1 大量破坏。例如，炸油条既加碱又经高温，维生素 B_1 几乎全被破坏；维生素 B_2 对热稳定，在中性或酸性溶液中即使短期高压加热，也不致于破坏；在 120℃加热 6 小时，仅有少量破坏，但在碱性溶液中则较易破坏。游离核黄素对光敏感，特别是紫外光。如果将牛奶(奶中 40%～80%核黄素为游离型)放入瓶中，以日光照射 2 小时，核黄素可破坏一半以上，其破坏程度随温度及 pH 值增高而加速。但是，食物中的核黄素主要呈结合态形式，与磷酸和蛋白质等结合而成的复合化

合物，这种结合型核黄素对光比较稳定，但在烹调过程中应避免加碱过多，富于维生素 B_2 的食物主要是动物内脏（如肝、肾、心等）、蛋黄、鳝鱼以及奶类。各种新鲜绿叶蔬菜、黄豆、蚕豆以及粗米、粗面也是我国人民膳食中维生素 B_2 的主要来源。

对于含维生素 C 的果蔬烹饪，在烹调过程中应注意以下几个问题：(1)蔬菜烹调前，最好是先洗后切，以减少维生素 C 的氧化和流失；(2)烹调蔬菜，切忌先在开水中焯，然后捞出挤去汤汁，再炒，这样维生素 C 损失甚多；(3)旺火快炒，维生素损失较少；(4)烹调蔬菜时，不应加碱和小苏打，烹调用具（如锅、铲等）避免用铜器；(5)烹煮蔬菜时加锅盖可减少损失，加盖与不加盖，维生素 C 的损失可相差一倍。

（三）分子烹饪

近几年，分子烹饪（Molecular Gastronomy）逐渐成为风靡全球的一种全新的烹饪方法。法国科学家 Herve This 与匈牙利物理学家 Nicholas Kurti 于 20 世纪 80 年代提出分子烹饪之后，西班牙主厨 Ferran Adrià 最早使用了“分子料理”（Molecular Cuisine）来创作新菜品，是目前全球最著名的分子烹饪大师。香港已经有几家以分子烹饪为主题的美食餐厅。香港的厨师梁经伦主理的 Bo Innovation 餐厅，最出名的两道菜品“小笼包”和“腊炒饭”便是分子烹饪与中国菜结合的典范。台湾已有 5 家以上知名饭店、餐厅引进了分子烹饪；北京具有代表性的分子烹饪餐厅是香格里拉饭店的蓝韵餐厅和北京大董烤鸭店。上海也出现了分子烹饪的踪迹，如位于上海香格里拉大酒店 36 层的翡翠 36。

分子烹饪又称作“分子料理”或“分子厨艺”。精确控温的加热仪器、超声波浴、布氏漏斗、真空旋转蒸馏器等这些以前在实验室才能见到的器具，现在却成了烹饪大师们制造美食的用具。分子烹饪是从食材的分子层面入手，通过现代物理、化学的手段，运用现代仪器和设备来精确制作奇妙食物的烹饪方法。其基本原理是利用物质的胶凝作用、乳化作用、增稠作用、升华作用、水化作用、发泡作用、抗氧化作用、交联反应、脱水反应、异构化反应等，使食材的物理和化学性质以及形态发生变化充分应用到烹饪过程中，从而改变物质原有的质感、口感，产生奇妙的新风味，最后创造出最具独特感觉的菜肴。分子烹饪的实质是维持烹饪原料的分子空间构象的各种副键（例如氢键、疏水键、二硫键等）受特殊因素（如超低温、真空、加热、机械作用等）影响而发生变化，失去原有的空间结构，引起烹饪原料的理化性质发生改变，生成新的空间构象和形态。分子烹饪有时也有少量的羰氨反应、焦糖化反应，会发生分子内化学键（例如共价键）断裂，形成新的化学键。

尽管分子烹饪技术符合现代食物科学、加工、食物营养等基本原理，但在一定程度上颠覆了人们对美食的传统概念，因此，对餐饮业发展意义深远。

（四）烹饪技艺

随着食品科学与食品机械研究的发展，食品种类、营养与质量不断发展与提高。如将过热蒸汽应用于肉类调理食品加工中，作为一种新型加热调理技术已被广泛应用于肉类调理等食品加工领域，具有缩短加热时间、提高出成品率、抑制油脂氧化、改善食品质地和提高表面瞬时杀菌效果等。据报道日本富士电机公司开发出的完全采用电磁诱导加热产生过热蒸汽的发生装装置，更是大大提高了过热蒸汽的产生效率。

近年来在肉的嫩化方面也有较多研究，利用外源酶嫩化许多肉品均有较好效果，如郑贤孟等利用木瓜蛋白酶改善鱿鱼肉嫩度，提高其口感；杨艳等利用蛋白酶降低牛肉干韧性，使之更易咀嚼；江慧等对淘汰蛋鸡肉通过木瓜蛋白酶嫩化；杨勇等利用木瓜蛋白酶嫩化鹅肉，使鹅肉嫩度得到改善。外源性蛋白酶作为一类牛肉嫩化剂已经有了普遍应用。Pietrasik 等研究了枯草芽孢杆菌弹性蛋白酶替代木瓜蛋白酶成为一种新型牛肉嫩化剂

(五)烹饪加工设备的进展

随着地球上人口的快速增长，人类食物来源面临的压力将达到一个惊人的程度，我们必须改变对食物的认知。美国宇航局出资研制一种可以用装满油、蛋白质粉和碳水化合物的3D 食物打印机，3D 食物打印机中的材料可能来自于昆虫、草和藻类。这一想法听起来似乎遥不可及。不过，宇航局已经向 3D 打印机厂商系统与材料研究公司(SMRC)提供一笔为期 6 个月的 12.5 万美元资金，要求其研制一种通用型食物合成器。SMRC 公司创始人安杰·考特拉托认为在全球人口达到 120 亿人后，只有非常富有的人才能享用到真正的肉、鱼和蔬菜，其他所有人只能吃定制的但同样含有丰富营养的合成食物，也就是在杂货店购买装满粉和油的料盒，而后利用打印机打印食物。由于传统食物来源非常稀缺，料盒中的粉末可能是任何含有有机分子的物质，例如来自昆虫的物质(华盛，2013)。

西班牙自然机器公司(Natural Machines)发明了一款 3D 食物打印机，让人们无须满身大汗地在炉火前烹煮，轻轻松松就能制作出美味食品。报道称，这个名为"Foodini"的 3D 食物打印机是一款融"技术、食物、艺术和设计"于一身的产品，能够制作汉堡、皮萨、意大利面和各类蛋糕等多种食物。

中国生物技术技术信息网出版的最新一期《生物技术快讯》(第 477 期，2014-06-17)报道，我们每天吃的猪肉、牛肉现在也可以用 3D 打印造出来，这就是 Modern Meadow 这家公司所做的事情，这是一家诞生于美国的 3D 生物打印公司。这种 3D 打印肉类的技术要点主要包括首先利用一种"生物墨水"也就是构成肉类的原料，是由不同类型的细胞的混合体；利用 3D 打印使原料成型，并在生物反应设备中进行处理。这些技术的发展推动现代食品技术的大变革与发展。

三、医学营养学的进展

(一)骨质疏松症饮食新治疗

骨质疏松症在药物治疗方法上其中采用抗骨吸收剂如雌激素，雌激素受体调节剂如双磷酸盐和降钙素目前已被批准用于治疗骨质疏松症。不管是单独还是联合使用上述药物，都需要长期用药，医疗费用高；并且目前药物治疗手段最多能将骨折的风险降低 50%，且存在一定的毒性和不耐受性。雌激素替代疗法(ERT)是目前用于预防和治疗绝经后骨质疏松症的主要手段，但长期使用 ERT 具有副作用，如增加子宫内膜癌和乳腺癌的风险；而双磷酸盐易引起胃肠道不适，肌肉骨骼疼痛，雌激素类药物易引发血栓和严重过敏性皮肤炎症(Prelevic, et al., 2005; Rodan and Martin, 2000; Stevenson, 2005)。因此，利用饮食营养调控手段将是预防骨质疏松症的发展趋势。传统的饮食治疗是主要从补充构成骨组织的基本组成成分即从骨质疏松而引起的骨钙流失增加的角度考虑，如推荐补充富含钙和维生素 D 的奶制品、肉类、谷物、大豆等。如果食物中的钙不足以满足个体要求，则需要服用钙补充

剂。由于肠道对钙的吸收利用度较低，通常需要补充高剂量的钙制剂，但长期高钙状态易引起便秘和消化不良，干扰铁离子和甲状腺激素的吸收，部分易感人群还易产生肾结石等(Lewis, et al., 2012)。利用胶原代谢角度在骨质疏松症诊治中起到了很好的效果(Han, et al., 2009; Guillerminet, 2010)，即通过食用水解胶原蛋白来改善或治疗骨质疏松症，其依据的原理是骨质疏松症发病的关键环节为骨吸收大于骨形成，骨转换降低。骨转换是骨组织不断进行着旧骨吸收及新骨形成的过程，骨转换过程中，Ⅰ型胶原相应地进行合成与分解代谢，其代谢产物可敏感地反映骨转换率(Paul Chubb, 2012)。而服用胶原或多肽具有改善骨代谢的相关指标，提高骨转换率，从而达到防治骨质疏松症的目的。

(二)饮食与糖尿病防治

糖尿病是一种常见的内分泌代谢疾病，在当今生活人群中特别是老年人群体中变得很普遍。因胰岛素分泌不足以及靶细胞对胰岛素敏感性降低引起的糖、蛋白质、脂肪和继发性水、电解质代谢紊乱引起血糖水平过高，对人机体产生健康危害。目前研究为止，通过运动、药物控制、饮食控制等手段和长期坚持规范治疗，可阻止病情进一步发展。研究认为，合理摄入高碳水化合物及蛋白质，降低脂肪比例，对血糖水平有一定的改善作用；控制饮食中糖、脂肪的摄入是治疗糖尿病的基础治疗措施，它能降低血糖、减轻胰岛细胞的负担。近来，巴基斯坦卡拉奇大学的研究人员在一项临床研究中发现，糖尿病患者常吃芦笋可更有效地控制血糖的水平，促进体内胰岛素的分泌，改善葡萄糖的吸收状况。英国的《每日邮报》撰文指出，糖尿病患者常喝醋能起到降低餐后血糖的效果，并可使其体内胰岛素的敏感性增高19%。而英国剑桥大学研究人员的一项最新研究表明，通过对比日后患上糖尿病的人群和其他随机选择参与者的饮食习惯，得出“多喝酸奶或可明显降低罹患糖尿病的风险”这一结论。

总之，由于糖尿病病症的特殊性，临床在给予药物治疗的同时，还需要患者对饮食进行自我控制，方可达到稳定血糖的目的并结合患者自身身体状况而制定饮食方案，同时通过增强患者的信心，较好地辅助临床医师控制血糖水平。在饮食治疗方面，应合理控制机体总热量。摄入量以维持理想体质量为宜，患者应尽量维持标准体质量，使摄入食物量与标准体质量及活动强度相一致；保持膳食均衡，选择营养合理的食物，增加优质蛋白质、膳食纤维、维生素、矿物质的摄入，尽量减少单糖及双糖的食物；坚持少食多餐、定时定量进餐及适当运动原则综合治疗。

(三)高血压、高血脂的饮食防治进展

原发性高血压是人类心血管疾病发病率最高的疾病之一，超重肥胖或腹型肥胖、血脂、血糖异常、高同型半胱氨酸血症、高尿酸血症等危险因素都与高血压有关。已有研究表明不良生活方式如吸烟饮酒、缺乏体力活动等以及膳食不平衡、高盐饮食常是诱发高血压的危险因素。在非药物治疗领域，高血压及高血脂的治疗主要采用饮食干预的方法，对高血压患者实施长期的饮食与运动干预期间，指导患者建立良好的饮食习惯，提高生活质量。宜进低盐低胆固醇饮食；提倡多吃各种杂粮及豆类，少食葡萄糖、果糖、蔗糖及各类甜点心，少喝各类含糖饮料，防止肥胖和血压增高。烹调时用植物油，不用动物油。多吃海鱼能使胆固醇降低，抑制血小板凝集，防止血栓形成。鱼类蛋白质有降低血压的功效，大豆蛋白能预防脑猝

死的发生。高血压合并肾功能不全时，应限制蛋白质的摄入。多吃含钾、钙丰富的低盐饮食，饮食宜清淡。许多学者认为运动训练能降低高血压病患者的心率和总外周阻力，降低血容量。

患者将科学饮食、运动融入日常生活，逐渐纠正饮食结构不合理、体力活动缺乏、有效运动不足和代谢紊乱现象，两者结合降低了患者的体重、血压、血糖、血脂等指标，说明合理的膳食摄入，防止能量过剩，体重减轻或维持标准体重，不但能改善糖尿病患者血糖水平，高血压患者可降压，高血脂患者可降低血脂，同时阻断了慢性病形成的自然进程。膳食纤维作为一类不能被人体消化酶分解的食物成分，包括可溶性和非可溶性两大类，具有促进肠道功能、预防肠癌的作用，能降低血糖、调节血脂、预防冠状动脉粥样硬化性心脏病等心血管疾病的发生，对心血管有一定保护作用。其中低聚果糖可能通过减少内脏脂肪聚积、抑制内脏脂肪炎性因子释放、改善胰岛素抵抗，提高抗氧化能力、减轻肾脏氧化损伤，发挥降血压作用。

(四)饮食预防癌症

现代社会癌症发生率日益增加的因素之一就是近年来人们饮食习惯的改变。因此改变膳食结构，可有效预防和避免乳腺癌、胃癌和结肠癌等。《膳食、营养与癌症的预防》中提出的“防癌餐饮建议”提醒人们注意营养的同时，也要注意营养要素的合理组合；国际抗癌联盟发布报告称，戒烟限酒、健康饮食，锻炼身体、积极控制与癌症相关的感染、定期体检，这些都是预防癌症的方法。

多数具有预防癌症作用的膳食主要由植物来源食物组成，即富含营养素、膳食纤维以及低能量的植物性食物为主的膳食，这些营养物质可防止细胞蛋白质和DNA被氧化损伤。其中，黄豆富含蛋白质和铁，最主要的是含有大豆异黄酮，具有很好的抗氧化作用，是天然的抗癌因子；富含大量动物脂肪的红肉如羊肉、猪肉等适量食用可为人体补充蛋白质、锌等营养素，但吃得过多则会导致体重增加，并诱发结直肠癌；而鱼类不仅高蛋白，而且鱼油中含有多种不饱和脂肪酸，有利于人体吸收和利用，具有保护血管的作用；葡萄中含有一种抗癌元素为白黎卢醇，可防止健康细胞癌变，阻止癌细胞扩散；未经发酵的绿茶保存了茶叶中茶多酚等天然物质，茶多酚因具有较强的抗氧化作用以清除人体内自由基，茶多酚可以在体内阻断亚硝酸铵等多种致癌物质合成，可直接杀伤癌细胞和提高人体的免疫力。此外，咖啡和红酒中也含有多酚类物质，每天适量饮用，可以预防癌症的发生。

维生素E、维生素C和β-胡萝卜素具有抗氧化抗癌作用，其他维生素可能通过其他的方式如反致癌促进剂而起到抗癌作用，其中包括维生素B_6、维生素B_{12}及泛酸。维生素A从各方面调节癌变中错误的细胞分裂和通讯，有助于维护免疫系统，免疫细胞通常能够识别并及时地清除癌细胞；另外蔬菜水果中的植物性化学成分例如多酚类、类黄酮素、植物固醇、葱蒜素等，皆是抗癌的精英分子。

(五)肠道健康养生

人体的肠道健康对生命具有重要作用，而肠道健康与肠道微生态具有密切关系，膳食纤维在饮食中具有重要的作用，尽管人体自身难以消化，但通过肠道中微生物可以发酵利用，同时产生代谢产物。国内外相继研究肠道微生态及其对人体健康的影响，通过研究不同类型的肠道益生菌的增殖因子(益生元),改善肠道微生态菌群结构,抑制有害微生物过量繁殖。研究表明,乙酸、丁酸等短链脂肪酸对肠道健康具有重要作用,作为能源促进肠道上皮细胞的增生,而这些短链脂肪酸正是通过肠道益生菌(如乳杆菌属和双歧杆菌属等)的代谢产生,因此,补充肠道有益微生物繁殖的益生元是维持人体健康的重要途径之一。益生元以一种特殊的低聚糖为主,其主要成分包括低聚果糖、低聚半乳糖、低聚木糖和低聚异麦芽等,还有菊糖等。这些益生元主要存在于人乳、蜂蜜、洋葱、大蒜和大豆等多种植物中,因此,科学的摄食含有益生元的食物对维持肠道健康具有十分重要的作用。

(六)营养调控研究

1. 靶点养生新理念

黑豆营养调控铁代谢防治缺铁性疾病的研究进展成为饮食中靶点养生的新理念。如果人出现贫血,怎么办?传统的饮食治疗方法可能是选择吃点动物肝脏或补充铁剂。浙江大学公共卫生学院王福俤教授团队最新的研究表明,黑豆(并不富含铁元素)或许是一种理想的"补铁食物",黑豆皮提取物能有效"说服"身体的"铁管家"Hepcidin(铁调素),打开"铁泵",促进机体对于铁的吸收。黑豆成为国际上首次被报道能够直接抑制 Hepcidin 表达的食物,相关论文"Black soybean seed coat extract regulates iron metabolism by inhibiting the expression of hepcidin"2012 年 1 月 6 日发表在国际营养学著名期刊 *British Journal of Nutrition* 上,成果为防治缺铁性、炎症性贫血等提供了靶点养生的新理念。

Hepcidn 是由人体的肝脏产生的一种分子,"掌管"着人体铁元素的代谢,因此,被叫做人体内的铁管家。研究成果表明,人体内存在着一个重要的泵铁蛋白 Ferroportin,该"铁泵"负责着小肠铁的吸收,巨噬细胞吞噬衰老红细胞铁的释放以及肝脏铁的储存。机体"铁管家"四处巡逻,如果体内铁过量,它就会去关闭这些"铁泵",从而抑制机体对铁的吸收与利用。但是,当这个"铁管家"过度"活跃",把"铁泵"关得太死,就会出现相反的状况:体内铁调素过高,会引起血液中铁的降低,进而限至红细胞的合成,导致贫血。许多铁代谢疾病、炎症和各种原因引起的贫血、癌症等都与"铁管家"的异常升高相关。去年,王福俤课题组在针对2000 多位中老年妇女进行的一项研究中发现,贫血一族和正常人群相比,携带了一种"贫血基因","这类基因对铁调素的抑制能力较差,因此有这类'贫血基因'的人就容易得贫血",相关成果发表在 2012 年的《人类分子遗传学》上。近来越来越多的研究靶向 Hepcidin 及其调控蛋白,这为研制安全高效的药物治疗铁代谢紊乱及相关疾病提供了很好的突破口。

2. 黑豆养生

许多黑色食物被认为有补血功效,王福俤团队的成员开始逐个去求证"黑五类食物"的补血功效,这黑五类食物分别为黑豆、黑芝麻、黑木耳、黑枣、黑米,经过一个个研究试验,结果其补血效果并不明显,而当小鼠吃了打碎的黑豆皮一周后,小鼠的造血功能得到明显改善。这一现象,提示了黑豆和人体的"铁管家"之间存在某种关联。《全国中草药汇编》则记载:黑豆以种皮入药,可养血祛风。在中医临床上被广泛用于治疗各类阴虚盗汗、血寒、贫血等。在体外细胞水平的实验中,课题组发现,黑豆皮的提取物,能有效抑制 Hepcidin 的活跃度。进一步的动物试验则证实,黑豆皮提取物"说服"了体内的"铁管家",让管家重新开启"铁泵",促进小肠、肝脏、脾脏铁动员,显著增加机体的血清铁水平。膳食期间,小鼠机体的红细胞数量、血红蛋白量及红细胞压积显著上升。这证实了黑豆皮提取物可有效改善机体铁状况，促进机体的造血功能。因此，得到黑豆对于治疗贫血有奇效。

3. 益生菌的功能

Zhang 等(2010)研究表明，饮食与肠道菌群在代谢综合征的发生过程中比基因的作用更大。高糖高脂饮食会改变肠道菌群，使得肠道有益菌群(主要为乳杆菌和双歧杆菌)下降，而高糖高脂饮食是诱导代谢综合征(Metabolic Syndrome, MS)发生发展的重要因素。因此肠道菌群可以作为改善 MS 新的靶目标，可能为预防 MS 开辟新途径。益生菌可改善调节肠道菌群失调，使肠道有益菌群恢复正常水平(Xie, et al., 2011)。益生菌可产生多种胞外多糖(EPS)，EPS 可直接与细菌结合而发挥中和细菌作用(Ruas-Madiedo, et al., 2006)；另外体外实验还显示乳杆菌和双歧杆菌的 EPS 可中和病原菌内毒素，这可能是益生菌抵抗致病菌的机制之一(Ruas-Madiedo, et al., 2010)。植物乳杆菌和嗜酸乳杆菌可使肠道乳杆菌和双歧杆菌数量增加而大肠杆菌数量下降。Ejtahed 等(2011)的临床研究表明，嗜酸乳杆菌和双歧乳杆菌发酵的益生菌酸奶能够明显降低Ⅱ型糖尿病人的血总胆固醇(TC)水平和低密度脂蛋白胆固醇(LDL-C)水平。Kawase 等(2000)给健康男性食用由干酪乳杆菌和嗜热链球菌混合发酵的发酵乳，4 周后发现收缩压显著降低，血液中总胆固醇水平降低、HDL-C 水平升高。

参考文献

[1]曹学铭. 对烹饪过程中如何减少有害物质问题的思考. 活力，2013(6)：24.

[2]程淑萍. 针对性教育对糖尿病病人饮食治疗依从行为的作用研究. 大家健康(学术版)，2014，8(2)：90.

[3]丁洁琴. 糖尿病患者的护理进展. 云南医药，2014，35(1)：116-118.

[4]葛可佑. 中国营养师. 北京：人民卫生出版社，2006：26-36.

[5]广西科学技术协会. 多喝酸奶或可预防糖尿病(等 3 则). 家庭医药，2014(3)：7.

[6]华盛. 美国宇航局研制 3D 食物打印机. 科学大观园，2013(13).

[7]胡宏海，张泓，张雪. 过热蒸汽在肉类调理食品加工中的应用研究. 肉类研究，2013，27(7)：49-52.

[8]胡学文. 烹饪过程中控制食物的安全性问题的探讨. 科学咨询，2010(22).

[9]黄爱卿. 浅谈烹饪与营养. 职业，2010(21)：126-127.

[10]季鸿崑. 谈中国烹饪的申遗问题. 扬州大学烹饪学报，2012，29(2)：5-11.

[11]江慧，何立超，常辰曦，等. 淘汰蛋鸡胸肉风干成熟组合木瓜蛋白酶嫩化工艺优化. 食品科学，2011，32(4)：31-36.

[12]李汴生，张微，梅灿辉. 超高压和热灭菌对鲜榨菠萝汁品质影响的比较. 农业工程学报，2010，26(1)：350-364.

[13]李强翔. 心理治疗在糖尿病健康教育中的作用. 中国老年学杂志，2010，30(16)：2386-2388.

[14]刘俊英，朱保忠. 中青年 2 型糖尿病患者饮食干预对血糖的影响及护理研究. 山西医药杂志(下半月)，2010，39(4)：386-387.

[15]刘力生，王文，姚崇华. 中国高血压防治指南. 中国高血压杂志，2010，18(1)：11-12.

[16]邱庞同. 对中国饮食烹饪非物质文化遗产的几点看法. 四川烹饪高等专科学校学报，2012(5)：11-15.

[17]曲丹，低聚果糖对原发性高血压作用效果的实验及临床试验研究. 第二军医大学博士论文.

[18]任松涛，魏东霞. 糖尿病患者健康管理中饮食控制及护理体会，中国社区医师(医学专业)，2011(19)：284.

[19]苏扬. 分子烹饪原理及常用方法探讨. 四川烹饪高等专科学校学报，2010(3)：26-29.

[20]孙俊云,刘志雄.饮食干预对高血压控制的影响.中国社区医师(医学专业),2011(28):262-263.
[21]唐建华.绿色烹饪与食品安全.中国食物与营养,2010(2):16-18.
[22]王兰香.高血压危险因素的防治.职业与健康,2013,29(16):2092-2094.
[23]王赛时.小康社会与健康饮食.湖北经济学院学报,2004,2(2):120-124.
[24]王琴.特色杂粮免煮面系列产品生产关键技术研究.吉林大学硕士学位论文,2012.
[25]王跃利.营养、饮食与防治癌症的关系.才智,2012(12):358.
[26]吴晶,汤力.浅谈分子烹饪美食与现代中国烹饪的发展.食品科技,2011,19:29-31.
[27]吴澎.中国饮食文化,北京:化学工业出版社,2011.
[28]杨勇,任健,王存堂.鹅肉酶嫩化技术的研究.食品研究与开发,2010,31(10):25-29.
[29]杨艳,于功明,王成忠.木瓜蛋白酶对牛肉干品质的影响.肉类工业,2009,7:48-51.
[30]于清章,王健.浅谈高血压病的综合防治.医药与保健,2014(1):90-92.
[31]张斌.124例糖尿病患者健康教育方法与意义.中国当代医药,2010,17(18):119-120.
[32]张泓,刘玉芳.被废弃的健康食品原料-豆腐渣的营养及其高品质微粒子泥的加工方法.食品科技,2009,34(11):83-86.
[33]张珑.红外辐照下马铃薯片灭酶工艺优化及多酚氧化酶失活机理的研究.中国农业机械化科学研究院(D),2012.
[34]张慧雪,渠慎英.社区高血压患者饮食和运动干预效果评价.当代医学,2013,19(36):156-157.
[35]张静娴.饮食防治糖尿病的4个新发现.求医问药,2013(6):6-7.
[36]张平.中式烹饪的科学化与营养化.新课程学习·上旬,2013(10):149.
[37]张学慧.运动干预对2型糖尿病病人血管功能的影响.护理研究,2012,26(6):1485-1486.
[38]张元国.防癌饮食8大提醒.大众健康,2013(1):94-95.
[39]赵建民.中国饮食文化.北京:中国轻工业出版社,2012:15-50.
[40]赵中.糖尿病饮食治疗的临床效果观察.临床合理用药,2013,6(6):20-21.
[41]郑立红,李凤英,肖月娟.枸杞在低温香肠中的应用.河北科技师范学院学报,2012,26(1):50-53.
[42]郑立红,侍朋宝,杜连奇,等.枸杞菜营养挂面的研制.食品工业科技,2012,33(9):222-227.
[43]郑娜,王磊,李俊霞.癌症的饮食防治.医药前沿,2013(26):307.
[44]郑贤孟,杨文鸽,徐大伦.木瓜蛋白酶嫩化秘鲁鱿鱼肉工艺条件的研究.食品工业科技,2013,34(16):203-206.
[45]《中国成人血脂异常防治指南》制订联合委员会.中国成人血脂异常防治指南.北京:人民卫生出版社,2007:13.
[46]周津津.纯天然功能性橘子纤维在食品品质提升成本节约和营养强化方面的应用.中国食品添加剂,2010,192-196.
[47]Ejtahed H S, Mohtadi-Nia J, Homayouni-Rad A, et al. Effect of probiotic yogurt containing *Lactobacillus acidophilus* and *Bifidobacterium lactis* on lipid profile in individuals with type 2 diabetes mellitus. J Dairy Sci.,2011,94(7):3288-3294.
[48]Guillerminet F, Beaupied H, Fabien-Soulé V, et al. Hydrolyzed collagen improves bone metabolism and biomechanical parameters in ovariectomized mice: an in vitro and in vivo study. Bone,2010,46(3):827-834.
[49]Han X L, Xu Y J, Wang J B, et al. Effects of cod bone gelatin on bone metabolism and bone microarchitecture in ovariectomized rats. Bone,2009,44(5):942-947.
[50]Kawase M, Hashimoto H, Hosoda M, et al. Effect of administration of fermented milk containing whey protein concentrate to rats and healthy men on serum lipids and blood pressure. J Dairy Sci. 2000,

83(2):255-263.

[51]Lewis J R, Zhu K, Prince R L. Adverse events from calcium supplementation: relationship to errors in myocardial infarction self-reporting in randomized controlled trials of calcium supplementation. Journal of Bone and Mineral Research,2012,27(3):719-722.

[52]Paul Chubb S A. Measurement of C-terminal telopeptide of type Ⅰ collagen(CTX) in serum. Clinical Biochemistry,2012,45(12):928-935.

[53]Pietrasik Z, Shand P J. Effects of moisture enhancement, enzyme treatment, and blade tenderization on the processing characteristics and tenderness of beef semimembranosus steaks. Meat Science,2011,88(1):8-13.

[54]Prelevic G M, Kocjan T, Markou A. Hormone replacement therapy in postmenopausal women. Minerva Endocrinologica,2005,30(1):27-36.

[55]Rodan G A, Martin T J. Therapeutic approaches to bone diseases. Science, 2000, 289(5484): 1508-1514.

[56]Ruas-Madiedo P, Gueimonde M, Margolles A, et al. Exopolysaccharides produced by probiotic strains modify the adhesion of probiotics and enteropathogens to human intestinal mucus. J Food Protect 2006, 69:2011-2015.

[57]Ruas-Madiedo P, Medrano M, Salazar N, et al. Exopolysaccharides produced by Lactobacillus and Bifidobacterium strains abrogate in vitro the cytotoxic effect of bacterial toxins on eukaryotic cells. J Appl Microb. 2010,109:2079-2086.

[58]Stevenson J C. Justification for the use of HRT in the long-term prevention of osteoporosis. Maturitas, 2005,51(2):113-126.

[59]Xie N, Cui Y, Yin Y N, et al. Effects of two Lactobacillus strains on lipid metabolism and intestinal microflora in rats fed a high-cholesterol diet. BMC Complement Altern Med. 2011,11:53-64.

[60]Zhang C, Zhang M, Wang S, Zhao L et al. Interactions between gut microbiota, host genetics and diet relevant to development of metabolic syndromes in mice. ISME J,2010,4(2):232-241.

第二篇 美食色香味的化学基础

第3章 食物的颜色与变化

本章内容提要：食物的颜色是人的第一感觉，食物的颜色与风味、营养具有密切的联系，同时颜色在决定美食的质量、满足人的食欲等方面具有重要的地位。本章将从食物色泽在食品中的重要性及研究意义，食物呈色机理及物质基础，美食制作过程中色泽的变化及原理和控制方法等作全面的论述。通过本章的学习使读者充分了解食品色泽产生的本质及食品色泽变化的原理，理解食品色泽及其变化与营养和健康的关系，对食品色泽变化原理的了解可有效控制食品的颜色。

绪 论

物质的颜色是因为其能够选择性地吸收和反射不同波长的可见光，被反射的光作用在人的视觉器官上产生的感觉。食品中能够吸收或反射可见光进而使食品呈现各种颜色的物质统称为食品色素，包括食品原料中固有的天然色素、食品加工中由原料成分转化产生的有色物质和外加的食品着色剂。而食品着色剂是经严格的安全性评估试验并经准许可以用于食品着色的天然色素或人工合成化学物质。

食品的色泽是食品主要的感官质量指标之一，是决定食品品质和可接受性的重要因素。人们在接受食品的其他信息之前往往首先通过食品的颜色来判断食品的优劣，从而决定对某一食品的“取舍”。这是因为食品的颜色直接影响人们对食品品质、新鲜度和成熟度的判断。例如，水果的颜色与成熟度有关，鲜肉的颜色与其新鲜度密不可分，这种久而久之形成的概念，使得人们把食品的颜色与风味等进行了关联，看到具有心理认同感的色泽，该食品就增添几分滋味。因此，如何提高食品的色泽特征是食品生产和美食制作人员必须考虑的问题。符合热门心理要求的食品颜色能给人以美的享受，提高人们的食欲和购买欲望。

食品的色泽可以刺激消费者的感觉器官，并引起人们对味道的联想。例如红色能给人味浓、成熟和好吃的感觉，而且红色比较鲜艳，引人注目，是人们普遍喜欢的一种色泽。很多糖果、糕点和饮料都采用这种颜色，以提高产品的销售量。食品的颜色可影响人们对食品风味的感受。例如，人们认为红色饮料具有草莓、黑莓和樱桃的风味，黄色饮料具有柠檬的风味，绿色饮料具有酸橙的风味。因此，在饮料生产过程中常把不同风味的饮料赋予不同的符合人们心理要求的颜色。颜色鲜艳的食品可以增加食欲。美国学者 Birren 曾经对颜色和食欲之间的关系做过调查研究,结果表明,最能引起食欲的颜色是红色到橙色之间的颜色,淡绿色和青绿色也能使人的食欲增加,而黄绿色能使人倒胃口,紫色能使人的食欲降低。

食品的色泽主要由其所含的色素决定,如肉及肉制品的色泽主要由肌红蛋白及其衍生物决定,绿叶蔬菜的色泽主要由叶绿素及其衍生物决定。在食品的加工、贮藏过程中常常遇到食品色泽变化的情况,有时向好的方向变化,如水果成熟时颜色变得更加美丽、烤好的面包具有黄褐色的色泽,但更多的时候是向不好的方向发展,如苹果切开后切面发生的褐变以及蘑菇、土豆等的褐变是很普遍的现象;绿色蔬菜经烹调之后变为褐绿色、生肉在存放中失去新鲜的红色而变褐。食品色泽的变化大多是由于食品色素的化学变化所致,因此认识不同的食品色素对于控制食品色泽具有重要的意义。

在食品加工中,食品色泽的控制通常采用护色和染色两种方法。从影响色素稳定性的内、外因素出发,护色就是选择具有适当成熟度的原料,力求有效、温和、快速地加工食品,尽量在加工和贮藏中保证色素少流失、少接触氧气、避光、避免强酸强碱条件、避免过热、避免与金属接触及利用适当的护色剂处理等,使食品尽可能保持原有的色泽。染色是获得和保持食品理想色泽的另一类常用的方法。食品着色剂可通过组合调色产生各种美丽颜色,而且其稳定性比食品固有色素好,因此在食品加工中应用起来十分方便。然而,从营养安全的角度考虑,食品染色并无必要,因为某些食品着色剂的使用不当会产生毒副作用。因此,必须遵照食品卫生法规和食品添加剂的使用标准,严防滥用着色剂。

第一节　食物色泽的功能与研究意义

一、食物色泽的功能

食品与颜色是密切相关的,评价食品感官质量的基本参数就是色、香、味和形,这 4 个基本参数构成食品感官的统一体。在这几个基本参数中,颜色又排在了首位。这是因为视觉是人接收信息的最重要因素之一,所以颜色对食品的影响最大,是评价食品的一个重要技术指标,人们在接受食品其他信息之前,往往首先通过色泽来判断食品的优劣。从而决定对某一种食品的“取舍”。感官直接影响人们对食品品质优劣、新鲜与否和成熟度的判断。因此如何提高食品的色泽特征,是食品生产和加工者首先要考虑的问题。符合人们感官要求的食品能给人以美的感觉,提高人的食欲,增强购买欲望,生产出符合人们饮食习惯具有纯天然色彩的食品,对提高食品的应用和市场价值具有重要的意义。

(一)食物颜色的联想

在人们通常的思维中,不同的颜色有了不同的象征意义。并对人的心理有一定的暗示作用。当人们看到某种颜色时,通常会产生不同的联想。

(二)食物颜色对感官的作用

不同的食品有不同的颜色,食品着色剂的主要功能就是赋予食品以色彩,给消费者感官上的刺激,并引起味道的联想。对于天然食品来说常见的颜色对感官的作用大致如表3-1所示。

表3-1　色彩对人思维的作用

颜色	色彩的联想	象征的意义	运用的效果
红	果实、热烈、鲜花、甘美、成熟等	胜利、血、火	兴奋、刺激
橙	甜美、愉悦、活跃、芳香、健康等	美食、火、太阳	欢快、朝气蓬勃
黄	光明、希望、活跃、欢快、丰收等	阳光、黄金、收获	华丽、富丽堂皇
绿	安全、舒适、青春、新鲜、宁静等	和平、春天、健康	友善、舒适
蓝	智慧、开朗、深邃、清爽、伤感等	信念、海洋、天空	冷静、智慧、深邃
紫	甜柔、高贵、豪华、悲哀、神秘等	忏悔、阴柔	神秘、纤弱
白	纯洁、洁净、冰雪、清晰、透明等	贞洁、光明	纯洁、清爽
黑	成熟、安宁、庄重、压抑、愁感等	夜色、高雅、稳重	高贵典雅、深沉

1. 红色　红色由于成熟果实的颜色多为红色,如红色的苹果、荔枝、樱桃、草莓等。而且这些果实的滋味都非常甘美,且越红越好吃。因此红颜色的美食能刺激人的购买欲,该色色度饱满艳丽,是一种人们所喜欢的色彩。

2. 黄色　黄色是食品中最常见的颜色,有些水果成熟后呈现黄颜色,如芒果、香蕉、橘子等。谷物类食品经烘烤后也成为黄色并散发出食品的香气。因此黄色通常给人以芳香成熟、可口、食欲大增的感觉、焙烤食品、水果罐头、人造奶油等食品经常采用这种颜色。此外,在食品中的黄颜色还可给人以清淡味道的感觉。它与红颜色相比,更具有清纯的味道。当几种颜色放在一起比较时,一般人都认为黄颜色更清淡一些。这说明颜色对于味道感觉是有作用的。但黄颜色在使用不当时,会使食品缺乏新鲜感,因此在使用时需要特别注意。

3. 橙色　橙色的波长仅次于红色。是黄色和红色混合后的颜色,因此橙色兼有红、黄两种颜色的优点。在水果中,以成熟橙子的外观颜色为代表。这种颜色可以给人非常强烈的甘甜成熟、醇美的感觉、由于橙子等水果的颜色多为这种颜色,因此,许多饮料、水果罐头等食品也都采用这种颜色。

4. 绿色　自然界的大部分植物都是绿色,在阳光中绿色也占50%以上。食物中大多数蔬菜的颜色都是绿色,绿色给人以新鲜、清爽的感觉,多用于蔬菜汁、果酒、蔬菜类罐头以及一些苹果汁当中。通常绿色给人的感觉是新鲜、生、凉、酸,所以一般的点心、糕饼以及非蔬菜类的罐头当中不采用,而多在蔬菜中采用,以引起食欲。

5. 蓝色　蓝色是心理上的冷色,与绿色给人的感觉类似,但由于在自然界中蓝色的食品类型比较少,因此这种颜色在食品中应用较少,通常可以作为调色使用。单独应用时需特别注意,否则容易使人产生厌烦的感觉,减少食欲。

6. 咖啡色　咖啡色主要源于咖啡的颜色,这种颜色可以给人以风味独特、质地浓郁的感觉。通常在制作咖啡、茶叶、啤酒、巧克力、饮料、糕点等产品时采用这种颜色。

7. 白色　白色是纯粹和洁白的象征,常使人联想到冰雪、牛奶、白莲、白糖、食盐、味精等产品。因此常用于与此相关的饮料等食品中。

此外，还可以利用食品的颜色改善人们的饮食心理。如可以利用一些有悖于人们心理的色彩来提醒人们注意某些食品或减少某些食品的食用。国外的有些食用盐产品中就有彩色盐，提醒人们不要食用量过多，否则可能会引起疾病。

（三）食物的颜色与营养

食物的颜色除了影响人们对食品性质、特征的判断外，天然食品的颜色还能反映出其一定的成分，有一些非常有益的营养成分，对人体的健康非常有利，如白色的谷类中多含有碳水化合物、植物蛋白、植物油成分。是热能的主要来源，同时提供 B 族维生素。如燕麦粉、白米、白面、白薯等。其中燕麦粉、燕麦片还能降低胆固醇、甘油三酯，对糖尿病、减肥有好处。红色食物中多含动物蛋白、脂肪、不饱和脂肪酸、维生素、微量元素等成分。如各种肉类、红薯、西红柿、红辣椒等。其中西红柿、红薯是脂溶性的，有利于降低脂肪，辣椒还有改善情绪的作用。黄颜色的老玉米、番瓜以及红色的胡萝卜、西瓜等红黄色蔬菜中. 含有较多的维生素 A，有利于防止近视、增加钙质。青色食品或称绿色食物中多含叶绿素、纤维素、多种维生素、微量元素等成分。如青菜、青豆、青瓜等。黑色、棕色食品中多含有调节人体功能、健身祛病的成分。如氨基酸、矿物质、B 族维生素等比较合理的营养和有利于长寿的特殊成分。如黑米、黑玉米、黑豆、黑木耳、甲鱼、乌鸡等食品。因此。对于天然食品，颜色还是衡量食品质量标准的重要依据之一。

（四）食物的颜色与食欲

颜色鲜艳的食物还能增加人的食欲。美国人曾经对颜色与食欲之间的关系做过调查和研究，结果表明，最能引起食欲的颜色是从红色到橙色，黄色与橙色之间有一个低谷；而过了黄色的黄绿色是一种使人倒胃口的颜色；淡绿色、青绿色又使人的食欲增加，紫色又使食欲降低，如图 3-1 所示。

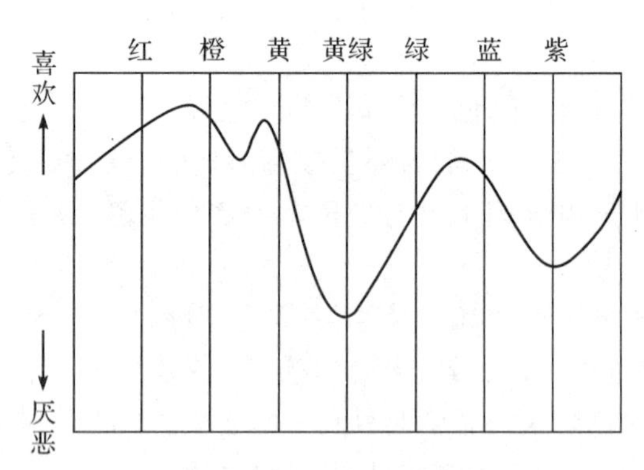

图 3-1　食品颜色与食欲的关系

这些颜色对人的食欲引起的心理感觉，实际上与人长期以来对食品的喜好有关，如红色的苹果、橙色的蜜橘、粉红的桃子、黄色的蛋糕、嫩绿的蔬菜都给人以好吃的感觉，而一些腐败变质的食品颜色会使人产生厌烦的感觉。因此，一些不太鲜亮的颜色给人的印象一般不好，即使同一种颜色用在不同的食品上也会使人产生不同的感觉，如紫色的葡萄汁会受到人们的欢迎，而没有人会对紫色的牛奶感兴趣；实际上，当人们看到某种颜色时，通常与某些实际的食物联系起来，从而形成一定的喜好，日本学者曾对此作了调查，其结果如表3-2所示。

表3-2 食品颜色与感觉的关系

颜色	感官印象	颜色	感官印象
白色	有营养、清爽、卫生、柔和	奶油色	甜、滋养、爽口、美味
灰色	难吃、脏	黄色	滋养、美味
粉红色	甜、柔和	暗黄	不新鲜、难吃
红色	甜、滋养、新鲜、味浓	淡黄绿	清爽、清凉
紫红	浓烈、甜、暖	黄绿	清爽、新鲜
淡褐色	难吃、硬、暖	暗黄绿	不洁
橙色	甜、滋养、味浓、美味	绿	新鲜
暗橙色	陈旧、硬、暖		

注：本表摘自阚建全《食品化学》。

除了人们共同喜好的食品颜色外，同一种食品的颜色还受地域、民族以及生活习惯的影响，在感觉上略有不同。此外，人的食欲还受到饮食环境的影响。国外的一些快餐企业就专门研究了饮食环境和人们饮食喜好之间的关系，研究结果发现，当环境的颜色以黄、红两种颜色为主调时，具有增进食欲的作用；这是因为这两种颜色与一些食品的颜色相似，例如面包和烧肉。同时，这两种颜色还能缩短食客的就餐时间，快餐店以提供快餐为主，当然不喜欢客户呆在餐厅内太长时间。这两种颜色有一种不稳定感，有利于让食客加快吃饭速度，及时退出座位；国外一些著名餐饮企业的装修，包括麦当劳和肯德基，都大量地采用了黄、红两种颜色为店内的主调颜色。

二、食物色泽的研究意义

食物的颜色是人们在探究某一种食品之前给人的第一信息，会对食品的食用造成十分重要的心理暗示和影响，是食品的重要特性之一。研究食品颜色的目的就是要利用先进的生产技术和方法为广大人民群众加工生产出更多更好的食品。生产和加工出多种多样、丰富多彩的食品是加工生产者的责任，也是食品企业提高经济效益的良好增长点，因此研究食品色泽具有非常重要的意义。

(一)食物颜色对人们饮食的影响

人们对食物的颜色一直十分重视，很久以前人们就已经发现良好的食物色彩可以增加食欲。当然过于鲜艳的颜色有时会给人以假象的感觉，破坏人的食欲。经过研究发现，食品的颜色与风俗习惯、修养和种族、区域和季节都有很大的关系，从而导致不同的人对同一种食品色泽的感受差别也很大。

在开发新食品时，选择合适的色素对增加香料的效果也十分重要。不同的颜色对香料的感知是不一样的，国外一些学者曾经做过实验证明了这一点，如表3-3所示。从表中可以看出，不同的颜色对食品的味也起到一定的作用，错误的配色还有可能导致感官对食品味道的错误判断。

表 3-3 香精与配色的冰淇淋感官试验结果

香精	配色	从色联想的水果	对香料的正确答率/%	因颜色引起的误答率/%
橘子	橙黄色	橘子	99	
	无色	无	47	42
	紫色	葡萄	21	52
菠萝	淡黄	菠萝	55	30
	无色	无或菠萝	40	30
	桃红	草莓	11	84
酸橙	绿色	酸橙	75	15
	无色	无	65	18
	紫色	葡萄	26	53
葡萄	紫色	葡萄	84	11
	无色	无	37	40
巴旦杏	黄绿色	巴旦杏	60	10
	无色	无	53	16
	绿	开心果	30	60
柠檬	淡黄	柠檬	90	
	无色	无	35	40
	桃红色	草莓	13	47

注:数据摘自曹雁平《食品调色技术》。

在食品的加工过程当中,还切忌为了追求利润而对食品颜色进行违反食品添加剂使用要求的过量添加或违规添加。如有些生产厂商为了使馒头或面粉变白,采用不适当的漂白处理或过量添加增白剂,或对一些食品使用过量的色素进行染色以得到色泽美观的食品。这些做法都严重地侵害了消费者的利益,违反了食品生产者的职业道德,已经不属于食品生产加工中正常和规范的加工,应严格加以制止并坚决打击。

(二)食物颜色在食品品质检测中的新应用

成熟的食品具有特殊的色泽。利用食品的色泽和光学特性可以进行食品品质的检测、食品品质的测定有许多种方法。如可以利用机械的方式对食品进行品质测定。也可以通过加热的方式对含水量等性质进行测定。但这些测定一般不仅费时费事,而且都是破坏性的测定、经检测的食品往往受力或变形后不能再利用,所以在生产线上很难实现全面、迅速的检测、而利用食品的颜色旋光性质进行测定,最大优点就是可以实现对食品快速、无破坏、无损伤检测。其方法优点是:①可对全部食品进行检查,并可以对同一试样进行多种性质的测定;②测定时间短,适合于在生产中进行现场品质检测和试样分析。因此利用食品的光物性对食品进行检测,得到了迅速的推广和应用。特别是随着生物学和信息技术的不断发展,各种高新的技术方法不断得到开发和利用,为食品的无损伤快速检测奠定了基础。图3-2表示的是利用各种技术对食品进行检测的方法。

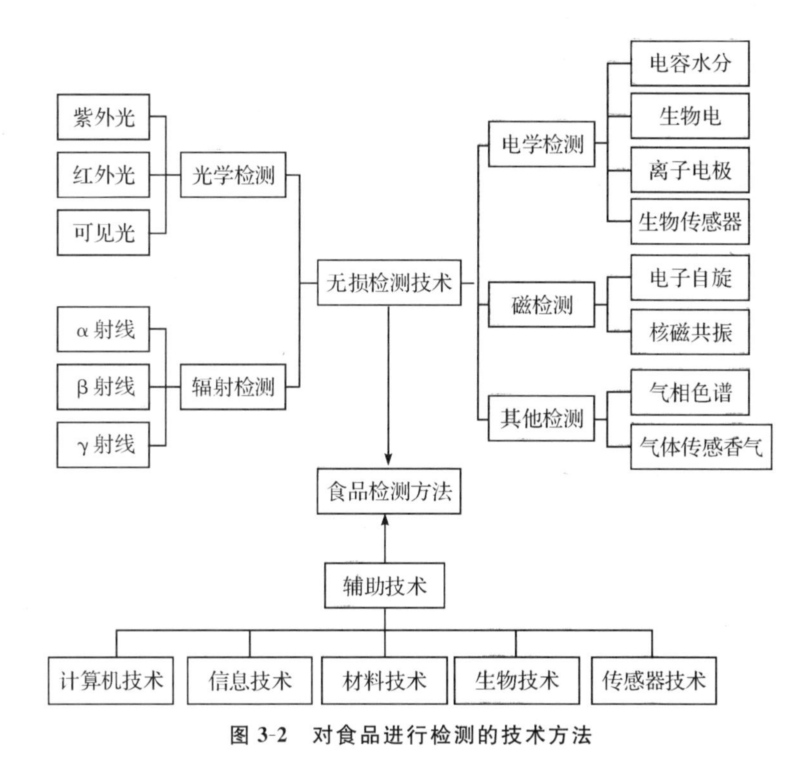

图 3-2　对食品进行检测的技术方法

利用食品的光学特性对食品进行分析和检验，可以大幅度地提高食品分析和检验的效率，减少食品的损失，并可以实现连续化的生产方式，对于食品的加工和贮存以及销售都有着较好的应用前景，可以产生巨大的经济效益和社会效益。随着信息技术和高新技术在食品领域应用的不断深入和普及，相信会有更多更好的方法应用在食品当中，对食品的生产会产生积极的作用。

第二节　食品的呈色

一、发色机理

自然光是由不同波长的电磁波组成的，波长在 400～800μm 内的称可见光，在可见光区内不同波长的光显示不同的颜色。食品处于自然光下由于其中的色素分子吸收了自然光中某波长的光，反射或透过未被吸收的光（互补色）而呈现不同的颜色（如表 3-4）。

色素对光的选择吸收可以通过分光光度计来测量，在得到的吸收光谱图中可以看到每一种化合物分子在一定的波长范围内有其最大的吸收峰。如橙黄色化合物在 500nm 附近有最大吸收峰，而 500nm 的光是蓝绿色，蓝绿色的光被吸收，这个化合物显示的颜色是其吸收光的互补色-橙黄色。光的波长越短，能量越高。物质分子的键型主要为 δ-键和 π-键，激发 δ-键所需的能量较高，所以其吸收波段在波长较短的紫外区（波长 100～200nm），因此由 δ-键形成的有机物是无色的。π 键中电子激发所需能量较低，因此含 π 键的化合物的吸收波长在紫外区(200～400nm)或可见光区(400～800nm),能够在紫外及可见区内吸光的基团称为生色基,如:—C═C—C═O,—CHO,—COOH,—N═N—N═O—,—NO_2。分子中含有一个生色基的物质,吸收波长为200～400nm,是无色的。当分子中含有2个或多个共轭的生色基时,共轭体系中激发π电子所需能量降低,光的吸收移向长波波段。共轭体系越长,则最大吸收峰的波长越长。当被物质吸收光的波长移至可见光区域时,该物质便显色。如维生素A中有5个共轭双键,呈淡黄色,β-胡萝卜素可以分解成2分子维生素A,分子有11个共轭双键,呈橙色。有些基团如—OH、—OR、—NH、—NR_2、—Cl等,它们本身的吸收波长在远紫外区,但这些基团与共轭双键或生色基相连时可使分子的吸收波长移向长波方向。这些基团叫助色基。在许多色素分子中,助色基的个数或取代位置的不同,使得色素的颜色不同。如花青素类色素,在2-苯基苯并吡喃母体上取代了多个—OH和—OCH_3,这些助色基位置和个数的不同,产生了一系列姹紫嫣红的花青色素颜色。食品中的各种色素的分子都是由发色基团和助色基团组成的。色素的颜色取决于它们的分子结构。

表3-4 不同波长光的颜色及其互补色

物质吸收的光		反射或透过的光(肉眼见到的颜色)
波长/nm	相应的颜色	
400	紫	黄绿
425	蓝青	黄
450	青	橙黄
490	青绿	红
510	绿	紫
530	黄绿	紫
550	黄	蓝青
590	橙黄	青
640	红	青绿
730	紫	绿

二、食品的色素

食品中呈色物质叫食用色素。食品的色素按来源不同,可分为天然色素和人工合成色素两大类。其中人工着色剂又分为天然动植物和微生物色素及合成色素两类。

(一)食品原料中的天然色素

食用天然色素主要是从植物组织中提取,也包括来自动物和微生物的一些色素,品种甚多。食用天然色素的优点是人们对其安全感比合成色素高,尤其对来自水果、蔬菜等食物的天然色素更是如此,故近来发展很快,各国许可使用的色素品种和用量均在不断增加。食用天然色素的缺点是它们的色素含量和稳定性等一般不如人工合成品。综观我国近十年来的食品着色剂发展趋势;虽然化学合成的着色剂在许可使用范围和使用量内,不会对人体健康带来危害,但在崇尚天然和回归自然的今天,化学合成着色剂的使用量正逐年下降,而天然着色剂正越来越受欢迎。例如,1991年我国生产的天然色素共38种,产量仅为2200吨。但

2000年天然着色剂的品种增加至46种，产量达25万吨，且多属功能性着色剂。根据不同的标准又可将天然色素进行不同的分类。

(1)按来源不同：动物色素(如血红素、类胡萝卜素)、植物色素(如叶绿素、胡萝卜素、花青素等)、微生物色素(如红曲霉的红曲素)等。植物色素最为缤纷多彩，是构成食品色泽的主体。

(2)按溶解性不同：脂溶性色素(叶绿素、类胡萝卜素等)和水溶性色素(花青素)。

(3)按化学结构：吡咯色素、多烯色素、酚类色素和醌酮类色素。

(4)按色泽来分：红紫色系列(如甜菜红色素、高粱红色素、红曲色素等)、黄橙色系列(如胡萝卜素、姜黄素、玉米黄素、核黄素等)和蓝绿色素(如叶绿素、藻蓝素、栀子蓝色素等)。

1. 叶绿素(Chlorophylls)

结构与性质　叶绿素是绿色植物的主要色素，存在于叶绿体中类囊体的片层膜上，在植物光合作用中进行光能的捕获和转换。叶绿素是由叶绿酸、叶绿醇和甲醇缩合而成的二醇酯。高等植物中的叶绿素有a、b两种类型，其区别仅在于3位碳原子(图3-3中的R)上的取代基不同；取代基是甲基时为叶绿素a(蓝绿色)，是醛基时为叶绿素b(黄绿色)，二者的比例一般为3∶1，其分子结构见图3-3。叶绿素不溶于水，易溶于乙醇、乙醚、丙酮等有机溶剂。作为天然食品着色剂的叶绿素铜钠盐就是用碱性乙醇浸提的叶绿素经皂化等反应，再以硫酸铜处理和干燥等制得。

在活体植物细胞中，叶绿素与类胡萝卜素、类脂物及脂蛋白结合成复合体，共同存在于叶绿体中。当细胞死亡后，叶绿素就游离出来，游离的叶绿素对光、热敏感，很不稳定。因此，在食品加工储藏中会发生多种反应，生成不同的衍生物，如图3-4所示。在酸性条件下，叶绿素分子中的镁离子被两个质子取代，生成橄榄色的脱镁叶绿素，依然是脂溶性的。在叶绿素酶作用下，分子中的植醇由羟基取代，生成水溶性的脱植叶绿素，仍然为绿色的。焦脱镁叶绿素的结构中除镁离子被取代外，甲酯基也脱去，同时该环的酮基也转为烯醇式，颜色比脱镁叶绿素更暗。

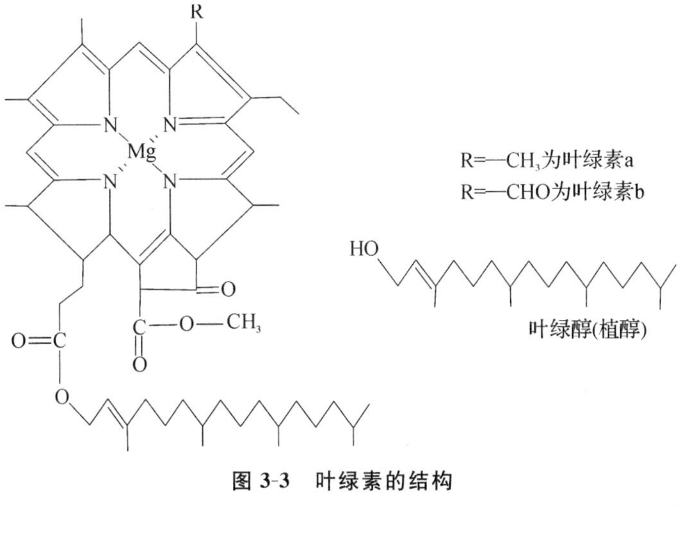

R=—CH_3为叶绿素a
R=—CHO为叶绿素b

叶绿醇(植醇)

图3-3　叶绿素的结构

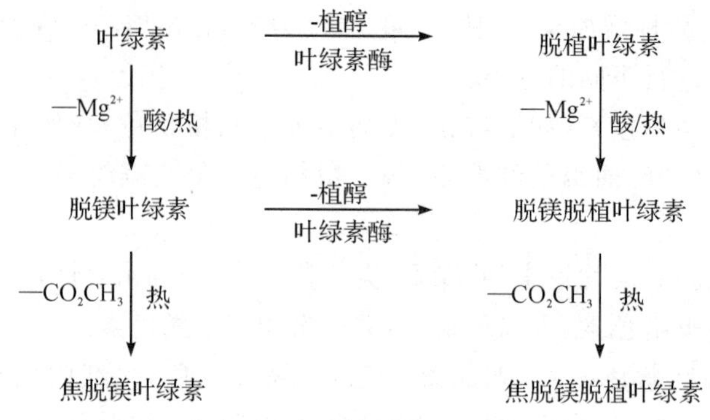

图 3-4　叶绿素的衍生物

2. 血红素(Heme)

结构与性质　血红素是存在于高等动物血液和肌肉中的主要色素，是血红蛋白和肌红蛋白的辅基。肌肉中20%以上的色素是血红素，故肌肉的颜色主要为血红素的紫红色。肌肉中的肌红蛋白是由1个血红素分子和1条肽链组成的，分子量为17000。而血液中的血红蛋白由4个血红素分子分别和四条肽链结合而成，分子量为68000。血红蛋白分子可粗略看作肌红蛋白的四连体。在活体动物中，血红蛋白和肌红蛋白发挥着氧气转运和储备的功能。

如图3-5所示。血红素是一种铁卟啉化合物，中心铁离子有6个配位键，其中4个分别与卟啉环的4个氮原子配位结合；还有一个与肌红蛋白或血红蛋白中的球蛋白以配价键相连接，结合位点是球蛋白中组氨酸残基的咪唑基氮原子；第六个键则可以与任何一种能提供电子对的原子结合。

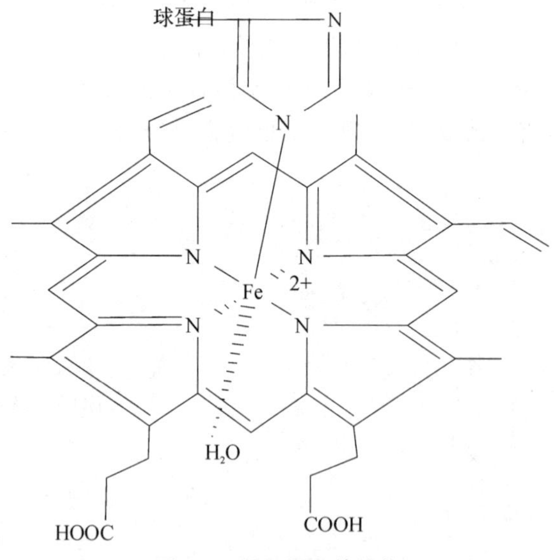

图 3-5　肌红蛋白的结构

动物屠宰放血后，对肌肉组织的供氧停止，新鲜肉中的肌红蛋白则保持还原状态，肌肉的颜色呈稍暗的紫红色。当鲜肉存放在空气中，肌红蛋白向两种不同的方向转变，部分肌红蛋白与氧气发生氧合反应生成鲜红色的氧合肌红蛋白，部分肌红蛋白与氧气发生氧化反应，生成褐色的高铁肌红蛋白。这两种反应可用图 3-6 表示。

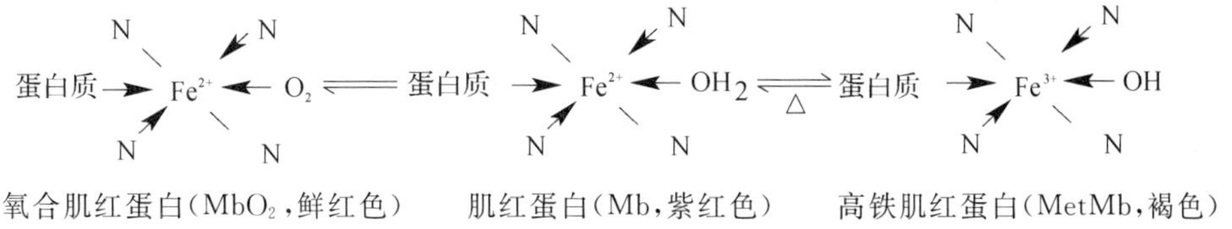

蛋白质 → Fe^{2+} ← O_2 ⇌ 蛋白质 → Fe^{2+} ← OH_2 ⇌(△) 蛋白质 → Fe^{3+} ← OH

氧合肌红蛋白（MbO_2，鲜红色）　肌红蛋白（Mb，紫红色）　高铁肌红蛋白（MetMb，褐色）

图 3-6　肌红蛋白的相互转化

3. 类胡萝卜素(Carotinoids)

结构与性质　类胡萝卜素广泛分布于生物界中，蔬菜和红色、黄色、橙色的水果及根用作物是富含类胡萝卜素的食品。类胡萝卜素可以游离态溶于细胞的脂质中，也能与碳水化合物、蛋白质或脂类形成结合态存在，或与脂肪酸形成酯。

类胡萝卜素按结构可归为两大类：一类是称为胡萝卜素的纯碳氢化合物，包括 α-、β-、γ-胡萝卜素及番茄红素；另一类是结构中含有羟基、环氧基、醛基、酮基等含氧基团的叶黄素类，如叶黄素、玉米黄素、辣椒红素、虾黄素等。图 3-7 是一些常见类胡萝卜素的结构。从中可以看出，类胡萝卜素的基本结构是多个异戊二烯结构首尾相连的大共轭多烯，多数类胡萝卜素的结构两端都具有环己烷。

类胡萝卜素是脂溶性色素，胡萝卜素类微溶于甲醇和乙醇，易溶于石油醚；叶黄素类却易溶于甲醇或乙醇中。由于类胡萝卜素具有高度共轭双键的发色基团和含有—OH 等助色基团，故呈现不同的颜色。但分子中至少含有 7 个共轭双键时才能呈现出黄色。食物中的类胡萝卜素一般是全反式构型，偶尔也有单顺式或二顺式化合物存在。全反式化合物颜色最深，若顺式双键数目增加，会使颜色变浅。类胡萝卜素在酸、热和光作用下很易发生顺反异构化，所以颜色常在黄色和红色范围内轻微变动。

α-胡萝卜素

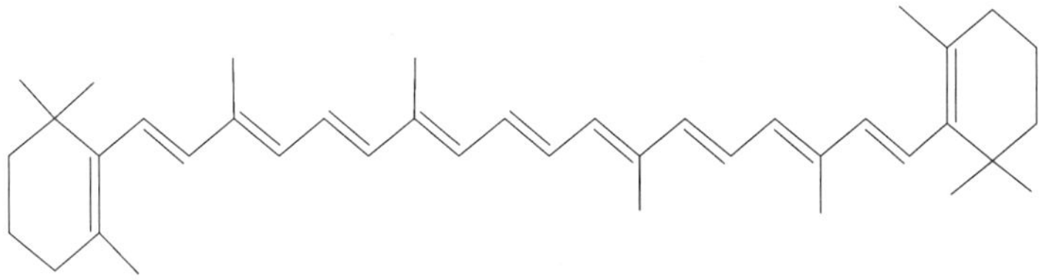

β-胡萝卜素

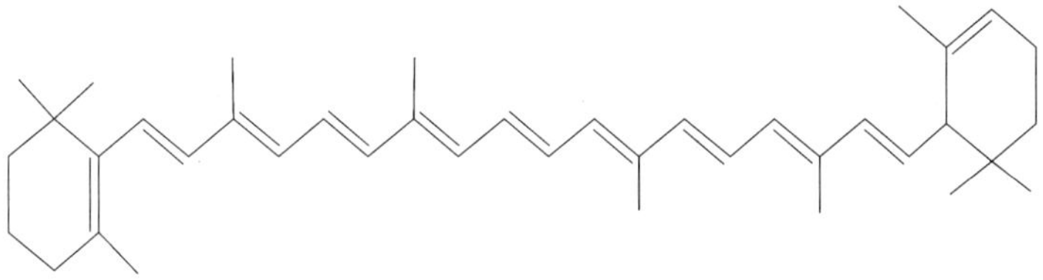

γ-胡萝卜素

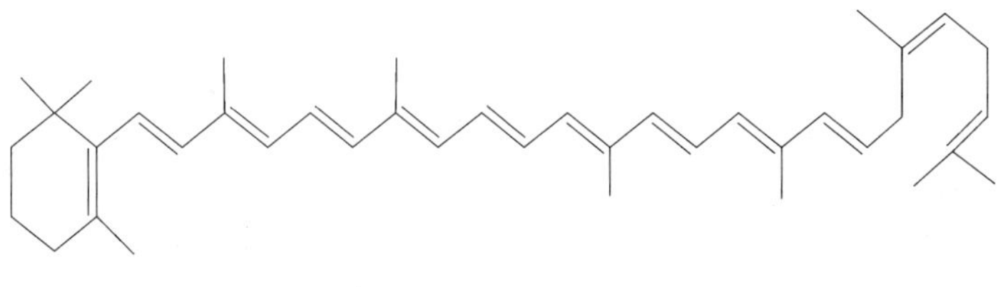

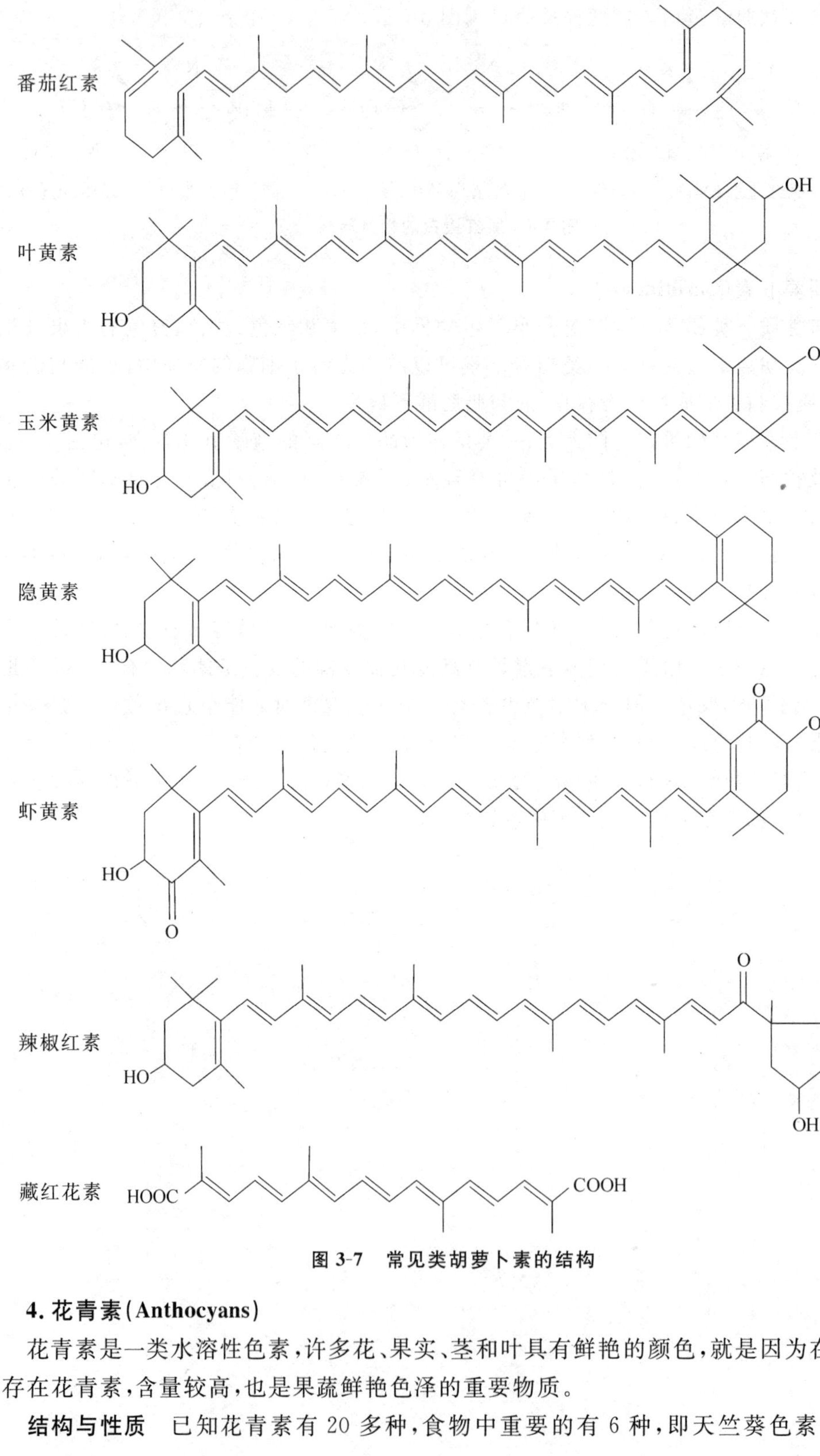
番茄红素
叶黄素
OH
HO
玉米黄素
OH
HO
隐黄素
HO
虾黄素
O
OH
HO
O
辣椒红素
O
HO
OH
藏红花素
HOOC
COOH

图 3-7 常见类胡萝卜素的结构

4. 花青素(Anthocyans)

花青素是一类水溶性色素，许多花、果实、茎和叶具有鲜艳的颜色，就是因为在其细胞液中存在花青素，含量较高，也是果蔬鲜艳色泽的重要物质。

结构与性质 已知花青素有 20 多种，食物中重要的有 6 种，即天竺葵色素、矢车菊色素、飞燕草色素、芍药色素、牵牛花色素和锦葵色素。

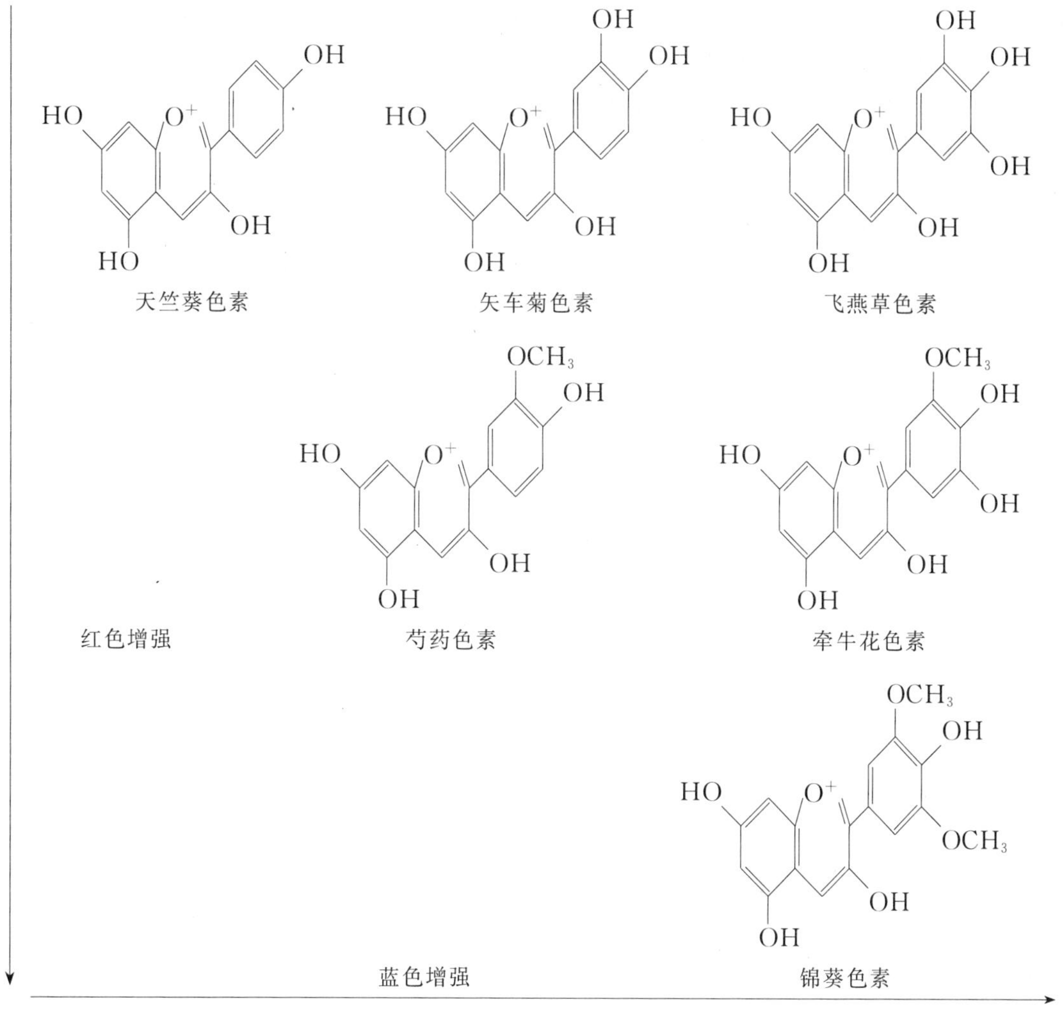

天竺葵色素　矢车菊色素　飞燕草色素

红色增强　芍药色素　牵牛花色素

锦葵色素

蓝色增强

图3-8 食品中常见花青素及取代基对其颜色的影响

花青素可呈蓝、紫、红、橙等不同的色泽，主要是结构中的羟基和甲氧基的取代作用的影响。由图3-8可见，随着羟基数目的增加，颜色向紫蓝方向增强，随着甲氧基数目的增加，颜色向红色方向变动。

自然状态的花青素都以糖苷形式存在，称花青苷，很少有游离的花青素存在。花青素的基本结构是带有羟基或甲氧基的2-苯基苯并吡喃环的多酚化合物，称为花色基原。花色基原可与一个或几个单糖结合形成花青苷类物质，其中的糖基部分一般为葡萄糖、鼠李糖、半乳糖、木糖和阿拉伯糖等；这些糖基有时被有机酸酰化，有机酸主要有对香豆酸、咖啡酸、阿魏酸、丙二酸、对羟基苯甲酸等。花青苷比花青素的稳定性强，且花色基原中甲氧基多时稳定性比羟基多时高。

花青素和花青苷主要在蔬菜特别在一些水果中存在比较普遍，含量也较高，也是果蔬原料产生鲜艳色泽的重要物质，也是具有重要营养与生理功能的天然产物，这些功能包括较强的抗氧化活性，清除人体中的氧自由基；另外，据研究报道，花青素在保护大脑中枢神经系统、增进皮肤光滑度、抑制炎症和过敏以及改善关节的柔韧性等方面发挥重要功能。

5. 黄酮类色素(Flavonoids)

结构与性质 黄酮类色素是广泛分布于植物组织细胞中的一类水溶性色素，常为浅黄或无色，偶为橙黄色；构成黄酮类色素的母核，其显著特征是含有2-苯基苯并吡喃酮，结构式如图3-9所示。天然黄酮类化合物因其母核结构上的不同碳位上常含有羟基、甲氧基、烃氧基和异戊烯氧基等助色团作为取代基，使该类化合物多显黄色，即成为黄酮类色素。

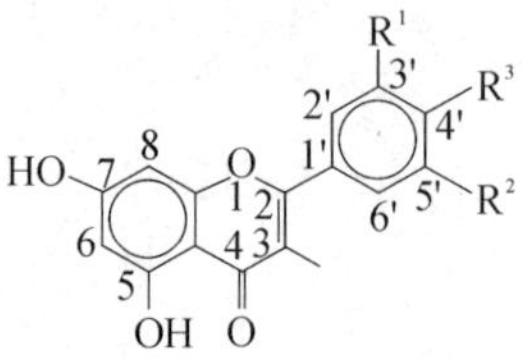

图3-9 黄酮类色素母核的结构

食品原料中常见黄酮类色素的结构如图3-10所示。黄酮类多以糖苷的形式存在，成苷位置一般在母核的4,5,7,3′碳位上，其中以C-7位最常见；成苷的糖基包括葡萄糖、鼠李糖、半乳糖、阿拉伯糖、木糖、芸香糖、新橙皮糖和葡萄糖酸。

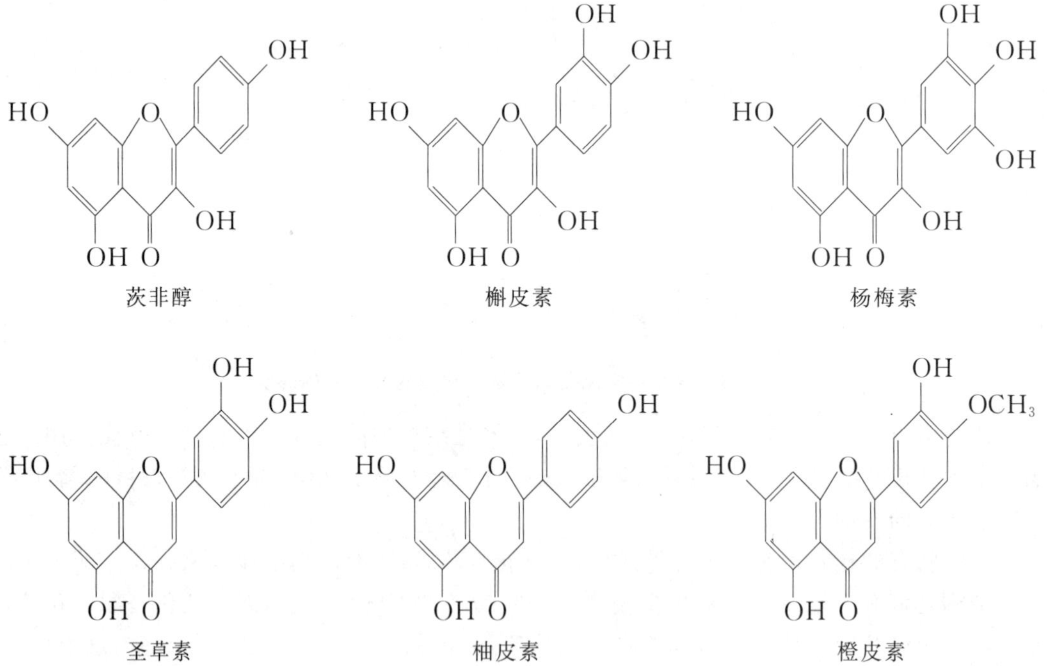

茨非醇　　槲皮素　　杨梅素

圣草素　　柚皮素　　橙皮素

图3-10 常见黄酮类色素的结构

槲皮素广泛存在于苹果、梨、柑橘、洋葱、茶叶、啤酒花、玉米和芦笋等原料之中。苹果中的槲皮素苷是3-半乳糖苷基槲皮素，称为海棠苷；柑橘中的芸香苷是3-β-芸香糖苷基槲皮素；玉米中的异槲皮素为3-葡萄糖苷基槲皮素；圣草素在柑橘类果实中含量最多。柠檬等水果中的7-鼠李糖苷基圣草素称为圣草苷，是维生素P的组成之一。柚皮素在C-7处与新橙皮糖成苷，称柚皮苷，味极苦。其在碱性条件下开环、加氢形成二氢查耳酮类化合物时，则是一种甜味剂，甜度可达蔗糖的2000倍。橙皮素大量存在于柑橘皮中，在C-7位处与芸香糖成苷称橙皮苷，在C-7处与β-新橙皮糖成苷，称为新橙皮苷。红花素是一种查耳酮类色素，存在于菊科植物红花中，自然状态下与葡萄糖形成红色的红花酮苷，当用稀酸处理时转化为黄色的异构体异红花苷。

黄酮类色素的类似物还有：黄酮醇、查尔酮、黄烷酮、双黄酮等衍生物，其中部分物质的结构见图3-11。

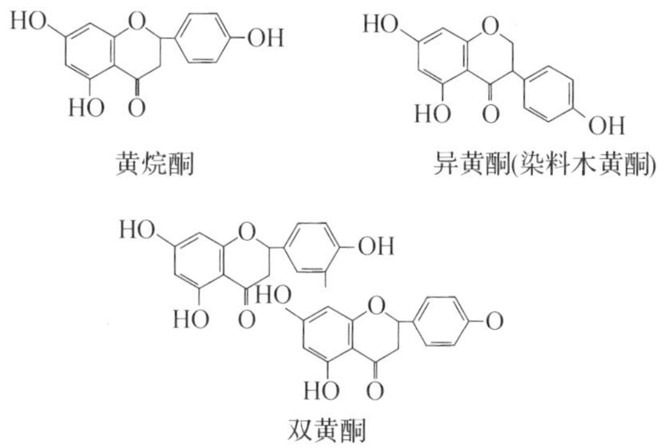

HO　O　OH　HO　O　O
黄烷酮

HO　O　HO　O　OH
异黄酮(染料木黄酮)

HO　O　OH　HO　O　HO　O　O　HO　O
双黄酮

图3-11　部分类黄酮类物质

功能与制备方法　黄酮类物质又称维生素P，具有抗氧化及抗自由基作用，可用于延缓衰老，预防和治疗癌症、心血管病等退变性疾病，提高机体免疫力，具有很大的开发应用价值。食品工业中利用柑橘皮、芦笋加工的下脚料可制成药用芦丁，是良好的降血压用药。

黄酮类物质因其结构和来源的不同，溶解特性差异也很大，应根据其极性和水溶性的大小选择合适的溶剂进行提取。甲醇和乙醇是常用的提取溶剂，20%～25%的高浓度醇适于提取苷元，60%左右浓度的醇适于提取苷类。提取次数一般是2～4次，可用冷浸法或加热抽提法提取。

黄酮类物质的分离纯化方法很多，有柱层析、薄层层析、溶剂萃取、高效液相色谱、液滴逆流层析等，但均存在不同程度的缺点而限制了其工业化生产。目前，超临界CO_2萃取法由于具有工艺简单、无有机溶剂残留、操作条件温和等优点而倍受青睐。另外，大孔树脂吸附法具有物化稳定性高、吸附选择性好、再生简便、解吸条件温和、使用周期长等特性，可用于黄酮类物质的分离纯化。

(二)食品中的天然着色剂

天然食品着色剂是从天然原料中提取的有机物，安全性高，资源丰富。近年来天然食品着色剂发展很快，各国许可使用的品种和产量不断增加，国际上已开发的天然食品着色剂在100种以上。我国天然食品着色剂年产1万吨左右，其中焦糖色素600多吨，虫胶红、叶绿素铜钠盐、辣椒红、红曲素、栀子黄、高粱红、姜黄素等都有一定的生产量。

1. 甜菜色素(Betalaines)

甜菜色素是存在于食用红甜菜中的天然植物色素，由红色的甜菜红素和黄色的甜菜黄素所组成。甜菜红素中主要成分为甜菜红苷，占红色素的25%～75%，其余尚有异甜菜苷、前甜菜苷等。甜菜黄素包括甜菜黄素Ⅰ和甜菜黄素Ⅱ。其结构如图3-12所示，是一种吡啶衍生物。

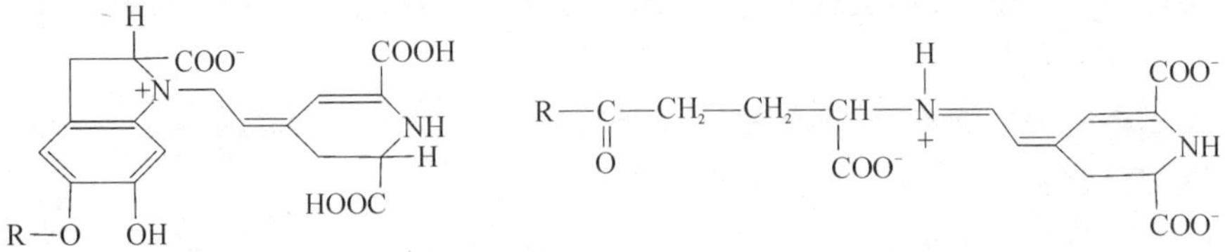

甜菜红素

甜菜红素：R=H

甜菜红苷：R=β-葡萄糖

前甜菜红素：R=6-硫酸葡萄糖

甜菜黄素

甜菜黄素Ⅰ：R'=—NH_2

甜菜黄素Ⅱ：R'=—OH

图3-12　甜菜红的结构

甜菜红素一般以糖苷的形式存在，有时也有游离的甜菜红素。甜菜红素分子在缺氧、酸性或碱性条件下很容易在C-15位上发生差向异构形成异甜菜红素。

甜菜色素易溶于水呈红紫色，在pH4.0～7.0范围内不变色；pH小于4.0或大于7.0时，溶液颜色由红变紫；pH超过10.0时，溶液颜色迅速变黄，此时甜菜红素转变成甜菜黄素。

甜菜色素的耐热性不高，在pH4.0～5.0时相对稳定，光、氧、金属离子等可促进其降解。水分活性对甜菜色素的稳定性影响较大，其稳定性随水分活性的降低而增大。

甜菜色素对食品的着色性好，能使食品具有杨梅或玫瑰的鲜红色泽，我国允许用量按正常生产需要而定。

2. 红曲色素(Monascin)

红曲色素是由红曲霉菌产生的色素，有6种结构相似的组分，均属于酮类化合物，其化学结构如图3-13所示。

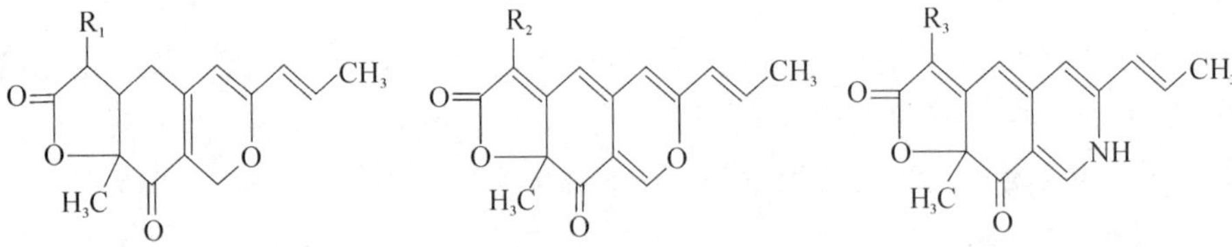

(黄色)

R_1=—COC_5H_{11}

红曲素

R_1=—COC_7H_{15}

黄红曲素

(橙色)

R_2=—COC_5H_{11}

红斑红曲素

R_2=—COC_7H_{15}

红曲玉红素

(紫色)

R_3=—COC_5H_{11}

红斑红曲胺

R_3=—COC_7H_{15}

红曲玉红胺

图3-13　红曲色素的结构

红曲色素是用水将米浸透、蒸熟，接种红曲霉菌发酵而成。用乙醇提取得到红曲色素溶液，进一步精制结晶可得红曲色素；红曲色素具有较强的耐光、耐热性，对pH稳定，几乎不受金属离子的影响，也不易被氧化或还原。

红曲色素安全性高，稳定性强，着色性好，广泛用于畜产品、水产品、豆制品、酿造食品和酒类的着色；我国允许按正常生产需要量添加于食品中。

3. 姜黄素(Curcumin)

姜黄素是从草本植物姜黄根茎中提取的一种黄色色素，属于二酮类化合物，其分子结构如图 3-14 所示。

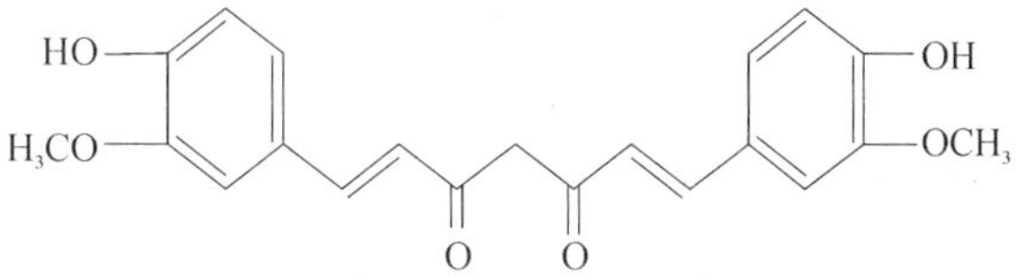

图 3-14　姜黄素的结构

姜黄素为橙黄色粉末，具有姜黄特有的香辛气味，味微苦。在中性和酸性溶液中呈黄色，在碱性溶液中呈褐红色。不易被还原，易与铁离子结合而变色。对光、热稳定性差。着色性较好，对蛋白质的着色力强。可以作为糖果、冰淇淋等食品的增香着色剂，我国允许的添加量因食品而异，一般为 0.01g/kg。

4. 虫胶色素(Lac Dye)

虫胶色素是一种动物色素，它是紫胶虫在蝶形花科黄檀属、梧桐科芒木属等寄生植物上分泌的紫胶原胶中的一种色素成分。在我国主要产于云南、四川、台湾等地。

虫胶色素有溶于水和不溶于水两大类，均属于蒽醌衍生物。溶于水的虫胶色素称为虫胶红酸，包括 A、B、C、D、E 五种组分，结构如图 3-15 所示。

虫胶红酸A,B,C,E

A：R=—$CH_2CH_2NHCOCH_3$,

B：R=—CH_2CH_2OH,

C：R=—$CH_2CH(NH_2)COOH$,

E：R=—$CH_2CH_2NH_2$

虫胶红酸D

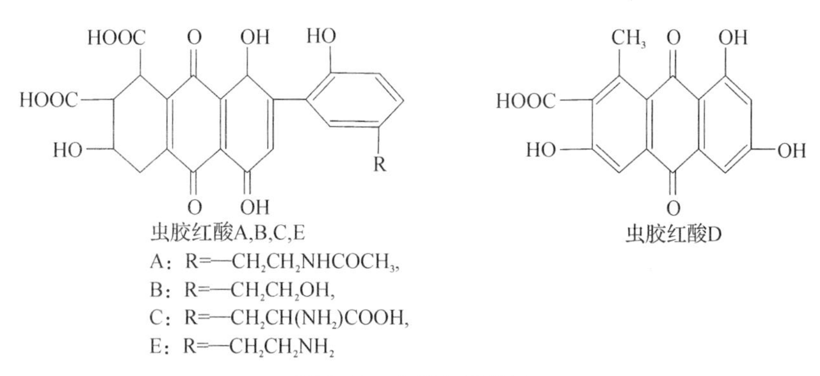

图 3-15　虫胶红酸结构

虫胶红酸为鲜红色粉末，微溶于水，易溶于碱性溶液。溶液的颜色随 pH 而变化，pH 小于 4 为黄色，pH4.5～5.5 为橙红色，pH 大于 5.5 为紫红色。虫胶红酸易与碱金属以外的金属离子生成沉淀，在酸性时对光、热稳定，在强碱性溶液(pH＞12)中易褪色，常用于饮料、糖果、罐头着色，我国允许的最大使用量为 0.5g/kg。

5. 焦糖色素(Caramel)

焦糖色素也称酱色，是蔗糖、饴糖、淀粉水解产物等在高温下发生不完全分解并脱水聚合而形成的红褐色或黑褐色的混合物。如蔗糖，在 160℃下形成葡聚糖和果聚糖，在 185～120℃下形成异蔗聚糖，在 200℃左右聚合成焦糖烷和焦糖烯，200℃以上则形成焦糖块，酱色即上述各种脱水聚合物的混合物。

焦糖色素具有焦糖香味和愉快的苦味，易溶于水，在不同 pH 下呈色稳定，耐光、耐热性均好，但当 pH 大于 6 时易发霉。焦糖色素用于罐头、糖果、饮料、酱油、醋等食品的着色，其用量无特殊规定。

(三)食品中的合成色素

合成色素是指用人工化学合成方法所制得的有机色素，是为了促进人们的食欲，提高食品的商品价值而使食品着色的一类食品添加剂。人工合成色素用于食品着色有很多优点，如色彩鲜艳、着色力强、性质较稳定、结合牢固等，这些都是天然色素所不及的；但人工合成色素的安全性问题日益受到重视，各国对此均有严格限制，因此生产中实际使用的品种正在减少。GB 2760—1996《食品添加剂使用卫生标准》规定允许使用的人工合成色素主要有如下几种，包括苋菜红、胭脂红、赤藓红、新红、诱惑红、柠檬黄、日落黄、亮蓝、靛蓝和它们各自的衍生物，以及 β-胡萝卜素、叶绿素铜钠和二氧化钛。其中，新红是只有我国许可使用的染料(在制造出口食品时应注意)；β-胡萝卜素是化学合成的，在化学结构上与自然界发现的完全相同(即天然等同色素)；叶绿素铜钠则是由天然色素经一定的化学处理所得的叶绿素衍生物，至于 TiO_2 则是由矿物材料进一步加工制成。

近年来，由于实际合成色素安全问题，各国实际使用的品种数逐步减少。不过，目前各国许可使用的品种普遍安全性较好。

1. 苋菜红

苋菜红又称鸡冠花红、蓝光酸性红、杨梅红、食用色素 2 号，为水溶性偶氮类着色剂，化学名称为 1-(4′-磺基-1′-萘偶氮)-2-萘酚-3，6-二磺酸三钠盐，分子式为 $C_{20}H_{11}N_2Na_3O_{10}S_3$，相对分子质量为 604.49，结构式如图 3-16 所示。

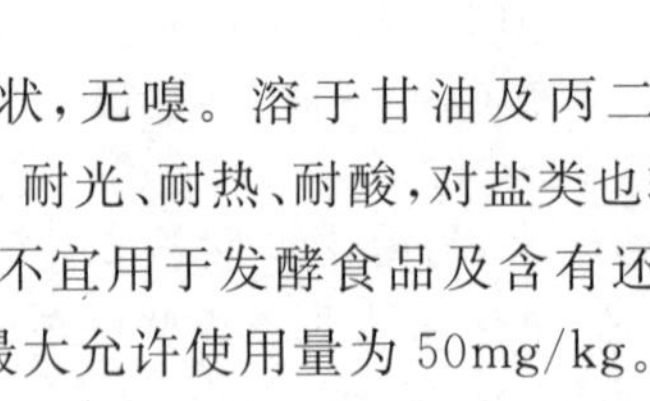

图 3-16 苋菜红结构

苋菜红为红色颗粒或粉末状，无嗅。溶于甘油及丙二醇，微溶于乙醇，不溶于脂类。0.01％苋菜红水溶液呈紫红色。耐光、耐热、耐酸，对盐类也较稳定，但在碱性条件下容易变为暗红色。这种色素还原性差，不宜用于发酵食品及含有还原性物质的食品着色。主要用于饮料、配制酒、糕点、糖果等，最大允许使用量为 50mg/kg。

2. 胭脂红

胭脂红亦称食用红色 1 号，为红色水溶性色素。对光及酸较稳定，但抗热性及还原性相当弱，遇碱变成褐色，易为细菌分解，该色素无致癌作用。我国食品添加剂使用卫生标准规定胭脂红最大允许用量为 50mg/kg 食品，主要用于饮料、配制酒、糖果等。其结构式如图 3-17所示。

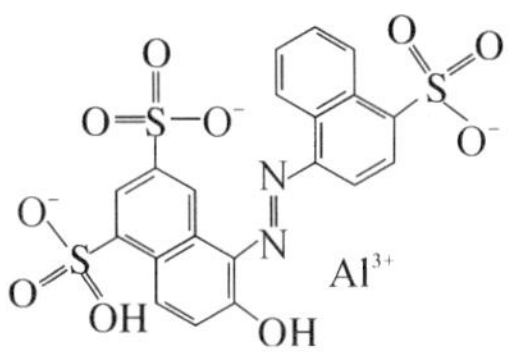

图 3-17 胭脂红结构

3. 赤藓红

赤藓红又名樱桃红、食用色素3号，为水溶性非偶氮类着色剂，化学名称为9-(o-羧基苯基)-6-羟基-2,4,5,7-4碘-3H-占吨-3-酮二钠盐一水合物，结构式如图3-18所示。

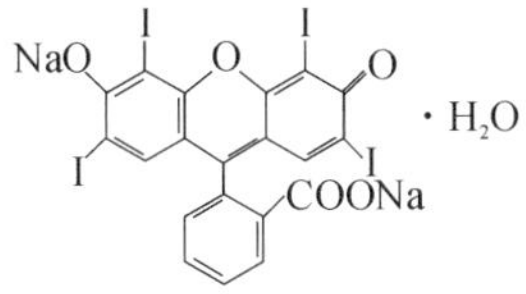

图 3-18 赤藓红结构

赤藓红为红色或红褐色的颗粒或粉末。易溶于水，可溶于甘油及乙醇，不溶于油脂。耐光性差，耐热性、耐碱性、耐氧化还原及耐细菌性均好，但对酸不稳定。该品可单独使用或与其他食用色素配合，用于糕点、农产水产加工品(樱桃，鱼糕，什锦八宝酱菜)等多种食品，赤藓红在食品中最大使用量为0.05g/kg。

4. 柠檬黄

柠檬黄又名酒石黄、食用黄色5号、黄色5号，为水溶性偶氮类着色剂，化学名称为3-羧基-5-羟基-(对苯磺酸)-4-(对苯磺酸偶氮)吡唑三钠盐，分子式为$C_{16}H_9N_4O_9S_2$，相对分子质量为534.37，结构式如图3-19所示。

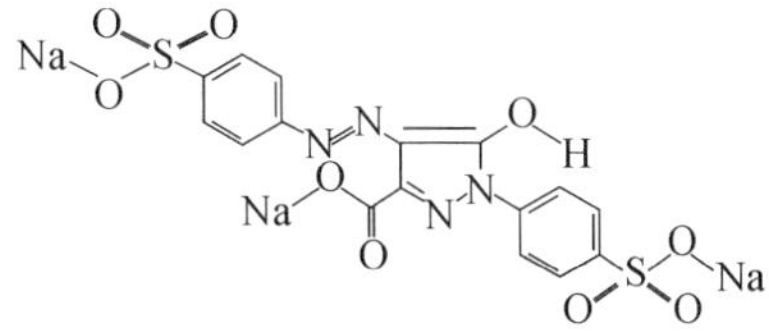

图 3-19 柠檬黄结构

柠檬黄为橙黄色粉末，无嗅。易溶于水，0.1%水溶液呈黄色；溶于甘油、丙二醇；微溶于乙醇；不溶于油脂。耐光、耐热、耐酸性及耐盐性好，耐氧性差。在酒石酸和柠檬酸中稳定，遇碱稍变红色，还原时褪色。调色性优良，着色力强，稳定性好，是使用量最大的合成食用色素。主要用于饮料、浓缩果汁、配制酒和糖果等，最大允许量为100mg/kg。

5. 日落黄

日落黄又名橘黄、晚霞黄，为水溶性偶氮类着色剂，化学名称为1-(4′-磺基-1′-苯偶氮)-2-萘酚-6-磺酸二钠盐，分子式为$C_{16}H_{10}N_2Na_2O_7S_2$，相对分子质量为452.37，结构式如图3-20所示。

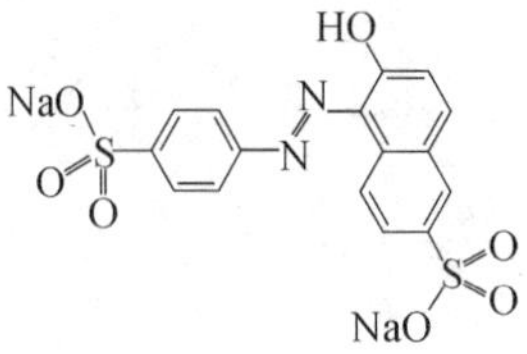

图 3-20 日落黄结构

日落黄是橙红色均匀粉末或颗粒，无嗅。易溶于水(6.9%，0℃)、甘油、丙二醇，微溶于乙醇，不溶于油脂。水溶液呈黄橙色。吸湿性、耐热性、耐光性强。在柠檬酸、酒石酸中稳定，遇碱变带黄褐色的红色，还原时褪色。着色力强，安全性高。可用于糖果、糕点、饮料、配制酒等；最大允许使用量为 100mg/kg。

6. 靛蓝

靛蓝又名靛胭脂、酸性靛蓝、磺化靛蓝或食品蓝，为水溶性非偶氮类着色剂，化学名称为55′-靛蓝素二磺酸二钠盐，分子式为 $C_{16}H_{10}N_2O_2$，分子量为 262.2628。结构式如图 3-21 所示。

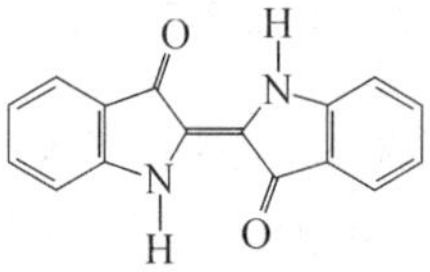

图 3-21 靛蓝结构

靛蓝为蓝色粉末(可能偏深蓝)，无嗅，微溶于水、乙醇、甘油和丙二醇，不溶于油脂。0.05%的水溶液呈深蓝色。1g 可溶于约 100mL，25℃水，对水的溶解度较其他食用合成色素低，0.05%水溶液呈蓝色。溶于甘油，丙二醇，微溶于乙醇，不溶于油脂。遇浓硫酸呈深蓝色，稀释后呈蓝色，它的水溶液加氢氧化钠呈绿至黄绿色。对光、热、酸、碱氧化作用均较敏感，耐盐性也较差，易被细菌分解，还原后褪色，但着色力好，常与其他色素配合使用以调色，安全性高，在食品中广泛使用；最大允许使用量为 100mg/kg。

7. 亮蓝

亮蓝为水溶性非偶氮类着色剂，化学名称为 4-[N-乙基-N-(3′-磺基苯甲基)-氨基、苯基-(2′-磺基苯基)-亚甲基]-(2,5-亚环己二烯基)-(3′-磺基苯甲基)-乙基胺二钠盐，分子式为 $C_{37}H_{34}N_2Na_2O_9S_3$，相对分子质量为 792.85，结构式如图 3-22 所示。

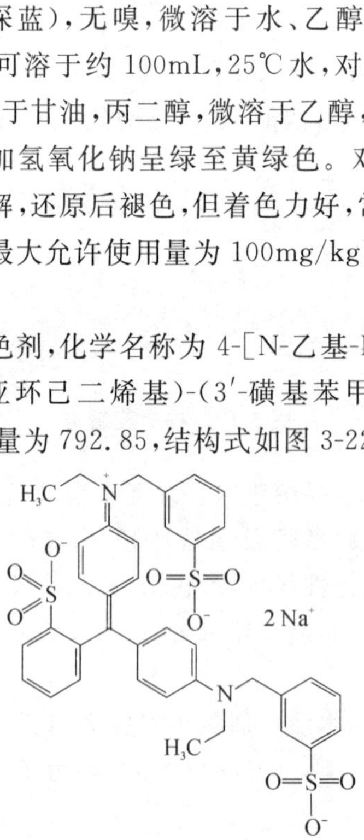

图 3-22 亮蓝结构

亮蓝为紫红色至青铜色均匀粉末或颗粒，有金属光泽，无臭。易溶于水（18.7g/100mL，21℃），呈绿光蓝色溶液，溶于乙醇（1.5g/100mL，95%乙醇，21℃）、甘油、丙二醇。耐光、耐热性强，对柠檬酸、酒石酸、碱均稳定，最大允许使用量为25mg/kg。

第三节 食品加工与贮藏中色泽变化与控制

一、食品加工制作中色素的变化

（一）叶绿素

1. 酸和热引起的变化

绿色蔬菜加工中的热烫和杀菌是造成叶绿素损失的主要原因，从而引起蔬菜（菜品）颜色的变化。在加热下组织被破坏，细胞内的有机酸成分不再区域化，加强了与叶绿素的接触。更重要的是，又生成了新的有机酸，如乙酸、吡咯酮羧酸、草酸、苹果酸、柠檬酸等。由于酸的作用，叶绿素发生脱镁反应生成脱镁叶绿素，并进一步生成焦脱镁叶绿素，食品的颜色转变为橄榄绿、甚至褐色。pH是决定脱镁反应速度的一个重要因素。在pH2.0时，叶绿素很耐热；在pH3.0时，非常不稳定。植物组织在加热期间，其pH值大约会下降1，这对叶绿素的降解影响很大。提高罐藏蔬菜的pH是一种有用的护绿方法，加入适量钙、镁的氢氧化物或氧化物以提高热烫液的pH，可防止生成脱镁叶绿素，但会破坏植物的质地、风味和维生素C等。

2. 酶促变化

在植物衰老和储藏过程中，酶能引起叶绿素的分解破坏。这种酶促变化可分为直接作用和间接作用两类。直接以叶绿素为底物的只有叶绿素酶，催化叶绿素中植醇酯键水解而产生脱植醇叶绿素。脱镁叶绿素也是它的底物，产物是水溶性的脱镁脱植醇叶绿素，它是橄榄绿色的。叶绿素酶的最适温度为60～82℃，100℃时完全失活。

起间接作用的有蛋白酶、酯酶、脂氧合酶、过氧化物酶和果胶酯酶等。蛋白酶和酯酶通过分解叶绿素蛋白质复合体，使叶绿素失去保护而更易遭到破坏。脂氧合酶和过氧化物酶可催化相应的底物氧化，其间产生的物质会引起叶绿素的氧化分解。果胶酯酶的作用是将果胶水解为果胶酸，从而提高了质子浓度，使叶绿素脱镁而被破坏。

3. 光解

在活体绿色植物中，叶绿素既可发挥光合作用，又不会发生光分解，但在加工储藏过程中，叶绿素经常会受到光和氧气作用，被光分解为一系列小分子物质而褪色。光解产物是乳酸、柠檬酸、琥珀酸、马来酸以及少量丙氨酸。因此，正确选择包装材料和方法以及适当使用抗氧化剂，以防止光氧化褪色。

（二）血红素

在肉品的加工与储藏中，肌红蛋白会转化为多种衍生物，包括氧合肌红蛋白、高铁肌红蛋白、氧化氮肌红蛋白、氧化氮高铁肌红蛋白、肌色原、高铁肌色原、氧化氮肌色原、亚硝酰高铁肌红蛋白、亚硝酰高铁血红素、硫肌红蛋白和胆绿蛋白。这些衍生物的颜色各异，氧合肌红蛋白为鲜红，高铁肌红蛋白为褐色，氧化氮肌红蛋白和氧化氮肌色原为粉红色，氧化氮高铁肌红蛋白为深红，肌色原为暗红，高铁肌色原为褐色，亚硝酰高铁肌红蛋白为红褐色，最后三种物质为绿色。

新鲜肉放置空气中，表面会形成很薄一层氧合肌红蛋白的鲜红色泽。而在中间部分，由于肉中原有的还原性物质存在，肌红蛋白就会保持还原状态，故为深紫色。当鲜肉在空气中放置过久时，还原性物质被耗尽，高铁肌红蛋白的褐色就成为主要色泽。图 3-23 显示出这种变化受氧气分压的强烈影响，氧气分压高时有利于氧合肌红蛋白的生成，氧气分压低时有利于高铁肌红蛋白的生成。

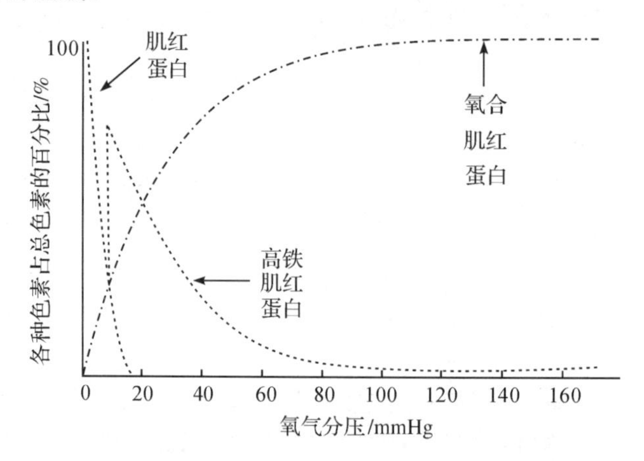

图 3-23　氧气分压对肌红蛋白相互转化的影响

鲜肉在热加工时，由于温度升高以及氧分压降低，肌红蛋白的球蛋白部分变性，铁被氧化成三价铁，产生高铁肌色原，熟肉的色泽呈褐色。当其内部有还原性物质存在时，铁可能被还原成亚铁，产生暗红色的肌色原。

火腿、香肠等肉类腌制品的加工中经常使用硝酸盐或亚硝酸盐作为发色剂。血红素的中心铁离子可与氧化氮以配价键结合而转变为氧化氮肌红蛋白，加热则生成鲜红的氧化氮肌色原，用图 3-24 表示。因此，腌肉制品的颜色更加诱人，并对加热和氧化表现出更大的稳定性。但可见光可促使氧化氮肌红蛋白和氧化氮肌色原重新分解为肌红蛋白和肌色原，并被继续氧化为高铁肌红蛋白和高铁肌色原，这就是腌肉制品见光发生褐变的原因。

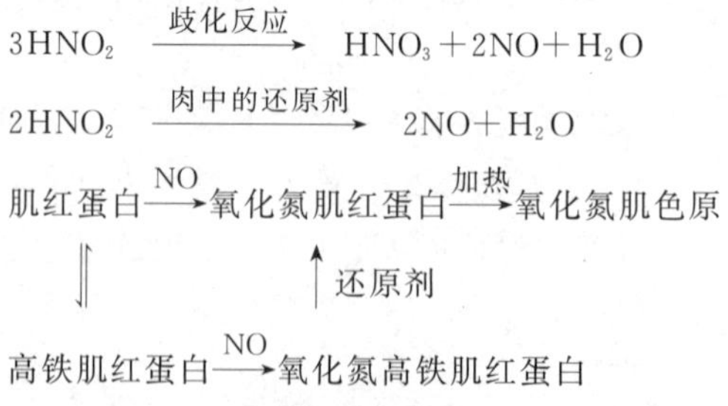

$$3HNO_2 \xrightarrow{\text{歧化反应}} HNO_3 + 2NO + H_2O$$

$$2HNO_2 \xrightarrow{\text{肉中的还原剂}} 2NO + H_2O$$

$$\text{肌红蛋白} \xrightarrow{NO} \text{氧化氮肌红蛋白} \xrightarrow{\text{加热}} \text{氧化氮肌色原}$$

肌红蛋白 ⇅ 高铁肌红蛋白；氧化氮高铁肌红蛋白 ↑（还原剂）氧化氮肌红蛋白

$$\text{高铁肌红蛋白} \xrightarrow{NO} \text{氧化氮高铁肌红蛋白}$$

图 3-24　腌肉制品中的发色反应

鲜肉不合理存放会导致微生物大量生长，产生过氧化氢、硫化氢等化合物。过氧化氢可强烈氧化血红素卟啉环的 α-亚甲基而生成胆绿蛋白。在氧气或过氧化氢存在下，硫化氢等硫化物可将硫直接加在卟啉环的 α-亚甲基上，成为硫肌红蛋白。另外，腌肉制品过量使用发色剂时，卟啉环的 α-亚甲基被硝基化，生成亚硝酰高铁血红素，这是肉类偶尔发生变绿现象的原因。

（三）类胡萝卜素

一般说来，食品加工过程对类胡萝卜素的影响很小。类胡萝卜素耐 pH 变化，对热较稳定，但在脱水食品中类胡萝卜素的稳定性较差，能被迅速氧化褪色；首先是处于类胡萝卜素结构两端的烯键被氧化，造成两端的环状结构开环并产生羰基。进一步的氧化可发生在任何一个双键上，产生分子量较小的含氧化合物，被过度氧化时，完全失去颜色。脂氧合酶催化底物氧化时会产生具有高度氧化性的中间体，能加速类胡萝卜素的氧化分解。食品加工中，热烫处理可钝化降解类胡萝卜素的酶类。

类胡萝卜素与蛋白质形成的复合物，比游离的类胡萝卜素更稳定。例如，虾黄素是存在于虾、蟹、牡蛎及某些昆虫体内的一种类胡萝卜素。在活体组织中，其与蛋白质结合，呈蓝青色；当久存或煮熟后，蛋白质变性与色素分离，同时虾黄素发生氧化，变为红色的虾红素，烹熟的虾蟹等呈砖红色就是虾黄素转化的结果。

（四）花青素

果蔬中的花青素或花青苷组分其化学稳定性不高，在食品制作、加工和贮藏中经常因化学作用而变色。影响变色反应的因素包括 pH、温度、光照、氧、氧化剂、金属离子和酶等。

1. pH 的影响

在花青苷分子中，其吡喃环上的氧原子是四价的，具有碱的性质，而其酚羟基则具有酸的性质，这使花青苷在不同 pH 下出现 4 种结构形式（图 3-25）。

$$\text{醌式} \underset{OH^-}{\overset{H^+}{\rightleftharpoons}} \text{花样式} \underset{H^+}{\overset{OH^-}{\rightleftharpoons}} \text{拟碱式} \rightleftharpoons \text{查耳酮式}$$

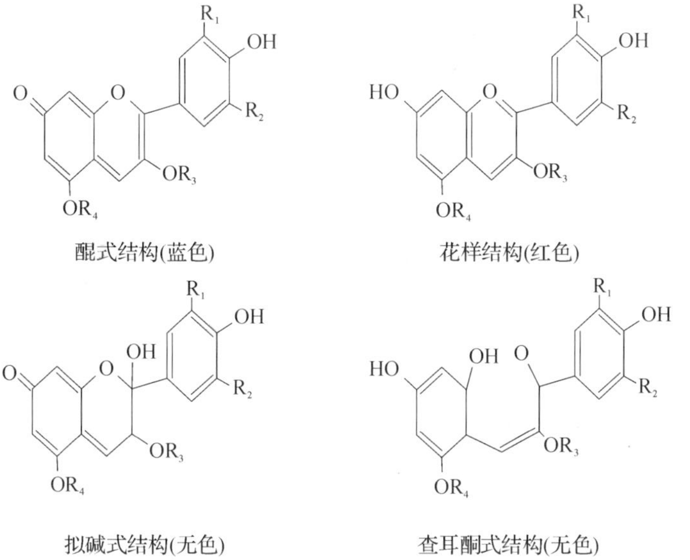

醌式结构(蓝色)　　花样结构(红色)

拟碱式结构(无色)　　查耳酮式结构(无色)

图 3-25　花青苷在不同 pH 下结构和颜色的变化

由图 3-25 可见，花青苷的颜色随之发生相应改变。以矢车菊色素为例，在酸性 pH 中呈红色，在 pH8～10 时呈蓝色，而 pH＞11 时吡喃环开裂，形成无色的查尔酮。

2. 温度和光照的影响

高温和光照会影响花青苷的稳定性，加速花青苷的降解变色。一般来说，花色基原中含羟基多的花青苷的热稳定性不如含甲氧基或含糖苷基多的花青苷。光照下，酰化和甲基化的二糖苷比非酰化的二糖苷稳定，二糖苷又比单糖苷稳定。

3. 抗坏血酸的影响

果汁中抗坏血酸和花青苷的量会同步减少，且促进或抑制抗坏血酸和花色苷氧化降解的条件相同。这是因为抗坏血酸在被氧化时可产生 H_2O_2，H_2O_2 对花色基原的 2 位碳进行亲核进攻，裂开吡喃环而产生无色的醌和香豆素衍生物，这些产物还可进一步降解或聚合，最终在果汁中产生褐色沉淀。

4. 二氧化硫的影响

水果在加工时常添加亚硫酸盐或二氧化硫，使其中的花青素褪色成微黄色或无色。如图 3-26，其原因不是由于氧化还原作用或使 pH 发生变化，而是能在 2，4 的位置上发生加成反应，生成无色的化合物。

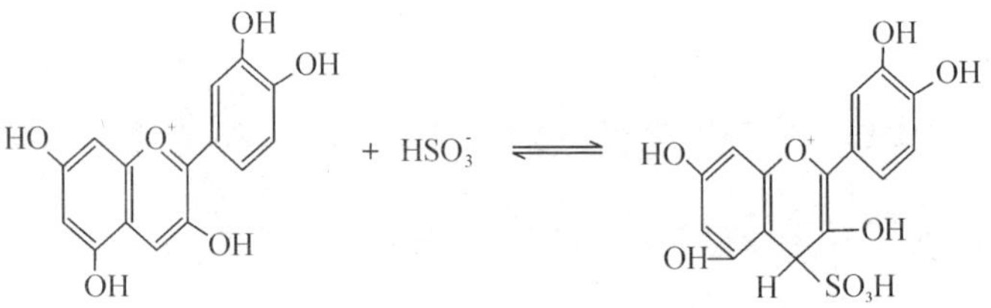

图 3-26　花青素与二氧化硫形成复合物

5. 金属元素的影响

花青苷可与 Ca、Mg、Mn、Fe、Al 等金属元素形成络合物，如图 3-27 所示，产物通常为暗灰色、紫色、蓝色等深色色素，使食品失去吸引力。因此，含花青苷的果蔬加工时不能接触金属制品，并且最好用涂料罐或玻璃罐包装。

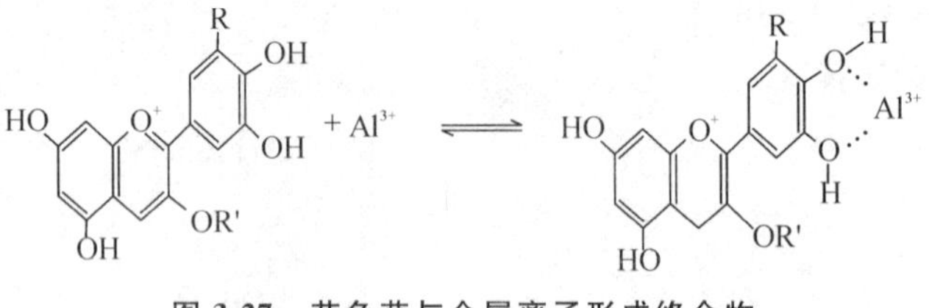

图 3-27　花色苷与金属离子形成络合物

6. 糖及糖的降解产物的影响

高浓度糖存在下，水分活度降低，花青苷生成拟碱式结构的速度减慢，故花青苷的颜色较稳定。在果汁等食品中，糖的浓度较低，花青苷的降解加速，生成褐色物质。果糖、阿拉伯糖、乳糖和山梨糖的这种作用比葡萄糖、蔗糖和麦芽糖更强。这种反应的机理尚未充分阐明。

7. 酶促变化

花青苷的降解与酶有关。糖苷水解酶能将花青苷水解为稳定性差的花青素，加速花青苷的降解。多酚氧化酶催化小分子酚类氧化，产生的中间产物邻醌能使花青苷转化为氧化的花青苷及降解产物。

（五）黄酮类色素

黄酮类化合物在植物界分布很广，在植物体内大部分与糖结合成苷类或碳糖基的形式存在，也有以游离形式存在的。在食品加工中，若水的硬度较高或因使用碳酸钠和碳酸氢钠而使 pH 上升，原本无色的黄烷酮或黄酮醇之类的类黄酮可转变为有色物。例如，马铃薯、小麦粉、芦笋、荸荠、黄皮洋葱、菜花和甘蓝等在碱性水中烫煮都会出现由白变黄的现象，其主要变化是黄烷酮类转化为有色的查耳酮类。该变化为可逆变化，可用有机酸加以控制和逆转。在水果蔬菜加工中，用柠檬酸调整预煮水 pH 值的目的之一就在于控制黄酮色素的变化。

类黄酮可与多价金属离子形成络合物。例如，与 Al^{3+} 络合后会增强黄色，与铁离子络合后可呈蓝、黑、紫、棕等不同颜色。芦笋中的芸香苷遇到铁离子后会产生难看的深色，使芦笋产生深色斑点。相反，芸香苷与锡离子络合时，则生成吸引人的黄色。黄酮类色素在空气中久置，易氧化而成为褐色沉淀，这是果汁久置变褐生成沉淀的原因之一。

二、褐变作用

食品在加工、贮藏和受损伤时发生变色的现象叫作褐变。根据褐变的机理可分为两大类：一类是在酶的作用下发生的生化反应而引起的酶促褐变；另一类是在没有酶作用情况下发生的化学反应引起的非酶褐变。其中非酶褐变又可分为美拉德反应、焦糖化反应和抗坏血酸反应。褐变作用有些是人们欢迎的。如红茶、酱油、食醋、黄酒、咖啡、面包、面点、油炸制品等在发酵、焙烤或炸制过程中发生的褐变，它产生令人愉快的颜色。但水果、蔬菜类的褐变不仅使食品的色泽发生劣变，而且易使食品的营养成分和风味物质都发生劣变，大大降低了食品的质量，这种褐变是必须要控制的。

（一）酶促褐变

某些果蔬（如苹果、香蕉、马铃薯、茄子等）在受到机械性损伤或处于异常环境变化（如受冻、受热）时因酶促氧化而呈褐色，这称之为酶促褐变。

发生酶促褐变的原因是植物细胞中的酚类物质和酮类物质平衡被破坏致使醌积累，而醌再进一步聚合形成黑精或类黑精等褐色色素。发生酶促褐变必须具备多酚类物质（酶促底物）、多酚氧化酶和氧气。褐变的程度主要取决于多酚类物质含量的高低，与酚酶活性关系不大。但如果没有酚酶的作用，则不会发生酶促褐变，如柠檬、橘子、西瓜等就不会发生酶促褐变。防止酶促褐可采用以下几种方法：

（1）加热处理，使酚酶失活。

（2）利用柠檬酸、苹果酸，抗坏血酸以及其他有机酸的混合液降低酶的活性。

（3）利用酚酶的强抑制剂（如 SO_2、Na_2SO_2、$NaHSO_3$）的作用抑制酚酶的活性。

（4）采用充填惰性气体、真空包装或其他隔离氧气的措施。

食品中常引起褐变的主要物质有土豆中的酪氨酸，香蕉中的3,4-二羟基苯胺，桃、苹果等大多数水果中的绿原酸。红茶的色泽主要是儿茶素酶促氧化缩合生成茶黄素和茶红素等有色物质，而白洋葱、大蒜、大葱在加工时出现的粉红色则是氨基酸及类似的含氮化合物与邻二酚作用的结果。

(二)美拉德反应(即羰氨反应)

绝大多数食品因含有羰基化合物和氨基化合物，容易发生美拉德反应。影响美拉德反应速度的主要因素有如下几点：

(1)反应速度与化合物的结构与含量还原性糖在反应中提供羰基，五碳糖的反应速度大于六碳糖；分子量大的还原性双糖会使反应变慢；氨基化合物的反应速度按胺类、氨基酸、肽和蛋白质的顺序依次下降；羰基和氨基化合物浓度越高，反应速度越快，反之则越慢。

(2)温度反应速度受温度影响较太，温度每隔10℃，反应速度约相差3～5倍。酿造酱油时，常可利用提高发酵温度的方法使酱油色泽变深。室温下氧能加速反应速度，但80℃以上氧对反应无促进作用。

(3)水分在10%～15%的食品最易发生褐变。干燥时褐变难以进行。用干燥法可以防止褐变，高水分(30%以上)含量的食品因基质浓度低，褐变也不易进行。

(4)酸度pH值大于3时，褐变速度随pH值增大而加快。干燥蛋粉前，加酸降低pH值可减慢褐变速度；蛋粉复溶前再加入苏打提高pH值，这样可达到抑制褐变的目的。

(5)亚硫酸盐或酸式亚硫酸盐也可抑制褐变，这在土豆等食品制作加工中已得到应用。

(三)焦糖化反应

在没有氨基化合物存在时，糖类物质受高温作用发生脱水、缩合、聚合等反应最后形成黑褐色的物质的过程叫焦糖化反应，焦糖化反应在酸性或碱性条件均能发生。食品加工时可采用直接熬糖、熏烤或电烘等方法使之发生焦糖化反应，产生令人满意的糖色和令人愉快的焦糖香气。无机酸碱、磷酸盐、柠檬醛、延胡索酸、酒石酸、苹果酸等对焦糖的形成具有催化作用。

焦糖是一种胶体。等电点pH值在3.0～6.9，少数低于3.0，因制法的不同而异。焦糖的等电点在食品制作中具有重要意义。如果在pH值为4～5的饮料中，使用了等电点为4.6的焦糖，就会发生絮凝混浊与沉淀。

焦糖化反应与前面讲到的美拉德反应一样，是脱水干制过程中常见的褐变作用。两者的区别在于美拉德反应是氨基酸与还原糖的反应，而焦糖化反应是糖分先裂解为各羰基中间物，再聚合为褐色物质。

油料在制油过程中，如果温度过高，其中的单糖也会发生焦糖化作用，影响油品的质量。

(四)抗坏血酸反应

抗坏血酸与空气中的氧接触发生氧化作用从而使富含抗坏血酸的食物发生这种褐变。它在果汁特别是在柠檬汁的褐变中起着重要作用。酸碱度、抗坏血酸浓度、抗坏血酸氧化酶和金属离子(Fe^{2+}、Cu^{2+})对抗坏血酸褐变作用产生重要影响，常用隔绝空气和加热的方法来防止此类褐变。

(五)非酶褐变对食品质量的影响

非酶褐变对食品中的营养物质(主要是氨基酸和糖)的含量及利用造成一定损失,特别是赖氨酸。如脱脂奶粉在 150℃时经过几分钟到 3 小时,其中 L-赖氨酸损失达 40%~80%;水果加工制品维生素 C 损失更大;奶粉与脱脂大豆粉加糖储存时的褐变会降低蛋白质的溶解度等。非酶褐变还会使罐装食品发生不正常现象。

除此以外,非酶揭变能改变食品的色泽与腥味,能赋予食品或优或劣的气味、风味和颜色。如上面提及的焙烤食品。

值得指出的是,上述四种褐变途径,在实际过程中不一定只按一种途径发生,很可能是几种途径共同作用,如抗坏血酸引起的褐变既能发生美拉德反应,又能发生自动氧化、脱羧、聚合等焦糖化反应,还有可能发生酶促褐变。因此,食品褐变是比较复杂或相互影响的结果。

三、食品色泽控制要点

食品色泽控制包括原料原有色泽的稳定保持,以及运用色变机理控制色变的方向和程度达到预先设定的目标。果蔬类食品的加工制造过程中都要发生色变,而引起果蔬类食品发生色变的方式有如下几种:①果蔬中原有色素在加工过程中因 pH、O_2 和光照等条件发生变化导致的色变;②果蔬中的多酚类物质因多酚氧化酶和接触氧气而发生的褐变;③果蔬中的碳水化合物、氨基酸在食品制作或加工时由于热处理过程发生的非酶促褐变;④果蔬中某些无色成分受金属离子等因素的影响而呈色等。但是,并非所有的色泽稳定技术都能达目标要求。果蔬类食品的调色技术应包括原有色泽的稳定技术和根据需要对原有色泽的调整技术;核心是掌握色变机理、控制色变条件、实现目标要求;实质为钝化氧化酶等酶活性、调节控制 pH、掩蔽有害金属离子、隔绝 O_2、控制受热强度和保持或补充色素成分。抑制褐变的基础是钝化多酚氧化酶,消除 O_2 及多酚物质等反应底物,在二级反应中抑制有色物质的形成。

(一)钝化氧化酶系

果蔬的氧化酶系是引起果蔬酶褐变的关键条件之一,另外,酶(如发酵食品本来就存在酶或乳酸菌等)和食品中腐败细菌繁殖等,也会导致天然色素被酶分解褪色变色,如栀子黄色素中的环烯醚萜苷类化合物会与酶反应。使食品变绿或变褐。钝化果蔬的氧化酶系是果蔬护色的经典技术之一,包括冷藏降低酶活、热处理灭酶、调节环境酸度使 pH 值不在氧化酶系的最适作用范围之内、利用特殊金属离子钝化酶系等。

不同的果蔬多酚氧化酶的性质略有差异。与葡萄、黏核桃、香蕉、鳄梨、樱桃、梨和芒果相比,番石榴多酚氧化酶有较低的热稳定性,短时间暴露在 70~90℃就足以使酶部分钝化或全部钝化,酶的热稳定性与果实的成熟度有关;在某些情况下也取决于 pH 值。

冷藏是大量、高质量地贮存果蔬、以备食品加工制造以及餐饮使用的常用方法。冷藏不仅可以通过有限钝化果蔬的酶系降低生命活力,推迟老化时间,而且比罐藏更有利于保持果蔬的硬度。但是,冷藏并不能完全停止酶氧化反应,也就是冷藏仍然会使果蔬的颜色令人讨厌地变深,同时风味恶化等。

热处理是钝化氧化酶系最普通的方法。因为过氧化物酶(POD)具有比多酚氧化酶(PPO)更高的热稳定性,常以钝化果蔬中的POD为依据确定钝化工艺。不同来源的多酚氧化酶其热稳定性略有不同。但是果蔬通常不进行加热预煮。因为加热常会引起果蔬失去饱满感,进而导致解冻后汁水流失。可以采用其他非热处理法进行氧化酶系的钝化,如化学试剂法、调整pH;也可以使用抗氧化剂阻止氧化,或多种处理方式组合方案。而对于制作派类食品(Pie food)原料的冷藏水果,由于在焙烤最终还是要加热这些冷藏水果。所以可以在冷藏前进行热处理。为了保持果蔬的硬度,在预煮时使用钙盐水溶液或预煮后用钙盐水溶液浸泡。通过形成果胶酸钙使果蔬保持硬度。例如在果脯生产中,果体的漂烫可采用高于酶钝化的温度。例如,在100℃沸水中放人果体后,水温会下降至80℃左右,加热至85~90℃,维持8~10min即可。漂烫还可以排除果体组织中的空气,使细胞内的原生质凝固,细胞发生质壁分离,改变组织透性,有利于煮浸果体时糖分内渗,使产品变得更透明,加酸降低pH至4.0以下,可控制多酚酶的活性;适用的酸有柠檬酸、苹果酸、磷酸、抗坏血酸等,浓度在0.08%~0.15%。

还可以采用络合酶活性中心金属离子实现抑制酶褐变的目的。如二乙基二硫代氨基甲酸、EDTA和巯基乙醇与PPO活性中心的铜原子键合实现抑制。亚硫酸氢钠和焦亚硫酸钾可直接抑制PPO与底物酚的反应,L-半胱氨酸易与醌形成复合物抑制更进一步的氧化与聚合。

(二)限制氧气

氧气是复合氧化、金属离子催化氧化等非酶氧化和脂肪氧化酶氧化、脂肪过氧化酶氧化、过氧化酶氧化等氧化反应的基质。限制氧气技术包拾使用抗氧化剂减少氧气和使用阻隔剂隔绝氧气。涂抹糖浆是通过隔绝氧气使氧化褐变降至最低的、最古老的方法之一,此方法在人们真正认识褐变机理之前就已有悠久的使用历史了,而已至今仍在使用。通过涂覆糖浆或浸泡在一定浓度的糖溶液中。在果蔬表面形成阻隔氧气的隔绝层,防止其与大气中的氧接触,实现了最大限度地减少氧化作用的目的。同时糖浆层一定程度上防止了水果中挥发性酯类的损失,另外还有赋予酸果甜味的效果。

在现代果蔬加工中,原料去皮常在流动水下完成,并立即浸入护色液中。在成品包装时,既要保证护色液浸没产品,还要注意充分排除包装容器顶隙的残留空气。在整个工艺过程中阻断产品与氧的接触,对防止褐变非常重要,在护色液中常用的抗氧化剂是抗坏血酸(维生素C),由于它不仅是果蔬的成分,而且本身就是维持人体生命活动的重要成分,使用将是安全可靠的;大规模商业化生产的成功,大幅度地降低了使用成本,为其应用成为可能。抗坏血酸抑制褐变的作用机理:一是像其他抗氧化剂一样通过儿茶酚-单宁化合物被氧化而耗尽环境中的O_2,使果蔬成分的氧化降至最低;二是利用维生素C自身的强还原性,使褐变的中间产物醌还原为酚,从而阻断褐变反应、国外采用浓度为0.05%~0.2%抗坏血酸糯水经过足够时间的浸泡保证有相当量的抗坏血酸渗入果蔬中。这样处理的糖水梨在-18℃下保藏2年颜色也不会变深。护色液及成品保鲜液中加入适量维生素C,可以起到良好的抗褐变作用。

SO_2和亚硫酸盐是传统果蔬加工的抗氧化剂,SO_2浸渍不仅用于食品加工制造,而且用于在餐馆和色拉自助长条桌中以延长已切好的蔬菜、莴苣及其他未预煮的蔬菜的新鲜外观。

SO_2 稳定果蔬色泽的实质是三重作用：一是抑制氧化酶的活力；二是像抗坏血酸一样的氧接受体；三是 SO_2 还可以与糖类的醛基反应，使它们不再以游离状态与氨基酸结合，从而使非酶的美拉德褐变反应降至最低。对于干制的苹果、杏和梨等水果来说，抑制褐变尤为重要。加之 SO_2 还可抑制微生物的生长，曾经是应用广泛的食品加工制造添加剂。传统果脯生产的硫熏是将漂洗后的果脯，在密室中连续燃烧硫磺 8～24h，保持室内 SO_2 浓度 2%～3%。室内保持 40～50℃，为了让硫磺更好地燃烧。可在硫磺粉中加入 5%的 KNO_2 或 $NaNO_2$。这一方法能有效地保护酚类物质及维生素 C，但硫熏会使果脯失去原色而被漂白，且带上不愉快的味嗅感。亚硫酸盐还可以在 C_2 或 C_4 位进行简单的加成反应生成稳定的无色化合物。SO_2 会对人体产生毒害和强烈的刺激，对于部分人还有严重过敏问题，因此禁止在新鲜产品中使用 SO_2 已经成为全球共识，在食品中 SO_2 的残留量也要控制在较低的水平，而且趋势是越来越严格，甚至已经在许多食品中禁用。

SO_2 与糖类的醛基反应，使其不再以游离状态与氨基酸结合，从而抑制美拉德褐变现象。不同抑制剂如偏亚硫酸氢钠、抗坏血酸和 L-半胱氨酸盐酸盐对褐变速率的影响见表 3-5，抑制率的大小和停滞期的持续时间取决于反应中的抑制剂种类和浓度。偏亚硫酸氢钠和抗坏血酸被氧化时，把多酚氧化酶作用形成的醌还原成多酚物质。半胱氨酸盐酸盐可与醌一起形成稳定的无色化合物而防止醌氧化成有色物质。当盐酸半胱氨酸在连接反应中全部被用完时就开始发生褐变。0.1mol/L EDTA 或氯化钠不能明显抑制褐变，Cl^- 对多酚氧化酶的抑制取决于 pH。

表 3-5 不同抑制剂对褐变速率的影响

抑制剂	浓度/($mmol \cdot L^{-1}$)	停滞期/min	停滞期后的抑制率/%
偏亚硫酸氢钠	0.40	41	95
	0.20	14	94
	0.10	2.3	91
	0.04	0.6	92
抗坏血酸	0.40	>90	—
	0.08	3	85
	0.04	1.5	60
	0.02	0.25	51
L-半胱氨酸盐酸盐	0.10	9.2	96
	0.04	0.8	62
	0.02	—	14

(三)适当的热处理

果蔬中都含有碳水化合物、游离氨基酸等。在受热条件下，碳水化合物的焦糖化和碳水化合物与游离氨基酸发生的美拉德反应都会使果蔬的颜色变深；有些天然色素对热特别敏感，如甜菜红色素、蓝藻类青色素、叶绿素等，而在果蔬的加工制造中，热处理却又是不可避免的或不可缺少的。温度越高，天然色素的劣化速度越快，劣化不仅有氧化分解，还有色素热分解或聚合。因此，掌握食品色泽劣化机理，控制热处理强度非常重要。

(四)控制 pH

控制 pH 的目的有两个：一是抑制酶活性。果蔬中多酚氧化酶(PPO)的最适作用 pH 一般在5.0～8.0,随酸度增加,其活性呈直线下降,在pH接近3.0时的酶活性达到最低。这是因为高酸性环境下,酶中的铜被解离出来与酶蛋白脱离使酶失活的缘故。二是控制色素色泽。对于含有天然色素的食品原料,pH的变化下仅会造成色调变化,还会影响稳定性,胭脂红色素和紫胶色素等醌系色素在酸性时呈橙色,随着pH增大,色调从红色变为紫色;花色苷系色素,pH越小,越呈鲜红色,在pH为4～7时,颜色变浅的同时稳定性降低,在碱性时变成暗蓝色;叶绿素在酸性时变黄;栀子黄、辣椒红等类萝卜系色素的色调因pH变化而变化,但在酸性和碱性时稳定性较好;花青素、红曲色素、蓝藻类青色素、可可色素、高粱色素、焦糖等在酸性时溶解度小。在不能同时实现上述两个目标时,通常的做法是在确保第二个目标的前提下,利用其他手段钝化酶系。

实践证明,尽管控制果蔬颜色的基本方法不同,但是通常使用一种方法的效果不十分令人满意。例如苹果、桃和香蕉等淡色水果的冷藏也会发生一定程度的酶促褐变,导致的色泽变化同样也能让消费者接受。为了减少或降低这类因儿茶酚-单宁类物质等色素前体被酚氧化酶和多酚氧化酶氧化而导致的色变,通常的做法是根据冷藏水果计划目标,辅以其他方法达到酶失活、防止氧化的目的。提高酸度也有利于延缓因氧化导致的色泽变化。因此抗坏血酸和柠檬酸可以一起使用。柠檬酸可进一步与金属离子反应(螯合反应),从而体系中除去这些氧化反应的催化剂。添加抗坏血酸和柠檬酸多用于增强效果。对pH的控制应该贯穿整个工艺过程,确定适当的工艺酸度是首要问题。首先,要针对不同原料的特点,特别是pH和原料色素种类;第二,确定目标产品的甜酸比,掌握加工过程中热处理温度、pH、颜色之间的关系;第三,确定护色操作的pH。要掌握不同原料中引起褐变的酶类最适pH和抗氧化剂的最适pH;第四,根据原料、产品特点和生产过程特征,确定抑菌、杀菌pH,特别注意罐头产品汤料和原料的pH、确保质量。生产时要实时监控pH,实时调整pH。

(五)控制好金属离子的作用

一些金属离子是氧化剂或是还原剂,例如Fe^{2+}具有氧化性,Sn^{2+}离子具有还原性,因此,这些金属离子易与色素发生氧化还原反应或分解而变色,如铁离子使姜黄色素变为墨绿色、褐色等;铁、铜、锡等离子使栀子黄色素发生吸收峰的变化和严重返色。也有的金属离子具有催化作用、有的还可以和某些色素成分生成配合物,使色素发生变色和不溶解等变化,但有的配合物,如叶绿素的镁被铜取代生成更稳定的叶绿素铜钠。

金属离子的作用主要是叶绿素的护绿和无色花色素抑变。通常的护绿机理有三种:(1)碱皂化,在碱液中叶绿素发生皂化反应生成叶绿酸盐、叶绿醇和甲醇,叶绿素的颜色仍然保持鲜绿色,护绿时间大约20d左右。(2)离子替代,用铜、锌取代叶绿素中的镁,主成具有与叶绿素相近绿色、但更稳定的铜、锌衍生物,护绿时间可达8～18个月。由于Cu^{2+}和Zn^{2+}渗透和取代反应进行得比较慢,一般要用加热来促进上述两个过程的进行,又要考虑热处理对果蔬的软化作用,因此需要确定最适温度。另外,在离子替代反应中铜比锌活性高,取代反应速度快,但是相关国家标准对食品中含铜、锌的限量分别为10×10^{-6} mg/L、20×10^{-6} mg/L,可见锌的安全性较高,成本相对比较低。(3)采用一定浓度的醋酸镁溶液处理。通过过量的Mg^{2+}抑制热处理时脱镁叶绿素的生成、避免色变为黄褐色。

无色花色素色变的原因:一是邻位羟基参与酶促褐变;二是酸度变化引起的结构变化。后一种变化通常是浅色果蔬红变的主要因素。当pH<3.0时,无色花色素的色泽主要表现

为向红色转化，其变色程度与 pH 有直接的关系，因此控制环境酸度是关键。

Zn^{2+}具有络合能力，其 d 电子层呈全充满结构，不容易被可见光激发的自旋平行的 d 电子，能避免与多酚类物质络合后产生有色物质。因此，Zn^{2+}与果蔬中的绿原酸、儿茶酚等多酚类底物发生络合反应，通过生成阻碍酚酶催化作用的新型结构物质抑制酶促褐变反应。

因此，在食品加工制造中使用的设备、器械等应选用不锈钢、耐酸碱陶瓷、搪瓷、玻璃等稳定材质；生产工艺用水必须为软化水；必要时要添加柠檬酸、植酸以及偏磷酸钠等适当的金属离子螯合剂。

（六）降低色变底物含量

多酚衍生物（统称为植物鞣质）是酚酶的作用底物，也是新鲜蔬菜主要的涩味成分。传统上利用鞣质很易被 NaCl 等盐类盐析的性质，可以采用分步盐渍的工艺大幅度降低蔬菜中酚类含量，从而抑制褐变的发生，这在鞣质含量丰富的浅色蔬菜中尤其重要。果蔬的酚类基质被酚酶所催化与 O_2 发生氧化还原反应而醌式化，醌式形成之后的系列反应就不需要酶，也很少需要氧气，是自动进行直至黑色素的生成。因此抑制酶促褐变多集中于酶促或者是需氧阶段。醌式形成后反应就难以控制了、除了抑制多酚氧化酶的活性和隔除氧气之外，还可以改变基质的结构与性质（如基质甲基化法）而且该法的综合效果最好。基质甲基化法的抑制机制是使果蔬组织内的酚类甲基化，生成酚酶催化难于作用的新型结构物质，对食品的色泽、风味、组织状态几乎无影响。目前，用于基质甲基化的抗褐变剂是 S-腺苷基蛋氨酸，但价格比较昂贵，工业化使用的可能性不大。侯金铎等研究了硼化物、铝化物、锌化物为抗酶促褐变剂的基质络合化法防止果蔬酶促褐变的技术。硼化物中真正具有抗褐变能力的物质是硼酸，以硼原子为形成体和多酚类基质为配位体的络离子。由于硼酸 H_3BO_3 在水中电离为 H^+ 和$[B(OH)_4]^+$，$[B(OH)_4]^+$ 没有与多酚类基质络合的能力，所以随着 pH 接近 7 或者超过 7 时，抗褐变效果就明显地下降了。混合使用维生素 C 和 Na_2SO_3 时，除非达到有效含量 1％和 0.11％，否则主要作用是调节 pH。

铝化物抗酶促褐变的物质是 $Al(OH)_3$，Al^{3+} 是通过水解生成 $Al(OH)_3$ 而具有抗褐变能力。采用 0.25％$Al(OH)_3(s)$与水的多相体系，在中性或稍偏酸的环境中可以很好地防止酶促褐变。

$ZnSO_4$、$ZnCl_2$ 等的 Zn^{2+} 具有络合能力，其 d 电子层是全充满结构，避免了与多酚类络合时产主有色物质而影响色泽；Zn^{2+} 抗酶促褐变的反应机理下如 H_3BO_3 与 $Al(OH)_3$。这样，确实—NH_2 和—COOH 与 Zn^{2+} 络合的可能性是存在的，在酸性的浸液中多酚类的—OH 尚能稳定，而多酚类的氨基—NH_2 则成为 H_3^+N—的基团，使其作为络合剂基团的趋势变小，即 N 原子提供电子对的能力变小所以在基质络合化时应该是—OH 与 Zn^{2+} 作用。Zn^{2+} 作为抗酶促褐变浸剂的突出特点是有效浓度低（0.1％）、效果好，在某种程度上增进了食品的色泽。

以铝和锌的化合物络合基质多酚类的效果是明显的。工艺程序是抗酶促褐变浸剂浸渍后再用清水漂洗，然后调 pH 至 7，非反应性铝的附着残留量即可清除，反应性铝残留量可根据样品中多酚类含量和样品表层反应体积与总体积的比值（$V_{表}/V_{总}$）估算出来，锡残留量最高不超过 10mg/kg，锌残留量低于 15mg/kg 就符合我国食品营养强化剂的添加标准（20～1000mg/kg），硼化物作为食品添加剂被认为是不安全的。

(七)其他应注意的问题

食品中含有的多种成分既来源于原料也来源于加工制造时用的添加剂和助剂、在一定的条件下,许多成分所含某些结构基团能和天然色素反应而造成变色,例如胭脂红色素、紫胶色素与蛋白质反应变成紫色;花色苷色素与蛋白质反应产生异色沉淀。

天然色素中相当一部分会受光照射而发生分解。波长越短,光的能量越强,所以大多数的天然色素受紫外线辐射会分解褪色。红曲色素、甜菜红色素,即使是可见光线照射也会分解。对光敏感的色素有红曲色素、甜菜红色素、姜黄色素、胭脂树色素、辣椒色素、栀子黄色素,蓝藻类青色素和叶绿素色素等。

辐照技术已经比较普遍地用于食品的保藏,适当的辐照剂量可以保证食品色泽不受影响。例如张理等研究了辐照对红枣保藏效果的影响(见表 3-6)。林若泰等研究了 0℃ 和 12℃ 下 ^{60}Co γ 射线辐照预冷猪肉的色泽辐照剂量分别为 0～6.31kGy 和 0～5.0kGy。猪肉色泽鲜红,12℃ 下 $^{60}Co\gamma$ 射线辐照贮藏 4.5 个月后,0～1.5kGy 辐照肉颜色变暗,综合其他感官评价以 2.5kGy 辐照剂量为好。

表 3-6 辐照红枣色泽评价

辐照计量/kGy	贮存期/年	大枣	小枣
0.2	1	正常红色	正常红色
0.4～1.0	1	稍深	稍深
1.5	1	较深	较深
未辐照	1	差	差

思考题

1. 食品的颜色在美食中的地位与作用(或功能)是什么?
2. 美食色泽产生的物质基础是什么? 美食中的呈色物质有哪些种类?
3. 举例阐述美食制作过程中色泽变化的化学过程。

参考文献

[1]曹雁平,刘玉德.食品调色技术.北京:化学工业出版社,2003.
[2]陈恺,王娟,姜婧,等.番茄粉中果胶含量粒径贮藏温度与色泽稳定性的相关性.食品与机械,2012,28(2):170-173.
[3]陈正行.食品添加剂新产品与新技术.南京:江苏科学技术出版社,2002.
[4]陈其勋.中国食品辐照进展.北京:原子能出版社,1998:61-62,123-125.
[5]陈晓明.热烫处理抑制脱水胡萝卜维生素的损失和色泽变化.食品研究与开发,2008,29(3):63-65.
[6]迟玉杰.食品化学.北京:化学工业出版社,2012.
[7]阚建全.食品化学.北京:中国农业大学出版社,2008.
[8]丁超,李汴生.青梅烟熏过程中的色泽变化.现代食品科技,2012,28(1):23-26.
[9]侯金铎,白宝兰.以基质络合化法防止果蔬酶促褐变的研究.食品科学,1991(5):6-11.
[10]韩雅珊.食品化学.北京:中国农业大学出版社,1998.
[11]胡燕,袁晓晴,陈忠杰.食品加工中蛋白质结构变化对食品品质的影响.食品研究与开发,2011,32(12):204-207.

[12]李红卫,冯双庆,赵玉梅.冬枣果皮色泽与酚类物质含量相关性的研究.北京农学院学报,2004,19(4):63-66.

[13]吴菊清,李春保,周光宏,等.宰后成熟过程中冷却牛肉、猪肉色泽和嫩度的变化.食品科学,2008,29(10):136-139.

[14]夏延斌.食品风味化学.北京:化学工业出版社,2008.

[15]徐幼卿.食品化学.北京:中国商业出版社,1996.

[16]杨云.芸香苷天然食用黄色素的改性研究,食品科学.1992(8):6-8.

[17]郑海波,宋运猛.干银鱼贮藏过程中色泽变化动力学研究.湖北民族学院学报(自然科学版),2012(4):435-437.

[18]周家华.食品添加剂.北京:化学工业出版社,2001.

[19]周其中,郑仕宏,张建春,等.影响机制湿面色泽变化的研究.食品与机械,2008,24(1):136-138.

[20]张妍,王可兴,潘思轶.外源因子对贮藏橙汁色泽影响研究.食品科学,2006,27(11):74-77.

[21]朱永宝,王然,李文香,等.浓缩温度和糖度对新梨浓缩汁色泽的影响.食品科技,2008,33(9):34-36.

[22]Del Pozo-Insfran D, Brenes CH, Talcott ST. Phytochemical composition and pigment stability of Açai (Euterpe oleracea Mart.). Journal of Agriculture and Food Chemistry,2004,52(6):1539-1545.

[23]Fraser P D, Shimad H, Misawa N. Enzymic confirmation of reactions involved in routes to astaxanthin formation, elucidated using a direct substrate in *vitro* assay. European Journal of Biochemistry,1998,252(2):229-236.

[24]Knee M. Attempted isolation of fluorescent ageing pigments from apple fruits. Journal of the Science of Food and Agriculture,1982,33(2):209-212.

[25]Lemoine Y, Schoefs B. Secondary ketocarotenoid astaxanthin biosynthesis in algae: a multifunctional response to stress. Photosynthesis Research,2010,106(1-2):155-177.

第4章 美食风味的化学基础

本章内容提要：本章主要学习人如何感知美食的风味，美食风味的物质种类以及在食品中的地位和作用，美食风味产生的物质基础及其变化规律，从而可更好地理解美食的内涵及其形成的机理；更进一步地为美食的制作与食用品质的控制提供科学基础。

绪 论

人类摄入的食物，不仅能满足人类对营养物质的需求，而且还应具有良好的风味，会使人们在感官上得到享受，这也是美食产生的基础和前提条件。因此，风味是食品品质一个非常重要的方面，它直接影响人类对食品的摄入及其营养成分的消化和吸收。风味是指由摄入口腔的食物使人的感觉器官包括味觉、嗅觉、痛觉及触觉等产生的综合生理效应，是一种或多种化学物质作用感觉器官而产生的结果；食品风味是一种感觉现象，所以对风味的评价和喜好往往会带有强烈的个人、地域、民族的特殊倾向。食品的风味一般包括滋味和气味两个方面；在食品生产中，风味和食品的营养价值、安全性等一样，都是决定消费者对食品接受程度的重要因素，因此，对食品风味的研究也日益受到重视。

食品风味化学是专门研究食品风味物质组分的化学本质、作用机理、生成途径、分析方法和调控方法的科学。它的研究内容包括以下几个方面：了解食品天然风味物质的化学组成和分离、鉴别方法；了解风味物质的形成机制及其在加工贮藏中的变化途径；研究食品风味增强剂、稳定剂、改良剂等的利用和影响等。现代分析技术发展（例如色谱技术与质谱技术的应用）为食品风味化学的深入研究提供了极大的便利，但是无论是用定性或定量的方法，都很难准确地测定和描述食品的风味，因为风味是某种或某些化合物作用于人的感觉器官的生理结果。由于风味在美食中具有重要地位，通过本章的学习使读者能够系统深刻地认识和了解美食风味产生及其变化的原因及机理。

第一节 人体对食品的感知

一、人体味觉生理学

味是人对食物在口腔中对味觉感受器的刺激产生的感觉。舌尖上的故乡，每个人对乡土的依恋，都在那份味蕾的绝妙体验上。这种对舌尖上的味蕾刺激可能是单一性的，但多数情况下是复合性的。

口腔内的味觉感受器体主要是味蕾，其次是自由神经末梢。味蕾主要分布在舌头表面、上腭和喉咙周围，特别是在舌黏膜的皱褶中的乳突的侧面上分布最稠密。味蕾由大约 30～50 个味细胞成簇聚集而成，味觉感受器就分布在这些细胞的细胞膜上。味蕾的顶端有一个小孔与口腔相通，呈味物质进入口腔后通过这个孔与味细胞上的不同受体作用，产生味觉。自由神经末梢是一种囊包着的末梢，分布在整个口腔中，是一种能识别不同化学物质的微接收器。

舌头的不同部位对味觉有不同的敏感性（图 4-1），一般舌头的前部对甜味最敏感，舌尖和边缘对咸味最敏感，靠腮的两侧对酸最敏感，舌的根部对苦味最敏感。

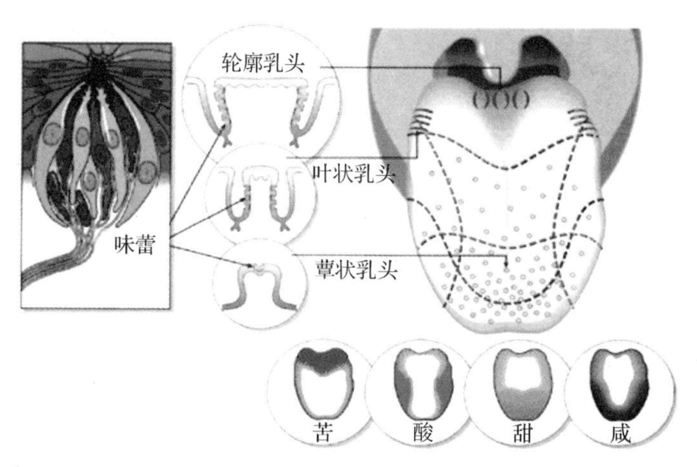

图 4-1　人体舌头味觉感受器

对食品中的呈味物质评价和描述中，味觉敏感性是主要的。评价或是衡量味的敏感性的常用的标准是阈值。阈值是指能感受到某种物质的最低浓度。不同的测试条件和人员，测得的最小刺激值有差别，因此通常采用统计的方法，以一定数量的味觉专家在一定条件下进行品尝评定，半数以上的人感知到的最低呈味浓度就作为该物质的阈值。表 4-1 列出了几种呈味物质的阈值。

表 4-1　几种呈味物质的阈值

呈味物质	味感	阈值/%	
		25℃	0℃
蔗糖	甜	0.4	
食盐	咸	0.25	
柠檬酸	酸	2.5×10^{-3}	3.0×10^{-3}
硫酸奎宁	苦	1.0×10^{-4}	3.0×10^{-4}

根据测量方法的不同，阈值可以分为绝对阈值、差别阈值和最终阈值。绝对阈值又称为感觉阈值，是采用由品尝小组品尝一系列以极小差别递增浓度的水溶液来确定的。差别阈值是将一给定刺激量增加到显著刺激时所需的最小量。最终阈值是当呈味物质在某一浓度后再增加也不能增加刺激强度时的阈值。通常没有特别说明的阈值是指绝对阈值。

阈值的测定依靠人的味觉，这就会产生差异，因为种族、体质（年龄与身体健康状况）、习惯等会造成人对呈味物质的感受和反应不同,所以在不同的文献中,同一种呈味物质的阈值会有差别。

二、味的分类与影响因素

(一)味的分类

世界各国由于文化、饮食习俗等的不同,对味的分类并不一致。日本分为甜、酸、苦、咸、辣五味;欧美各国分为甜、酸、苦、咸、辣、金属味共六味;印度则分为甜、酸、苦、咸、辣、淡、涩和不正常八味;我国分为甜、酸、苦、咸、辣五味,后来又加上涩和鲜共七味。从生理学上来说,味只有甜、酸、苦、咸四种基本味是由味觉感受器感受,辣味是辣味物质刺激口腔黏膜、鼻腔黏膜、皮肤和三叉神经而引起的疼痛感觉;涩味是触觉神经对口腔蛋白质凝固产生的收敛感的反应。从这两种味对食品风味的影响来说,应该是独立的两种味。鲜味与其他几种味相配合,可以使食品的风味更鲜美,在欧美是不把鲜味当作一种独立的味,而是将鲜味物质作为风味增效剂或强化剂。

(二)影响味的因素

影响食物味的因素很多,除了与人的饮食习惯、健康状况、年龄等个体因素外,主要包括以下几个方面:

1. 温度的影响

最能刺激味觉的温度在10～40℃之间,其中以30℃左右最为敏感,低于10℃或高于50℃时各种味觉大多变得迟钝。从表4-1也可以看出,温度对不同的味感的影响不同,其中对食盐的咸味影响最大,对柠檬酸的酸味影响最小。

2. 溶解性的影响

味的强度与呈味物质的溶解性有关,只有溶解之后才能刺激味觉神经,产生味觉。通常,溶解快的物质,味感产生的快,但消失得也快,如蔗糖比较容易溶解,它产生的甜味就比较快,但持续的时间也短,而糖精则正好相反。

3. 呈味物质之间的影响

不同的呈味物质共存时会互相影响。

(1)味的对比作用　味的对比作用是指以适当的浓度调和两种或两种以上的呈味物质时,其中一种味感更突出。如加入一定的食盐会使味精的鲜味增强;蔗糖溶液(15%)中加入食盐(0.017%)后,甜味会更强等。

(2)味的变调作用　两种味感的相互影响会使味感发生改变,特别是先感受的味对后感受的味会产生质的影响,这就是味的变调作用,也称为味的阻碍作用。尝过食盐或奎宁后,再饮无味的水,会感到甜味。

(3)味的消杀作用　味的消杀作用是指一种味感的存在会引起另一种味感的减弱的现象,也称作味的相抵作用。例如蔗糖、柠檬酸、食盐、奎宁之间,其中两种以适当浓度混合,会使其中任何一种的味感都比单独时的弱。在葡萄酒或是饮料中,糖的甜味会掩盖部分酸味,而酸味也会掩盖部分甜味。

(4)味的相乘作用　两种同味物质之共存时,会使味感显著增强,这就是味的相乘作用。谷氨酸钠和5′-肌苷酸共存时鲜味会有显著的增强作用,在混合物中即使是低于阈值的添加量也会产生很强的味感。麦芽酚在饮料或糖果中对甜味也有这种增强作用。

(5)味的适应现象　味的适应现象是指一种味感在持续刺激下会变得迟钝的现象。不同的味感适应所需要的时间不同,酸味需经1.5～3分钟,甜味1～5分钟,苦味1.5～2.5分钟,咸味需0.3～2分钟才能适应。

食品味的这些相互作用是十分微妙和复杂的,既有心理因素,又有物理和化学的作用,其机理也十分复杂,至今尚未完全研究清楚。

第二节　食品的气味与滋味化学

一、食品的气味及其变化

(一)食品气味简介

食品的气味是指通过嗅觉感受器作用使人产生嗅感的化学物质,又叫气味物质。气味物质的一般特征主要为:①具有挥发性;②既具有水溶性(才能透过嗅觉感受器的黏膜层),又具有脂溶性(才能通过感受细胞的脂膜);③其分子量大小在26～300。任何一种食品的香气都并非由一种呈香物质单独产生,而是多种呈香物质的综合反映。对香气贡献较大的物质,被称为"头香物"。能使食品产生气味的化学物质与分子结构有关,与结构有关系的分别叫发香团(或原子),也是指分子结构中对形成气味有贡献的基团(或原子),常见的发香团分别有—OH,—COOH,C ═O,R—O—R′,—COOR,—C_6H_5,—NO_2,—CN 以及—RCOO 等,发香原子为位于元素周期表中Ⅳ族—Ⅶ族,如P、As、Sb、S和F。

食品中的气味化合物主要分为脂肪族化合物、芳香族化合物和含氮化合物。

1.脂肪族化合物

(1)醇类　C_1—C_3 的醇有愉快的香气,C_4—C_6 的醇有近似麻醉的气味,C_7 以上的醇呈芳香味。

(2)酮类　丙酮有类似薄荷的香气;庚酮有类似梨的香气;低浓度的丁二酮有奶油香气,但浓度稍大就有酸臭味;C_{10}—C_{15} 的甲基酮有油脂酸败的哈味。

(3)醛类　低级脂肪醛有强烈的刺鼻的气味。随分子量增大,刺激性减小,并逐渐出现愉快的香气。C_8—C_{12} 的饱和醛有良好的香气,但α,β-不饱和醛有强烈的臭气。

(4)酯类　由低级饱和脂肪酸和饱和脂肪醇形成的酯,具有各种水果香气。内酯尤其是γ-内酯有特殊香气。

(5)酸　低级脂肪酸有刺鼻的气味。

2.芳香族化合物

此类化合物多有芳香气味,如苯甲醛(杏仁香气),桂皮醛(肉桂香气)和香草醛(香草香气)。

(1)醚类及酚醚　醚类及酚醚多有香辛料香气,如茴香脑(茴香香气),丁香酚(丁香香气)等。

(2)萜类　如紫罗酮呈紫罗兰香气,水芹烯呈香辛料香气。含硫化合物硫化丙烯化合物多具有香辛气味,如葱、蒜、韭菜等蔬菜中的香辛成分的主体是硫化物,二烯丙基硫醚[$(CH_2{=}CHCH_2)_2S$],二硫化二烯丙基[$CH_2{=}CHCH_2SSCH_2CH{=}CH_2$]。

3. 含氮化合物

食品中低碳原子数的胺类，几乎都有恶臭，多为食物腐败后的产物。如：甲胺，二甲胺，丁二胺(腐胺)，戊二胺(尸胺)等，且有毒。杂环化合物噻唑类化合物具有米糠香气或糯米香气，维生素 B_1 也有这种香气。有些杂环化合物有臭味，如吲哚及 β-甲基吲哚。

(二)食品中的气味物质及其变化

1. 植物性食品的香气成分及其变化

(1)水果中的香气成分　水果中的香气比较单纯，其香气成分中以酯类、醛类、萜烯类化合物为主，其次是醇类、醚类和挥发酸。它们随着果实的成熟而增加，不同水果中的香气成分各不相同，一些主要水果中的香气成分见表 4-2。

表 4-2　一些水果中的主要香气成分

水果品种	主体成分	其　他
苹果	乙酸异戊酯	挥发酸、乙醇、乙醛、天竺葵醇
梨	甲酸异戊酯	挥发酸
香蕉	乙酸异酯、异戊酸异戊酯	己醇、己烯醛
香瓜	癸二酸二乙酯	己醇、己烯醛
桃	醋酸乙酯、沉香醇酸内酯	挥发酸、乙醛、高级醛
杏	丁酸戊酯	挥发酸、乙醛、高级醛
葡萄	邻氨基苯甲酸甲酯	C_4-C_{12}脂肪酸酯、挥发酸
柑橘类	丁醛、辛醛、癸醛、沉香醇	C_4-C_{12}脂肪酸酯、挥发酸
果皮	甲酸、乙醛、乙醇、丙酮	C_4-C_{12}脂肪酸酯、挥发酸
果汁	苯乙醇、甲酸、乙酸乙酯	C_4-C_{12}脂肪酸酯、挥发酸

(2)蔬菜中的香气成分　蔬菜的气味较水果弱，但有些蔬菜如葱、蒜、韭、洋葱等都含有特殊而强烈的气味。

新鲜蔬菜的清香　许多新鲜蔬菜可以散发出清香泥土香味，这种香味主要由甲氧烷基吡嗪化合物产生，如新鲜土豆、豌豆中的 2-甲氧基-3-异丙基吡嗪、青椒中的 2-甲氧基-3-异丁基吡嗪及红甜菜根中的 2-甲氧基-3-仲丁基吡嗪等，它们一般是植物以亮氨酸等为前体，经生物合成而形成的。植物组织中吡嗪类化合物的生物合成如图 4-4 所示。

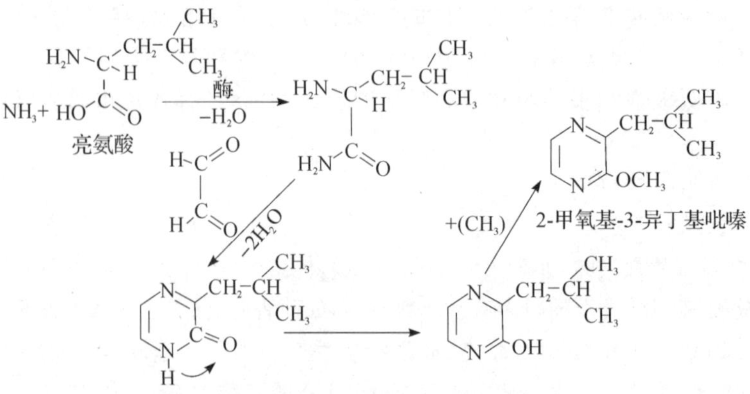

图 4-4　植物中甲氧烷基吡嗪的合成途径

蔬菜中的不饱和脂肪酸在自身脂氧合酶的作用下生成过氧化物，过氧化物分解后生成的醛、酮、醇等也产生清香，如 C_9 化合物产生类似黄瓜和西瓜香味。

百合科蔬菜　大葱、细香葱、蒜、韭、洋葱、芦笋等都是百合科蔬菜。这类蔬菜的风味物质一般是含硫化合物所产生，其中主要是硫醚化合物，如二烃基（丙烯基、正丙基、烯丙基、甲基）硫醚、二烃基二硫化物、二烃基三硫化物、二烃基四硫化物等，此外还有硫代丙醛类、硫氰酸和硫氰酸酯类、硫醇、二甲基噻吩化合物、硫代亚璜酸酯类。这些化合物是其风味前体组织破碎时经过酶的作用而转变来的。

洋葱的风味前体是 S-(1-丙烯基)-L-半胱氨酸亚砜，是由半胱氨酸转化来的。它在蒜酶作用下生成了丙烯基次磺酸和丙酮酸，前者不稳定重排成具有催泪作用的硫代丙醛亚砜，同时部分次磺酸重排为硫醇、二硫化合物、三硫化合物和噻吩等化合物（图 4-5），它们均对洋葱的香味起重要作用，共同形成洋葱的特征香气。

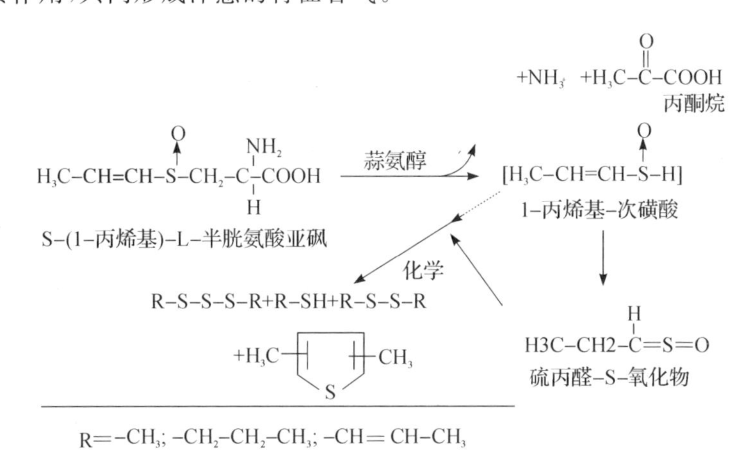

图 4-5　洋葱中风味物质的形成

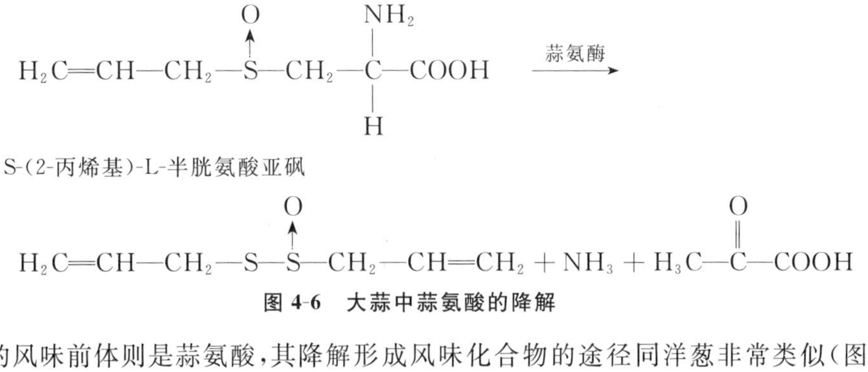

$$H_2C{=}CH{-}CH_2{-}\overset{O\uparrow}{S}{-}CH_2{-}\underset{H}{\overset{NH_2}{C}}{-}COOH \xrightarrow{\text{蒜氨酶}}$$

S-(2-丙烯基)-L-半胱氨酸亚砜

$$H_2C{=}CH{-}CH_2{-}S{-}\overset{O\uparrow}{S}{-}CH_2{-}CH{=}CH_2 + NH_3 + H_3C{-}\overset{O}{\overset{\|}{C}}{-}COOH$$

图 4-6　大蒜中蒜氨酸的降解

大蒜的风味前体则是蒜氨酸，其降解形成风味化合物的途径同洋葱非常类似（图 4-6）。反应过程中没有硫代丙醛亚砜类化合物形成，生成的蒜素具有强烈刺激性气味，它的重排反应同洋葱一样，生成了硫醇、二硫化合物和其他的香味化合物。二烯丙基硫代亚磺酸盐（蒜素）和二烯丙基二硫化物（蒜油）、甲基烯丙基二硫化物共同形成大蒜的特征香气。

细香葱的特征风味化合物有二甲基二硫化物、二丙基二硫化物、丙基丙烯基二硫化物等。芦笋的特征风味化合物有 1,2-二硫-3-环戊烯和 3-羟基丁酮等。韭菜的特征风味化合物有 5-甲基-2-己基-3-二氢呋喃酮和丙硫醇。

十字花科蔬菜 十字花科植物包括甘蓝、芜菁、黑芥末、芥菜、花椰菜、小萝卜和辣根等。芥菜、萝卜和辣根有强烈的辛辣芳香气味，辣味常常是刺激感觉，有催泪性或对鼻腔有刺激性。这种芳香气味主要是由异硫氰酸酯产生(如 2-乙烯基异硫氰酸酯、3-丙烯基异硫氰酸酯、2-苯乙烯基异硫氰酸酯)，异硫氰酸酯是由硫代葡萄糖苷经酶水解产生，除异硫氰酸酯外，还可以生成硫氰酸酯(R—S—C ═N)和腈类(图 4-7)。

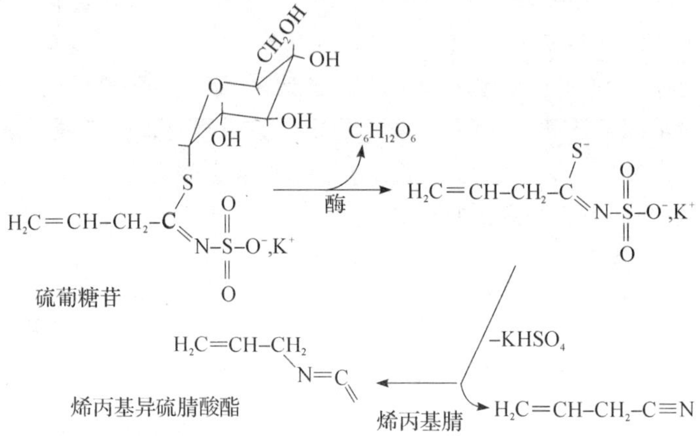

图 4-7 十字花科植物中异硫氰酸酯的形成

小萝卜中的辣味是由 4-甲硫基-3-叔丁烯基异硫氰酸酯产生的。辣根、黑芥末、甘蓝含有烯丙基异硫氰酸酯和烯丙基腈，花椰菜中含有的 3-甲硫基丙基异硫氰酸酯，对加热后的花椰菜风味起决定性作用。

蕈类 蕈类是一种大型真菌，种类很多。蕈类的香气成分前体是香菇精酸，它经 S-烷基-L-半胱氨酸亚砜裂解酶等的作用，产生蘑菇香精(图 4-8)，这是一种非常活泼的香气成分，为香菇的主要风味物质。此外，异硫氰酸苄酯、硫氰酸苯乙酯、苯甲醛氰醇等也是构成蘑菇香气的重要成分。

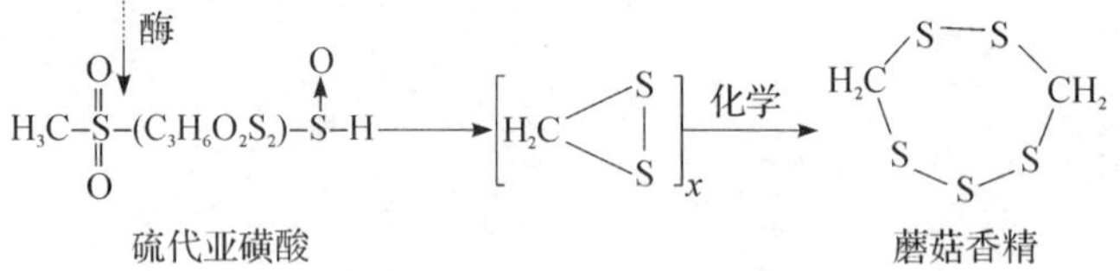

图 4-8 蘑菇香精的形成

其他常见蔬菜 黄瓜中的香味化合物主要是羰基化合物和醇类，特征香味化合物有 2-反-6-顺-壬二烯醛、反-2-壬烯醛和 2-反-6-顺-壬二烯醇，而 3-顺-己烯醛、2-反-己烯醛、2-反-壬烯醛等也对黄瓜的香气产生影响。这些风味化合物是以亚油酸、亚麻酸等为风味前体合成的。

在番茄中已经鉴别出 80 多种挥发性化合物，3-顺-己烯醛、2-反-己烯醛、β-紫罗酮、己醛、β-大马酮、1-戊烯-3-酮、3-甲基丁醛等是番茄的重要的风味化合物。在加热产品例如番茄酱中，由于形成了二甲基硫，以及 β-紫罗酮、β-大马酮的增加和 3-顺-己烯醛、己醛的减少，所以风味发生了变化。

马铃薯中香气成分含量极微，新鲜马铃薯中主要的风味化合物是吡嗪类，2-异丙基-3-甲氧基吡嗪、3-乙基-2-甲氧基吡嗪和 2，5-二甲氧基吡嗪对马铃薯风味的产生具有重要影响。经烹调的马铃薯含有的挥发性化合物主要有羰基化合物（饱和、不饱和醛、酮和芳香醛）、醇类（C_3-C_8 的醇、芳樟醇、橙花醇、香叶醇）、硫化物（硫醇、硫醚、噻唑）及呋喃类化合物。

胡萝卜挥发性油中存在着大量的萜烯，主要成分有 γ-红没药烯、石竹烯、萜品油烯，其特征香气化合物为顺、反-γ-红没药烯和胡萝卜醇。

（3）茶叶中的香气成分　茶叶的香气是决定茶叶品质高低的重要因素，各种不同的茶叶都有各自独特的香气，即茶香，其香型和特征香气化合物与茶树品种、生长条件、采摘季节、成熟度、加工方法等均有很大的关系，鲜茶叶中原有的芳香物质只有几十种，而茶叶香气化合物有 500 种以上。

绿茶的香气成分　绿茶是不发酵性茶，有典型的烘炒香气和鲜青香气。绿茶加工的第一步是杀青，使鲜茶叶中的酶失活，因此，绿茶的香气成分大部分是鲜叶中原有的，少部分是加工过程中形成的。

鲜茶叶主要的挥发性成分是青叶醇（3-顺-己烯醇、2-顺-己烯醇）、青叶醛（3-顺-己烯醛、2-顺-己烯醛）等，具有强烈的青草味。在杀青过程中，一部分低沸点的青叶醇、青叶醛挥发，同时使部分青叶醇、青叶醛异构化生成具有清香的反式青叶醇（醛），成为茶叶清香的主体。高沸点的芳香物质如芳樟醇、苯甲醇、苯乙醇、苯乙酮等，随着低沸点物质的挥发而显露出来，特别是芳樟醇，占到绿茶芳香成分的 10%，这类高沸点的芳香物质具有良好香气，是构成绿茶香气的重要成分。

清明前后采摘的春茶特有的新茶香是二硫甲醚与青叶醇共同形成的，这种特殊的新茶香随着茶叶的贮藏期的延长而消失。

半发酵茶　半发酵茶的香气特点介于绿茶与红茶之间。乌龙茶是半发酵茶的代表，其茶香成分主要是香叶醇、顺-茉莉酮、茉莉内酯、茉莉酮酸甲酯、橙花叔醇、苯甲醇氰醇、乙酸乙酯等（图 4-9）。

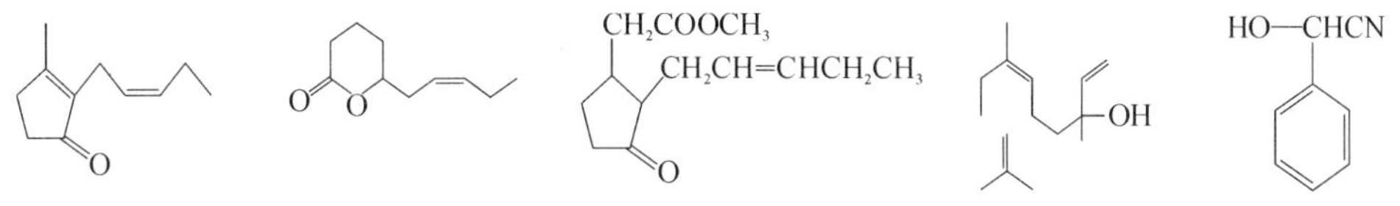

CH_2COOCH_3　$CH_2CH{=}CHCH_2CH_3$　OH　HO—CHCN

顺-茉莉酮　茉莉内酯　茉莉酮酸甲酯　橙花叔醇　苯甲醇氰醇

图 4-9　半发酵茶中的香气成分

红茶　红茶是发酵茶，其茶香浓郁，红茶在加工中会发生各种变化，生成几百种香气成分，使红茶的茶香与绿茶明显不同。在红茶的茶香中，醇、醛、酸、酯的含量较高，特别是紫罗兰酮类化合物对红茶的特征茶香起重要作用。

生成红茶风味化合物的前体主要有类胡萝卜素、氨基酸、不饱和脂肪酸等。红茶加工时，β-胡萝卜素氧化降解产生紫罗酮等化合物（图 4-10），再进一步氧化生成二氢海葵内酯和茶螺烯酮，后两者是红茶香气的特征成分。

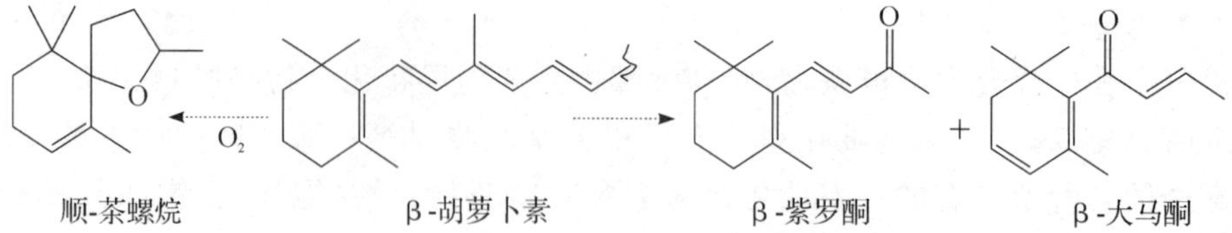

顺-茶螺烷　β-胡萝卜素　β-紫罗酮　β-大马酮

图 4-10　茶叶中 β-胡萝卜素的氧化分解

茶叶中的不饱和脂肪酸特别是亚麻酸和亚油酸，在加工中发生酶促氧化，生成 $C_6 \sim C_{10}$ 的醛、醇。茶叶中的脂肪酸还与醇酯化，生成的酯有芳香，如有茉莉花香的乙酸苯甲酯、甜玫瑰香的苯乙酸乙酯、有花香的苯甲酸甲酯、有冬青油香的水杨酸甲酯等，这些成分对茶叶的茶香有重要影响。

氨基酸在茶叶加工中会被酶催化，发生脱氨和脱羧，生成醛、醇、酸等产物，有许多也是茶香的组分。

2. 动物性食品的风味物质及其变化

(1)畜禽肉类的风味物质　新鲜的畜肉一般都带有腥膻气味，风味物质主要由硫化氢、硫醇(CH_3SH、C_2H_5SH)、醛类(CH_3CHO、CH_3COCH_3、$CH_3CH_2COCH_3$)、甲(乙)醇和氨等挥发性化合物组成，有典型的血腥味。例如，对猪肉的研究发现，生猪肉中有三百多种挥发性物质，主要物质种类包括碳氢化合物、醛、酮、醇、酯、呋喃化合物、含氮化合物和含硫化合物。不同的动物的生肉有各自的特有气味，主要是与所含脂肪有关，生牛肉、猪肉没有特殊气味，羊肉有膻味与肉中的甲基支链脂肪酸如 4-甲基辛酸、4-甲基壬酸、4-甲基癸酸有关，狗肉有腥味与所含的三甲胺、低级脂肪酸有关。性成熟的公畜由于性腺分泌物而含有特殊的气味，如没有阉割的公猪肉有强烈的异味，产生这种异味的是 5α-雄-16-烯-3-酮(图 4-11)和 5α-雄-16-烯-3α-醇两种化合物。

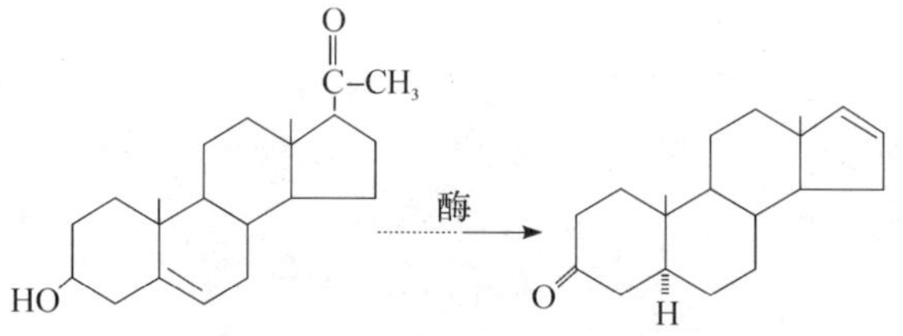

孕烯醇酮　酶　5α-雄-16-烯-3-酮

图 4-11　公猪肉特征气味成分的形成

在动物肌肉组织加热过程中，香味化合物的形成总体上可以分为三种途径：①由于脂质的氧化、水解等反应形成醛、酮、酯类等化合物；②氨基酸、蛋白质与还原糖反应生成的风味化合物；③不同风味化合物的进一步分解或者相互之间反应生成的新风味化合物。经过加热处理，畜禽肉产生特有的香气(风味前体形成风味化合物)，并且香气的组成与烹调加工时的温度、加工方法有关，因此肉汤、烤肉和煎肉的香味不同。熟的猪肉中挥发性物质数量减少，主要为醛、酮、羧酸、含硫化合物等。在畜禽肉中的风味前体最重要的可能是一些非挥发性风味前体，包括游离氨基酸、肽、糖类、维生素和核苷酸等，在加热时它们发生化学反应生成大量的中间体和风味物质，并由此产生肉的相应风味。

含有脂肪的牛肉加热时产生的挥发性化合物中有脂肪酸、醛、酮、醇、醚、呋喃、吡咯、内酯、烃芳香族、硫化合物(噻唑、噻吩、硫烷、硫醚、二硫化合物)和含氮化合物(噁唑、吡嗪)化合物等。挥发性化合物已被鉴定出 600 多种,可将它们分为酸性、中性、碱性三类,其中酸性化合物对肉香影响不大。牛肉香气的特征成分主要包括硫化物(以噻吩化合物为主)、呋喃类、吡嗪类化合物和吡啶化合物。猪肉加热的特征香气成分与牛肉有很多相同之处,但猪肉中以 4(或 5)-羟基脂肪酸为前体生成的 γ-或 δ-内酯较多,不饱和的羰基化合物和呋喃化合物也较多。羊肉由于脂肪中游离脂肪酸和不饱和脂肪酸含量比牛、猪肉中的少,加热时生成的羰基化合物少,因而形成羊肉的特征香气。鸡肉加热形成的肉香中,其特征化合物主要是硫化物和羰基化合物,特别是羰基化合物如 2-反-4-顺-癸二烯醛,产生鸡肉的独特的香气。

煮肉香气化合物主要是中性的,香气特征成分异硫化物、呋喃类化合物和苯环型化合物;而烤肉时则主要生成碱性化合物,特征成分是吡嗪、吡咯、吡啶等碱性化合物及异戊醛等羰基化合物,以吡嗪类化合物为主。但是不论何种加热方式,含硫化合物都是肉类香气最重要成分,如果去掉挥发性组分中的含硫化合物就会失去肉的香味。肉类加热香气中,硫化氢含量对香气有影响,含量过高时会产生硫臭味,含量过低会使肉的风味下降。肉类用烟熏的方法来增加其香味和保藏性时,熏烟中含有酚类、甲醛、乙醛、丙酮、甲酚、脂肪酸、醇、糖醛、愈创木酚等主要组分,其中的脂肪酸、酚类和醇可使肉制品产生特殊的风味和香味。

脂类物质在畜肉的风味形成过程中具有重要作用。牛脂肪在加热时生成的酯类、烃类、醇类、羰基化合物、苯环化合物、内酯类、吡嗪类和呋喃化合物等对牛肉香气有很大影响,猪脂肪加热时也能检出相同的香气化合物。这些物质是通过脂质(脂肪和磷脂)的降解、氧化或者是其他的反应而生成,在低温下(＜100℃)烹饪的猪肉中,由脂肪衍生出的风味化合物占熟猪肉中风味化合物的多数。

(2)水产品的风味物质　鱼贝类的气味可以大致区分为生鲜品的气味,以及烹调、加工品的气味。

生鲜水产品的挥发性物质　一般情况下非常新鲜的海水鱼、淡水鱼类的气味非常低,主要是由挥发性羰基化合物、醇类产生,刚刚捕获的鱼和海产品中,其风味成分主要是 C_6、C_8、C_9 的醛、酮、醇类化合物,如 1-辛烯-3-酮、2-反-壬烯醛、顺-1-5-辛二烯-3-酮、1-辛烯-3-醇等,是由脂肪氧合酶催化不饱和脂肪酸氧化得到的。随着水产品鲜度的降低,气味成分逐渐发生变化。淡水鱼的土腥味是由于某些淡水浮游生物如颤藻、微囊藻、念珠藻、放线菌等,分泌的一种泥土味物质排入水中,而后通过鳃和皮肤渗透进入鱼体,使鱼产生泥土味。鲤鱼在底泥中觅食,带进许多放线菌而产生泥土味。

$H_2N(CH_2)_4CHO$　　　　$H_2N(CH_2)_4CHOOH$

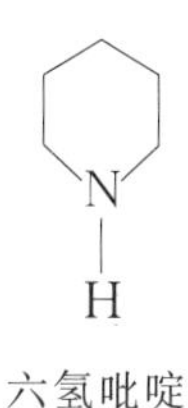

σ-氨基戊醛　　　　σ-氨基戊酸　　　　六氢吡啶

图 4-12　鱼腥气的特征成分

随着鱼鲜度的下降,逐渐呈现出一种特殊的鱼腥气,它的特征成分是鱼皮黏液中的含有的 δ-氨基戊醛、δ-氨基戊酸和六氢吡啶类化合物,它们是由碱性氨基酸生成的(图 4-12)。δ-

氨基戊醛和δ-氨基戊酸具有强烈腥味，鱼类血液中因含δ-氨基戊醛，也有强烈的腥臭味。

海参类含有壬二烯醇，有黄瓜般的香气，海鞘类含有正辛醇、癸烯醇和癸二烯醇等醇类化合物，在极微量时有香气。

鲜度降低时的挥发性物质 水产品在鲜度下降时会产生令人厌恶的腐臭气味，臭气成分主要有氨、二甲胺（DMA）、三甲胺（TMA）、甲硫醇、吲哚、粪臭素及脂肪酸氧化产物等。这些物质都是碱性物质，添加醋酸等酸性溶液可以使其中和，降低臭气。

在新鲜鱼肉中氨也会由腺嘌呤核苷酸（AMP）在AMP氨基水解酶（即AMP脱氨酶）的作用下生成肌苷酸（IMP）时产生（图4-13）。

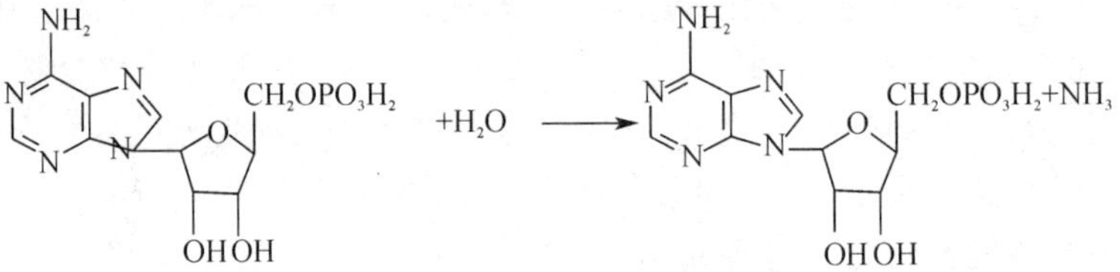

NH_2 $CH_2OPO_3H_2$ $+H_2O \longrightarrow$ NH_2 $CH_2OPO_3H_2+NH_3$
OH OH　　OH OH

图4-13　AMP生成氨

随着鲜度降低，游离氨基酸和蛋白质降解产生大量氨基。软骨鱼由于肌肉中含有大量的尿素，在细菌脲酶的作用下分解生成氨和二氧化碳，故容易产生强烈的氨臭（图4-14）。

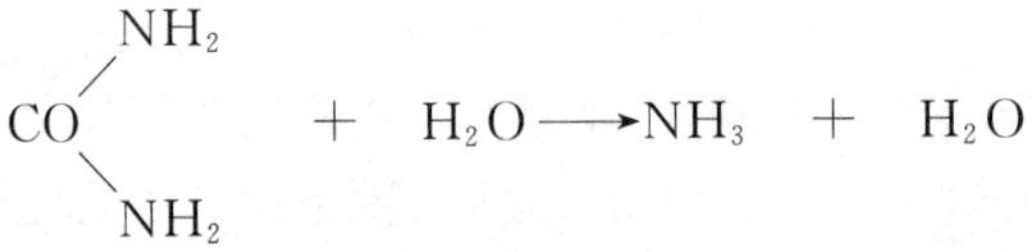

$$CO(NH_2)_2 + H_2O \longrightarrow NH_3 + H_2O$$

图4-14　尿素生成氨

三甲胺是海产鱼腐败臭气的主要代表，新鲜鱼体内不含三甲胺，只有氧化三甲胺，氧化三甲胺没有气味，三甲胺的阈值很低（$300-600\mu g/kg^{-1}$），本身的气味类似氨味，一旦与脂肪作用就产生了所谓的“陈旧鱼味”。三甲胺是氧化三甲胺（TMAO）在酶或微生物作用下还原而产生的。氧化三甲胺是海水鱼在咸水环境中用于调节渗透压的物质，淡水鱼中不存在氧化三甲胺。其中软骨鱼如鲨鱼肌肉中含有较多的氧化三甲胺，在鲜度下降时会发生强烈的腐败腥臭气。三甲胺常被用作未冷冻鱼的腐败指标。

二甲胺和甲醛则是由鱼肌肉中的酶催化氧化三甲胺的分解产生的（图4-15）。相比之下，二甲胺的气味较低。

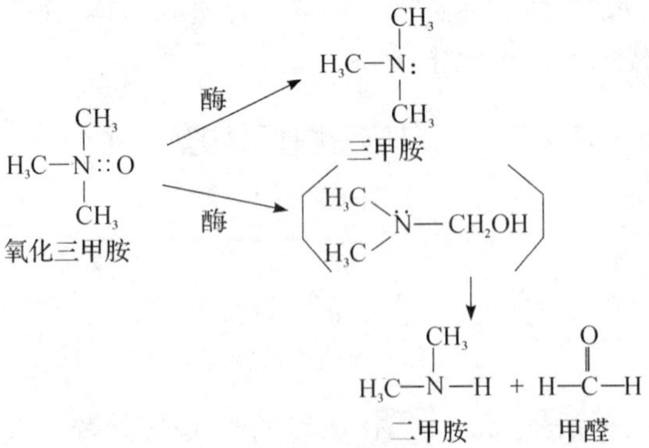

$(CH_3)_3N::O$（氧化三甲胺）$\xrightarrow{酶}$ $(CH_3)_3N:$（三甲胺）

$(CH_3)_3N::O$（氧化三甲胺）$\xrightarrow{酶}$ $[(H_3C)_2N—CH_2OH]$ $\longrightarrow$ $(CH_3)_2N—H$（二甲胺）$+$ $H—CO—H$（甲醛）

图4-15　氧化三甲胺形成挥发性物质

挥发性的含硫化合物通常与变质的海味联系在一起，从鲜度低下鱼肉中发现有硫化氢(H_2S)、甲硫醇(CH_3SH)、二甲(基)硫[甲硫醚，$(CH_3)_2S$]、二乙(基)硫[$(C_2H_5)_2S$]等，这些含硫化合物与其臭气有很大关系。

吲哚、粪臭素是蛋白质和氨基酸在微生物作用下产生的(图4-16)。海水鱼在贮存过程中所产生的"氧化鱼油味"或者"鱼肝油味"，是因为ω-3多不饱和脂肪酸发生氧化反应的结果，因为亚麻酸、花生四烯酸、二十二碳六烯酸等是鱼油的主要不饱和脂肪酸，其自动氧化分解产物具有令人不快的异味。氧化反应导致的气味各不相同，在早期为清香味或黄瓜味，到后来转变为鱼肝油味。

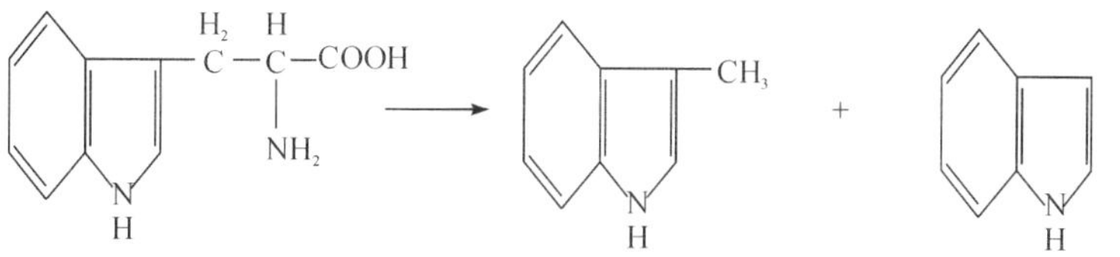

色氨酸 粪臭素 吲哚

图4-16 氨基酸的分解

二、食品的滋味

本章第一节中味的分类介绍了食品的基本味(原味，original taste)或称滋味分酸、甜、苦和咸味；呈滋味的物质其特点多为不挥发物，能溶于水，阈值比呈气味物高得多。以下介绍美食制作过程中涉及的一些基本味及一些呈味物质。

(一)甜味

甜味是最受人类欢迎的味感之一，它能够用于改进食品的可口性和某些食用性质。甜味的强弱可以用相对甜度来表示，它是甜味剂的重要指标。甜度目前还是凭人的感官来判断，通常以5%或10%的蔗糖水溶液(因为蔗糖是非还原糖，其水溶液比较稳定)为标准，在20℃同浓度的其他甜味剂溶液与之比较来得到相对甜度。表4-3是几种甜味剂的相对甜度。

对于甜味物质的呈味机理，席伦伯格(Shallenberger)等人提出了产生甜味的化合物都有呈味单位AH/B理论。这种理论认为，有甜味的化合物都具有一个电负性原子A(通常是N、O)并以共价键连接氢，故AH可以是羟基(—OH)，亚氨基(—NH)或氨基($—NH_2$)，它们为质子供给基；在距离AH基团大约在0.25～0.4nm处同时还具有另外一个电负性原子B(通常是N、O、S、Cl)，为质子接受基；而在人体的甜味感受器内，也存在着类似的AH/B结构单元。当甜味化合物的AH/B结构单位通过氢键与味觉感受器中的AH/B单位结合时，便对味觉神经产生刺激，从而产生了甜味。图4-17显示了氯仿、糖精、葡萄糖的AH/B结构。

这个学说适用于一般甜味的物质，但有很多现象它解释不了，如强甜味物质，为什么同样具有AH/B结构的糖和D-氨基酸甜度相差很大；为什么氨基酸的旋光异构体有不同的味感，D-缬氨酸呈甜味而L-缬氨酸是苦味？因此，科尔(Kier)等对AH/B学说进行了补充和发展。他们认为在强甜味化合物中除存在AH/B结构以外，分子还具有一个亲脂区域γ，γ一般是亚甲基($—CH_2—$)、甲基($—CH_3$)或苯基($—C_6H_5$)等疏水性基团，γ区域与AH、B两个基团的关系在空间位置有一定的要求，它的存在可以增强甜味剂的甜度。这就是目前甜味学说的理论基础。这些基团之间的相互关系可以用图 4-18 所示的结构来说明。

表 4-3 部分甜味剂的相对甜度(蔗糖为 1.0)

甜味剂	相对甜度	甜味剂	相对甜度
β-D-果糖	1.0～1.75	D-色氨酸	35
α-D-葡萄糖	0.40～0.79	甘草酸	200～250
α-D-半乳糖	0.27	糖精	200～700
β-D-甘露糖	0.59 柚皮苷二氢查尔酮	100	
木糖醇	0.9～1.4	新橙皮苷二氢查尔酮	1500～2000

氯仿　　糖精　　葡萄糖

图 4-17 几种化合物的 AH/B 关系

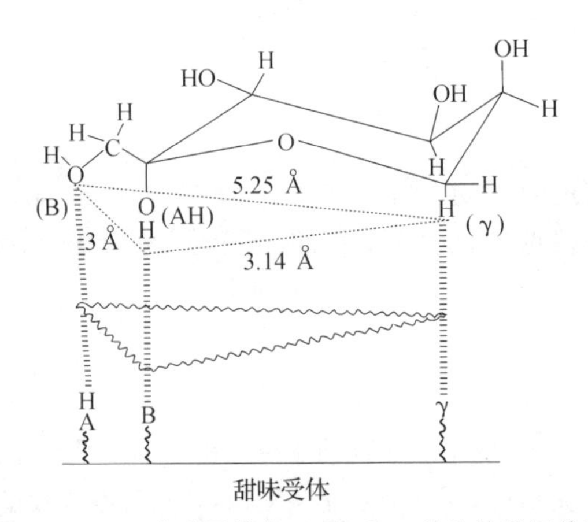

图 4-18 β-D-吡喃果糖中 AH/B 和 γ 结构的相互关系

甜味剂分天然甜味剂和合成甜味剂两大类,其中前者较多,主要是几种单糖和低聚糖、糖醇等,其中最常用的甜味剂是蔗糖,既是食品工业中主要的甜味剂,也是日常生活中的调味品。合成甜味剂较少,只有几种人工合成甜味剂允许在食品加工中使用。

(二)苦味

苦味是分布广泛的味感,自然界中有苦味的物质比甜味物质多得多。苦味本身并不是令人愉快的味感,但它和其他味感适当组合,可以形成一些食品的特殊风味,如茶、咖啡、啤酒、苦瓜、灵芝、白果等。番木鳖碱是已经发现的最苦的物质,奎宁常被用作评价苦味物质的苦味强度时的基准物(强度为 100,阈值约 0.0016%)。

苦味的产生类似于甜味,苦味化合物与味觉感受器的位点之间的作用也为 AH/B 结构,不过,苦味化合物分子中的质子给体(AH)一般是—OH、—C(OH)$COCH_3$、—$CHCOOCH_3$、—NH等,而质子受体(B)为—CHO、—COOH、—$COOCH_3$,AH 和 B 之间距离为 0.15nm,远小于在甜味化合物 AH/B 之间的距离。

食物中的天然苦味化合物，植物来源的主要是生物碱、萜类、糖苷类等，动物性的主要是胆汁。以下介绍食品中重要的苦味物质。

1. 咖啡碱、茶碱、可可碱

咖啡碱、茶碱和可可碱都是嘌呤类衍生物，是食品中重要的生物碱类苦味物质（图 4-19）。咖啡碱存在于茶叶、咖啡和可可中；可可碱存在于可可和茶叶中。都有兴奋中枢神经的作用。

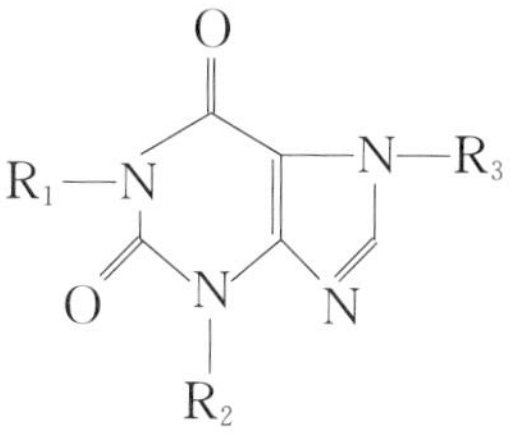

$R_1 = R_2 = R_3 = CH_3$

$R_1 = H\ R_2 = R_3 = CH_3$

$R_1 = R_2 = CH_3\ R_3 = H$

图 4-19　咖啡碱、茶碱和可可碱的结构

2. 柚皮苷、新橙皮苷

柚皮苷和新橙皮苷是柑橘类果实中的主要苦味物质，柑橘皮中含量较多，都是黄烷酮糖苷类化合物，可溶于水。柚皮苷的苦味与分子中鼠李糖和葡萄糖之间形成的糖苷键有关。用柚皮苷酶将这个糖苷键水解就可以生成无苦味产物（图 4-20）。

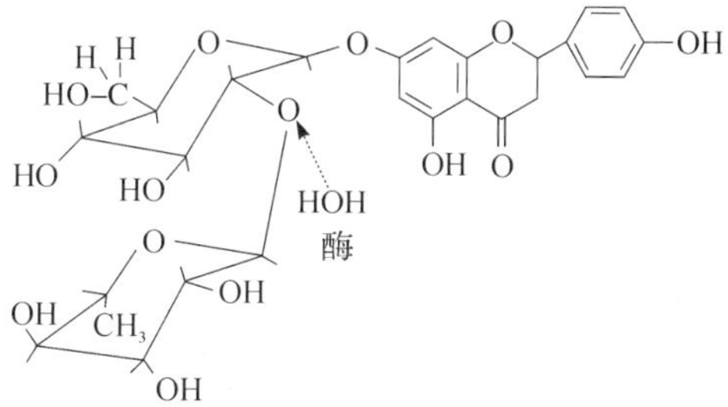

图 4-20　柚皮苷酶水解柚皮苷脱苦的部位

3. 啤酒中的苦味物质

啤酒所具有的苦味是由于酒花中含有的苦味物质或是在酿造过程中产生的苦味物质。啤酒中苦味物质主要是 α-酸及其异构物，α-酸是物质中结构相似物的混合物（律草酮、辅律草酮、加律草酮、后律草酮和前律草酮），在麦汁煮沸时 α-酸转化为异 α-酸，异 α-酸是啤酒的主要苦味物质（图 4-21）。

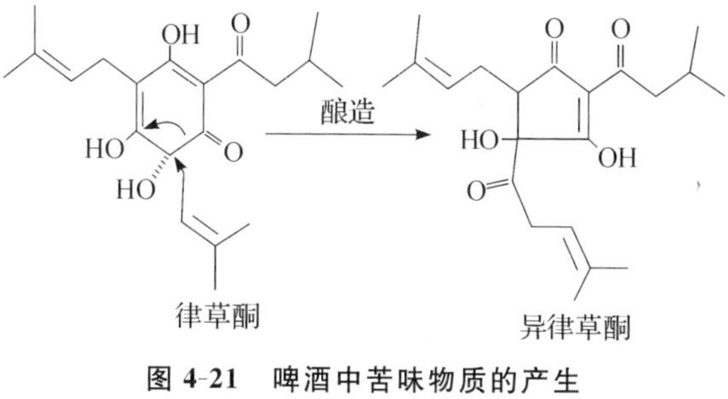

图 4-21　啤酒中苦味物质的产生

4. 胆汁

胆汁是动物肝脏分泌并贮存在胆囊中的一种液体，味极苦，胆汁中苦味的主要成分是胆酸、鹅胆酸和脱氧胆酸(图 4-22)。在畜、禽和水产品加工中稍不注意破损胆囊，即可导致无法洗净的苦味。

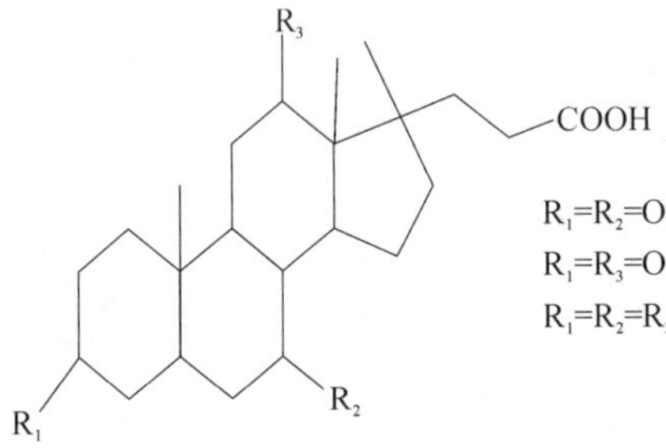

$R_1=R_2=OH$ $R_3=H$ 鹅胆酸
$R_1=R_3=OH$ $R_2=H$ 脱氧胆酸
$R_1=R_2=R_3=OH$ 胆酸

图 4-22 胆汁中苦味的主要成分

(三)酸味

酸味是有机酸、无机酸和酸性盐产生的氢离子引起的味感。适当的酸味能给人以爽快的感觉，并促进食欲。一般来说，酸味与溶液的氢离子浓度有关，氢离子浓度高酸味强，但两者之间并没有函数关系，在氢离子浓度过大(pH＜3.0)时，酸味令人难以忍受，而且很难感到浓度变化引起的酸味变化。酸味还与酸味物质的阴离子、食品的缓冲能力等有关。例如，在相同 pH 值时，酸味强度为醋酸＞甲酸＞乳酸＞草酸＞盐酸。酸味物质的阴离子还决定酸的风味特征，如柠檬酸、维生素 C 的酸味爽快，葡萄糖酸具有柔和的口感，醋酸刺激性强，乳酸具有刺激性的臭味，磷酸等无机酸则有苦涩感。

酸味料是食品重要的调味料，并有抑制微生物的作用。食品中最常用的酸是醋酸，其次是柠檬酸、乳酸、酒石酸、葡萄糖酸、苹果酸、富马酸、磷酸等。醋酸是日常生活中食醋的主要成分；柠檬酸为食品加工中使用量最大的酸味剂；苹果酸与人工合成的甜味剂共用时，可以很好地掩盖其后苦味；葡萄糖酸-δ-内酯是葡萄糖酸的脱水产物，在加热条件下可以生成葡萄糖酸，这一特性使其成为迟效性酸味剂，在需要时受热产生酸，可用于豆腐生产作凝固剂和饼干、面包中作疏松剂；磷酸其酸味温和爽快，略带涩味，主要用于可乐型饮料的生产中。

(四)咸味

咸味是中性盐显示的味，是食品中不可或缺的、最基本的味。咸味是由盐类离解出的正负离子共同作用的结果，阳离子产生咸味，阴离子抑制咸，并能产生副味。无机盐类的咸味或所具有的苦味与阳离子、阴离子的离子直径有关，在直径和小于 0.65nm 时，盐类一般为咸味，超出此范围则出现苦味，例如 $MgCl_2$(离子直径和 0.85nm)苦味相当明显。只有 NaCl 才产生纯正的咸味，其他盐多带有苦味或其他不愉快味。食品调味料中，专用食盐产生咸味，其阈值一般在 0.2%，在液态食品中的最适浓度为 0.8%～1.2%。由于过量摄人食盐会带来健康方面的不利影响，所以现在提倡低盐食品。目前作为食盐替代物的化合物主要有 KCl，如 20%的 KCl 与 80%的 NaCl 混合所组成的低钠盐，苹果酸钠的咸度约为 NaCl 咸度的 1/3，可以部分替代食盐。

(五)鲜味

鲜味是一种复杂的综合味感,它是由能够使人产生食欲、增加食物可口性的味觉。呈现鲜味的化合物加入到食品中,含量大于阈值时,使食品鲜味增加;含量小于阈值时,即使尝不出鲜味,也能增强食品的风味,所以鲜味剂也被称为风味增强剂。

鲜味物质可以分为氨基酸类、核苷酸类、有机酸类。不同鲜味特征的鲜味剂的典型化合物有 L-谷氨酸-钠(MSG),5′-肌苷酸(5′-IMP)、5′-鸟苷酸(5′-GMP)、琥珀酸-钠等(图 4-23)。它们的阈值浓度分别为 140mg/kg、120mg/kg、35mg/kg 和 150mg/kg。谷氨酸-钠(MSG)是最早被发现和实现工业生产的鲜味剂,在自然界广泛分布,海带中含量丰富,是味精的主要成分;5′-肌苷酸广泛分布于鸡、鱼、肉汁中,动物肉中的 5′-肌苷酸主要来自于肌肉中 ATP 的降解;5′-鸟苷酸是以香菇为代表的蕈类鲜味的主要成分;琥珀酸-钠广泛分布在自然界中,在鸟、兽、禽、畜、软体动物等中都有较多存在,特别是贝类中含量最高,是贝类鲜味的主要成分,由微生物发酵的食品,如酱油、酱、黄酒等中也有少量存在。另外,天冬氨酸及其一钠盐也有较好的鲜味,强度比 MSG 弱,是竹笋等植物中的主要鲜味物质。它的鲜味则被认为是竹笋类食物的鲜味。IMP、GMP 与谷氨酸一钠合用时可明显提高谷氨酸一钠的鲜味,如 1%IMP+1%GMP+98%MSG 的鲜味为单纯 MSG 的四倍。以上这些鲜味剂中,作为商品使用的主要是谷氨酸钠(MSG)、核苷酸(5′-肌苷酸和 5′-鸟苷酸),其次是琥珀酸钠。

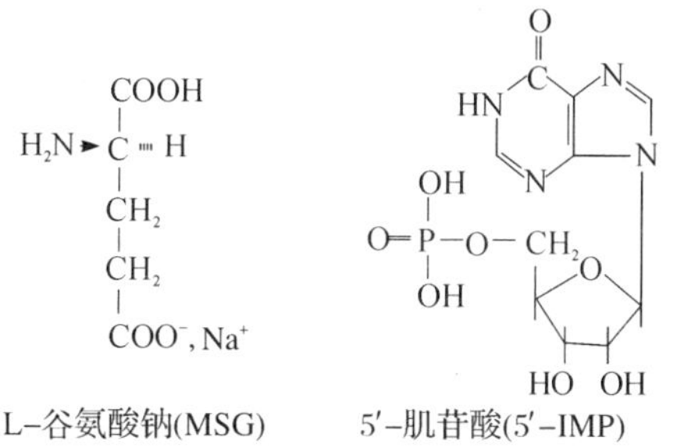

L-谷氨酸钠(MSG)　　5′-肌苷酸(5′-IMP)

图 4-23　鲜味剂的典型代表化合物

(六)辣味

辣味是调味料和蔬菜中存在的某些化合物所引起的辛辣刺激感觉,不属于味觉,是舌、口腔和鼻腔黏膜受到刺激产生的辛辣、刺痛、灼热的感觉。辛辣味具有增进食欲、促进人体消化液的分泌的功能,是日常生活中不可缺少的调味品,同时它们还影响食品的气味。天然食用辣味物质按其味感的不同,大致可分为以下三大类。

1. 热辣物质

热辣物质是在口腔中能引起灼烧感觉的无芳香的辣味物质。主要有:

辣椒　辣椒的主要辣味物质是辣椒素(图 4-24),是一类不同链长(C_8—C_{11})的不饱和一元羧酸的香草酰胺,同时还含有少量含饱和直链羧酸的二氢辣椒素,二氢辣椒素已可以人工合成。不同辣椒品种中的总辣椒素含量差异非常大,例如,红辣椒含 0.06%,牛角红辣椒含 0.2%,印度的萨姆辣椒含 0.3%,非洲的乌干达中含 0.85%。

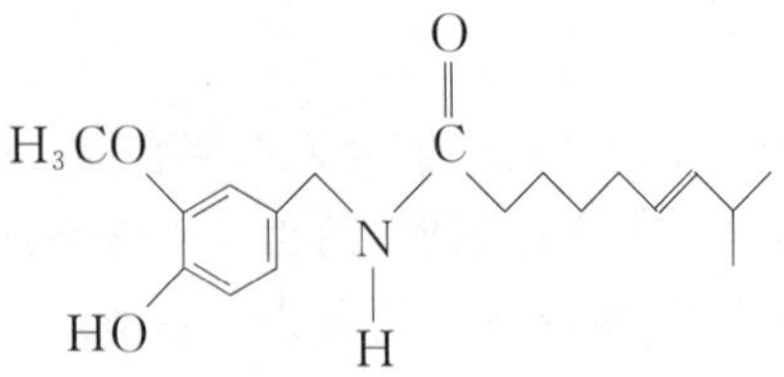

图 4-24 辣椒素的结构式

胡椒 胡椒中的主要辣味成分是胡椒碱，它是一种酰胺化合物，有三种异构体，差别在于2,4-双键的顺、反异构上，顺式双键越多越辣(图 4-25)。胡椒在光照和储藏时辣味会损失，这主要是由于这些双键异构化作用所造成的。

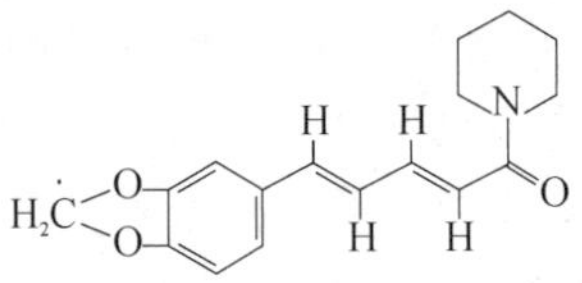

图 4-25 胡椒碱的结构式

花椒 花椒的主要辣味成分是花椒素，也是酰胺类化合物。

2. 辛辣(芳香辣)物质

辛辣物质的辣味伴有较强烈的挥发性芳香物质。

姜 新鲜生姜中以姜醇为主，其分子中环侧链上羟基外侧的碳链长度各不相同(n=5～9)(图 4-26)。鲜姜经干燥贮藏，姜醇脱水生成姜酚类化合物，更为辛辣。姜加热时，姜醇侧链断裂生成姜酮，姜酮的辣味较缓和。

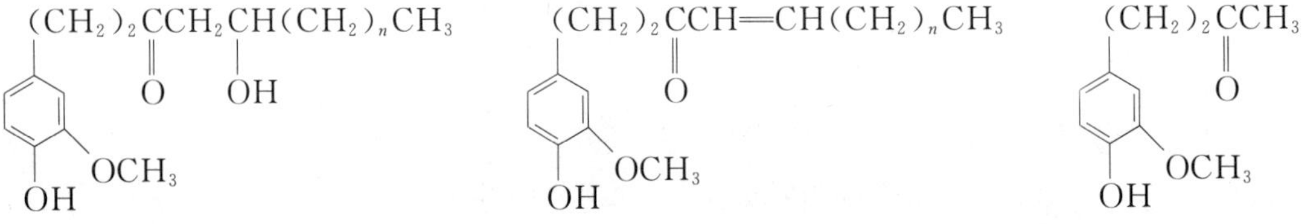

$(CH_2)_2CCH_2CH(CH_2)_nCH_3$ $(CH_2)_2CCH{=}CH(CH_2)_nCH_3$ $(CH_2)_2CCH_3$

姜醇 姜酚 姜酮

图 4-26 姜酚类化合物的结构式

丁香和肉豆蔻 丁香和肉豆蔻的辛辣成分主要是丁香酚和异丁香酚(图 4-27)。

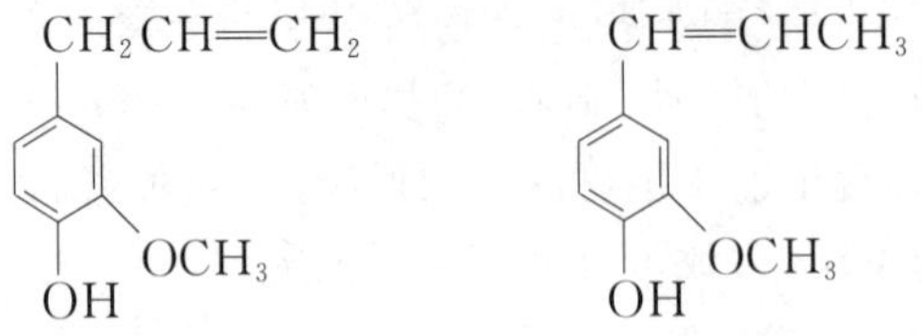

$CH_2CH{=}CH_2$ $CH{=}CHCH_3$

丁香酚 异丁香酚

图 4-27 丁香酚和异丁香酚的结构式

3. 刺激性辣味物质

刺激性辣味物质除了能刺激舌和口腔黏膜外，还刺激鼻腔和眼睛，有催泪作用。

芥末、萝卜、辣根 芥末、萝卜、辣根的刺激性辣味物质是芥子苷水解产生的芥子油，它是异硫氰酸酯类的总称，芥末、萝卜、辣根中主要有以下几种：

$CH_2=CHCH_2-NCS$ 异硫氰酸烯丙酯　　$CH_3CH=CH-NCS$ 异硫氰酸丙烯酯

$CH_3(CH_2)_3-NCS$ 异硫氰酸丁酯　　$C_6H_5CH_2-NCS$ 异硫氰酸苄酯

二硫化合物类　二硫化合物类是葱、蒜、韭、洋葱中的刺激性辣味物质。大蒜中的辛辣成分是由蒜氨酸分解产生的，主要有二烯丙基二硫化合物、丙基烯丙基二硫化合物；对于韭菜、葱等中的辣味物质也是有机硫化合物。这些含硫有机物在加热时生成有甜味的硫醇，所以葱、蒜煮熟后其辛辣味减弱，而且有甜味。

（七）涩味

当口腔黏膜的蛋白质被凝固时，所引起的收敛感觉就是涩味，涩味也不是食品的基本味觉，而是刺激触觉神经末梢造成的结果。

食品中的涩味主要是单宁等多酚化合物，其次是一些盐类（如明矾），还有一些醛类、有机酸如草酸、奎宁酸也具有涩味。水果在成熟过程中由于多酚化合物的分解、氧化、聚合等，涩味逐渐消失如柿子。茶叶中也含有多酚类物质，由于加工方法不同，各种茶叶中多酚类物质含量各不相同，红茶经发酵后，由于多酚物质被氧化，所以涩味低于绿茶。涩味是构成红葡萄酒酚味的一个重要因素，但是涩味又不宜太重，在生产中就要采取措施控制多酚类物质的含量。

第三节　美食风味形成的途径与变化

食品中的风味物质种类繁多，形成途径十分复杂，这些反应可归纳为二大反应类型即由生物材料组织中的酶催化作用引起的酶促反应和非酶作用引起的非酶促反应。

一、酶促反应

（一）脂肪氧合酶途径

在植物组织中存在脂肪氧合酶，可以催化多不饱和脂肪酸氧化（多为亚油酸和亚麻酸），反应具有底物专一性和作用位置的专一性。生成的过氧化物经过裂解酶作用后，生成相应的醛、酮、醇等化合物。己醛是苹果、草莓、菠萝、香蕉等多种水果的风味物质，它是以亚油酸为前体合成的（图4-28）。大豆在加工中，由于亚油酸被脂肪氧合酶氧化产生的己醛是所谓“豆腥味”的主要原因。2-反-己烯醛和2-反-6-顺壬二烯醛分别是番茄和黄瓜中的特征香气化合物，它们以亚麻酸作为前体物质生成（图4-29）。

脂肪氧合酶途径生成的风味化合物中，通常 C_6 化合物产生青草的香味，C_9 化合物产生类似黄瓜和西瓜香味，C_8 化合物有蘑菇或紫罗兰的气味。C_6 和 C_9 化合物一般为醛、伯醇，而 C_8 化合物一般为酮、仲醇。

梨、桃、杏和其他水果成熟时的令人愉快的香味，一般是由长链脂肪酸的 β-氧化生成的中等链长（C_8-C_{12}）挥发物引起的。如由亚油酸通过 β-氧化生成的2-反-4-顺-癸二烯酸乙酯

(图 4-30)，是梨的特征香气化合物。在β-氧化中还同时产生 C_8-C_{12} 的羟基酸，这些羟基酸在酶作用下环化生成γ-内酯或δ-内酮，C_8-C_{12} 内酯具有类似椰子和桃子的香气。

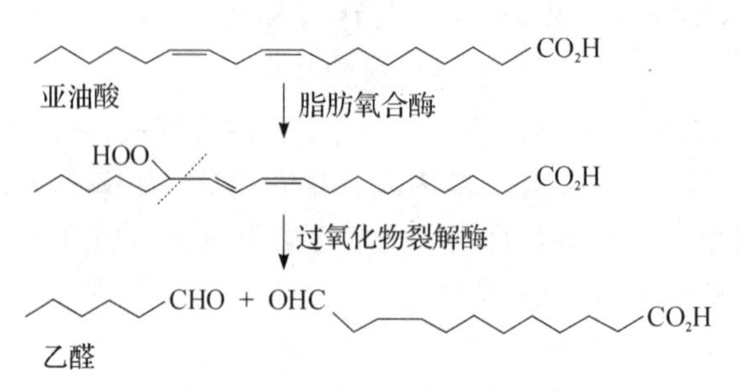

图 4-28 亚油酸氧化生成己醛

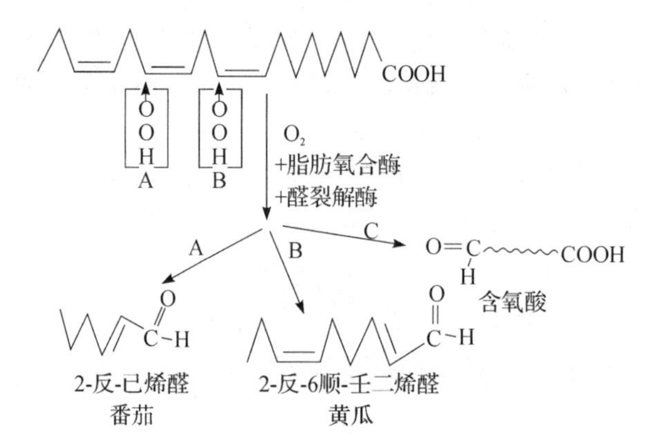

图 4-29 亚麻酸在脂肪氧合酶作用下形成醛

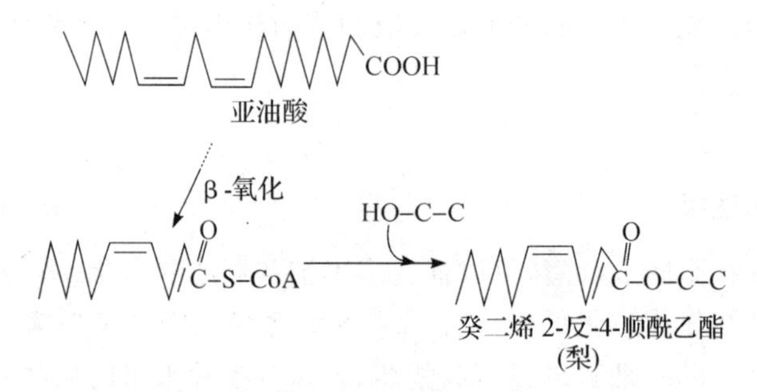

图 4-30 亚油酸的β-氧化

(二)支链氨基酸的降解

支链氨基酸是果实成熟时芳香化合物的重要的风味前体物，香蕉、洋梨、猕猴桃、苹果等水果在后熟过程中生成的特征支链羧酸酯如乙酸异戊酯、3-甲基丁酸乙酯都是由支链氨基酸产生的(图 4-31)。

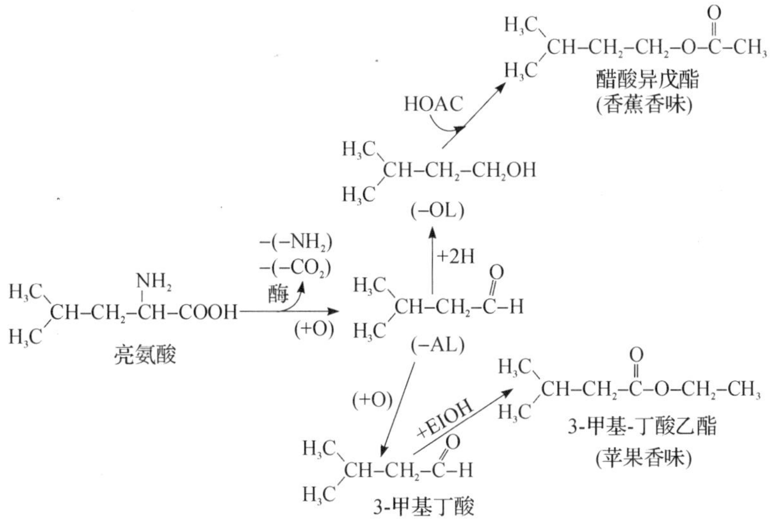

H_3C $CH-CH_2-CH(NH_2)-COOH$ 亮氨酸 →（$-(-NH_2)$，$-(-CO_2)$，酶，(+O)）→ H_3C $CH-CH_2-C(=O)-H$ (-AL)

(-AL) → +2H → H_3C $CH-CH_2-CH_2OH$ (-OL) → HOAC → H_3C $CH-CH_2-CH_2-O-C(=O)-CH_3$ 醋酸异戊酯 (香蕉香味)

(-AL) → (+O) → H_3C $CH-CH_2-C(=O)-H$ 3-甲基丁酸 → +EtOH → H_3C $CH-CH_2-C(=O)-O-CH_2-CH_3$ 3-甲基-丁酸乙酯 (苹果香味)

图 4-31　亮氨酸生成芳香物质的途径

(三)莽草酸合成途径

在莽草酸合成途径中能产生与莽草酸有关的芳香化合物，如苯丙氨酸和其他芳香氨基酸。除了芳香氨基酸产生风味化合物外，莽草酸还产生与香精油有关的其他挥发性化合物。食品烟熏时产生的芳香成分，也有很多是以莽草酸途径中的化合物为前体而产生的，例如香草醛。肉桂醇是桂皮香料中的一种重要香气成分，丁子香酚是丁香中的主要的香味和辣味成分。莽草酸途径中衍生物的一些重要风味化合物如图 4-32 所示。

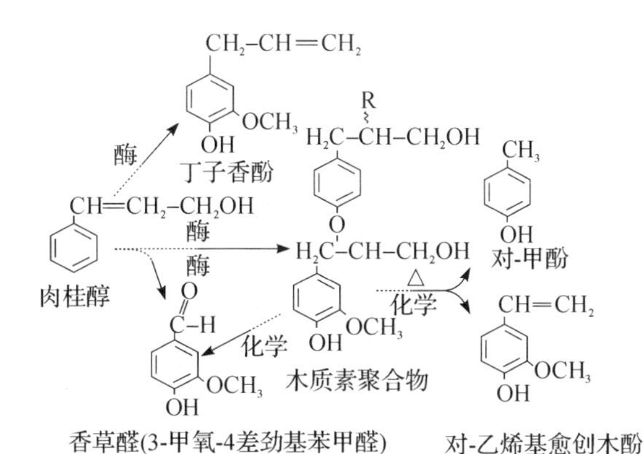

图 4-32　莽草酸途径中生成的一些风味化合物

(四)萜类化合物的合成

在柑橘类水果中，萜类化合物是重要的芳香物质，萜类化合物还是植物精油的重要成分，在植物中由异戊二烯途径合成(图 4-33)。萜类化合物中，二萜分子大，不挥发，不能直接产生香味。倍半萜中甜橙醛、努卡酮分别是橙和葡萄柚特征芳香成分。单萜中的柠檬醛和苧烯分别具有柠檬和酸橙特有的香味。萜烯对映异构物具有很不同的气味特征，l-香芹酮[4(R)-(-)香芹酮]具有强烈的留兰香味，而 d-香芹酮[4(S)-(＋)香芹酮]具有黄蒿的特征香味(图 4-34)。

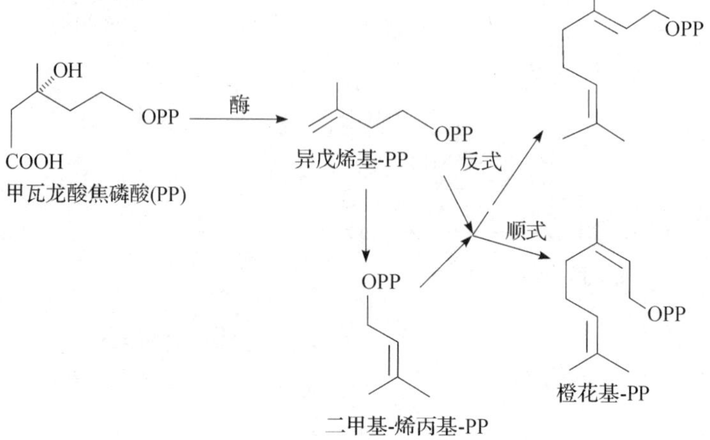

图 4-33　萜类的生物合成途径

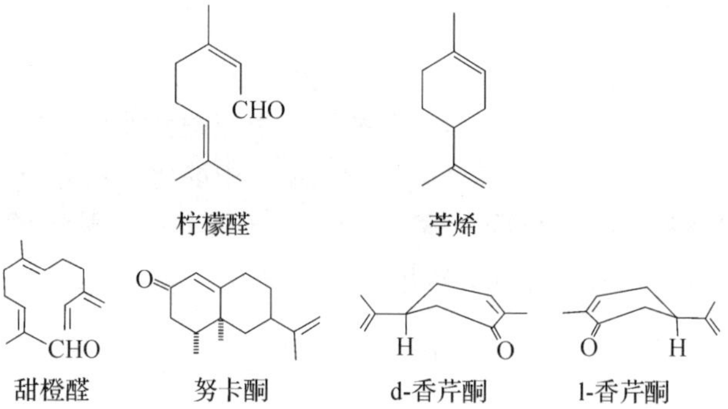

图 4-34　几种重要的萜类化合物结构

(五)乳酸-乙醇发酵中的风味

微生物广泛应用于食品生产中,但对它们在发酵风味化学中的特殊作用并不完全了解,这可能是由于在很多食品中它们产生的风味化合物并不具有多大的特征效应。在发酵乳制品、发酵蔬菜和酒精饮料的生产中微生物发酵产生的风味物质对产品的风味非常重要,图 4-35表示进行异型乳酸发酵的乳酸菌,在以葡萄糖或柠檬酸为底物经发酵途径形成的一系列风味化合物。

异型乳酸菌发酵所产生的各种风味化合物中,乳酸、丁二酮(双乙酰)和乙醛是发酵奶油的主要特征香味,而均质发酵乳酸菌(例如乳酸杆菌或嗜热杆菌)仅产生乳酸、乙醛和乙醇。乙醛是酸奶的特征效应化合物,丁二酮也是大多数混合发酵的特征效应化合物。乳酸不仅产生特殊气味,同时也为发酵乳制品提供酸味。

本书作者所在实验室采用 16SrDNA 基因克隆文库分析方法以及 5.8S－ITS rDNA 序列分析等分子生态检测方法,研究检测了浙东地区腌冬瓜的细菌多样性和酵母菌多样性,以确定腌冬瓜特色风味的产生与微生物存在的关系。细菌多样性分析结果表明,经传统腌制

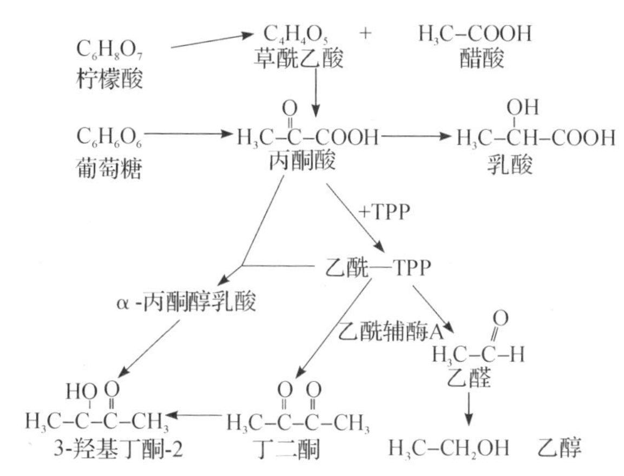

图 4-35　乳酸菌异型乳酸发酵代谢生成的主要挥发性物质

工艺生产的腌冬瓜样品，其发酵起始时的优势细菌类群主要为 4 个不同的菌属，有不动杆菌属、魏斯氏菌属、芽孢杆菌属和肠杆菌属，其中不动杆菌属细菌占克隆子总数的 40%，其中又以醋酸钙不动杆菌占绝对优势；魏斯氏菌属占 17.5%，芽孢杆菌属占 25%，肠杆菌占 10%；其它菌属细菌仅占 7.5%。在第 5 天，魏斯氏菌属、芽孢杆菌属和肠杆菌属成为优势菌属，分别占总数的 37.5%、35%和 25%；其他菌属的细菌占 2.5%。到第 10 天时，优势菌属变为乳杆菌属、魏斯氏菌属和芽孢杆菌属，分别占 55%、12.5%和 32.5%。第 15 天和 20 天的菌群结构相似，优势菌属为魏斯氏菌属、芽孢杆菌属和葡萄球菌属，魏斯氏菌比例分别为 70%、67.5%，而芽孢杆菌则为 15%、20%，葡萄球菌则各占 15%和 12.5%。

对腌冬瓜发酵过程中酵母菌种群多样性的检测结果显示，腌制开始时的 40 个克隆子比对结果均为冬瓜本身，但在冬瓜腌制第 5 天时腌制体系中的优势酵母菌为普鲁兰类酵母，又名普鲁兰产生菌或出芽短杆霉，占克隆子总数的 90%，青霉属、海洋生防酵母、球孢枝孢、赤散囊菌各占 2.5%；从第 10 天开始假丝酵母属成为优势菌属，第 10 天的 40 个克隆子测序结果全是热带假丝酵母，占到 100%；第 15 天热带假丝酵母占 95%，球孢枝孢和季也蒙 Meyerozyma 菌属各占 2.5%；第 20 天热带假丝酵母仍是主要菌种，占 82.5%，普鲁兰类酵母、海洋生防酵母、球孢枝孢、大豆南方溃疡病菌和季也蒙 Meyerozyma 各占 2.5%，出现了前面几个时期没有的库德里毕赤酵母，占克隆子总量的 7.5%。

在浙东特色腌冬瓜微生物多样性组成分析的基础上，对腌冬瓜样品的风味组成进行了分析，以阐明腌制冬瓜风味与微生物的相关性。因有机酸本身具有酸味和特殊气味，是影响冬瓜风味的重要物质。经高效液相色谱分析结果，用 7%左右盐度的腌制发酵过程，得到的产品属于一种弱发酵型蔬菜腌制品；以乳酸菌发酵为主体，发酵产物主要为乳酸、乙酸等有机酸。在腌制前期阶段，乳酸含量随着乳酸菌百分数的增加而迅速增加，到第 15 天后，随着乳酸菌百分数的稳定而趋于稳定。根据 Morton Function 的风味组分感受强度评价方法可得出腌制成熟后各有机酸组分的风味强度值(注：风味感受强度大于 2 时，即可认定为主要风味物质)，在熟腌成熟后，乳酸、乙酸、柠檬酸的风味强度分别为 6.96、0.45 和 0.89，因此，有机酸乳酸是主要的酸味成分。

进一步通过固相微萃取－GC/MS 联用分析法检测传统腌冬瓜产品的复杂风味组分及

其相对构成，结果表明，挥发性组分主要由酯类、醇类、醛类和烯烃类组成，对腌制成熟的冬瓜，醇类物质是构成腌冬瓜挥发性成分的主要物质，其相对含量占总挥发性成分含量的40.8%，其次为酯类和烯烃类，分别占总含量的35.9%和10.0%，但烯烃类物质种类多于酯类物质，其他物质对腌冬瓜香味也具有一定贡献。醇类物质中，异戊醇含量较高为17.2%，占醇类物质含量的42.1%，乙醇相对含量为10.1%，其他醇含量均较低；酯类物质中，以乙酸乙酯的含量较高，其相对含量为23.3%，其余物质的相对含量较低；烯烃类物质中以(Z)-2-庚烯含量较高，其余含量均较低，且含量相当；烷烃中三硅氧烷为主，其余含量均较低，且含量相当。这些风味成分检测结果与传统工艺腌制样品的微生物多样性结果具有较大的相关性，其产生的本质是微生物细胞内具有一系列酶系，通过对原料中底物在一定腌制环境条件下进行发酵代谢反应，最后形成产品复杂的风味，有相关研究论文发表(沈锡权，等，2012；庄必文，等，2013)。

酒精饮料的生产中，微生物(以酵母菌为主体)的发酵产物形成了酒类风味的主体。啤酒中影响风味的主要有醇、酯、醛、酮、硫化物等。啤酒酒香的主要成分是异戊醇、α-苯乙醇、乙酸乙酯、乙酸异戊酯、乙酸苯乙酯；而乙醛、双乙酰、硫化氢形成了嫩啤酒的生青味，经后发酵(也叫后熟过程)后降低到要求范围，一般成熟的优质啤酒中乙醛含量<8mg L^{-1}，双乙酰含量<0.1mg L^{-1}，硫化氢含量<5μg L^{-1}。中国白酒中醇、酯、羰基化合物、酚、醚等化合物对风味影响很大。醛类化合物(以乙醛为主)在刚蒸馏出来的新酒中较多，使酒带有辛辣味和冲鼻感；糠醛通常对酒的风味有害，但在茅台酒中却是构成酱香味的重要成分，含量达到29.4mg L^{-1}；酯类对中国白酒的香味有决定性作用，对酒香气影响大的主要是C_2-C_{12}脂肪酸的乙酯和异戊酯、苯乙酸乙酯、乳酸乙酯和乙酸苯乙酯等。

二、非酶促反应

食品中风味物质形成的另一途径是非酶促化学反应，在食品的烹调、加工和贮藏中这类反应常常和酶促反应共存或相互影响。食品在加工中风味化合物的产生，一般认为在相当程度上是由于热降解反应(部分蔬菜和水果的风味则主要是酶反应的结果)。食品中最基本的热降解反应有三种：①维生素的降解反应(特别是维生素B_1)；②碳水化合物和蛋白质的降解反应；③Maillard(美拉德)反应，特别是Strecker降解反应(是指Strecker研究发现的，反应物中的α-氨基酸与α-二羰基化合物反应时，α-氨基酸氧化脱羧生成比原来氨基酸少一个碳原子的醛，胺基与二羰基化合物结合并缩合成吡嗪；此外，还可进一步降解生成较小分子的双乙酰、乙酸和丙酮醛等)；美拉德反应在其中占有重要的地位，特别是对动物性食品。

(一)Maillard反应

Maillard反应的产物非常复杂，一般来说，当受热时间较短、温度较低时，反应主要产物除了Strecker醛类外，还具有香气的内酯类、吡喃类和呋喃类化合物；当受热时间较长、温度较高时，还会生成有焙烤香气的吡嗪类、吡咯和吡啶类化合物。

吡嗪化合物是所有焙烤食品、烤面包或类似的加热食品中的重要风味化合物，一般认为吡嗪类化合物的产生与Maillard反应有关，它是反应中生成的中间物α-二羰基化合物与氨基酸通过Strecker降解反应而生成。反应中氨基酸的氨基转移到二羰基化合物上，最终通过分子的聚合反应形成吡嗪化合物(图4-36)。反应中同时生成的小分子硫化物也对加工食品气味起作用，甲二磺醛是煮土豆和干酪饼干风味的重要特征化合物；甲二磺醛容易分解为甲烷硫醇和二甲基二硫化物，从而使风味反应中的低相对分子质量的硫化物含量增加。

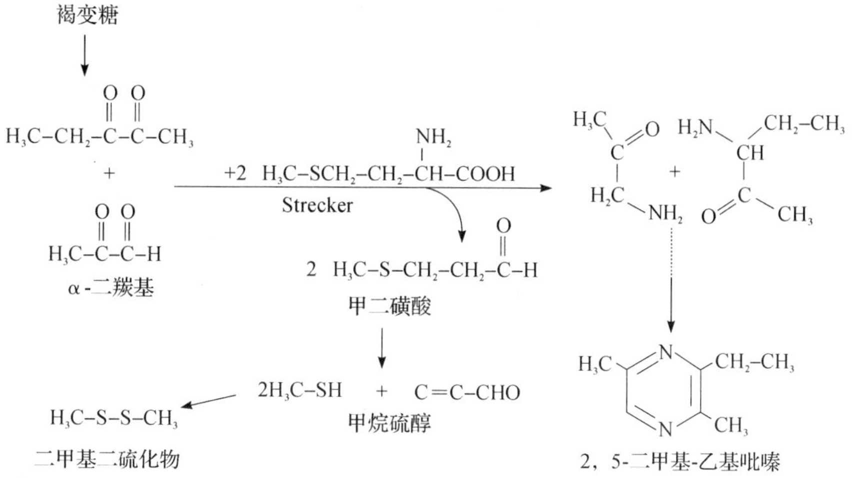

褐变糖

$H_3C-CH_2-C(=O)-C(=O)-CH_3$ + $H_3C-C(=O)-C(=O)-H$ （α-二羰基） $\xrightarrow[\text{Strecker}]{+2\ H_3C-SCH_2-CH_2-CH(NH_2)-COOH}$ $H_3C-C(=O)-CH_2-NH_2$ + $H_2N-CH(CH_2-CH_3)-C(=O)-CH_3$ → 2，5-二甲基-乙基吡嗪

$2\ H_3C-S-CH_2-CH_2-C(=O)-H$（甲二磺酸）→ $2H_3C-SH$（甲烷硫醇）+ $C=C-CHO$

$2H_3C-SH \rightarrow H_3C-S-S-CH_3$（二甲基二硫化物）

图4-36　吡嗪化合物的一种形成途径

在加热产生的风味化合物当中，通过 H_2S 和 NH_3 形成的含有硫、氮的化合物也是很重要的。例如在牛肉加工中半胱氨酸裂解生成的 H_2S、NH_3 和乙醛，它们可以与 Maillard 反应中生成物羟基酮反应，产生煮牛肉风味的噻唑啉（图4-37）。

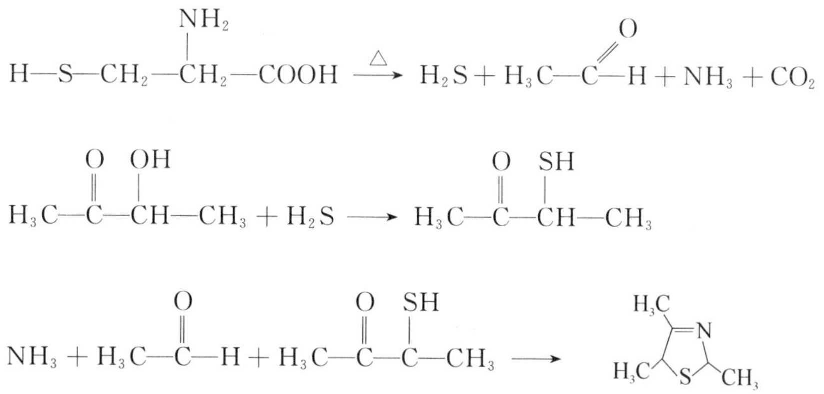

$$H-S-CH_2-CH(NH_2)-COOH \xrightarrow{\triangle} H_2S + H_3C-C(=O)-H + NH_3 + CO_2$$

$$H_3C-C(=O)-CH(OH)-CH_3 + H_2S \longrightarrow H_3C-C(=O)-CH(SH)-CH_3$$

$$NH_3 + H_3C-C(=O)-H + H_3C-C(=O)-CH(SH)-CH_3 \longrightarrow \text{2,4,5-三甲基-3-噻唑啉}$$

图4-37　蛋氨酸与羰基化合物生成噻唑啉

(二)热降解反应

1. 糖类、蛋白质、脂肪的热分解反应

糖类在没有胺类情况下加热，也会发生一系列的降解反应，生成各种风味物质。

单糖和双糖的热分解生成以呋喃类化合物为主的风味物质，并有少量的内酯类、环二酮类等物质。反应途径与 Maillard 反应中生成糠醛的途径相似，继续加热会形成丙酮醛、甘油醛、乙二醛等低分子挥发性化合物。

淀粉、纤维素等多糖在高温下直接热分解，400℃以下主要生成呋喃类和糠醛类化合物，以及麦芽酚、环甘素、有机酸等低分子物质。

蛋白质或氨基酸热裂解生成挥发性物质时，会产生硫化氢、氨、吡咯、吡啶类、噻唑类、噻吩含硫化合物等，这些化合物大多有强烈的气味。脂肪也会因热氧化产生刺激性气味，可以参考第四章的内容。

2. 维生素的降解

维生素 B_1 在加热时，生成许多含硫化合物、呋喃和噻吩，一些生成物具有肉香味。抗坏血酸很不稳定，在有氧条件下热降解，生成糠醛、乙二醛、甘油醛等低分子醛类。反应产生的糠醛类化合物是茶叶、花生及熟牛肉等烘烤后香气的重要组成成分之一。

3. 脂肪的氧化

脂肪的非酶促氧化产生的过氧化物分解产生醛、酮化合物，使食品产生所谓的哈败味，但是在某些加工食品中，脂肪氧化分解物以适当浓度存在时，却可以赋予食品以需要的风味（如面包等）。

思考题

1. 为什么说美食风味产生于不同的的化学物质？分别作用于人的感觉器官主要有哪些化学物质？
2. 食品的味道分哪几种？其呈味物质分别是什么？
3. 食品的气味物质有什么特征？
4. 简述食品风味在美食中的地位和作用。
5. 浙东特色霉冬瓜的风味是如何产生的？请加以分析。

参考文献

[1]曹雁平. 食品调味技术. 北京：化学工业出版社，2002.
[2]迟玉杰. 食品化学. 北京：化学工业出版社，2012.
[3]崔凯，潘亦藩. 中国食品产业地图. 北京：中国轻工业出版社，2006.
[4]冯凤琴，叶立杨. 食品化学. 北京：化学工业出版社，2005.
[5]韩雅珊. 食品化学. 北京：中国农业大学出版社，1998.
[6]阚建全. 食品化学. 北京：中国农业大学出版社，2008.
[7]李里特. 食品原料学. 北京：中国农业出版社，2001.
[8]沈锡权，赵永威，吴祖芳，等. 冬瓜生腌过程细菌种群变化及其品质相关性. 食品与生物技术学报，2012，31(4)：411-416.
[9]吴谋成. 食品分析与感官评定. 北京：中国农业出版社，2002.
[10]夏延斌. 食品风味化学. 北京：化学工业出版社，2008.
[11]徐幼卿. 食品化学. 北京：中国商业出版社，1996.
[12]曾庆孝. 食品加工与保藏原理. 北京：化学工业出版社，2002.
[13]郑建仙. 功能食品研究与应用. 北京：中国轻工业出版社，2003.
[14]庄必文，吴祖芳，翁佩芳. SDE 法和 HS-SPME 法萃取自然腌冬瓜挥发性物质的比较. 食品工业科技，2013，23：70-73，76.

第三篇　美食的原料基础与中国传统美食

第5章　美食原料与加工特性

本章内容提要:美食制作或生产最重要的物质基础是食品的原料,又称食材。本章主要介绍美食制作原料,包括辅料的来源、种类及其化学组成和特性等,并介绍不同类型食材的加工特性及营养学特点,从而为制作美食提供基础;同时可进一步了解由不同食材制作而成的美食的营养功能,同时对饮食营养的配餐设计或为人类健康养生提供理论基础。

第一节　美食制作的原料来源

食品或美食的加工或制作过程中,最重要也不可缺少的物质基础是食品的原料(又称食材),通过对食材的来源、分类、组成及加工特点等进行分析,以合理地利用好不同的食材,从而可保障食品营养最大的保留和发挥应有的作用,同时为进一步了解食材与养生的内在关系提供基础。

一、按美食材料来源分类

(一)按食品材料分类

按食品制作材料的来源可分为植物性食品和动物性食品,一般农产品、林产品、园艺产品都算作是作为植物性食物,而水产品、畜产品(包括禽、蜂产品等)等称为动物性食品。动物性食品一般蛋白质含量高,膳食纤维少,相对营养浓度也大一些,然而价格也比较贵。按这种分法,食品原料除动物性食品和植物性食品外,还有各种合成或从自然界中萃取的添加剂类。

(二)按生产方式分类

按生产方式则可分为农产品、畜产品和水产品等。

1. 农产品(Agricultural Product)

农产品指在土地上对农作物进行栽培、收获得到的食物原料,也包括近年发展起来的无土栽培方式得到的产品,包括:谷类、豆类、薯类、蔬菜类、水果类、食用菌类等。

2. 畜产品(Livestock Product)

畜产品指人工在陆地上饲养、养殖、放养各种动物所得到的食品原料,它包括畜禽肉类、乳类、蛋类和蜂蜜类产品等。

3. 水产品(Marine Product)

水产品指在江、河、湖、海中捕捞的产品和通过人工方法在水中养殖得到的产品,它包括鱼、虾、蟹、贝和藻类等。

4. 林产品(Forest Product)

林产食品虽然主要指取自林木的产品,但林业有行业和区域的划分,一般把坚果类和林区生产的食用菌、山野菜也算作林产品,而水果类却归入园艺产品或农产品。由于食用菌和山野菜在我国已经普遍为农民人工栽培,所以也可算作农产食品中的蔬菜类。

5. 其他食品原料

食品原料还包括水、调味料、香辛料、油脂、嗜好饮料、食品添加剂等;也有文献将食品所用的包装材料也列入食品原料范畴之中。

二、按美食材料使用目的分类

(一)按加工或食用要求分类

将食品原料按加工方法或特殊要求可分为加工原料和生鲜原料。加工原料包括粮油原料、糖料、畜产品和水产品等,当然,其中有些也可作生鲜食品用。粮油原料又可分为原粮、成品粮、油料、油品等。食品原料除用于加工成普通(常规)食品外,还可加工成一些特殊用途的食品,如营养强化食品(Enriched Food)、速食食品(Instant Food)、婴儿食品(Baby Food)、疗效食品(Diet Food)、备灾食品(Emergency Food)、冷冻食品(Frozen Food)、军用食品(Military Food)等,这些食品对原料都有不同的要求。

(二)按烹饪食用习惯分类

在生活中通常把食品原料按烹饪食用习惯分为主食和副食。我国主食主要指可以作为粥、饭、馍、面材料的,以碳水化合物为主体的米麦类和谷类;副食指可以作为"菜"或"汤"的荤、素材料,我国习惯把除主食以外的餐桌食品都称作"菜",这可能和我国大部分居民长期形成的农耕饮食文化有关,餐桌上的"菜"基本上就是蔬菜。

(三)按饮食营养特性分类

根据饮食原料的营养特性,可将饮食原料分为五类:一类为能量原料,包括谷类、淀粉质根茎类、油脂类及糖类;第二类为蛋白质原料,包括豆类、花生瓜子类、畜禽肉类、畜乳类、鱼蛋类、虾蟹类、藻菌类等;第三类为矿质维生素原料,包括瓜果蔬菜类、茶类及木耳海带类;第四类为食品添加剂,包括维生素、氨基酸、调味剂、防腐剂等;最后一类为特种原料,包括全营养食品类,如人乳及药食两用食品,如薄荷、枸杞和陈皮等。

第二节　美食原料及其加工特性

一、植物性食品原料

(一)稻谷

1. 稻谷的结构

稻谷的结构如图5-1所示。壳约占谷重的20%,稻谷去壳后即为糙米,由外层至内层依次是皮(约占 2%)、种皮和糊粉层(约占 5%)、胚乳(占 89%～94%),胚芽在端部约占 2.5%。糊粉层、种皮和果皮一起称为糠层、碾米时除去糠层和胚芽即为精白米。

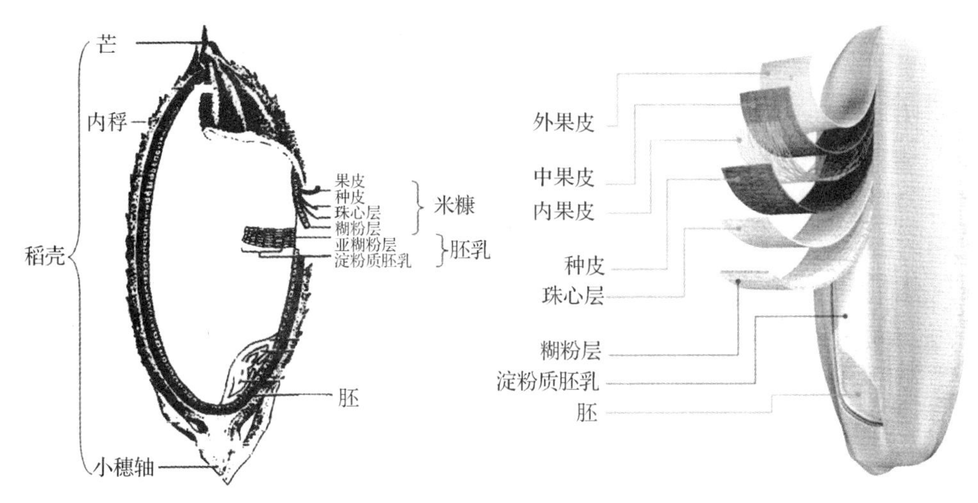

图 5-1　稻谷的结构

2. 米的化学组成

米及米糠的化学组成见表 5-1。

表 5-1　米及米糠的化学组成　　单位:%

类别	水分	蛋白质	脂肪	糖类	粗纤维	灰分
糙米(粳)	13.0	8.8	2.2	73.4	1.0	1.3
糙米(糯)	14.3	8.5	3.2	72.1	1.0	0.9
白米(去米糠 8%)	13.9	7.7	0.8	76.8	0.3	0.7
白米(去米糠 4%)	15.7	6.7	1.8	73.6	1.2	1.0
米糠	11.5	15.1	20.1	37.6	7.3	8.4

注:表中数据源于夏红主编的《食品化学》。

从米的化学成分表中可以看出,稻米的主体成分是糖类,其中淀粉约占米的 75%,另有约 2%的单糖、双糖、其他低聚糖、纤维素等非淀粉类糖;稻米中的蛋白质和脂肪含量都较低。米的脂肪主要存在于糠层及胚芽部,所以米糠中脂肪含量很高,常被用来生产精制米糠油。米糠油含油酸、亚油酸量较多,维生素 E 的含量也不少,因此是一种高质量的食用油。稻米中所含的蛋白质主要是简单蛋白质,以谷蛋白为主,此外,含极少量的清蛋白、球蛋白和醇溶蛋白。从蛋白质的氨基酸组成来看,必需氨基酸的含量尚平衡,色氨酸含量相对稍低,但整体而言,稻米蛋白质仍属较优良的蛋白质。

3. 稻米的加工用途

稻米的加工以其淀粉成分为主要对象。不同种类的稻米有不同的用途。主要取决于直链淀粉和支链淀粉的比率。按直链淀粉含量的不同,稻米可分为:蜡质型(干基 0%～2%)、低含量型(9%～20%)、中等含量型(20%～25%)、高含量型(>25%)几种类型。蜡质稻米可用于制糖、甜食和色拉调味汁。低直链淀粉稻米用作婴儿食品如大米片和发酵米糕,而高直链淀粉稻米是理想的米粉丝原料。

稻米可预先煮熟而作为方便食品如速成米饭，优质稻米也可加工成饼干、罐头食品，如八宝粥。稻米制作米粉丝时，通常加适量的木薯淀粉或玉米粉以降低成本。

稻米也是酿酒的重要原料。它是米酒生产的主料，也可作啤酒生产的辅料。日本清酒生产所用稻米需经水磨至去除稻米质量的30%～50%。

(二)小麦

1. 小麦的结构特点

小麦粒中麸皮约占16%，胚芽约占2%，胚乳约占82%。麦粒质地差异较大，分为硬质小麦、中间质小麦和软质小麦，其中硬质小麦用来制造强筋面粉，而软质小麦用来制造弱筋面粉。

2. 小麦粒及其面粉的化学组成

小麦粒经磨粉去麸皮后得到面粉，面粉的得率一般在70%左右，面粉的化学成分与小麦品种、产地有关，一般含量如表5-2。

由表5-2可见，小麦面粉的化学组分除水分之外，也含少量的维生素和矿物质，它们主要存在于麸皮和胚芽中，所以在精制面粉过程中损失较多；小麦面粉也含一定量的脂肪，其组成脂肪酸以不饱和脂肪酸较多；小麦面粉的主体成分是淀粉，在近80%的糖类含量中，有约90%是淀粉，其中约74%是支链淀粉，约26%是直链淀粉。

小麦面粉中的蛋白质含量稍高于稻米蛋白质，约为9%～14%，以麦胶蛋白（麦醇溶蛋白）和麦谷蛋白为主，另外还有麦清蛋白和麦球蛋白。麦胶蛋白和麦谷蛋白构成面筋，为面筋蛋白质，麦清蛋白和麦球蛋白为非面筋蛋白质。小麦粒中，越接近中心部位，蛋白质含量越少，麸皮中蛋白质含量较高，但麸皮中不含面筋蛋白质。面筋蛋白质是小麦的贮藏蛋白质，因为它不溶于水，故易分离提纯。在水中揉搓面团时，淀粉和水溶性物质可以从面筋中除去，冲洗后，剩下的便是一块胶皮团似的面筋，其中含蛋白质约80%（干基），脂类8%，少量的碳水化合物和灰分。

表5-2　小麦面粉化学成分　　单位：%

品名	水分	蛋白质	脂肪	糖类（不计纤维素）	纤维素	灰分	其他
标准粉	11～13	10～13	1.8～2	70～72	0.6	1.1～1.3	少量维生素
精白粉	11～13	9～12	1.2～1.4	73～75	0.2	0.5～0.75	少量维生素

注：表数据源于夏红主编的《食品化学》。

面粉加水调制面团时，麦胶蛋白和麦谷蛋白吸水形成面筋，由于面筋蛋白质中含巯基（半胱氨酸）和二硫键较多，因此，面筋的形成使面团不仅具有夹持气体的能力，同时使面团具有良好的黏弹性、较大的机械强度等加工特性，这是小麦粉的独特性质。

在面筋蛋白质的氨基酸组成中，谷氨酸含量非常高，约占总蛋白质的35%，脯氨酸含量也较高，约占总蛋白质的14%。但是小麦面粉中的蛋白质所含的赖氨酸和蛋氨酸较少，所以从营养角度看，小麦蛋白质属于半完全蛋白质。

3. 小麦制粉过程的主要变化

(1)制粉引起的成分变化　由于麸皮和胚芽的化学成分与胚乳很不相同，小麦制粉后，因除去了大部分胚芽和麸皮，因此成分和含量有较大的变化。

(2)特殊处理　为了使面粉适应进一步加工的需要,在面粉加工时会进行一些特殊处理,如形成强筋粉,或加面粉改良剂以适应面包制作的需要。这是因为强筋粉在发酵时易生成多孔组织,不易蹋架。加抗坏血酸等作面粉改良剂是因为抗坏血酸可使面粉中蛋白质的—SH被氧化,蛋白质分子之间形成—S—S—而被结合,分子交联增加黏弹性。另外,面粉中如果含有谷胱甘肽,其分子中有活泼的—SH,很容易氧化,因此最有可能把蛋白质分子间的—S—S—结合转化为还原型的谷胱甘肽分子的结合,从而降低面粉的黏弹性,所以生产面包的面粉以含谷胱甘肽越少越好。

(3)漂白处理　小麦制粉形成产品时,往往要进行漂白处理;不同用途的面粉所用的漂白剂是不同的。对面包面粉和全用途面粉来说,最普遍使用的漂白剂是过氧苯甲酰,将其添加到面粉中进行为期2天的漂白,它对面粉性能没有改善作用,仅漂白面粉。制糕点的面粉常用氯气处理,它能迅速漂白面粉。氯对面包面粉不利,但对糕点面粉有益。制取的面粉在贮藏过程中也会缓慢变白,这是胡萝卜素发生氧化所致。

4. 小麦面粉的加工用途

面粉是食品加工中应用最广的原料。主要用来制作焙烤食品,包括面包、饼干、糕点等;制作通心粉及各种各样的面条;生产淀粉和小麦面筋,面筋蛋白中因含谷氨酸成分高,以前还常通过水解法制味精(现在普遍采用淀粉发酵)。一般面筋含量高的面粉适于制作面包和油条等,中等面筋含量的面粉适于生产面条,面筋含量低的面粉适于制作饼干、糕点。

焙烤食品生产时,面团的吸水性很重要。面团的吸水性不仅与蛋白质含量有关,而且与所含蛋白质的质量有关,如在30℃时,淀粉的吸水率为30%左右,而面筋蛋白质的吸水率为150%～200%。当然,和粉时的吸水量与糖等其他原料成分也有关,总体来说,加水量、加水温度、加水时间对面团性质的影响较大;生产不同产品时,对面筋的形成有不同的要求。

(三)玉米

玉米是重要的粮食作物和饲料作物,也是生产淀粉的主要原料。

1. 玉米的化学组成

(1)玉米中的蛋白质　玉米籽粒的蛋白质含量依品种变化较大,一般在10%左右。玉米的蛋白质主要是醇溶谷蛋白(约占40%)、谷蛋白(约占31%)和球蛋白(约占22%)。从人体营养看,玉米的必需氨基酸含量很不平衡,亮氨酸含量高而色氨酸、赖氨酸含量低(见表5-3)。改良玉米品种有可能改变玉米蛋白质的这种营养不良性。

表5-3　玉米的蛋白质含量及必需氨基酸组成　　单位:mg/100g

物质	水分/%	粗蛋白/%	缬氨酸	亮氨酸	异亮氨酸	苏氨酸	苯丙氨酸	色氨酸	蛋氨酸	赖氨酸
玉　米	12.0	8.4	415	1274	275	370	416	65	153	308
粗蛋白	—	—	4950	15200	3280	4400	4960	780	1830	3670

注:表中数据源于夏红主编的《食品化学》。

(2)玉米中的脂质　玉米含有脂肪、磷脂、糖脂等,约占籽重的3%～7%。它们主要分布在胚芽部(约占84%)。玉米是大规模生产谷物油的主要谷物。

(3)玉米的糖类　玉米中75%是糖类物质,其中淀粉约占90%,普通玉米淀粉中直链淀粉约占28%,支链淀粉约占72%,蜡质玉米淀粉中几乎100%是支链淀粉,而高直链淀粉玉米中直链淀粉含量高达85%。

2. 玉米的加工用途

(1)生产淀粉　玉米是生产淀粉的重要原料。玉米淀粉主要用于食品工业生产果葡糖浆,其次用于造纸和纺织工业。

(2)生产玉米油　从每吨玉米所分离出的胚芽中,约可回收70公斤粗制玉米油,经精制后可作食用油或制人造奶油。

(3)生产玉米食品　玉米或玉米粉可直接加工成各种食品,如玉米膨化食品,玉米片等。还可以与其他谷物按一定比例混合制成混合粉,加工成面条、饼干、面包等。

(4)生产饲料产品　玉米淀粉生产中所得的副产品除玉米油及作为发酵原料外,绝大部分用作牲畜的饲料。

(四)大麦

1. 大麦的化学组成

(1)大麦中的蛋白质　蛋白质是大麦的重要成分,含量在8%~14%,对成品啤酒质量有很大影响。从啤酒酿造的角度来看,大麦中蛋白质含量往往过高,制麦芽时通常寻找低蛋白质含量的大麦品种。

(2)大麦中的脂质　大麦中脂质约占大麦干物质的2%~3%,其中95%以上是脂肪,大部分存在于胚及糊粉层。大麦发芽时,约10%~12%的脂肪因呼吸作用而消耗;制麦芽汁时,部分脂肪进入麦芽汁,大部分残留在麦糟内;脂质对啤酒的风味、稳定性和泡沫性能产生不利影响。

(3)大麦中的糖类　糖类是大麦的重要成分,包括淀粉、纤维素、多缩戊糖、低聚糖类等,其中淀粉最重要,它占大麦干物质的58%~65%。大麦淀粉含量越高,制备麦芽汁时得率越高。

大麦中还含有多种维生素和矿物质等少量成分。

2. 大麦的加工用途

大麦主要用于饲料和制麦芽(是啤酒酿造的重要原料),少量用于精碾加工成食品或食品配料。

大麦麦芽具有很强的β-淀粉酶活性,此性质用于制造麦芽糖、饴糖和啤酒时淀粉的糖化。

(五)薯类

在我国,薯类产量次于稻谷、小麦和玉米,是第四大类粮食品种,薯类包括甘薯、马铃薯和木薯等。

1. 甘薯

甘薯又称红薯、白薯、番薯、山芋等。在我国,薯类中甘薯产量最大。甘薯块根是由薯蔓上生出的不定根积累养分膨大而成,形状有椭圆形、纺锤形等、表皮颜色分白、紫、红、黄褐等色,肉色有白、黄红、紫橙、黄质紫斑、白质紫斑等。

(1)甘薯块根的化学组成　甘薯块根的化学组成因土质、品种、生长期长短、收获季节等不同而有很大差异,块根约含60%~80%的水分,10%~30%的淀粉,5%左右的单糖或双糖，少量蛋白质、脂肪、粗纤维、灰分、维生素等。表5-4是甘薯块根及其制品的代表性化学物质组成。

表5-4　甘薯的一般化学组成　单位：%

物质种类	水分	蛋白质	脂肪	糖类	粗纤维	灰分
鲜甘薯	67.1	1.8	0.2	29.5	0.5	0.9
薯片	10.9	3.9	0.8	80.3	1.4	2.7
甘薯粉	11.3	3.8	0.8	79.0	2.2	2.9

注：表中数据源于夏红主编的《食品化学》。

（2）甘薯的加工用途　生产甘薯干和淀粉是甘薯的主要加工用途。

甘薯干的加工有两种情况：一种是直接将新鲜甘薯切片后晒干至含水量小于13%。这种薯片的贮藏性好。生薯干也可以用于生产淀粉。另一种情况是先将甘薯蒸熟后再切成薄片，然后干燥制成甘薯干。

甘薯有相当一部分用作淀粉生产的原料，可以直接用鲜薯，也可以用生薯干。甘薯淀粉的生产主要为物理法，基本过程为粉碎甘薯（或薯干），水洗，去除薯渣，再沉淀而得到淀粉。甘薯也可作酿酒原料。

2. 马铃薯

马铃薯大部分作蔬菜用，少量用于加工淀粉。

（1）马铃薯的化学组成

糖类、蛋白质和脂质　马铃薯所含糖类包括淀粉，单、双糖，纤维素等，约为鲜重19%，以淀粉为主，所以马铃薯是生产淀粉的原料之一。马铃薯淀粉中，支链淀粉约占80%，马铃薯淀粉的灰分含量比谷物淀粉高1～2倍，其中磷含量特别高，磷含量与淀粉黏度有关，含磷愈多，黏度愈大。马铃薯含有一定量的糖分，占总含量的1.5%左右，主要是葡萄糖、果糖和蔗糖。马铃薯蛋白质含量约为鲜重的2%，主要由球蛋白和清蛋白组成，从营养上来看，马铃薯蛋白质的必需氨基酸含量较均衡，是优良蛋白质。马铃薯中脂质含量低，主要是脂肪，约占块茎的0.1%。马铃薯中的膳食纤维可与豆类相媲美。

维生素与矿物质　马铃薯中含有多种维生素和矿物质，如维生素A、维生素B_1、维生素B_2、维生素B_3、维生素C、维生素K等，其中以维生素C最多，矿物质以钾最多，磷次之，钾是钠的克星，对维持血压与预防高血压起积极的作用。马铃薯属碱性食物。

其他成分　马铃薯中含有酚氧化酶、抗坏血酸氧化酶等，这与马铃薯切开后的褐变直接有关，因为马铃薯中含有酪氨酸等酚类物质，它们在酚氧化酶和氧气存在下发生酶促褐变。防止这种褐变的办法是破坏或抑制酚酶或者隔绝空气。发芽马铃薯中常含有毒物质茄素，它是由茄碱和三糖组成的糖苷，有剧毒，食用后发生中毒症状，值得注意的是茄碱经烹煮后也不会受到破坏，即具有较高的热稳定性。马铃薯中含有较多的生物碱，刺激胃肠道。

（2）马铃薯的加工用途　马铃薯除直接作蔬菜食用外，还可以制成油炸马铃薯片，脱水马铃薯泥，脱水马铃薯丁等美食，此外还可以用于生产马铃薯淀粉。

3. 木薯

木薯一般可以归为两类，即苦木薯和甜木薯。甜木薯可作食品原料，苦木薯淀粉含量较高，用于制淀粉。苦木薯含有有毒物——氰苷，鲜根约含500mg/kg，而甜木薯约含

50mg/kg,氰苷在木薯本身所含酶的作用下可水解成丙酮氰酸,丙酮氰酸可进一步分解成氢氰酸。在木薯块根的外皮约含有相当于18mg/kg氢氰酸的氰糖苷,而内皮层可达142mg/kg,但薯肉中则仅含14mg/kg,故不论是食用还是生产淀粉均应去掉皮层。

木薯的化学组成一般为:水分69%、糖类28%、蛋白质1%、其他2%。糖类主要是淀粉。木薯除食用和生产淀粉外,还用作动物饲料和以淀粉为原料的食品或生物工业,如酒精的发酵生产。

(六)豆类

豆类按其化学组成特点分为两大类:以蛋白质和油脂为主要成分者,如大豆;以糖质和蛋白质为主要成分者,如小豆、豌豆、蚕豆和豇豆等。

大豆就是平常人们所说的黄豆,是世界上种植最多的豆科植物,富含蛋白质和油脂,可加工成多种食品,尤其是作为蛋白质资源,更是引起人们的普遍关注,是植物蛋白的极好来源原料。

1. 大豆种子的化学组成

(1)蛋白质　大豆种子中,蛋白质约占38%,高者达58.9%,低者为25.5%。用水或稀碱可从大豆中浸出90%的大豆蛋白质,其中主要是球蛋白(约占85%),清蛋白(约占5%),其余为蛋白质部分水解产物(月示,Shi)、胨等及非蛋白态含氮物。实际生产中,考虑到避免营养损失和不良碱溶性物质的浸出,多采用在pH 6.5～8的水溶液中浸出蛋白质。

大豆食品的营养价值主要体现在蛋白质成分。大豆蛋白质的含量以及营养完全性在植物性食品中都是首屈一指的。大豆蛋白质主要由大豆球蛋白及一些大豆清蛋白组成。大豆整粒食用时,蛋白质消化率仅为60%左右,如将大豆加工成豆奶、豆腐等,其蛋白质消化率可提高到90%以上。

(2)脂质　大豆约含20%的脂质,包括脂肪、磷脂、固醇等,其中主要是脂肪。大豆油脂常温下为黄色液体,属半干性油,在人体内消化率达98.5%,高于其他植物油。大豆油脂中的脂肪酸以不饱和脂肪酸为主,其中油酸、亚油酸、亚麻酸约占80%。大豆油脂易发生自动氧化,在大豆食品加工中应充分注意。另外,大豆油脂中含类胡萝卜素、生育酚等,生育酚具有抗氧化作用。

(3)糖类　大豆中糖类物质占25%左右,其组成较复杂,主要是蔗糖,棉籽糖、水苏糖等低聚糖以及阿拉伯半乳聚糖、纤维素等多糖类。这些糖类物质除蔗糖和还原糖外,其他均难消化。其中棉籽糖、水苏糖能被肠道某些菌利用而产生气体,在现代大豆食品加工中,一般都设法除去这些不易消化的糖类物质。

(4)灰分　大豆中灰分含量较高,其总含量一般在4.5%～5.0%,主要是钾、钠、钙、镁、硫、铁等,其中以钾含量最高,其次是磷、镁、钙。

(5)维生素　大豆中的维生素以B族维生素为多,而维生素A和维生素D含量少,在豆芽中维生素C含量最高。

(6)特殊成分　大豆中含有胰蛋白酶抑制剂及大豆凝集素等有毒物质。大豆的气味成分很复杂,包括乙醛、丙酮、己醛、乙基乙烯酮等脂肪族羰基化合物;苯甲醛和儿茶醛等芳香族羰基化合物;醋酸、丙酸、正戊酸、异戊酸、正己酸、正丁酸等挥发性脂肪酸;甲胺、二甲胺等挥发性胺;甲醇、乙醇、2-戊醇、异戊醇、正己醇、正庚醇等挥发性醇以及丁香酸、香草酸、阿魏酸、龙胆酸、水杨酸、羟基苯酸、绿原酸和异绿酸等。

豆腥味是在口中咀嚼生黄豆时感觉到的青豆气味。究其来源，一是大豆原料中固有的，二是加工过程中由大豆原料的某些成分转变而来的。产生豆腥味的主要成分是正己醇、正己醛和乙基乙烯酮等，其含量只要达 1mg/kg 就会引起很强的不愉快感。据研究，产生豆腥味的主要成分在成熟的大豆中并不存在，而是由于大豆中脂肪氧化酶作用于大豆游离脂肪酸后产生的。例如：当黄豆的细胞壁破坏后，只需少量水分存在，脂类物质就发生氧化降解，立即有正丁醇等生成，发出豆腥味。

大豆不仅有豆腥气味，而且有较重的苦涩味。产生苦涩味的主要成分是具有强烈酚臭味的石炭酸、丁香酸、绿原酸和异绿原酸等。这是由于黄豆中有鞣酸和木质酸的成分，其中某些成分在鞣酸酶等酶的作用下，以及在氧、酸或碱的影响下转化而成，另外，不饱和脂肪酸的氧化分解产物中也有产生苦涩味的成分。

如上所述，氧化是产生豆腥味和苦涩味的主要原因，因此，生产过程中防止氧化就成为生产无豆腥味大豆蛋白食品的关键。脂肪氧化要在有水、氧和脂氧合酶存在下进行，否则就不会发生或反应速度很慢，因此，若能除去发生脂肪氧化的某一条件，就能防止或减缓氧化。实际生产中采用的方法是在大豆磨碎前或磨碎过程中钝化脂肪酶。一般做法是将浸泡好的大豆加热水进行磨糊，使糊温达 80℃以上维持 10min，或者将浸泡好的大豆加热到 80℃以上保持数分钟后冷至常温，然后磨糊。

2. 大豆的加工用途

大豆被用来榨制豆油外，还被广泛地加工成多种食品或花色大豆美食，如大豆粉、豆浆、豆腐、豆腐干、油豆腐、腐竹、素鸡、千张、豆芽、豆酱、豆奶、酸豆奶、速溶豆乳粉，发酵酿制大豆酱油、制豆豉等。特别是利用脱脂大豆分离蛋白质，使之应用更广泛。制分离蛋白的方法是把脱脂大豆用水或碱抽提，在 pH4.3 附近沉淀，然后干燥即得酸沉淀蛋白质(又称分离蛋白质)。这种制品约含 90%的蛋白质，可用来制作糕点、面包、鲜干酪的原料。也可添加到其他一些食品中改善营养，或制成纤维状的“大豆蛋白”并以此为原料可加工成各种各样的食品。大豆加工加工食品后的副产品如豆渣等也可加工成富含膳食纤维的美味食品。

3. 其他豆类

除大豆外，常见的豆类还有蚕豆、豌豆、绿豆、小豆、菜豆、四季豆等。以糖类和蛋白质为主要成分，在加工利用上与大豆存在很大差异。这些豆类常用来作为糕点、馅的制造原料，比如赤豆可加工成豆沙，绿豆可加工成绿豆糕，制作饮料及粉丝。蚕豆既可直接加工成食品，也可用来加工粉丝等。

(七)蔬菜和水果

1. 蔬菜

(1)常见蔬菜的分类及化学组成特点　蔬菜一般是指随同主食食用的植物或植物组织。从蔬菜食用部分的形态学特点可把蔬菜分为几种。

叶菜类　可食部分是菜叶和叶柄，含有大量的叶绿素、维生素 C 和无机盐等。这类蔬菜水分多，不易保藏，在冷库里较难贮藏，包括白菜、菠菜、大葱和韭菜等。

茎菜类　可食部分是肥嫩且富含营养的变态茎。它们大多富含淀粉、糖和蛋白质，含水分相对较少，适于冷库长期贮藏，但应控制好温度和湿度，以免出芽，包括洋葱、大蒜、竹笋、芦笋、莴苣和马铃薯等。

根菜类 可食部分是变态的肥大直根，富含糖类和蛋白质，它们耐寒而不抗热，常温下耐贮藏，包括萝卜、胡萝卜、藕等。

果菜类 可食部分是植物的果实和幼嫩的种子，富含糖分、蛋白质、胡萝卜素和维生素C。包括番茄、茄子、辣椒、黄瓜、冬瓜、南瓜等。用作蔬菜的鲜豆也属此类。

花菜类 可食部分是花部器官，如菜花、黄花菜、韭菜花。

常见蔬菜的一般组成如表5-5所示。

表5-5 常见蔬菜的一般化学组成 单位：mg/100g

蔬菜种类	水分/%	蛋白质/%	脂肪/%	糖质类/%	粗纤维/%	灰分	维生素C
胡萝卜(红)	91.0	1.0	0.2	6.2	0.9	0.7	41
白萝卜	95.0	0.7	0.2	2.4	0.8	0.9	11
芥菜头	90.0	0.9	0.2	7.1	0.7	1.1	30
冬笋	88.1	4.1	0.1	5.7	0.8	1.2	1
姜	85.0	1.3	0.6	11.1	0.7	1.3	10
藕	86.8	0.9		11.2	0.4	0.6	53
大白菜	96.0	0.9	0.1	1.7	0.6	0.7	46
小白菜	91.0	2.4	0.2	3.2	1.0	2.2	66
包菜	95.0	1.2	0.2	2.1	0.8	0.7	36
菠菜	91.5	2.4	0.3	4.3	0.2	1.8	38
芥蓝	91.2	2.4	0.5	3.5	1.3	1.4	90
生菜	94.3	2.2	0.1	1.4	1.0	1.0	11
芹菜(茎)	88.0	5.5	0.4	2.5	1.3	2.3	91
韭菜(叶)	91.4	2.4	0.4	3.6	1.2	1.0	39
大蒜(头)	64.0	4.1	0.2	30.0	0.7	1.0	6
大葱	92.2	0.9	0.3	5.3	0.8	0.5	33
南瓜	94.2	0.3	0.1	4.5	0.5	0.4	7
冬瓜	91.2	0.2	0	2.0	0.4	0.2	14
黄瓜	96.5	0.5	0.3	1.9	0.5	0.3	12
苦瓜	94.3	0.9	0.1	3.3	0.9	0.5	76
茄子	93.7	0.9	0.1	4.9	1.0	0.4	8
番茄	94.0	0.8	0.7	3.5	0.6	0.4	28
菜椒	93.3	1.0	0.3	3.5	1.5	0.4	73
辣椒(尖,红)	85.5	1.9	0.3	11.6	1.0	0.7	171

注：表中数据源于夏红主编的《食品化学》。

各种蔬菜都是以色、香、味和含有多种营养物质以满足人体需要。一般蔬菜的颜色成分有叶绿素、类胡萝卜素、花青素、花黄素等；蔬菜的香味成分有醇类、酯类、醛类、酮类和萜类等挥发性物质；构成蔬菜风味的物质有糖、有机酸、单宁和糖苷等，其中糖类、有机酸与蛋白质、维生素、矿物质和脂肪等共同构成蔬菜的营养成分；不同的蔬菜所含的纤维素、果胶、水分不尽相同，使之具有不同的质地。蔬菜中所有的化学成分也可根据其状态分成水和干物质两大类。

蔬菜中水分的含量依蔬菜的种类和品种的不同而异，一般含水量为80%～90%。水分不仅是蔬菜生命活动的必要条件，也是决定蔬菜鲜嫩程度的重要指标。在贮藏过程中，温度、相对湿度及通风状况对蔬菜中水分的变化有很大影响，从而影响蔬菜的鲜重。

蔬菜中的糖类包括葡萄糖、果糖、蔗糖、淀粉、纤维素和果胶物质。葡萄糖和果糖都是还原糖，是蔬菜采后生理活动的重要物质基础，因此在贮藏过程中常易损失。糖也是微生物的营养物质，在蔬菜的一些腌制保存方法中，就是利用乳酸菌在糖介质中活动，发酵产生乳酸而改变蔬菜的风味，同时有利于保藏。

蔬菜中的有机酸与糖类共同表现出蔬菜的风味。苹果酸、柠檬酸、酒石酸、草酸和琥珀酸是蔬菜中主要的有机酸，不同的蔬菜含有的有机酸种类和数量各不相同，因而体现出不同的风味；有机酸在蔬菜贮藏期间含量逐渐减少。

蔬菜是一类富含维生素和矿物质的食品，其中的矿物质使蔬菜成为碱性食品（生理碱性），在饮食体系中可以中和酸性食品代谢产生的酸，维持人体血液正常的酸碱度。

蔬菜中主要的色素物质包括叶绿素、类胡萝卜素和花青素，它们随蔬菜的成熟度和环境因素的改变而变化，另外，蔬菜中的单宁物质及含氮物质（如酪氨酸）也可能在加工中产生褐变（色泽变深现象），这些在贮藏加工都应引起注意。

蔬菜中含有多种酶参与其中的生化变化，在贮藏加工过程中可能会引起褐变、变质或品质下降等不良变化，因此，控制酶活性是蔬菜贮藏加工中的关键技术。

（2）蔬菜的加工特点　蔬菜除了直接烹饪用于制作美食外，为得到食品新类型产品或为了达到长时间保藏的目的也需进行不同方法的加工。但蔬菜一经加工处理，就丧失了活体的机能，失去了天然的耐贮性和抗病性，由于蔬菜加工品营养丰富，最易受一些有害微生物的侵染而引起腐败变质，此外，加工过程和加工品保藏过程中的各种化学因素和物理因素，也会引起加工品的品质变化。所以蔬菜及加工品的保藏，其一是采取措施使之成为不利于微生物生长的场所，其二是可以利用某些有益微生物的活动抑制有害微生物的活动，同时还要尽可能防止营养物质的损失。

蔬菜的加工品按加工方式的不同，可分为干制品、腌制品、糖制品、罐藏制品和速冻制品等。蔬菜干制是以热作用使蔬菜中的水分下降到一定程度，达到低水分活度以抑制微生物和酶的作用，使制品得对较长时期的保藏。蔬菜的腌制是利用食盐的高渗透压作用、微生物的发酵作用、蛋白质的分解作用、添加的香料和调味品的防腐作用以及一系列的生化变化，来抑制有害微生物的活动，增加产品的色、香、味，同时可较长期地保藏产品。蔬菜的糖制是以糖的保藏作用为基础的加工方法；一定浓度的糖，具有很大的渗透压，从而可有效地抑制微生物的活动，高浓度的糖对某些维生素及风味的保存也有一定的作用。蔬菜罐藏是利用高温杀菌和密封来保藏食品的方式，在预处理中往往需经热烫以钝化酶的作用。蔬菜速冻是使蔬菜快速冻结并在冻结状态保藏（一般在－18℃），以抑制微生物和酶的作用，通常也需经热烫处理。不同的蔬菜根据品质的不同，可采取合适的加工方式。

2. 水果

水果同蔬菜一样，是人类饮食中矿物质元素、各种维生素及膳食纤维的重要来源。水果种类很多，一般分为以下几类。

（1）仁果类　在仁果类果肉中，分布有不带硬壳的种仁，故称为仁果，如苹果、梨、柿子、山楂、柑橘等。在冷库内，可较长时间保持新鲜状态。

(2)核果类　在核果内的果肉中，带有一木质硬核，核内有仁即种子，故称为核果。如桃、杏、枣子、樱桃等。这类水果在冷库内贮藏时间不宜过长。

(3)浆果类　浆果类果肉成熟后呈浆液状，故称浆果。一般种仁小而多，如葡萄、草莓、荔枝、香蕉等，在冷库内很难保持新鲜状态。

(4)坚果类　这类水果含水量很少，列为干果。其果外部为一硬壳，壳内可食部分就是种子，如核桃、栗子、白果等，这类水果可在常温下贮藏。

不同水果在化学组成的具体物质上可能不尽相同，但其基本组成与蔬菜相似，含糖量相对稍高，水果中的糖与有机酸成分使水果表现出特有的风味，也可反映水果的成熟度。水果中含有的糖苷常会使水果带有一定的苦味，尤其以柑橘类水果中的橙皮苷、柚皮苷和柠檬苷等最常见，在水果加工中可用酶制剂处理，将其水解，既可脱苦，也可避免果汁加工中产生沉淀。常见水果的化学组成如表5-6所示。

表5-6　一些常见水果的基本营养组成　　单位:mg/100g

水果种类	水分	蛋白质	脂肪	糖类	粗纤维	灰分	维生素C
橙	88.3	0.7	0.2	9.8	0.6	0.4	37
沙田柚	86.0	0.9	0.2	11.8	0.5	0.6	123
柑橘	85.4	0.9	0.1	12.8	0.4	0.4	34
柠檬	89.3	1.0	0.7	8.5	0	0.5	40
苹果	84.6	0.4	0.5	13.0	1.2	0.3	微量
鸭梨	89.3	0.1	0.1	9.0	1.3	0.2	4
桃	87.5	0.8	0.1	10.7	0.4	0.5	6
李	90.0	0.5	0.2	8.8	0	0.5	1
草莓	90.7	1.0	0.6	5.7	1.4	0.6	35
樱桃	89.2	1.2	0.3	7.9	0.8	0.6	11
柿	83.0	0.9	0.2	14.2	1.2	0.5	57
番石榴	86.0	1.1	0.2	7.9	4.1	0.7	28
荔枝	83.6	0.7	0.1	15.0	0.2	0.4	15
芒果	82.4	0.6	0.9	15.1	0.5	0.5	41
枇杷	90.0	1.1	0.5	7.2	0.5	O.7	土6
无花果	83.6	1.0	0.4	12.6	1.9	0.5	1
香蕉	81.2	1.7	0.2	15.3	0.4	1.2	1
菠萝	86.3	0.6	0.2	12.2	0.4	0.3	7
葡萄(绿)	87.0	0.7	0	11.5	0.2	0.6	1
橄榄	79.9	1.2	1.0	12	4.1	1.8	21
甘蔗	77.0	0.4	0.2	20.7	1.5	0.2	空缺
核桃	3.2	15.8	66.8	10.9	1.5	1.8	空缺
栗子(生)	53.0	4.0	1.1	39.9	1.0	1.0	60
白果	53.7	6.4	2.4	35.9	0.3	1.3	空缺
椰子肉	47.0	3.4	35.	10.1	3.2	1.0	2

注：表中数据源于夏红主编的《食品化学》。

水果的贮藏及加工特点整体上与蔬菜相似，随种类不同可采用适当的贮藏方式；水果的加工除了上述与蔬菜相似的方式之外，还可加工成果汁，经微生物发酵后可制备果醋、果酒等。

(八)食用菌和藻类

1. 食用菌

食用菌指含有子实体的大型真菌的总称，多属担子菌亚门，包括香菇、蘑菇、木耳、银耳、猴头菌等。食用菌不仅味美，而且营养价值高，是美食的良好材料之一。另外，在真菌中，也有一些毒性极强的菌类与食用菌外形相似，常造成误食而中毒。

(1)食用菌的化学组成　食用菌的一般成分与蔬菜相似，鲜菇的水分含量80%以上，含有许多酶，易腐败变质；粗蛋白含量一般为1%～4%，大部分为非蛋白态；固形物中碳水化合物多，其中以糖质占60%以上；甘露醇含量高；维生素中，维生素 B_1、维生素 B_2 和烟酸含量较多，此外，麦角固醇(维生素D的前体)含量也多，香菇中达0.08%。真菌的黏性是由可溶性的黏多糖引起的。

(2)食用菌的食用价值　一般而言，食用菌的食用营养价值人们并未十分注意，食用者多注重其风味。蘑菇是食用菌中消费量最大的一种，其挥发性成分已鉴定者有数10种，其中呈强烈鲜蘑菇香气的主成分是辛烯-1-醇。蘑菇的鲜味成分主要是5′-鸟苷酸。蘑菇除鲜食外，大量用于制造罐头。蘑菇加工过程中的褐变是由于对苯二酚和邻苯二酚等多酚类物质在多酚氧化酶的作用下发生的，可用焦亚硫酸钠护色。

香菇主要用作功能食品或美食制作的配料。香菇中有一种特殊的香气物质，经火烤或晒干后能发出异香，这就是香菇精。香菇的味感物质主要是5′-鸟苷酸和甘露醇。此外，香菇中含有能降低血液胆固醇的成分蘑菇素。

银耳、木耳、香菇等因对人体生理有一定的调节作用而被认为是保健食品或滋补食品。如银耳，据称其性和，可强精力、补肾、止咳、润肺、生津降火、提神补气、强身健脑等，已有饮料、罐头、茶、酒等形式出现。猴头菌含有的活性成分可用于治疗胃部疾病，已制成饮料、酒；香菇已制成“香菇可乐”等。

2. 藻类

藻类植物是具叶绿素的低等植物，能利用光能进行光合作用。藻类的生活习性多样，有水生的海藻、淡水藻、盐水藻、温泉藻等，还有长在陆上的气生藻。

人们常食用的藻类有：蓝藻中的地木耳、发菜、葛仙米、大螺旋藻，它们是淡水藻类，绿藻中的绿紫菜、苔菜、石莼，红藻中的紫菜、石花菜，它们为海藻类；褐藻中的海带、裙带菜，它们为海产类。其中海带和紫菜是我国人了颇为喜爱的经济海藻，发菜是我国特产。

(1)藻类的化学组成

蛋白质　藻类中除紫菜(占干重的36%)大螺旋藻等少数品种蛋白质含量较高外、其他种类含量不高。藻类蛋白质的氨基酸组成的特征是精氨酸含量高，其他氨基酸组成与叶菜类相似，此外还含鸟氨酸、瓜氨酸，海藻中含碘氨基酸，紫菜中赖氨酸含量特别多，占氨基酸总量的7.7%，海带中则胱氨酸含量高。

糖类　糖类是藻类植物的主要成分，多数是有黏性的糖类。这些糖不易消化，作为热源其营养价值不高，但有整肠作用。

维生素 藻类含多种维生素，其中β-胡萝卜素最多，特别是紫菜，每百克干制品含量可达11000IU。

藻类的灰分 藻类中最具营养价值的是含丰富的灰分，如发菜中的钙含量可达2.5%，海带中则为1.3%，紫菜中的钾的含量达1.6%，海带中则为1.5%，海藻中碘含量高，如海带为0.2%～0.5%，裙带菜为0.02%～0.1%，碘可防止甲状腺肿。

(2)藻类的加工用途 藻类的食用方法有鲜食、加工食用或提取精制成琼胶、海藻酸等。

红藻中含较多琼脂，可提取精制，用于果冻、果糕中作凝固剂，果汁饮料的稳定剂，糖果中作软糖基料，也是微生物培养基的凝固剂；人体不能消化琼脂。

褐藻中含海藻酸，提取精制的海藻酸钠水溶性好、稠度高，作为增稠剂应用于冰淇淋、果酱、蛋黄酱等食品中。

一些藻类含对人体生理有调节作用的成分因而被深入研究，制成各种保健食品。海带等褐藻中，含较多的甘露醇，这是有降血压作用的物质(海带干品表面的白霜，主要为甘露醇)。琼胶和卡拉胶能抑制某些流感病毒和腮腺炎病毒。褐藻中含丰富的碘可预防甲状腺肿。以海藻为主制成的"海藻晶"对高血压具有良好的治疗作用。因此，可以藻类为原料生产保健、疗效食品。

二、动物性食品原料

(一)畜产食品原料

1.肉类

(1)肉的组织结构 从食品加工的角度，将动物体可利用部位粗略地划分为肌肉组织、脂肪组织、结缔组织和骨骼组织。其组成的比例依动物的种类、品种、年龄、性别、营养状况等不同而异，而且各个组织的化学成分也不同。

肌肉组织 肌肉组织在组织学上可分为三类，即骨骼肌、平滑肌和心肌。从数量上讲，骨骼肌占绝大多数。骨骼肌与心肌在显微镜下观察有明暗相间的条纹，因而又被称为横纹肌。与肉品加工有关的主要是骨骼肌。

结缔组织 结缔组织是将动物体内不同部分连接和固定在一起的组织，分布于体内各个部位，构成器官、血管和淋巴管的支架；包围和支撑着肌肉、筋腱和神经束；将皮肤连接于机体。肉中的结缔组织是由基质、细胞和细胞外纤维组成，胶原蛋白和弹性蛋白都属于细胞外纤维。结缔组织的化学成分主要取决于胶原纤维和弹性纤维的比例。

脂肪组织 脂肪的构成单位是脂肪细胞。脂肪细胞单位或单个或成群地借助于疏松结缔组织联在一起，细胞中心充满脂肪滴，细胞核被挤到周边。脂肪细胞外层有一层膜，膜由胶状的原生质构成，脂肪在体内的蓄积，依动物种类、品种、年龄和肥育程度不同而异。脂肪在肌束内蓄积最为理想，这样的肉呈大理石样纹理，肉质较好。脂肪在活体组织内起着保护组织器官和提供能量的作用，在肉中脂肪是风味的前体物质之一。

骨组织 骨组织和结缔组织一样也是由细胞、纤维性成分和基质组成，但不同的是其基质已被钙化，所以很坚硬，起着支撑机体和保护器官的作用，同时又是钙、镁、铜等元素离子的贮存组织。

(2)肉的化学组成

蛋白质　肌肉中蛋白质约占20%,分为三类:肌原纤维蛋白,占总蛋白的40%～60%;肌浆蛋白,占20%～30%;结缔组织蛋白,约占10%。这些蛋白质的含量因动物种类、解剖部位等不同而有一定差异。

脂肪　脂肪是肌肉中仅次于肌肉蛋白的另一个重要组织,对肉的食用品质影响甚大,肌肉内脂肪的多少直接影响肉的多汁性和嫩度,脂肪酸的组成在一定程度上决定了肉的风味。家禽的脂肪组织90%为中性脂肪,7%～8%为水分,蛋白质占3%～4%,此外还有少量的磷脂和固醇脂。肌肉组织内脂肪含量变化很大,少到1%,多到20%,这主要取决于畜禽的肥育程度。另外,品种和解剖部位、年龄等也有影响。肌肉中脂肪含量与水分含量成负相关,脂肪越多,水分越少,反之亦然。

脂肪酸的性质决定了脂肪的性质。肉中脂肪含有20种脂肪酸,最主要的有4种,即棕榈酸和硬脂酸两种饱和脂肪酸及油酸和亚油酸两种不饱和脂肪酸。亚油酸、亚麻酸等不饱和脂肪酸是人体细胞壁、线粒体和其他部位的组分,人体不能合成,必须从食物中摄取。

水分　水分是肉中含量最多的组分,一般为70%～80%。畜禽肉越肥,水分含量越少,老龄比幼龄的少,公畜比母畜低。水分按状态分为自由水和结合水。结合水比例越高,肌肉的保水性能也就越好。

浸出物　浸出物是指除蛋白质、盐类、维生素外能溶于水的可浸出性物质,包括含氮浸出物和无氮浸出物。含氮浸出物为非蛋白质的含氮物质,如游离氨基酸、核苷酸类及肌苷、尿素等。这些物质为肉滋味的主要来源,如ATP除供给肌肉收缩的能量外,逐级降解为肌苷酸,是肉鲜味的成分;磷酸肌酸分解成肌酸,肌酸在酸性条件下加热则为肌酐,可增强肉的风味。无氮浸出物为不含氮的浸出物,包括碳水化合物和有机酸。

维生素　肉中主要有B族维生素,是人们获取此类维生素的主要来源之一,特别是尼克酸。另外动物器官中含有大量的维生素,尤其是脂溶性维生素,如肝脏是众所周知的维生素A补品。

矿物质　肌肉中含有大量的矿物质,尤以钾、磷含量最多。不同品种肉中矿物质的含量见表5-7。

表5-7　几种动物肉中的矿物质含量　　单位:mg/100g

名称	钠	钾	钙	镁	铁	磷	铜	锌
牛肉	69	334	5	24.5	2.3	276	0.1	4.3
羊肉	75	246	13	18.7	1.0	173	0.1	2.1
猪肉	45	400	4	26.1	1.4	223	0.1	2.4

注:表中数据来源于李里特主编的《食品原料学》。

(3)原料肉的加工特性　在肉制品加工中,根据不同原料肉的加工特性,合理地选择原料,对保证产品规格、质量,以及提高肉制品质量具有重要意义。肌肉的加工特性主要包括保水性、凝胶特性、乳化性等。影响肌肉加工特性的因素很多,如肌肉中各种组织和成分的性质和含量、肌肉蛋白在加工中的变化、添加成分的影响等。

保水性　肌肉在加工中的保水性对产品的质量具有重要作用。保水性是指在加工过程中肌肉保持原有水分和添加水分的能力。结合水在肉品中的数量受蛋白质的氨基酸组成所影响。肌肉中自由水的数量主要取决于蛋白质的结构,其中胶原纤维蛋白更多地决定肉的保水性,这是由肌原纤维蛋白的性质和结构所决定的。

凝胶特性 肌肉蛋白具有形成凝胶的特性。凝胶特性是熟肉制品的最重要的加工特性。肌肉蛋白质所形成的凝胶的微细结构和流变特性与碎肉制品或乳化类制品(如火腿肠)的质构、外观、切片性、保水性、乳化稳定性和产品率有密切关系。

乳化特性 肌肉的乳化特性对稳定肉糜和乳化肠类制品中的脂肪具有重要作用。对脂肪乳化起重要作用的蛋白质是肌球蛋白,这是因为肌球蛋白是表面活性物质,具有朝向脂肪球的疏水部位和朝向连续相的亲水部位,能起到连接油和水的媒介作用。肌球蛋白分子的柔韧变形性使其可在较低的表面张力界面展开,从而有利于脂肪的乳化。

2. 乳品原料

(1)乳的化学组成 乳是哺乳动物为哺育幼儿从乳腺分泌的一种白色或稍带黄色的不透明液体。它含有幼小动物生长发育所需要的全部营养成分,是哺乳动物出生后最适于消化吸收的全价食物。其中含有水分、蛋白质、脂肪、碳水化合物、无机盐、磷脂类、维生素、酶、色素、气体及多种微量成分。

蛋白质 牛乳蛋白质属于完全蛋白质,具有较高的营养价值。乳蛋白中至少有十种不同蛋白质组成,其中大约4/5是酪蛋白,其余主要是乳清蛋白和乳球蛋白。酪蛋白是一种含磷的复合蛋白质,对促进机体对钙的吸收有积极作用。乳清蛋白对热不稳定,加热易发生沉淀。乳球蛋白与机体免疫力有关。

脂肪 牛乳含脂肪2.8%~4.0%,与人乳大致相同。脂肪酸中饱和脂肪酸与不饱和脂肪酸比例约为2∶1,其中油酸30%、亚油酸5.3%、亚麻酸2.1%。乳脂颗粒较小,呈高度分散状态,易消化,吸收率达98%。乳脂中的短链脂肪酸含量较高,构成了乳脂的特殊风味。另外,乳中含磷脂20~50g/100mL、胆固醇13g/100mL。

碳水化合物 乳中的碳水化合物含量为3.4%~7.4%,几乎全部为乳糖,它是由葡萄糖和半乳糖组成的双糖,乳糖的甜度较低。乳糖在人乳中含量最高,牛乳最少。有调节胃酸、促进胃肠蠕动和消化液分泌的作用,还能促进钙的吸收和促进肠道乳酸杆菌繁殖,抑制腐败菌的生长,因此对婴儿的消化道具有重要意义。个别人由于消化道缺乏乳糖酶,喝了牛奶以后,因乳糖不能水解而导致腹泻、胃胀等不适应症,称其为乳糖不耐症,可改喝酸奶、脱乳糖或乳糖降解的奶。

矿物质 牛乳中的矿物质含量为0.7%~0.75%,富含钙、磷、钾等,其中部分与酪蛋白结合以及与酸结合形成盐类。牛乳中含钙110mg/100mL,且吸收率高,是人类优质钙的来源。牛乳中铁的含量极少,属缺铁食物,但牛初乳中铁含量较高,可达常乳的十几倍。此外,乳中还含有多种微量元素铜、锌、硒、碘等。

维生素 乳中含有人类所需的各种维生素。牛乳中的维生素含量受饲养方式和季节影响较大,如放牧期牛乳中维生素A、维生素D、胡萝卜素、和维生素C含量,较冬春季在棚内饲养明显增多。人乳含丰富的维生素A,约为牛乳的两倍,羊乳维生素A含量高于牛乳。人乳及牛乳中维生素D含量均很低,应注意补充。乳是B族维生素的良好来源,人乳中维生素B_1、维生素B2的含量分别为0.02mg/100mL和0.03mg/100mL。乳中维生素C含量很低,尤其高温消毒后的牛乳其含量更低。

(2)乳的加工特点　乳品的物理特性对加工工艺和设备的设计具有重要意义(如热导、黏度、酸度和表面张力等),可用来测定乳品中特定成分的含量(如测得冰点升高可说明乳中掺水,比重测定可评估非脂乳固体含量),评价乳品在加工过程中的生化变化(如发酵剂酸化和酶凝的变化)。

原料乳的质量是乳制品生产的关键因素之一,很多质量问题的根源就在于原料乳的品质。在泌乳期中,由于生理、病理或其他因素的影响,乳的成分与性质发生变化,这种成分与性质发生了变化的乳,称为异常乳(abnormal milk)。一般情况下,异常乳是不宜于加工使用的。异常乳可分为生理异常乳、病理异常乳、化学异常乳及微生物污染乳等。

3. 禽蛋原料

禽蛋类含有高质量的优质蛋白质和丰富的维生素、矿物质元素及生物活性成分等,是现代食品中营养价值最高又适用于不同年龄层次的营养健康食品的原料之一。

(1)蛋类的结构　各种禽蛋的结构都很相似,主要由蛋壳、蛋清、蛋黄三部分组成。各部有其不同形态结构和生理功能。此外,还有外蛋壳膜、蛋壳内膜和气室等。

(2)蛋类的化学组成

蛋壳　蛋壳主要由无机物构成,还有少量有机物。无机物中主要是碳酸钙(约占 93%),其次有少量的碳酸镁(约占 1.0%)及磷酸钙、磷酸镁。有机物中主要为蛋白质,属于胶原蛋白。

蛋白　禽蛋中的蛋白是一种以水作为连续介质,以蛋白质作为分散相的胶体物质。蛋白的结构不同,蛋白的胶体状态亦有所改变。禽蛋蛋白的化学成分如表 5-8 所示。

表 5-8　蛋白的化学成分　　单位:%

蛋的种类	水分	蛋白质	无氮浸出物	葡萄糖	脂肪	矿物质
鸡蛋	87.3～88.6	10.8～11.6	0.80	0.10～0.50	极少	0.6～0.8
鸭蛋	87.0	11.5	10.7	—	0.03	0.8

注:表数据来源于李里特主编的《食品原料学》。

蛋白中的蛋白质除不溶性卵黏蛋白以外,一般为可溶性蛋白质,总的来看是由多量的球状水溶性糖蛋白质及卵黏蛋白纤维组成的蛋白体系。其中卵白蛋白、卵伴白蛋白、卵类黏蛋白、卵黏蛋白、溶菌酶和卵球蛋白等为主要蛋白质。

蛋黄　蛋黄含有 50%的水分,其余大部分是脂肪和蛋白质,二者的比例为 2∶1,脂肪主要以脂蛋白的形式存在。此外还含有糖类、矿物质、维生素、色素等。蛋黄有白色蛋黄与黄色蛋黄之分,白色蛋黄约占整个蛋黄的 5%,其余为黄色蛋黄。白色蛋黄和黄色蛋黄的组分见表 5-9。

表 5-9　白色蛋黄与黄色蛋黄的组成　　单位:%

类别	水分	蛋白质	脂肪	磷脂	浸出物	灰分
白色蛋黄	89.70	4.60	2.39	1.13	0.40	0.62
黄色蛋黄	45.50	15.04	25.20	11.15	0.36	0.44

注:表数据来源于李里特主编的《食品原料学》。

蛋黄中的蛋白质大部分是脂蛋白质，包括低密度脂蛋白65%、卵黄球蛋白10%、卵黄高磷蛋白4%和高密度脂蛋白16%。蛋黄中的脂质含量最多，占30%～33%，其中以属于甘油三酯所占的相对密度最大，其次是磷脂类(包括卵磷脂、脑磷脂和神经磷脂)以及少量的固醇(包括甾醇、胆固醇和胆脂醇)和脑苷脂等。

(3)蛋的加工特性　禽蛋有很多重要特性，其中与食品加工密切相关的特性有蛋的凝固性、乳化性和发泡性。这些特性使得蛋在各种食品中得到广泛应用。

蛋的凝固性　当禽蛋蛋白受热、盐、酸或碱及机械作用则会发生凝固。蛋的凝固是一种蛋白值分子结构变化，由流体变成固体或半固体(凝胶)状态。影响蛋白质凝固变性的因素很多，加热、酸、盐、有机溶剂、光、高压、剧烈震荡等。

蛋黄的乳化性　蛋黄中含有丰富的卵磷脂，所以具有优良的乳化性。蛋黄的乳化性对蛋黄酱、色拉调味料、起酥油面团等的制作有很大的意义。

蛋白的发泡性　当搅打蛋清时，空气进入并包在蛋清液中形成气泡。在发泡过程中，气泡逐渐由大变小，且数目增多，最后失去流动性，通过加热使之固定。蛋清的发泡性决定于球蛋白、伴白蛋白，而卵黏蛋白和溶菌酶则起稳定作用。蛋白一经搅打就会起泡，原因是蛋清蛋白质降低了蛋清溶液的表面张力，有利于形成大的表面；溶液蒸汽压下降，使气泡膜上的水分蒸发现象减少，泡的表面膜彼此不立即合并；泡沫的表面凝固等。

(二)水产食品原料

水产类是指在水域中捕捞、获取的水产资源，如鱼类、软体类、甲壳类、海兽类等。是美食制作中最重要的原料之一，是人类获取蛋白质的主要食材之一。

1. 水产品的化学成分

(1)蛋白质　鱼类含蛋白质15%～22%，氨基酸组合合理，赖氨酸丰富，属于优质蛋白质，是膳食蛋白质的良好来源。另外，鱼肉中结缔组织较少，肉质鲜嫩，易消化。河蟹、对虾、章鱼的蛋白质含量约为17%，贝类的牛磺酸含量普遍高于鱼类。

(2)脂肪　鱼类脂肪含量为1%～3%，但个别鱼类中含量相差较大，如鳀鱼中高达12.8%，而鳕鱼中含量仅为0.5%，不饱和脂肪酸含量高达60%以上，消化吸收率达95%。鱼类，尤其是海鱼类含丰富的二十二碳六烯酸(DHA)，是大脑营养必不可少的多不饱和脂肪酸，还含丰富的二十碳五烯酸(EPA)，有降低胆固醇、防血栓形成及降低动脉粥样硬化的作用，并有抗癌防癌功效。通常贝壳类和软体类水产品中的胆固醇含量高于一般鱼类，蟹黄、鱼子中胆固醇含量高，高胆固醇血症患者应少用。

(3)碳水化合物　鱼类中碳水化合物的含量很低，约为1.5%，主要以糖原形式存在于鱼类肝脏和肌肉内。有的鱼几乎不含碳水化合物，如草鱼、银鱼、鲑鱼、鲢鱼、鲈鱼等。软体动物的碳水化合物含量平均3.5%，海蜇、鲍鱼、牡蛎和螺蛳等可达6%～7%。

(4)维生素　鱼类含有丰富的B族维生素和脂溶性维生素，是维生素A和维生素D的重要来源，也是维生素B_2的良好来源，维生素E和维生素B_1的含量也较高。鱼类中维生素B_6、维生素B_{12}、烟酸、泛酸、叶酸含量不高，主要存在于鱼类内脏中。鱼类几乎不含维生素C。

(5)矿物质　鱼类中含矿物质为1%～2%，高于畜禽肉，其中磷、钾、钙、镁、铁、锌均较丰富，还有铜。鲐鱼、金枪鱼含铁较高。海鱼含碘丰富，为50～100mg/100g。河虾的钙含量达

325mg/100g。河蚌中锰含量达59.6mg/100g。软体动物含矿物质1.0%～1.5%,其中钙、钾、铁、锌、硒和锰含量丰富。墨鱼含钾达400mg/100g。牡蛎、泥蚶和扇贝含锌量均高于10mg/100g。海蟹、牡蛎和海参的硒含量均超过50μg/100g。

2.水产原料的加工用途

水产品除了制作海鲜或湖鲜美食外,水产食品的加工也是延长水产品保存时期丰富食品种类的重要途径。包括水产品冷冻食品加工,水产品干制加工和水产品腌、熏制品加工,鱼糜制品加工,水产罐制品加工,水产调味品加工,海藻食品加工以及水产品综合利用等。以下列举一些常见的水产原料。

(1)带鱼　属于白肉鱼类,肉味鲜美,经济价值很高。除鲜销外,可加工成罐头制品、鱼糜制品、腌制品和冷冻小包装等。

(2)大黄鱼　大黄鱼肉质较好且味美,“松鼠黄鱼”为筵席佳肴。大部分鲜销,其他盐渍成“瓜鲞”,去内脏盐渍后洗清晒干制成“黄鱼鲞”或制成罐头。鱼鳔可干制成名贵食品“鱼肚”,又可制“黄鱼胶”。大黄鱼肝脏含丰富的维生素A,是制备鱼肝油的良好原料,耳石也可作药用。

(3)海鳗　海鳗肉厚质细,滋味鲜美,营养丰富,是经济价值很高的鱼类。除鲜销外,其干制品“鳗鲞”是美味佳品。海鳗还可以加工成罐头以及作为鱼丸、鱼香肠的原料,其鱼糜制品不但美味且富有弹性。肝脏可作为生产鱼肝油的原料。

(4)鳕鱼　鳕鱼鱼肉色白,脂肪含量低,是代表性的白色肉鱼类。冬季味佳,除鲜销外,可加工成鱼片、鱼糜制品、干制品、咸干鱼、罐头制品等。

(5)金枪鱼　金枪鱼类肉味鲜美,素有“海中鸡肉”之称。冷冻品大多用于制罐,如盐水金枪鱼罐头、油浸金枪鱼罐头等,在日本用金枪鱼制作的生鱼片,被视为上等佳肴,其药用价值也得到很大的重视。

(6)青鱼　属于淡水鱼类,青鱼肉厚刺少,富含脂肪,味鲜美,除鲜食外,也可加工成糟醉品、熏制品和罐头制品。草鱼、鲢鱼、鳙鱼与青鱼合称我国四大家鱼,其加工食用相似,唯口味稍有不同。

(7)鲫鱼　鲫鱼肉质细嫩,肉味甜美,营养价值很高,一般都以鲜食为主,可煮汤,也可红烧、葱烤等烹调加工。药用价值很高。

(8)鲤鱼　鲤鱼肉质鲜嫩,营养丰富,鲤鱼可鲜食,烹调加工与鲫鱼相似,也可制成鱼干。

(9)虾类　虾类肉色透明,肥嫩鲜美、营养丰富,是菜肴之佳品,它还具有补肾壮阳的药用功能。对虾可蒸煮、油爆、面拖、干烧等,既可制作各类点心,也可做成各种佳肴,如红艳鲜嫩的“油焖大虾”等。

(10)蟹类　蟹类主要有梭子蟹、青蟹、中华绒螯蟹。蟹类肉味鲜美,营养丰富,可直接烹调加成各种美味佳肴,也可加工成蟹肉干、冷冻蟹肉、蟹肉罐头等制品。对于其不可食用部分,通过综合利用,可将其制成甲壳素及衍生物,成为工业及医药方面的重要原料。

(11)贝类　主要以牡蛎、贻贝、扇贝为主,肉味鲜美,营养丰富,是珍贵的海产品,可制成干制品,也可作为药用。

第三节　美食调味料及其用途

食物在烹饪加工过程中需要各种调味料用于满足人们饮食习惯的需要，同时在增加美味、营养、提高食用性能及保健等方面起到积极的作用，了解这些调味料的性能对合理选择和正确使用具有重要的意义。以下主要介绍各种配料如盐，甜味剂(蔗糖等，在风味化学中已详细介绍)，沙姜，生抽，料酒，芥末，姜汁，酱油，味精，野山椒，五香粉，胡椒，花椒，番茄酱，番茄汁，醋，葱油，白酱油，八角，桂皮，豆豉，孜然，香精和肉桂粉等。

一、增味和抗菌性调味料

(一)盐

图 5-2　盐

盐是对人类生存最重要的物质之一，也是烹饪中最常用的调味料。盐的主要化学成分氯化钠(化学式 NaCl)在食盐中含量为99%。工业上用海水晒盐(也称盐田法)或用井水、盐湖水煮盐，使食盐晶体析出。这样制得的食盐含有较多的杂质，叫作粗盐。粗盐经溶解、沉淀、过滤、蒸发，可制得精盐。部分地区所出品的食盐加入氯化钾以降低氯化钠的含量以降低高血压发生率，同时世界大部分地区的食盐都通过添加碘来预防碘缺乏病，添加了碘的食盐叫作碘盐。

盐在美食中主要起增加咸味的作用，能解腻提鲜，去除腥膻之味，使食物保持原料的本味；盐水有杀菌、保鲜防腐作用。食盐是人们生活中所不可缺少的。成人体内所含钠离子的总量约为60 g，其中80%存在于细胞外液，即在血浆和细胞间液中。氯离子也主要存在于细胞外液。盐的生理功能主要有下列几点。

1. 维持细胞外液的渗透压

钠和氯是维持细胞外液渗透压的主要离子；钾和磷酸是维持细胞内液渗透压的主要离子。在细胞外液的阳离子总量中，钠占90%以上，在阴离子总量中氯占70%左右。所以，食盐在维持渗透压方面起着重要作用，影响着人体内水的动向。

2. 参与体内酸碱平衡的调节

由钠和碳酸形成的碳酸氢钠，在血液中有缓冲作用。氯与碳酸在血浆和血红细胞之间也有一种平衡，当碳酸从血红细胞渗透出来的时候，血红细胞中阴离子减少，氯就进入血红细胞中，以维持电性的平衡；反之，也是这样。

3. 氯离子在体内参与胃酸的生成

胃液呈强酸性，pH 约为0.9～1.5，它的主要成分有胃蛋白酶、盐酸和黏液。胃体腺中的壁细胞能够分泌盐酸。壁细胞把 HCO_3 输入血液，而分泌出 H^+ 输入胃液。这时 Cl^- 从血液中经壁细胞进入胃液，以保持电性平衡。胃体腺里有一种黏液细胞，分泌出来的黏液在胃粘膜表面形成一层约 1～1.5mm 厚的黏液层。这黏液层常被称为胃粘膜的屏障，在酸的侵袭下，胃粘膜不致被消化酶所消化而形成溃疡。此外，食盐在维持神经和肌肉的正常兴奋性上也有作用。当细胞外液大量损失（如流血过多、出汗过多）或食物里缺乏食盐时，体内钠离子的含量减少，钾离子从细胞进入血液，会发生血液变浓、尿少、皮肤变黄等病症。人体对食盐的需要量一般为每人每天 3～5g。由于生活习惯和口味不同，实际食盐的摄入量因人因地有较大差别。

（二）鲜味王

鲜味王是一种复合调味品，它的基本成分是在含有40%的味精基础上，加入助鲜剂、盐、糖、鸡肉粉、辛香料、鸡味香精等成分加工而成，更含有多种氨基酸。主要由谷氨酸钠、呈味核苷酸二钠、食用盐、鸡肉、鸡骨粉或浓缩抽取物为基本原料，添加香精（或不添加）、赋型剂，经混合、制粒、干燥而成的一种复合调味料品。

图 5-3　鲜味王

鲜味王的外观呈白色透明粉状，它是味精鲜度的4～5倍，还能掩盖食品中不良气味。鲜味王可以增进人们的食欲，提高人体对其他各种食物的吸收能力。因为鲜味王里含有大量的谷氨酸，是人体所需要的氨基酸，96%能被人体吸收，形成人体组织中的蛋白质。它还能与血氨结合，形成对机体无害的谷氨酰胺，解除组织代谢过程中所产生的氨的毒性作用。又能参与脑蛋白质代谢和糖代谢，促进氧化过程，对中枢神经系统的正常活动起良好的作用。鲜味王是新一代功能性食品增鲜剂，采用高科技从各动植物萃取烘干研磨制成，摄入人体内后可分解成谷氨酸和酪氨酸，对人体健康有益。

（三）甜味剂

甜味剂中的蔗糖是人类基本的食品添加剂之一，已有几千年的历史。蔗糖是光合作用的主要产物，广泛分布于植物体内，特别是甜菜、甘蔗和水果中含量极高。蔗糖是植物储藏、积累和运输糖分的主要形式。蔗糖在甜菜和甘蔗中含量最为丰富，以蔗糖为主要成分的食糖包括红糖、白糖、冰糖和方糖；制糖为中国首创，早在三千多年前我国就有用谷物制作饴糖的记载。

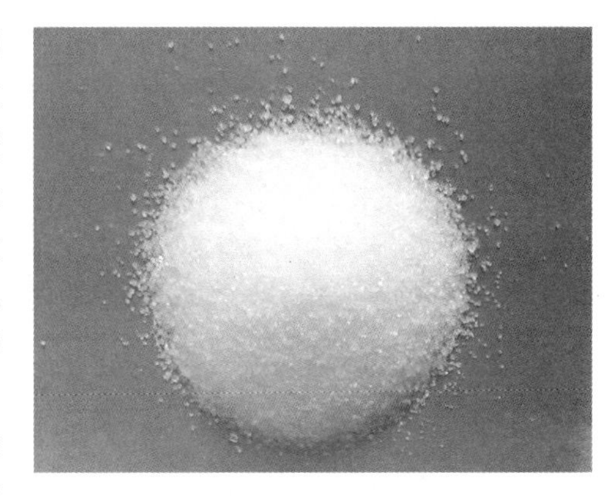
图 5-4　蔗糖

红糖　为禾本科草本植物甘蔗的茎经压榨取汁炼制而成的赤色结晶体，有丰富的糖分、矿物质及甘醇酸。传统的红糖与现在流行的各种黑糖都是以相同方法制作出来的糖，在营养与食用功效上也相同，所以可说是同样的糖品。

两者之间颜色的深浅是因受到熬煮糖浆的时间长短所影响，黑糖的熬煮时间较长，糖浆经浓缩后做出来的糖砖呈现出近黑色之外观。至于两者间型态粗细的差异则是因为再加工的方式不同导致，所以常见有切割成不同大小的糖砖或是研磨成粉状的糖粉。红糖虽杂质较多，但营养成分保留较好。它具有益气补血、缓中、助脾化食、暖胃、破淤等功效，还兼具散寒止痛作用。所以，妇女因受寒体虚所致的痛经等症或是产后喝些红糖水往往效果显著。在红糖食谱中如生姜红糖汤可用于治疗肺寒咳嗽，呕逆少食，肺胃不和等疾病；但患糖尿病的人群要注意少食。

白糖 是由甘蔗和甜菜榨出的糖蜜制成的精糖，是美食制作或一般菜肴烹饪中最常使用的甜味剂。如鲁菜系中的传统名菜拔丝香蕉，该菜品外脆里嫩，甜糯可口。色泽浅黄微亮，质地柔软，品尝时香甜可口，其主要配料有白糖、香蕉和鸡蛋。白糖色白、干净，甜度高；具有生津、润肺功效。适当食用白糖有助于提高机体对钙的吸收，但过多就会妨碍钙的吸收。在烹饪技艺中，白糖还具有一些特殊的功效，如烹饪鱼的成形作用，在炒鱼片或做鱼丸时，加些白糖，可使鱼片和鱼丸不易烂锅；在煎鱼时，将油加热到差不多时加入少量白糖，待白糖色泽加深成微黄时，将鱼放入锅内，这样煎出的鱼既不粘锅又色香味美。如果在烹饪菜肴有过重酸味时加适量白糖可降低或消除酸味。另外，煮板栗前，先将板栗放入砂糖水中浸泡一夜，煮好的板栗就容易剥除内皮。在面制品加工中，在发面时加点白糖，可缩短发酵时间，而且做出的面食松软可口。

冰糖 为砂糖的结晶再制品，有白色、微黄、微红、深红等色，结晶如冰状，故名冰糖。中国在汉时已有生产。冰糖以透明者质量最好，纯净，杂质少，口味清甜，半透明者次之。可作药用，也可作糖果食用。制作方法：①冰糖以白砂糖为原料，经过再溶，清净，重结晶而制成。②一种大的、透明的冰块状水合蔗糖晶体。一般用白砂糖、水、蛋清等，经加热、过滤、浓缩结晶、干燥而成，质地坚硬透明。③成大块结晶在细绳上的煮糖，尤指用于硬糖果或黑麦威士忌酒。冰糖养阴生津，润肺止咳，对肺燥咳嗽、干咳无痰、咯痰带血都有很好的辅助治疗作用。

方糖 亦称半方糖，是用细晶粒精制砂糖为原料压制成的半方块状（即立方体的一半）的高级糖产品，在国外已有多年的历史。它的消费量会随着人们生活水平提高而迅速增大。方糖的特点是质量纯净，洁白而有光泽，糖块棱角完整，有适当的坚牢固，不易碎裂，但在水中快速溶解，溶液清澈透明。方糖的生产是用晶体尺寸粒度适当的精糖，与少量的精糖浓溶液（或结晶水）混合，成为含水分1.5%～2.5%的湿糖，然后用成型机制成半方块状，再经干燥机干燥到水分0.5%以下，冷却后包装。

蔗糖被人食用后，在胃肠中由转化酶转化成葡萄糖和果糖，一部分葡萄糖随着血液循环运往全身各处，在细胞中氧化分解，最后生成二氧化碳和水并产生能量，为脑组织功能、人体的肌肉活动等提供能量并维持体温。血液中的葡萄糖-血糖，除了供细胞利用外，多余的部分可以被肝脏和肌肉等组织合成糖原而储存起来。当血糖含量由于消耗而逐渐降低时，肝脏中的肝糖原可以分解成葡萄糖，并且陆续释放到血液中，肌肉中的肌糖原则是作为能源物质，供给肌肉活动所需的能量。

蔗糖可以增加机体 ATP 的合成，有利于氨基酸的活力与蛋白质的合成。由蔗糖分解成的葡萄糖作为能源物质对脑组织和肺组织都是十分重要的。糖是构成肌体的重要物质，如糖蛋白是体内的激素、酶、抗体等的组成部分，糖脂是细胞膜和神经组织的成分，核糖和脱氧核糖是核酸的重要组分。

由于蔗糖可以直接溶解食用，并且能很快地被人体消化吸收和利用，因此，食用蔗糖能够迅速消除疲劳，增强体力和脑力活动的能力，增加人体的抗寒能力，同时有研究报道，蔗糖是维生素 A 的一种很有效而又实用的增强剂，蔗糖对铁和钙的吸收具有明显的增强作用。

(四)辣椒

辣椒，又叫番椒、海椒、辣子、辣角、秦椒等，是一种茄科辣椒属植物。辣椒属为一年或有限多年生草本植物。果实通常呈圆锥形或长圆形，未成熟时呈绿色，成熟后变成鲜红色、黄色或紫色，以红色最为常见。辣椒的果实因果皮含有辣椒素而有辣味，即辣味一般是由辣椒素或挥发性的硫化物提供的。

图 5-5　辣椒

辣椒中含有丰富的维生素 C、β-胡萝卜素、叶酸、镁及钾；辣椒中维生素 C 的含量在蔬菜中居第一位，辣椒中的辣椒素还具有抗炎及抗氧化作用，有助于降低心脏病、某些肿瘤及其他一些随年龄增长而出现的慢性病的风险；伴有辣椒的饭菜能增加人体的能量消耗，帮助减肥；经常进食辣椒可以有效延缓动脉粥样硬化的发展及血液中脂蛋白的氧化。辣椒的热辣除了镇热止痛外，由于它能促进肾上腺素分泌，提高新陈代谢，因此也被做成减肥用品或被称作具有燃脂功能；而辣椒素也具有降低血小板黏性的作用，因此也成为维护心血管健康的保健食品热门成分，辣椒的具体保健功能主要有以下几个方面：

1. 健胃、助消化

辣椒能增进食欲。辣椒对口腔及胃肠有刺激作用，能增强肠胃蠕动，促进消化液分泌，改善食欲，并能抑制肠内异常发酵。中国一些医学、营养专家对湖南、四川等省进行调查，发现这些普遍喜食辣椒的省区，胃溃疡的发病率远低于其他省区。这是由于辣椒能刺激人体前列腺素 E2 的释放，有利于促进胃黏膜的再生，维持胃肠细胞功能，防治胃溃疡。以前人们会认为，经常吃辣椒可能刺激胃部，甚至引起胃溃疡。但事实刚好相反。辣椒素不但不会引起胃酸分泌的增加，反而会抑制胃酸的分泌，刺激碱性黏液的分泌，有助于预防和治疗胃溃疡。

2. 预防胆结石

辣椒中含有丰富的维生素，尤其是维生素 C，可使体内多余的胆固醇转变为胆汁酸，从而预防胆结石，已患胆结石者多吃富含维生素 C 的青椒，对缓解病情有一定作用。

3. 改善心脏功能

以辣椒为主要原料，配以大蒜、山楂的提取物及维生素 E，制成的保健品，食用后能改善心脏功能，促进血液循环。此外，常食辣椒可降低血脂，减少血栓形成，对心血管系统疾病有一定预防作用。一篇发表于《英国营养学杂志》上的文章也指出，经常进食辣椒可以有效延缓动脉粥样硬化的发展及血液中脂蛋白的氧化，有助于降低心脏病。

4. 降血糖

科学家通过实验证明，辣椒素能显著降低血糖水平。

5. 缓解皮肤疼痛

研究发现，辣椒素能缓解诸多疾病引起的皮肤疼痛。通过辣椒素刺激神经，可以让产生痛觉必不可少的物质被释放出去，于是在该物质重新合成积累的过程中，人对疼痛就没那么敏感了，起到了止痛的作用。

6. 减肥降脂作用

辣椒含有一种成分，可以通过扩张血管，刺激体内生热系统，有效地燃烧体内的脂肪，加快新陈代谢，使体内的热量消耗速度加快，从而达到减肥的效果；在对人体的试验研究中发现，有辣椒的饭菜能增加人体的能量消耗。无色无嗅的辣椒素会让哺乳动物有火辣的灼烧感，是因为它可以刺激感受神经上的一种叫作 TRPV1 的受体，同时释放出一种与痛觉密切相关的 P 物质。P 物质有扩张血管、加速血流的作用，所以被辣椒素刺激的部位会变红发热。丰富的膳食纤维也有一定的降血脂作用。

7. 防感冒与抗辐射

辣味食物具有通利肺气、通达窍表、通顺血脉的“三通”作用。辣椒能够保护细胞的 DNA 免受辐射破坏，尤其是伽马射线。

8. 助长寿

中医认为辛辣食物既能促进血液循环，又能增进脑细胞活性，有助延缓衰老。

9. 暖胃驱寒

辣椒能温暖脾胃。如果遇寒出现呕吐、腹泻、肚子疼等症状，可以适当吃些辣椒。

10. 促进血液循环

辣椒能促进血液循环，改善怕冷、冻伤、血管性头疼。

11. 肌肤美容

辣椒能促进体内激素分泌，改善皮肤状况。

二、增香去腥类调味料

（一）生姜

图 5-6 生姜

生姜，指姜属植物的块根茎，别名紫姜，生姜，鲜姜，老姜等。在美食制作中最重要的作用之一是去腥味，是家家必备的调味料之一。生姜含有辛辣和芳香成分，辛辣成分为一种芳香性挥发油脂中的“姜油酮”，其中主要包括为姜油萜、水茴香、樟脑萜、姜酚、桉叶油精、淀粉、黏液等。作为必不可少的调味品，生姜具有良好的保健功能。

生姜性温，其特有的“姜辣素”能刺激胃肠黏膜，使胃肠道充血，消化能力增强。生姜能有效地治疗吃寒凉食物过多而引起的腹胀、腹痛、腹泻、呕吐等。吃过生姜后，人会有身体发热的感觉，这是因为它能使血管扩张，血液循环加快，促使身上的毛孔张开，这样不但能把多余的热量带走，同时还能把体内的病菌、寒气一同带出。当吃了寒凉之物，受了雨淋或在空调房间里呆久了，吃生姜就能及时消除因肌体寒重造成的各种不适。

1. 抗氧化与抑制肿瘤作用

作为必不可少的调味品，生姜中所含的姜辣素和二苯基庚烷类化合物的结构均具有很强的抗氧化和清除自由基作用；吃姜还能抗衰老，老年人常吃生姜可除“老人斑”。

2. 开胃健脾与促进食欲

在炎热的夏天，因为人体唾液、胃液分泌会减少，因而影响食欲，如果饭前吃几片生姜，可刺激唾液、胃液和消化液的分泌，增加胃肠蠕动，增进食欲。

3. 防暑、降温和提神作用

在炎热的气温下吃一些生姜能起到兴奋、排汗、降温，提神的作用。对于有一般暑热表现，如头昏、心悸、胸闷、恶心等情况的病人，适当喝点姜汤是大有裨益的。中国传统的防暑中成药——人丹就含有生姜成分，其作用就是健胃、提神、醒脑。

4. 杀菌解毒与消肿止痛

生姜能起到某些抗菌素的作用，尤其是对沙门氏菌效果更好。在炎热的气温下，食品容易受到细菌的污染，而且生长繁殖快，容易引起急性胃肠炎，适量吃些生姜可起到防治作用。生姜提取液具有显著抑制皮肤真菌和杀来头阴道滴虫的功效，可治疗各种痈肿疮毒。另外，可用生姜水含漱治疗口臭和牙周炎。

5. 防晕车与止恶心呕吐

吃生姜具有防止恶心、止呕吐的作用，如果由于某些运动而引起的“运动适应不良症”，吃点生姜就可以使其得到缓解。有研究证明，生姜干粉对因运动引起的头痛、眩晕、恶心、呕吐等症状的有效率达90%，且药效可持续4小时以上。民间用吃生姜防晕车、晕船，或贴内关穴，有明显的效果，因此有“呕家圣药”之誉。

6. 偏头痛与消除酒醉

可用热姜水浸泡双手，大约浸泡15分钟左右，痛感就会减轻甚至消失。神经衰弱，早晚空腹各饮用热姜水1至2杯，可收到补气、提神之效。持续下来，对神经衰弱、头晕、烦躁等症具有良好疗效。生姜可加速血液流通，消化体内酒精。还可在热姜水里加适量蜜糖，让身体直接吸收，以缓解或消除酒醉。

7. 减轻面部暗疮

每天早、晚各1次，持续约60天左右，暗疮就会减轻或消失。此法对雀斑及干燥性皮肤等亦有一定的治疗效果。

8. 防治头皮屑与头发护理

用热姜水清洗头发，可有效防治头皮屑掉落。此外，经常用热姜水洗头，对秃发亦有一定治疗效果。

9. 缓解腰肩疼痛

用毛巾浸水拧干，敷于患处，反复数次。此法能使肌肉由张变弛，舒筋活血，可大大缓解疼痛。

10. 消除脚臭

生姜浸泡时加点盐和醋，浸泡15分钟左右，抹干，加点爽身粉，臭味便可消除。

(二)芥末

图 5-7　芥末

芥末，又称芥子末、西洋山芋菜，芥辣粉，是芥菜的成熟种子碾磨成的一种粉状调料。芥末微苦，辛辣芳香，对口舌有强烈刺激，味道十分独特，芥末粉润湿后有香气喷出，具有催泪性的强烈刺激性辣味，对味觉、嗅觉均有刺激作用，可用作泡菜、腌渍生肉或拌沙拉时的调味品，亦可与生抽一起使用，充当生鱼片的美味调料。

芥末的主要辣味成分是芥子油，其辣味强烈，可刺激唾液和胃液的分泌，有开胃之功效，能够增强人的食欲。芥末的主要保健养生功能可概括为如下几个方面。

芥菜性温，味辛；有解毒消肿，开胃消食，温中利气，明目利膈的功效。芥末有很强的解毒及杀菌功能，能解鱼蟹之毒，也具有杀菌和消灭消化系统寄生虫的作用，故生食三文鱼等生鲜食品经常会配上芥末。主治疮痈肿痛、耳目失聪、牙龈肿烂、寒腹痛、便秘等病症。治喉痛声哑，采用腌陈芥菜干 50 克，开水冲泡频饮(或含漱)。

芥末中呛鼻的主要成分为异硫氰酸盐，这种成分不但可以预防蛀牙，对预防癌症、防止血管凝块，治疗气喘等也有一定效果，同时还具有发汗、利尿、解毒、清血等食疗功效；同时对增进食欲、促进血液循环也有不错的帮助作用。

芥末用来治疗风湿性疾病，调节月经。古代人们在洗澡时使用芥末用于治疗麻疹；与面粉调和成糊状可用来治疗咳嗽或支气管炎。芥末还有预防高血脂、高血压、心脏病、减少血液黏稠度等功效。芥末油有美容养颜的功效，芥末具有较强的刺激作用，能刺激血管扩张，增强面部气血运行，增强面部气血运行，使女性脸色更红润；因此，在美体界，芥末油是很好的按摩油。

据报道，芥末还具有除臭效果，因其较强的刺激作用，可以调节女性内分泌，增强性功能。

(三)胡椒

图 5-8　胡椒

胡椒气味芳香，是人们喜爱的调味品之一。胡椒，属胡椒目，胡椒科、胡椒属木质攀援藤本；茎、枝无毛，节显著膨大，常生小根。花杂性，通常雌雄同株；浆果球形，无柄，花期 6—10 月。印度尼西亚、印度、马来西亚、斯里兰卡以及巴西等是胡椒的主要出口国。胡椒在美食制作中主要起祛腥提味作用，更多应用于烹制内脏、海鲜类等菜肴。

胡椒的主要成分是胡椒碱，也含有一定量的芳香油、粗蛋白、粗脂肪及可溶性氮，能祛腥、解油腻，助消化；胡椒的气味能增进食欲；胡椒性味温热，因此，具有散寒温中止痛的作用，对胃寒所致的胃腹冷痛、肠鸣腹泻有很好的缓解作用，并治疗风寒感冒。胡椒有防腐抑菌的作用，可解鱼虾肉毒。黑胡椒的辣味比白胡椒强烈，香中带辣；白胡椒的药用价值较大，可散寒、健胃等，可以增进食欲、助消化，促发汗；还可以改善女性白带异常及癫痫症。

（四）葱

葱是中国的一种很普遍的调味品或蔬菜草本植物，葱属多年生宿根草本。以叶鞘和叶片供食用。中国的主要栽培种为大葱。叶片管状，中空，绿色。葱含有刺激性气味的挥发油和辣素，能祛除腥膻等油腻厚味菜肴中的异味，产生特殊香气，并有较强的杀菌作用，可以刺激消化液的分泌，增进食欲。

葱的主要营养成分为蛋白质、糖类、维生素 A 原（主要分布在绿色葱叶中）、膳食纤维以及磷、铁、镁等矿物质元素等。生葱像洋葱、大葱一样，含烯丙基硫醚，而烯丙基硫醚会刺激胃液的分泌，且有助于食欲的增进。同时与维生素 B_1 含量较多的食物一起摄取时，能促进维生素 B_1 的吸收，主要作用是由于葱中的活性成分与维生素 B_1 结合延长维生素 B_1 在体内停止留时间，提高吸收率，与食物中存在的淀粉及糖质会变为热量，提高消除疲劳的作用。

图 5-9　葱

葱中含有相当量的维生素 C，有舒张小血管，促进血液循环的作用，有助于防止血压升高所致的头晕，使大脑保持灵活和预防老年痴呆的作用。经常吃葱的人即便脂多体胖，但胆固醇并不增高，且体质强壮。含有的微量元素硒，可降低胃液内的亚硝酸盐含量，对预防胃癌及多种癌症有一定作用。葱的其他方面营养与养生功能主要有如下几个方面：

解热与祛痰作用，葱的挥发油等有效成分，具有刺激身体汗腺，达到发汗散热之作用。促进消化吸收。葱还有刺激机体消化液分泌的作用，能够健脾开胃，增进食欲。

抗菌与抗病毒作用，葱中所含大蒜素，具有明显的抵御细菌、病毒的作用，尤其对痢疾杆菌和皮肤真菌抑制作用更强。

防癌抗癌作用，葱所含的果胶，可明显地减少结肠癌的发生，有抗癌作用，葱内的蒜辣素也可以抑制癌细胞的生长。

（五）八角

八角，又称八角茴香，大茴香、大料和大茴香。是木兰科八角属的一种植物。其同名的干燥果实是中国菜和东南亚地区烹饪的调味料之一。生长在湿润、温暖半阴环境中的常绿乔木，主要分布于中国大陆南方。果实在秋冬季采摘，干燥后呈红棕色或黄棕色；气味芳香而甜，全果或磨粉使用。

图 5-10 八角

八角的果实含有挥发油，其主要成分为茴香醚(Anethole)、茴香醛(Anisaldehyde)和茴香酮(Anisylacetone)。八角的主要成分是茴香油，它能刺激胃肠神经血管，促进消化液分泌，增加胃肠蠕动，有健胃、行气的功效，有助于缓解痉挛、减轻疼痛。茴香烯能促进骨髓细胞成熟并释放入外周血液，有明显的升高白细胞的作用，主要是升高中性粒细胞，可用于白细胞减少症。

八角性温，味甘辛，具有温阳散寒、理气止痛、温中健脾的功能；可用于治疗恶心呕吐、胃脘寒痛、腹中冷痛、寒疝腹痛、腹胀以及肾阳虚衰、阳痿、便秘、腰痛等病症。茴香油具有刺激胃肠血管、增强血液循环的作用。

(六)桂皮

桂皮，学名:柴桂，又称:肉桂、官桂或香桂，为樟科、樟属植物天竺桂、阴香、细叶香桂、肉桂或川桂等树皮的通称。本品为常用中药，又为食品香料或烹饪调料。商品桂皮的原植物比较复杂，约有十余种，均为樟科樟属植物。各地常用的有 8 种，其中主要有桂树、钝叶桂、阴香及华南桂等其他种类多为地区用药。各品种在西方古代被用作香料。在中餐配料中使用桂皮给炖肉调味，是五香粉的成分之一；也是最早被人类使用的香料之一。

桂皮分桶桂、厚肉桂、薄肉桂三种。桶桂为嫩桂树的皮，质细、清洁、甜香、味正、呈土黄色，质量最好，可切碎做炒菜调味品；厚肉桂的皮粗糙，味厚，皮色呈紫红，炖肉用最佳；薄肉桂外皮微细，肉纹细、味薄、香味少，表皮发灰色，里皮红黄色，用途与厚肉桂相同。

图 5-11 桂皮

桂皮因含有挥发油而香气馥郁，可使肉类菜肴祛腥解腻，芳香可口，进而令人食欲大增。在日常饮食中适量添加桂皮，可能有助于预防或延缓因年老而引起的Ⅱ型糖尿病。桂皮能够重新激活脂肪细胞对胰岛素的反应能力，大大加快葡萄糖的新陈代谢。每天在饮料或流质食物里添加 1/4 到 1 匙桂皮粉，对Ⅱ型糖尿病可能起到预防作用。桂皮含苯丙烯酸类化合物，对前列腺增生有治疗作用，而且能增加前列腺组织的血流量，促进局部组织血运的改善。同时桂皮还有药用功效，中医认为桂皮性热，具有暖胃祛寒活血舒筋、通脉止痛和止泻的功能。

(七)孜然

孜然又名枯茗、孜然芹,在南疆则被称为小茴香。属伞形目,伞形科一年生或二年生草本,高 20～40cm,全株(除果实外)光滑无毛。花瓣粉红或白色,长圆形,花期 4 月,果期 5 月。孜然种子粉末有除腥膻、增香味的作用。主要用作解羊肉膻味及制作“咖喱粉”和“辣椒粉”成分。

图 5-12　孜然

孜然具有一定的抑制脂质过氧化的作用,对食品具有防腐作用,可用于食品防腐。孜然籽具有较高含量的蛋白质、脂肪、无机盐,还含有丰富的钙、铁、镁、钾、锌、铜、铁等 7 种矿物元素。每 2 克孜然中,含钙 20 毫克、磷 10 毫克、铁 1.3 毫克、钾 38 毫克和镁 8 毫克。孜然可利尿、镇静、缓解肠胃气胀并有助于消化。孜然具有醒脑通脉、降火平肝等功效,能祛寒除湿,理气开胃,祛风止痛。对消化不良、胃寒疼痛、肾虚便频、月经不调均有疗效。

(八)番茄调料

番茄调料包括番茄酱和番茄汁,是常见的料理用品。番茄酱是鲜番茄的酱状浓缩制品,呈鲜红色酱体,具番茄的特有风味,是一种富有特色的调味品,一般不直接入口。番茄酱由成熟红番茄经破碎、打浆、去除皮和籽等粗硬物质后,经浓缩、装罐、杀菌而成。

图 5-13　番茄酱

番茄酱常用作鱼、肉等食物的烹饪佐料,是增色、添酸、助鲜、郁香的调味佳品。番茄酱的运用,是形成港粤菜风味特色的一个重要调味内容。番茄酱中除了番茄红素外还有 B 族维生素、膳食纤维、矿物质、蛋白质及天然果胶等。同新鲜番茄相比较,番茄酱里的营养成分更容易被人体吸收。一般人群均可食用。可以直接食用,也可以在做菜肴时当调味酱使用。番茄的番茄红素有利于抑制细菌生长的功效,是优良的抗氧化剂,能清除人体内的自由基,抗癌效果是 β-胡萝卜素的 2 倍;医学研究发现,番茄红素对于一些类型的癌有预防效果,对乳癌、肺癌、子宫内膜癌具有抑制作用,亦可对抗肺癌和结肠癌;番茄酱味道酸甜可口,可增进食欲,番茄红素在含有脂肪的状态下更易被人体吸收;尤其适合动脉硬化、高血压、冠心病、肾炎患者食用,体质寒凉、血压低,冬季手脚易冰冷者,食用番茄酱胜过新鲜番茄。

番茄汁是以番茄为原料制成的汁液,酸甜可口,有助消化。番茄汁的主要功效是:①番茄汁中除含有丰富的维生素、碱性元素、纤维素、果胶外,还富含番茄红素,番茄红素是较强的抗

图 5-14 番茄汁

氧化剂，可改善老年性黄斑病变。人体血浆中番茄红素的含量越高，癌症、冠心病的发病率就越低；②番茄汁含有多种有机酸，有机酸除了保护维他命 C 不被破坏外，还可软化血管、促进钙、铁元素的吸收，帮助胃液消化脂肪和蛋白质，这是其他蔬菜所不及的；③番茄汁中还含有一种抗癌、抗衰老的物质称为谷胱甘肽，研究发现，番茄汁对于一些类型的癌有预防效果，对乳癌、肺癌、子宫内膜癌具有抑制作用，亦可对抗肺癌和结肠癌；④番茄红素有利尿及抑制细菌生长的功效，是优良的抗氧化剂，能清除人体内的自由基；⑤番茄汁还具有养颜美容、增进食欲、提高对蛋白质的消化、减少胃胀食积的功效。其特性介于水果与蔬菜间，含有丰富的维他命 A 与 C，由于有机酸的保护，可使番茄在烹调中维他命 C 不被破坏。

三、发酵性调味料

(一)酱油

图 5-15 酱油

酱油主要由大豆、淀粉、小麦、食盐经过制油、发酵等程序酿制而成。酱油的成分比较复杂，除食盐的成分外，还有多种氨基酸、糖类、有机酸、色素及香料等成分。以咸味为主，亦有鲜味、香味等。它能增加和改善菜肴的味道，还能增添或改变菜肴的色泽。中国汉族劳动人民在数千年前就已经掌握酿制工艺了；酱油一般有老抽和生抽两种，生抽较咸，用于提鲜；老抽较淡，用于提色。

酱油用的原料是植物性蛋白质和淀粉质。植物性蛋白质普遍取自大豆榨油后的豆饼，或溶剂浸出油脂后的豆粕，也有以花生饼、蚕豆代用。酱油的传统生产方法中以大豆为主要原料；淀粉质原料普遍采用小麦及麸皮，也有以碎米和玉米代用，传统生产中以面粉为主。原料经蒸熟冷却，接入纯粹培养的米曲霉菌种制成酱曲，酱曲移入发酵池，加盐水发酵，待酱醅成熟后，以浸出法提取酱油。制曲的目的是使米曲霉在曲料上充分生长发育，并大量产生和积蓄所需要的酶，如蛋白酶、肽酶、淀粉酶、谷氨酰胺酶、果胶酶、纤维素酶、半纤维素酶等；在发酵过程中味的形成是利用这些酶的作用，如蛋白酶及肽酶将蛋白质水解为氨基酸，谷氨酰胺酶把无味的谷氨酰胺变成具有鲜味的谷氨酸，还有其他部分鲜味氨基酸(如天门冬氨酸等)的存在,使发酵酱油具有一定的鲜味。淀粉酶将淀粉水解成糖,产生甜味;果胶酶、纤维素酶和半纤维素酶等能将细胞壁完全破裂,使蛋白酶和淀粉酶水解等更彻底;同时,在制曲及发酵过程中,从空气中落入的酵母和细菌也进行繁殖并分泌多种酶。也可添加纯粹培养的乳酸菌和酵母菌,由乳酸菌产生适量乳酸,由酵母菌发酵生产乙醇,以及由原料成分、曲霉的代谢产物等所生产的醇、酸、醛、酯、酚、缩醛和呋喃酮等多种成分,虽多属微量,但却能构成酱油复杂的香气。此外,由原料蛋白质中的酪氨酸经氧化生成黑色素及淀粉经曲霉淀粉酶水解为葡萄糖与氨基酸反应生成类黑素,使酱油产生鲜艳有光泽的红褐色。发酵期间的一系列极其复杂的生物化学变化所产生的鲜味、甜味、酸味、酒香、酯香与盐水的咸味相混合,最后形成色香味和风味独特的酱油。

酱油营养极其丰富,主要营养成分包括氨基酸、可溶性蛋白质、糖类、酸类等。氨基酸是酱油中最重要的营养成分,氨基酸含量的高低反映了酱油质量的优劣。氨基酸是蛋白质分解后形成的产物,酱油中氨基酸有 18 种,它包括了人体 8 种必需氨基酸。

酱油能产生一种天然的防氧化成分,它有助于减少自由基对人体的损害,其功效比常见的维生素 C 和维生素 E 等抗氧化剂高十几倍。用一点点酱油所达到抑制自由基的效果,与一杯红葡萄酒相当;还原糖是酱油的一种主要营养成分,淀粉质原料受淀粉酶作用,水解为糊精、双糖与单糖等物质,均具还原性,它是人体热能的重要来源,总酸也是酱油的一个重要组成成分,包括乳酸、醋酸、琥珀酸和柠檬酸等多种有机酸,对增加酱油风味有一定的影响,此类有机酸具有成碱作用,可消除机体中过剩的酸,降低尿的酸度,减少尿酸在膀胱中形成结石的可能。食盐也是酱油的主要成分之一,酱油一般含食盐 18 克/100 毫升左右,它赋予酱油咸味,补充了体内所失的盐分。

酱油除了上述的主要成分外,还含有钙、铁等微量元素,有效地维持了机体的生理平衡,由此可见,酱油不但有良好的风味和滋味,而且营养丰富,是人们烹饪首选的调味品。

(二)白酱油

白酱油即无色酱油,是西餐中常用的一种调料,是以黄豆和面粉为原料,经发酵成熟后提取而成。白酱油含有多种氨基酸、矿物质、糖类和有机酸,营养丰富;主要原料是大豆,大豆及其制品因富含硒等矿物质而有防癌的效果;含有多种维生素和矿物质,可降低人体胆固醇,降低心血管疾病的发病率,并能减少自由基对人体的损害。白酱油对高血压、高脂血症、心脑血管系统疾病有辅助疗效。

图 5-16　白酱油

(三)醋

醋是一种发酵的酸味液态调味品,在烹饪中应用的必备调味品之一,在我国醋的生产已有几千年的历史。早在西周时候就有食醋的应用,而晋阳(今太原)是我食醋的发祥地之一。醋多由高粱、大米、玉米、小麦以及糖类和酒类发酵制成。由于酿制原料和工艺不同,醋没有统一的分类方法。若按制醋工艺流程来分,可分为酿造醋和人工合成醋。酿造醋按原料不同可分为粮食醋、糖醋(用饴糖、糖蜜类原料制成)、酒醋

（用白酒、食用酒精类原料制成）、果醋（用水果类原料制成）。粮食醋根据加工方法的不同，可再分为熏醋、特醋、香醋、麸醋等。人工合成醋又可分为色醋和白醋。

图 5-17 醋

若按原料处理方法分类，粮食原料不经过蒸煮糊化处理，直接用来制醋，称为生料醋；经过蒸煮糊化处理后酿制的醋，称为熟料醋。若按制醋用糖化曲分类，则有麸曲醋、老法曲醋之分。若按醋酸发酵方式分类，则有固态发酵醋、液态发酵醋和固稀发酵醋之分。若按食醋的颜色分类，则有浓色醋、淡色醋、白醋之分。若按风味分类，香醋的醋香味较浓；陈醋具有特殊的焦香味；特醋兼有香醋和陈醋的特殊味道；甜醋则添加有中药材、植物性香料等。人工合成醋用由食用冰醋酸稀释而成，其醋味很大，但无香味；这种醋不含食醋中的各种营养素，因此不容易发霉变质；但因没有营养作用，只能调味，所以，若无特殊需要，还是以吃酿造醋为好。

醋可以开胃，促进唾液和胃液的分泌，帮助消化吸收，使食欲旺盛，消食化积；醋有很好的抑菌和杀菌作用，能有效预防肠道疾病、流行性感冒和呼吸疾病；醋可软化血管、降低胆固醇，是高血压等心脑血管疾病患者的一剂良方；醋对皮肤、头发能起到很好的保护作用，中国古代医学就有用醋入药的记载，认为它有生发、美容、降压、减肥的功效；醋可以消除疲劳，促进睡眠，并能减轻晕车、晕船的不适症状；醋能减少胃肠道和血液中的酒精浓度，起到醒酒的作用；醋还有使鸡骨、鱼刺等骨刺软化，促进钙吸收的作用。

（四）味精

图 5-18 味精

味精，又名“味之素”，学名“谷氨酸钠”，成品为白色柱状结晶体或结晶性粉末，其主要成分为谷氨酸和食盐，是以大米（粮食）为主要原料通过细菌发酵后分离提取而成，属于发酵调味品中的鲜味剂，用于增加美食（品）的鲜味，因此在烹饪中必不可少。

味精对人体没有直接的营养价值，但它能增加食品的鲜味。味精可以增进人们的食欲，提高人体对其他各种食物的吸收能力，从这种意义一来说，对人体有一定的滋补作用。因为味精里含有大量的谷氨酸，是人体所需要的一种氨基酸，96％能被人体吸收，形成人体组织中的蛋白质；它还能与血氨结合，形成对机体无害的谷氨酰胺，解除组织代谢过程中所产生的氨的毒性作用；又能参与脑蛋白质代谢和糖代谢，促进氧化过程，对中枢神经系统的正常活动起良好的作用。

(五)豆豉

豆豉以大豆或黄豆为主要原料，利用毛霉、曲霉或者细菌蛋白酶的作用，分解大豆蛋白质，达到一定程度时，加盐、加酒、干燥等方法，抑制酶的活力，延缓发酵过程而制成。

豆豉的种类较多，按加工原料分为黑豆豉和黄豆豉，按口味可分为咸豆豉和淡豆豉。豆豉作为家常调味品，适合烹饪鱼肉时解腥调味。豆豉又是一味中药，风寒感冒，怕冷发热，寒热头痛，鼻塞喷嚏，腹痛吐泻者宜食；胸膈满闷，心中烦躁者宜食。豆豉的主要营养成分包括：豆豉中含有很高的豆激酶；豆豉中含有多种营养素，可以改善胃肠道菌群，常吃豆豉还可帮助消化、预防疾病、延缓衰老、增强脑力、降低血压、消除疲劳、减轻病痛、预防癌症和提高肝脏解毒（包括酒精毒）功能；豆豉还可以解诸药毒、食毒；一般人群均可食用，尤其适合血栓患者。豆豉味苦、性寒，入肺、胃经；有疏风、解表、清热、除湿、祛烦、宣郁、解毒的功效；可治疗外感伤寒热病、寒热、头痛、烦躁、胸闷等症。功效作用方面，具有和胃、除烦、祛寒的功效，并且对减少血中胆固醇、降低血压也有一定帮助。而且豆豉多会入药使用，因炮制不同，功效作用也不同。用青蒿、桑叶同制的药性偏寒；用藿香、佩兰、苏叶、麻黄同制的，则药性偏温；未用其他药物同制者，其透发力很弱，若要发挥作用还需依靠麻黄、苏叶。

图 5-19　豆豉

(六)腐乳

腐乳，又因地而异称为“豆腐乳”。腐乳是一种二次加工的豆制食品，是中国汉族人发明，非常具民族特色的发酵调味品，为华人地区的常见佐菜美食，也可用于烹调。一般用来配粥或白饭食用。通常腐乳主要是由用毛霉菌发酵的，包括腐乳毛霉、鲁氏毛霉、总状毛霉，还有根霉菌，如华根霉等。

图 5-20　腐乳

腐乳和豆豉以及其他豆制品一样，都是营养学家所大力推崇的健康食品。它的原料豆腐块本来就是营养价值很高的豆制品，蛋白质含量达 15%～20%，与肉类相当，同时含有丰富的钙质。腐乳的制作过程中经过了霉菌的发酵，使蛋白质的消化吸收率更高，维生素含量更丰富。因为微生物分解了豆类中的植酸，使得大豆中原本吸收率很低的铁、锌等矿物质更容易被人体吸收；同时，由于微生物合成了一般植物性食品所没有的维生素 B_{12}，素食的人经常吃些腐乳，可以预防恶性贫血。腐乳的原料是豆腐干类的“白坯”，给白坯接种品种合适的霉菌，放在合适的条件下培养，不久上面就长出了白毛，这些菌种对人没有任何危害，它们的作用只不过是分解白坯中的蛋白质、产生氨基酸和一些B族维生素；对长了毛的白坯进行搓毛处理，最后再盐渍，就成了腐乳。

腐乳性平，味甘，所含成分与豆腐相近，具有开胃消食调中功效。可用于病后纳食不香、小儿食积或疳积腹胀、大便溏薄等。善用豆腐乳，可以让料理变化更丰富，滋味更有层次感。除佐餐外，更常用于火锅、姜母鸭、羊肉炉、面线、面包等蘸酱及肉品加工等用途。腐乳通常除了作为美味可口的佐餐小菜外，在烹饪中还可以作为调味料，做出多种美味可口的佳肴。如腐乳蒸腊肉、腐乳蒸鸡蛋、腐乳炖鲤鱼、腐乳炖豆腐、腐乳糟大肠等。腐乳中锌和维生素B族的含量很丰富，常吃不仅可以补充维生素B_{12}，还能预防老年性痴呆。腐乳的蛋白质是豆腐的2倍，且极易消化吸收，所以被称之为东方奶酪。腐乳富含植物蛋白质，经过发酵后，蛋白质分解为各种氨基酸，可直接消化吸收，又由于另一微生物酵母菌等作用，制得的产品具有健脾养胃、增进食欲和帮助消化等作用；腐乳还含有钙、磷等矿物质。

（七）料酒

图5-21　料酒

料酒是烹饪用酒的称呼，主要用在烹调肉类、家禽、海鲜和蛋等动物性原料的时候和其他调味料一起加入，在增加风味、去腥解腻或改善美食加工特性等方面发挥重要作用。

在美食烹调过程中，酒精帮助溶解菜肴内的有机物质，其他料酒内的少量挥发性成分与菜肴原料作用，产生新的香味并减少腥膻和油腻的口感。对于菜肴风味的影响，其中酒精成分与食物中的羧酸反应产生芳香且有挥发性的酯类化合物；烹调完毕后，大部分酒精受热挥发，而不存留在菜肴内，次要作用是部分替代烹调用水，增加成品的滋味。料酒中的氨基酸，在烹调中能与食盐结合，生成氨基酸钠盐，从而使鱼、肉的滋味变得更加鲜美。料酒中的氨基酸还能与调料中的糖反应形成一种芳香醛，产生诱人的香气，使菜肴香味浓郁。料酒中所含的酯类也有香气，所以烹调中加入黄酒，能使菜肴除去异味，香味大增。在烹饪肉、禽、蛋等菜肴时，调入料酒能渗透到食物组织内部，溶解微量的有机物质，从而使菜肴质地松嫩、口感更好。

料酒的成分主要有酒精、糖分、糊精、有机酸类、氨基酸、酯类、醛类、杂醇油及浸出物等，料酒中还含有多种维生素和微量元素，使菜肴的营养更加丰富。其中酒精浓度含量在15%以下，而酯类含量高，富含氨基酸，所以香味浓郁，味道醇厚，在烹制菜肴中使用广泛料酒的调味作用主要为去腥、增香同时，它还富含多种人体必需的营养成分，甚至还可以减少烹饪对蔬菜中叶绿素的破坏。料酒含有人体必需的8种氨基酸，这8种必需的氨基酸都是人体不能自行合成的，需要从饮食里来提供。它们被适度加热时，可以产生多种果香花香和烤面包的味道；还可以产生大脑神经传递物质，改善睡眠，有助于人体脂肪酸的合成，对儿童的身体发育也有一定的好处，当然过量饮酒有害身体是由于酒精的超量摄入产生对人身体有害的影响，另当别论。

思考题

1. 分别写出动物性、植物性原料的营养特点（举例说明）？不同食材的性质差别对美食的烹饪操作有何启示？

2. 美食制作使用的调料有哪些？在美食制作中调料的作用及其使用注意事项是什么？

参考文献

[1]陈焕文，于爱民，韩松柏，等. 用手持式测碘仪现场测定食盐中的碘. 分析化学，2001，29(7)：855-858.

[2]陈静霞. 八角有效成分的分离纯化技术研究及其成分分析. 西南大学硕士论文，2009.

[3]陈文学，豆海港，仇厚援，等. 桂皮提取物抗氧化研究. 食品科技，2006(4)：75-77.

[4]谌智鑫，赵尊练，周倩，等. 不同储藏条件对干辣椒品质的影响. 农业工程学报，2011，27(9)：381-386.

[5]窦珺. 腐乳基本滋味及其呈味物质的研究. 中国农业大学硕士论文，2005.

[6]范琳，陶湘林，欧阳晶，等. 曲霉型豆豉后发酵过程中挥发性成分的动态变化. 食品科学，2012，33(22)：274-277.

[7]冯志成. 酱油多菌种发酵风味物质的形成与应用研究. 安徽工程大学硕士论文，2010.

[8]葛畅. 胡椒抑菌活性物质的研究. 海南大学硕士论文，2011.

[9]关洪全，关鑫，陈兴. 生姜、食盐、乳酸对常见食品污染菌的协同抗菌防腐作用研究. 中国微生态学杂志. 2008，20(6)：566-569.

[10]郭尚，田如霞，王宇楠. 西瓜果实糖分积累研究综述. 中国农学通报，2010，26(20)：271-274.

[11]胡林峰. 孜然种子提取物抑菌作用研究. 西北农林科技大学硕士论文，2008.

[12]黄毅. 酱油中氨基酸和香气的分析及质量评价. 河北农业大学硕士论文，2012.

[13]黄忠梅，黄玲. 番茄酱中厌氧菌检测方法的研究. 新疆农业科学，2007，44(1)：80-86.

[14]廖晓燕，陈良俊，阮晓琪，等. 葱汁的镇痛抗炎止血作用. 武汉大学学报(医学版)，2006，27(4)：475-477.

[15]李桂珍，秦荣秀，李永红，等. 桂皮中总黄酮的提取工艺研究. 广西林业科学，2011，40(3)：206-207，228.

[16]李海涛，姚开，贾冬英. 料酒祛羊肉膻味和增香的机理分析. 农业技术与装备，2010，24：9-11.

[17]李娟，程永强，管立军，等. 腐乳抗氧化作用研究进展. 大豆科技，2009(1)：33-36.

[18]李里特. 食品原料学(第二版). 北京：中国农业出版社，2012.

[19]刘东红，叶兴乾，周向华，等. 果汁和饮料中糖组分的超声检测研究. 农业工程学报，2005，21(2)：131-134.

[20]刘方富. 近代边疆地区特色资源开发与社会经济发展研究. 广西师范大学硕士论文，2007.

[21]刘芳，张遵真，吴媚，等. 番茄汁对 DNA 损伤的保护作用研究. 四川大学学报(医学版)，2007，38(1)：18-21.

[22]刘国信. 芥末油的加工工艺. 江苏调味副食品. 2007，24(6)：37-38.

[23]刘君雯，龙芬，黄迓达. 饮醋和有氧运动对人体脂代谢及相关激素的影响. 现代预防医学，2008，35(12)：2286-2289.

[24]柳中. 胡椒香气成分分析及胡椒碱分离纯化技术的研究. 西南大学硕士论文，2011.

[25]鲁绯. 腐乳发酵机理、品质改进和模式识别研究. 中国农业大学博士论文，2005.

[26]罗龙娟. 不同制曲和发酵工艺条件对高盐稀态酱油品质的影响. 华南理工大学硕士论文，2011.

[27]马冠生，周琴，胡小琪，等. 我国居民食盐消费量与血压水平关系研究. 中国慢性病预防与控制，2008，16(5)：441-444.

[28]马永轩，魏振承，张名位等. 改善营养糊冲调性和流动性的配方优化和工艺研究. 中国粮油学报，2013，28(7)：81-87.

[29]庞雅琴. 番茄汁和葡萄汁单独及联合作用对人前列腺癌 PC-3 细胞的影响. 武汉大学硕士论文，2005.

[30]彭增起，刘承初，邓尚贵. 水产品加工学. 北京：中国轻工业出版社，2010.

[31]曲继松. 长白山茖葱主要生物学特性研究. 吉林农业大学硕士论文，2007.

[32]任顺成.食品营养与卫生.北京:中国轻工业出版社,2011.
[33]任晓青.味精对两栖类动物离体心脏作用的实验观察.山西职工医学院学报,2006,16(4):69.
[34]史闰均.生姜对半夏所致刺激性炎症反应的影响.南京中医药大学硕士论文,2011.
[35]司瑞敬.关键工艺步骤对番茄汁品质的影响.中国农业大学硕士论文,2005.
[36]孙国昌,张水娟.用黄酒丢糟代替部分大米制料酒的研究.中国酿造,2004(7):29,34.
[37]孙宏.孜然精油提取工艺的探讨.齐齐哈尔大学学报,2008,24(2):34-36.
[38]索菲娅,苟萍,生光,等.维药孜然不同提取物抑菌作用的研究.食品科学,2006,27(4):99-102.
[39]苏伟,母应春.食品原料安全控制的现状与对策.贵州农业科学,2008,36(4):169-171.
[40]陶育晖.生姜提取物对辐射损伤保护作用的研究.吉林大学硕士论文,2004.
[41]汪孟娟.豆豉的菌群动态变化及其功能性成分对α-葡萄糖苷酶抑制作用研究.南昌大学硕士论文,2011.
[42]王尚.味精-科学食用就安全.上海调味品,2005(6):4.
[43]王素珍,钱锋,郑立红.高浓度蒸馏醋的研究与开发.中国调味品,2008(1):46-47.
[44]王旭彤,王玲.辽东葱木皂苷体内外抗肿瘤作用的实验研究.黑龙江医药,2007,20(3):210-211.
[45]王妍.料酒的调味增香机理.中国调味品,2005,(7):32-34.
[46]夏红.食品化学.北京:中国农业出版社,2008.
[47]张宝勇,胡雪琴,郑小红,等.西南地区居民饮食中食盐含量研究及安全性分析.中国调味品,2012,37(10):4-6.
[48]张慧芸,孔保华,李鑫玲.桂皮提取物成分分析及抗菌活性的研究.食品研究与开发,2010,31(3):147-150.
[49]张建军,王海霞,马永昌,等.辣椒热风干燥特性的研究.农业工程学报,2008,24(3):298-301.
[50]张娜,关文强,李春媛.芥末精油对果蔬采后病原菌抑制效果的研究.保鲜与加工,2008,8(6):39-41.
[51]张战国.食醋功能特性的研究与分析比较.西北农林科技大学硕士论文,2009.
[52]周光宏.畜产品加工学.北京:中国农业出版社,2002.
[53]周鹏,俞中.应用果胶甲基酯酶改善番茄酱的粘度.食品工业科技,2003,24(5):29-30.
[54]周菁,王伯初,彭亮.辣椒色素提取精制工艺概述.重庆大学学报:自然科学版.2004,27(1):116-119.
[55]左勇,潘训海,廖家银.芥末有效成分抑菌条件的研究.食品与发酵科技,2009,45(6):28-30.

第 6 章　中国传统美食介绍

本章内容简介：中国的饮食文化发展历史深远，形成了不同的风味流派与纷繁众多、形神兼备、内涵丰富的美食。本章内容将从美食的风味流派形成背景和美食分类讲起，介绍中国知名的八大菜系，并对其中代表性菜肴的特色、制作技巧和营养组成与功效特点等进行较系统的分析。最后介绍各地代表性特色美食。

中国传统美食是中国传统文化宝库中最具特色的重要组成部分之一，它的形成历史久远，可谓源远流长。中国素有“烹饪王国”、“美食王国”之称。烧菜不仅要讲究色、香、味，还要有形、音和意。本章内容从风味流派形成背景和美食分类讲起，介绍中国著名的八大菜系并对其中代表性菜肴的特色、制作技巧与营养功能等进行较系统的分析。最后介绍各地代表性的特色美食。

第一节　风味流派成因背景

我国幅员辽阔，各地自然条件、地理环境和经济文化发展状况不同，在饮食烹调和菜肴品类方面，逐渐形成了不同的地方风味。所谓“南甜北咸，东辣西酸”地域性群体口味的形成，也是顺理成章的事情。正因为如此，中国饮食的风味才形成了丰富多样、特色各异的风味流派。简而言之，我国饮食风味流派各具特色，饮食风俗鲜明迥异，其形成的原因是多方面的，既有自然的因素，也有历史的因素；既有政治的因素，也有文化方面的因素，更有聪慧、辛勤的华夏民众与专业厨师们勤劳创造的因素。

一、风味流派成因的基础条件

地理环境、气候及物产是形成地方饮食风味的基本条件与关键性因素。自然地理的不同，气候水土的差异，必然形成物产不同、风俗各异的地域性格局。我国疆域辽阔，分为寒温带、中温带、暖温带、亚热带、热带和高原气候区 6 个气温带，加之地形复杂，山川丘原与江河湖海纵横交错，适于不同动植物的生长，由于各地动植物的不同，便出现以本土原料为主体的地方菜品。俗语所谓“一方水土养一方人”就是这个道理，属于自然规律使然。很显然，是物产决定食性，并影响烹调技艺，也影响到食俗、食风与菜肴风味特色的形成与发展。

二、风味流派成因的人文环境

从我国历史上看，一些古城古邑曾是国家政治、经济和文化的中心，西安、洛阳、开封、杭州、南京和北京是驰名的古都；济南、广州、福州、上海、武汉和成都是繁华的商埠。这些古代的大都市，人口相对集中，商业十分繁荣，加之历代统治者讲究饮食，宫廷御膳，文人雅集，这些不仅大大刺激了当地烹饪技术的提高和发展，也对菜系的生产产生过积极而深远的影响。

三、风味流派成因的影响因素

宗教是人类文化发展过程的必然阶段，而饮食是人类最基本的生活需要，所以自古就有把饮食生活转移到信仰生活中去的习俗。种种饮食习俗与文化现象，往往是由宗教的哲理衍生出来的，并折射出一个民族的文化心理。我国人口众多，宗教信仰各异，佛教、道教、伊斯兰教、基督教和其他教派，都拥有大批信徒。由于各宗教教规教义不同，生活方式也有所区别；一些习俗反映到菜品上，便孕育出素菜和中国清真菜。至于食礼、食规、食癖和食忌，这也是千百年的习染和熏陶形成的，具有相对固定的传承性。

四、风味流派成因的促进条件

生产力的发展是经济繁荣的重要前提，而经济一经繁荣，市场贸易、市、肆饮食也便兴旺起来，与之相应的稳定的消费群体也便应运而生，这是风味流派形成发展的重要条件。如同各种商品都是为了满足一部分人的需要生产的一样，各路菜肴则是迎合一部分食客的嗜好而问世的。人们对某一风味菜肴喜恶程度的强弱，往往能决定其生命的长短和威信的高低。此外，由于烹饪的发展与权贵追求享乐、民间礼尚往来、医家研究食经关系密切，所以任何菜系的兴衰都与人文因素等有着十分重要的关系。更重要的是，群众对乡土菜的热爱是菜系扎根的前提。乡土风味是迷人的，人们对故乡的依恋，既有故乡、有山水、亲友、乡音、习俗，也有故乡的美食。乡情、食性和菜肴风味三者之间水乳交融，支配了一个地区的烹饪工艺及其发展趋向。

五、文化、审美是催化作用

我国的文化板块特色鲜明，有黄河流域文化、长江流域文化、珠江流域文化和辽河流域文化等，由此形成了中原大地的雄壮之美、塞北草原粗犷之美、江南园林的优雅之美、西南山区的质朴之美和华南沃土的华丽之美，可谓绚丽多彩，各领风骚。顺应自然、以求生存，这是人与生俱来的本性；改造自然、以求更好的生活，是人类共有的特性。事物的本性决定生活审美观的形成，而特性能够使得生活审美观的发展与升华，而所有这一切反映在饮食风味体系与菜肴体系中，其中文化气质与审美风格则必然居于其主导地位。

六、工艺、筵宴是决定作用

烹调工艺的不断进步与发达，地方筵宴饮食风气的兴盛与流行，是中国地方菜系形成的内部因素，在一定意义上能够起到决定性的作用。一个地方菜肴体系的形成，仅仅有着丰富的物产和悠久的历史是不够的，它需要人们的智慧与创造。具有明显风味特色的菜系之所以能够从众多地方菜中脱颖而出，靠的是自身的特色与实力；具备了这二者可以使它们在激烈的市场竞争中保持优势。从古至今，影响大的菜系无不都是跨越省、市、区界，向四方渗透发展，朝气蓬勃。总之，谁能征服食客谁就能发展，菜系的原动力就是菜品的质量和信誉。

第二节　中国传统美食分类

中国是一个餐饮文化大国,美食在烹饪中有许多流派,站在不同的角度,可以划分出不同类型的菜系。

一、按地域划分

众所周知,从地域角度进行划分,就是根据菜肴所在的地理位置进行的划分,而这类划分方式也是现在最普遍的菜系划分方式,根据这种划分方式,菜系主要被划分为四菜系、八菜系和十菜系等,其中八大菜系是指鲁、苏、粤、川、浙、闽、湘和徽菜。

二、按民族划分

中国有 56 个民族,每个民族各有自己的风味流派,因此,按照民族的标准进行划分,中国的菜系可以划分为 56 个民族菜系。

三、按菜的功用划分

俗话说:“药补不如食补。”从这句话可以看出,我们吃的部分美食不仅有饱腹的功能,还有保健养生的作用。所以根据菜的功用划分,可以分为保健医疗菜系和普通食用菜系。

四、按生产消费的主体划分

(一)民间菜

其食用对象是百姓大众,所以民间菜系的主要特点是家常菜,以荤为主,酌配素食,丰盛大方,口味大众化。

(二)宫廷菜

其食用对象是王公贵族,因此宫廷菜是古代烹饪的最高峰,奢华、精致,汇聚天下美食。选料严格,烹饪精致,撰品新奇。

(三)官府菜

其食用对象是一些达官贵人或是富贾商户,因此这种菜的特点是烹饪用料广博,制作技术奇巧,菜名典雅有趣。

(四)寺观菜

从名字上就可以看出是道、佛家以素食为主的菜肴;所以这个菜系的菜肴主要是就地取材,以荤托素。

第三节　中国传统美食之八大菜系

我国是一个历史悠久、幅员辽阔的多民族国家，有“百里不同风、千里不同俗”的说法，形成了众多的菜系。其中声望较高的有山东（鲁）、四川（川）、江苏（苏）、浙江（浙）、广东（粤）、湖南（湘）、福建（闽）和安徽（皖）八大菜系，其烹调技艺各具风韵，其菜肴之特色也各有千秋。以下分别对这八大菜系及其中代表性菜肴的特色、制作方法及营养功用等作简要的介绍。

一、鲁菜

鲁菜，又叫山东菜，历史悠久，影响广泛。鲁菜又分为三大派系，即济南菜、胶东菜和孔府菜。鲁菜风味独特，特点是崇尚原味，以咸、鲜为主，兼有酸甜、香辣等味。其典型风味组合有：鲜咸、香咸、咸麻、咸辣、酸辣。齐鲁大地就是依山傍海、物产丰富、经济发达的美好地域，为烹饪文化的发展、山东菜系的形成，提供了良好的条件。鲁菜以“爆、炒、烧、塌”等最有特色，精于制汤，善于以葱香调味，并且对海珍品和小海味的烹制也堪称一绝。特色菜有九转大肠、清蒸加吉鱼、茄汁菊花鱼等。

（一）济南菜

济南菜尤重制汤，菜品以清鲜脆嫩著称。

例：九转大肠

九转大肠

德州羊肠汤

1. 简介

九转大肠是山东地区汉族传统名菜之一，属于鲁菜系。此菜是清朝光绪初年，济南九华林酒楼店主首创，开始名为“红烧大肠”，后经过多次改进，红烧大肠味道进一步提高。许多著名人士在该店设宴时均备“红烧大肠”一菜。一些文人雅士食后，感到此菜确实与众不同，别有滋味，为取悦店家喜“九”之癖，并称赞厨师制作此菜像道家“九炼金丹”一样精工细作，便将其更名为“九转大肠”。

2. 制作材料

主料：猪大肠 3 条(重约 750 克)。

辅料：香菜末 1.5 克、胡椒粉、肉桂、砂仁各少许，葱末、蒜末各 5 克、姜末 2.5 克。

调料(腌料)：绍酒 10 克、酱油 25 克、白糖 100 克、醋 54 克、熟猪油 500 克(约耗 75 克)、花椒油 15 克，清汤、精盐各适量。

3. 制作工艺

(1)将肥肠洗净煮熟，细尾切去不用，切成 2.5 厘米长的段，放入沸水中煮透捞出控干水分；

(2)炒锅内注入油，待七成热时，下入大肠炸至金红色时捞出；

(3)炒锅内倒入香油烧热，放入 30 克白糖用微火炒至深红色，把熟肥肠倒入锅中，颠转锅，使之上色；

(4)再烹入料酒、葱姜蒜末炒出香味后，下入清汤 250 毫升、酱油、白糖、醋、盐、味精、汤汁开起后，再移至微火上煨；

(5)待汤汁至 1/4 时，放入胡椒粉、肉桂(碾碎)、砂仁(碾碎)，继续煨至汤干汁浓时，颠转勺使汁均匀地裹在大肠上，淋上鸡油，拖入盘中，撒上香菜末即成。

4. 营养与功能分析

(1)本菜将猪大肠经水焯后油炸，再灌入十多种作料，用微火爆制而成。酸、甜、香、辣、咸五味俱全，色泽红润，质地软嫩。

(2)猪大肠有润燥、补虚、止渴止血之功效。可用于治疗虚弱口渴、痔疮、便秘等症状。

(3)本菜品含有热量比较多，减肥者可以少吃。此外含有维生素 B、维生素 C、维生素 E、蛋白质、脂肪、碳水化合物、叶酸、膳食纤维、磷、钾、钙、硒等营养素。

(二)胶东菜

胶东菜以烹饪海鲜见长，口味以鲜嫩为主，侧重清淡，讲究花色。

例：清蒸加吉鱼

清蒸加吉鱼

茄汁菊花鱼

1. 简介

清蒸加吉鱼是山东地区汉族传统名菜之一。山东沿海盛产加吉鱼，加吉鱼学名真鲷，是珍贵的食用鱼类，以登莱海湾所产最佳，无论品质、味道俱臻上乘。此鱼在海洋中主要以贝类及甲壳类动物为食，其肉质坚实细腻，白嫩肥美，鲜味纯正，尤以其头部因多含胶质而醇美无比，因此在胶东有一鱼二吃的习惯。此菜肴原汁原味，鲜嫩爽口，久食不腻，常作高档筵席之大菜。吃时另配姜末、醋碟用以蘸食，口味尤佳。食毕，以头尾及骨余汤，二次上席，开胃醒酒，品味胜过全鱼。此种吃法独特，在其他菜系中甚为少见，可谓食苑中的一朵奇葩。

2. 制作材料

主料：加吉鱼 750 克。

辅料：香菇干 10 克、肥膘肉 50 克、火腿 50 克、冬笋 25 克、油菜心 50 克。

调料：黄酒 25 克、姜 10 克、盐 4 克、鸡油 5 克、花椒 2 克、小葱 10 克。

3. 制作工艺

(1)将加吉鱼刮去鳞，掏净鱼鳃、内脏，洗净，在鱼身上打 1.7 厘米见方的柳叶花刀；

(2)剞好刀后再放入开水中一烫即捞出，撒一勺细盐，整齐地摆入盘内；

(3)猪肥肉膘打上花刀，切成 3.3 厘米长、1 厘米宽的片；

(4)葱切小段，姜切片；

(5)水发冬菇、冬笋、火腿、油菜心都切成宽 1 厘米、长 3.3 厘米的片；

(6)将鱼放入鱼池盘内，加入黄酒、花椒、清汤 200 毫升；

(7)再把猪肥肉膘、葱段、姜片、香菇、冬笋、火腿均匀地摆在鱼身上，入笼蒸 20 分钟熟后取出；

(8)取出将汤倒入炒锅内，去掉葱、姜、花椒，将油菜心入锅一烫，整齐地摆在鱼身上；

(9)将炒锅内放汤旺火烧开，打去浮沫，浇在鱼身上，淋上鸡油即成。

4. 营养与功能分析

(1)加吉鱼：营养丰富，富含蛋白质、钙、钾、硒等营养元素，为人体补充丰富蛋白质及矿物质；具有补胃养脾、祛风、运食的功效。

(2)香菇(干)：香菇具有高蛋白、低脂肪、香菇多糖、多种氨基酸和多种维生素的营养特点；香菇中有一种一般蔬菜缺乏的麦淄醇，它可转化为维生素 D，促进体内钙的吸收，并可增强人体抵抗疾病的能力。

(3)肥膘肉：肥膘肉中含有多种脂肪酸，能提供极高的热量，并且含有蛋白质、B 族维生素、维生素 E、维生素 A、钙、铁、磷、硒等营养元素；但肥猪肉中胆固醇、脂肪含量都很高，故不宜多食，特别是对肥胖人群及血脂较高者要控制食用量。

(4)冬笋：冬笋是一种富有营养价值并具有医药功能的美味食品，质嫩味鲜、清脆爽口，含有蛋白质和多种氨基酸、维生素，以及钙、磷、铁等微量元素以及丰富的纤维素。能促进肠道蠕动，既有助于消化又能预防便秘和结肠癌的发生。

(5)油菜心：油菜中含有丰富的钙、铁和维生素 C，其中所含的维生素 C 比大白菜高。另外胡萝卜素也很丰富，是人体黏膜及上皮组织维持生长的重要营养源，对于抵御皮肤过度角化大有裨益，爱美人士不妨多吃一些油菜。

(三)孔府菜

孔府菜是“食不厌精，脍不厌细”的具体体现，用料精广，筵席丰盛。

例:孔府糕点

孔府糕点

荷花豆腐

1. 简介

孔府糕点,也像孔府宴一样,是源远流长、世代相传的一种独具风味的糕点。特别是明、清两代,孔府糕点要比当时北京市面上在售的名点好得多。孔府的糕点讲究现烤现吃,求其色、香、形俱佳。

2. 分类

孔府糕点分外用和内用两大类。

(1)外用糕点:主要用于进贡、馈赠、恩赏。进贡的孔府糕点,以"枣煎饼"和"缠手酥"为主。"枣煎饼"是选用上好红枣、芝麻、小米精工制成,用金属"长方听"密封,外加装饰,其特点是香甜酥脆。"缠手酥"的特色是制作精巧,形薄如纸,香脆可口。

(2)内用糕点:又分应时糕点、常年糕点、到门糕点、宴席糕点、节用糕点等。

应时糕点有桂花饼、藤花饼、荷花饼、菊花饼、薄荷饼等,是在各种花卉盛开的季节精工制作的。如桂花饼,在桂花喷香时,采集花瓣处理后,配以青红丝等为馅,用上好的豆粉、蛋精为皮、候火过油即成。外酥脆,内香软,桂花鲜艳如故,令人赏心悦目。应时糕点还有春秋时令的萝卜饼,夏令的绿豆糕、栗子糕、凉糕,冬令的小水晶包、豆沙包、火腿烧饼。这类糕点,根据季节变化而随时制作。如绿豆糕点,解暑清心,凉爽可口,适宜夏季食用,绿豆糕点是将绿豆煮后去皮,配以各种解暑清凉的佐料,最后用各种水果形的特制模具造型而成的。

常年糕点有大酥合、菊花酥、百合酥、麻团、黄糕(各式蛋糕)等。

到门糕点,顾名思义,即客人到门之后,宴席之前上的糕点,有"梢梅"、"一口盅"、"棉花桃"等。这类糕点以制作精巧,形象逼真,色彩优美著称。

节用糕点有各种馅的元宵和火腿、冬菜、海米馅的月饼,尤以孔府"巧果"为最佳。它品种繁多造型优美、工艺精细。巧果糕点是用传统的模具制成的。它的花色图案十分丰富:有吉祥的孔雀、展翅的小鸟、小石榴、小花篮、仙桃、金鱼、寿字、福字等,每块糕点图案精巧美观,形象逼真动人,不仅味美可口,又可观赏,十分惹人喜爱。

更为有趣的是，孔府各式各样的糕点，都配以各式各样的汤。如绿豆糕配山楂汤，各类酥糕点，配有桂圆汤、莲子汤、百合汤、杏仁羹，火腿烧饼、鱼翅饺子，则配有紫菜汤、口蘑汤和银耳汤等。

二、川菜

川菜是中国历史最悠久的地方菜系之一，其形成大致在秦始皇统一到三国鼎立之间。一般来说，川菜是以成都、重庆两个地方菜为代表。川菜独有的风味有家常、鱼香、怪味、麻辣，其中以麻辣为标志，而辣味又有独特之处，表现为不燥适口，细腻入微。其基本味型包括麻、辣、甜、咸、酸和苦六种，经过精心的选料、切配和烹调，又形成了川菜的20多种复合味型。其特点以味多、味广、味厚、味浓著称。烹调手法上擅长小炒、小煎、干烧和干煸。特色菜品有宫保鸡丁、鱼香肉丝、麻婆豆腐、回锅肉等。

例：宫保鸡丁

宫保鸡丁

鱼香肉丝

1. 简介

宫保鸡丁是汉族特色名菜，属川菜系。选用公鸡肉为主料，糍粑辣椒等辅料烹制而成。红而不辣、辣而不猛、香辣味浓、肉质滑脆。据传，此菜创始人丁宝桢，贵州织金人，历任山东巡抚，四川总督，常以家乡此菜宴请宾客，流传至今。1918年留学日本早稻田大学原贵阳市政协秘书长赵惠民曾将宫保鸡丁传到日本，深得日本人士赞扬。由于其入口鲜辣，鸡肉的鲜嫩配合花生的香脆，广受大众欢迎。尤其在英美等西方国家，宫保鸡丁“泛滥成灾”，几乎成为中国菜的代名词，情形类似于意大利菜中的意大利面条。

2. 制作材料

主料：鸡胸肉、花生米。

辅料：葱、姜、蒜、食用油、干辣椒、花椒粒、辣椒面、料酒、淀粉、盐、米醋、酱油、白糖。

3. 制作工艺

(1)姜、蒜去皮切片，葱白切成颗粒状，干辣椒去蒂去籽，切成1厘米长的节，鸡肉拍松，再用刀改成小丁。

(2)用盐、酱油、料酒红薯淀粉拌匀上浆去腥。

(3)花生米洗净，放入油锅炸脆，捞出冷却。火候控制好，炸过火了花生吃起来有一些苦味。

(4)烧热锅,下油,烧热将鸡肉入锅炒到变色捞出,再起锅放油烧热后将姜,蒜,炒出香味后放入干辣椒炒至棕红色,再下花椒,随即下入炒变色的鸡丁炒散。

(5)加入调味汁翻炒,起锅前倒入炸好的花生米,翻炒收汁起锅装盘。

4. 营养与功能分析

(1)鸡肉:鸡肉有温中益气,补精添髓,补虚益智的作用。《神农本草经》上说常吃鸡肉能通神,后世医家大多认为食之令人聪慧。鸡肉中蛋白质的含量比例很高,而且消化率高,很容易被人体吸收利用,有增强体力、强壮身体的作用。鸡肉含有对人体生长发育有重要作用的磷脂类,是中国人膳食结构中脂肪和磷脂的重要来源之一。

(2)花生仁(炸):花生仁含有丰富的蛋白质、不饱和脂肪酸、维生素E、钙、镁、锌等营养元素,有增强记忆力、抗老化、止血、预防心脑血管疾病、减少肠癌发生的作用;但其经过油炸后,性质热燥,不宜多食。

(3)本菜品功能有清热除火,健脑,健脾,和胃,强筋,壮骨,养颜护肤,养阴补虚。

(一)成都菜

成都,位于四川省,也可以叫川菜吧。但川菜辛辣而麻,相比之下,成都菜比川菜更显得柔和。如一个成都厨子做回锅肉,从选肉、切片、配料、火候等都无比讲究,最后经过发展,成都菜烹饪技艺越来越雅致,通过不断改良和总结,最后的优势就体现在一些家常小炒菜和小吃上,形成了盛有其名的成都特色小吃等。

例:麻婆豆腐

麻辣豆腐

夫妻肺片

1. 简介

麻婆豆腐是四川地区汉族传统名菜之一,中国八大菜系之一的川菜中的名品。主要原料由豆腐构成,其特色在于麻、辣、烫、香、酥、嫩、鲜、活八字,称之为八字箴言。材料主要有豆腐、牛肉碎(也可以用猪肉)、辣椒和花椒等。麻来自花椒,辣来自辣椒,这道菜突出了川菜"麻辣"的特点。此菜大约在清代同治初年(1874年以后),由成都市北郊万福桥一家名为"陈兴盛饭铺"的小饭店老板娘陈刘氏所创。因为陈刘氏脸上有麻点,人称陈麻婆,她发明的烧豆腐就被称为"陈麻婆豆腐"。

2. 制作材料

主料：猪肉末、豆腐。

辅料：郫县豆瓣酱、蒜、姜、葱、豆豉、生抽、糖、花椒粉、鸡精。

3. 制作工艺

(1)豆腐切块焯水备用，葱姜蒜切末，肉切碎。

(2)热锅入油后加入肉末炒香取出，再加豆瓣酱，葱姜蒜豆豉炒香。加入生抽，鸡精，糖调味，放入豆腐再加入肉末和少量清汤中火烧制。

(3)待汤汁浓稠时，加少许湿淀粉勾芡，淋明油出锅，撒上花椒粉香葱末即可。

(4)花椒粉一定要用四川产的才够味，豆腐要稍微炖制一下才够入味。

4. 营养与功能分析

(1)此菜夏天食用能生津止渴、健脾，有利健身防病，也是高血压、高血脂、高胆固醇症及动脉硬化、冠心病患者的佳肴。

(2)豆腐为补益、清热养生食品，常食补中益气，清热润燥，生津止渴，清洁肠胃，解毒化湿，更适于热生体质，口臭口渴，肠胃不清，热病后调养者食用。

(3)此菜富含动植物蛋白质、钙、磷、铁、维生素及碳水化合物，具有温中益气、补中生津、解毒润燥、补精添髓的功效。

(二)重庆菜

重庆菜，又称渝菜，或称渝派川菜；以味型鲜明、主次有序为特色，又以麻、辣、鲜、嫩、烫为重点，变化运用，终成百菜百味的风格，广受大众的喜爱。由前重庆地区创造的老渝菜和江湖菜等组成的独立菜系。味型除典型的麻辣味外，还包括荔枝辣香味、鱼香味、家常味、咸鲜味、纯甜味、姜汁味、五香味等多达十几种。今天的渝菜，则更是发扬本土文化创意求新的精神，不断提升和完善，已成为全国餐饮美食的主流。

例：回锅肉

回锅肉

水煮鱼

1. 简介

回锅肉是汉族特色菜肴，属中国八大菜系川菜中一种烹调猪肉的传统菜式，川西地区还称之为熬锅肉，四川家家户户都能制作。回锅肉的特点是口味独特，色泽红亮，肥而不腻。

所谓回锅，就是再次烹调的意思。回锅肉作为一道传统川菜，在川菜中的地位是非常重要的，川菜考级经常用回锅肉作为首选菜肴。回锅肉一直被认为是川菜之首，川菜之化身，提到川菜必然想到回锅肉。

2. 制作材料

主料：猪后腿二刀肉（臀尖肉、五花肉也可）。

辅料：青蒜苗。

调料：豆瓣酱，豆豉（以永川豆豉为代表的黑豆豉及郫县豆瓣），料酒，白糖，味精。

3. 制作工艺

（1）肉的初步熟处理：冷水下肉，旺火烧沸锅中之水，再改中小火煮至断生（刚熟之意），捞起用帕子搭在肉上自然晾凉。（注意：煮肉时应该加入少许大葱，老姜，料酒，精盐，以便去除腥味）。

（2）青蒜苗的处理：将其蒜苗头（白色部位）拍破（利于香味溢出），白色部位切马耳朵型，绿色叶子部位切寸节（约 3 厘米）。

（3）肉的刀工成型：肉切成大薄片（一般长约 8 厘米×宽 5 厘米×厚 0.2 厘米）。

（4）回锅工艺：①锅内放少许油，下白肉，煸炒，肥肉变的卷曲，起灯盏窝；②下豆瓣酱和甜面酱，炒香上色（看到油色红亮）；③先下青蒜苗头（白色部位），略炒闻香再下蒜苗叶（绿色部分）同炒；④调味加入少许豆豉（需剁碎）、白糖、味精，即可。咸味的控制可根据此时菜肴的具体咸度或个人口味酌加食用盐。

4. 营养与功能分析

（1）猪肉（瘦）：猪肉含有丰富的优质蛋白质和必需的脂肪酸，并提供血红素和促进铁吸收的半胱氨酸，能改善缺铁性贫血；具有补肾养血，滋阴润燥的功效；猪精肉部位相对其他部位的猪肉，其含有丰富的优质蛋白质，而脂肪、胆固醇相对较少，一般人群均可适量食用。除了蛋白质、脂肪等主要营养成分外，还含有钙、磷、铁、硫胺素、核黄素和尼克酸等。回锅肉中还含有血红蛋白，可以起到补铁的作用，能够预防贫血。肉中的血红蛋白比植物中的更好吸收。

（2）青蒜：青蒜中含有蛋白质、胡萝卜素、维生素 B_1、B_2 等营养成分。它的辣味主要来自于其含有的辣素，这种辣素具有醒脾气、消积食的作用。还有良好的杀菌、抑菌作用，能有效预防流感、肠炎等因环境污染引起的疾病。青蒜对于心脑血管有一定的保护作用，可预防血栓的形成，同时还能保护肝脏，诱导肝细胞脱毒酶的活性，可以阻断亚硝胺致癌物质的合成，对预防癌症有一定的作用。

（3）本菜品具有补肾养血，滋阴润燥之功效，主治热病伤津、消渴羸瘦、肾虚体弱、产后血虚、燥咳、便秘、补虚、滋阴、润燥、滋肝阴，润肌肤，利二便和止消渴。

三、粤菜

粤菜是起步较晚的菜系，但它影响深远。其包括广州、潮州、东江三个流派，以广州菜为代表，民间有“穿在上海，吃在广州”的说法，可见菜之特色和影响力了。港、澳以及世界各国的中菜馆，多数是以粤菜为主。粤菜注意吸取各菜系之长，形成多种烹饪形式，是具有自己独特风味的菜系。广州菜清而不淡、鲜而不俗、脆嫩不生、油而不腻，选料精当，品种多样，还兼容了许多西菜做法，讲究菜的气势、档次。其特点是烹调方法突出煎、炸、烩、炖等，口味特点是爽、淡、脆、鲜。特色菜有烤乳猪、东江盐焗鸡、皮蛋瘦肉粥等。

例1:东江盐焗鸡

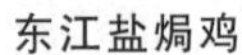

东江盐焗鸡

烤乳猪

1. 简介

东江盐焗鸡是广东的一款汉族客家风味名菜,也称客家盐焗鸡、客家咸鸡。它首创于广东东江一带。300多年前的东江地区沿海的一些盐场,有人把熟鸡用纱纸包好放入盐堆腌储,这种鸡肉鲜香可口,别有风味。后来东江首府盐业发达,当地的菜馆争用最好的菜肴款待客人,于是创制了鲜鸡烫盐焗制的方法现焗现食,此菜始于东江一带,故称这种鸡为“东江盐焗鸡”。东江盐焗鸡制法独特,味香浓郁,皮爽肉滑,以沙姜油盐佐食,风味极佳。菜主体色泽微黄,皮脆肉嫩,骨肉鲜香,风味诱人,是宴会上常用的佳肴。

2. 制作材料

主料:鸡1500克。

调料:姜10克、小葱10克、香菜20克、八角3克、粗盐30克、盐13克、味精4克、香油2克、沙姜3克、猪油(炼制)30克、植物油15克。

3. 制作工艺

(1)小火烧热炒锅,下精盐4克,炒热后放入沙姜末拌匀取出,分盛2小碟;

(2)每碟加入猪油适量,作佐料用;

(3)余下猪油,放入味精、香油、精盐5克调成味汁;

(4)把纱纸一张刷上植物油待用;

(5)鸡宰杀,煺毛,去内脏,洗净,晾干;

(6)晾干的光鸡斩去趾甲和嘴上硬壳,在翼膊两边各划一刀,在颈骨上剁一刀,不要剁断;

(7)然后用精盐3.5克擦匀鸡腔内,加入姜、葱、八角,先用未刷油的纱纸裹好,再包上已刷油的纱纸;

(8)旺火烧热炒锅,下粗盐炒至高温,盐略呈红色时取出1/4放入沙锅内,把包裹好的鸡放在盐上,然后把余下3/4盐盖在鸡上面,加锅盖,用小火焗(焖)约10分钟;

(9)取清水75毫升,从沙锅盖边注入,不可揭盖,再焗10分钟至熟,取出,去掉纱纸;

(10)将鸡的皮和肉分别撕成片状,鸡骨折散,加入味汁拌匀;

(11)以骨垫底,肉置中间,皮盖在上面,砌成鸡的形状;

(12)香菜消毒后伴在碟边即可,食时佐以沙姜油盐。

4. 营养与功能分析

(1)鸡肉中的蛋白质含量较高,种类多,而且消化率高,很容易被人体吸收利用,鸡肉有增强体力、强壮身体的作用。

(2)鸡肉中含有对人体生长发育有重要作用的磷脂类,是中国人膳食结构中脂肪和磷脂的重要来源之一。

(3)此菜品主要功能作用为具有养心安神、滋阴润肤的功效。能养血补肝,凡血虚目暗、夜盲翳障者可多食之。

例2:皮蛋瘦肉粥

皮蛋瘦肉粥

白切贵妃鸡

1. 简介

皮蛋瘦肉粥是广东汉族特色美食,属中国八大菜系粤菜的一种常见的粥,广东人擅长煲粥,制作各种美味的粥类食品自不在话下。皮蛋瘦肉粥以切成小块的皮蛋及咸瘦肉为配料。皮蛋瘦肉粥在香港很受欢迎,所有粥面专门店及中式酒楼都必有这种粥提供。在内地,有人会在进食前加上香油及葱花,但在香港则只会加葱花或薄脆。另外,亦有从皮蛋瘦肉粥演变而成的皮蛋肉片粥,采用了新鲜的肉片,而不是腌过的咸瘦肉作配料。行内简称为"皮蛋瘦",又称为"有味粥"。

2. 制作材料

原料:大米150克,皮蛋2个,猪瘦肉225克,油条1根,香葱1棵,生姜少许,香菜1棵。

调料:食用油200克(实耗10克),香油少许,胡椒粉少许,精盐4小匙,味精1小匙。

3. 制作工艺

(1)皮蛋剥壳,每个切成等量的8瓣备用;

(2)大米洗净拌入少量油;

(3)生姜洗净切丝,香葱洗净切成葱花,香菜切末;

(4)猪瘦肉洗净沥干水,用3小匙精盐腌3小时至入味,再放入蒸锅蒸20分钟取出切片;

(5)将油条切小段,放入热油锅中,以小火炸约30秒至酥脆后,捞起沥油;

(6)将米放入粥锅,加水煮开,转中火煮约30分钟;

(7)放入皮蛋和瘦肉片、生姜丝及其余调味料一起煮开后,再继续煮几分钟即熄火,食用前加入油条及香菜、葱花、胡椒粉即可。

4. 营养与功能分析

(1)皮蛋较鸭蛋含更多矿物质,脂肪和总热量却稍有下降,腌制过后的皮蛋其蛋白质含量比鲜蛋有较显著的增加,而碳水化合物含量与维生素 A 含量略有下降。皮蛋能刺激消化器官,增进食欲,促进营养的消化吸收,中和胃酸,清凉,降压。具有润肺、养阴止血、凉肠、止泻、降压之功效。此外,皮蛋还有保护血管的作用。

(2)皮蛋瘦肉粥因质地黏稠、口感顺滑、容易消化而受老年人的喜爱,但是老人不能常吃皮蛋瘦肉粥。因为皮蛋呈碱性,碱性能增加米粥的黏性,因此煮出的粥较黏稠,但同时,这些碱性物质也会使大米和瘦肉中的维生素 B_1 大量损失掉。如果总是食用皮蛋瘦肉粥,人体肯定不能从中获得充足的维生素 B_1。

(3)在吃皮蛋的时候,适当地加一些醋,不仅可以中和皮蛋中的碱性成分,改善口感,更重要的是酸性物质可尽量减少有毒副作用的物质在人体的吸收。

四、苏菜

苏菜,因为淮扬风味在江苏菜中占有重要地位,因而也被称为淮扬菜。苏菜分为扬州、苏州、南京地方菜三大派别。苏菜是我国长江下游地区饮食风味体系的代表,发展历史悠久,文化积淀深厚,具有鲜明的江南饮食风味特色。扬州菜强调本味,清淡适口,讲究原叶不走,原汁不变、原形不改。苏州菜口味趋甜,善用红曲,好糟制。南京菜咸淡适宜,口味平和,以鲜、香、酥、嫩著称。特色菜有鸡汤煮干丝、清炖蟹粉狮子头、盐水鸭等。

例 1:金陵盐水鸭

金陵盐水鸭

鸡汤煮干丝

1. 简介

金陵盐水鸭即南京盐水鸭。盐水鸭又叫桂花鸭,是南京著名的特产,中国地理标志产品。因南京有"金陵"别称,故也称"金陵盐水鸭",久负盛名,至今已有两千多年历史。南京盐水鸭制作历史悠久,积累了丰富的制作经验。生产的盐水鸭鸭皮白肉嫩、肥而不腻、香鲜味美,具有香、酥、嫩的特点。而以中秋前后,桂花盛开季节制作的盐水鸭色味最佳,名为桂花鸭。

2. 制作材料

主料:鸭 1500 克。

调料:料酒 30 克、盐 130 克、大葱 10 克、姜 5 克、八角 3 克、花椒 2 克、米盐 1 克、麻油 4 勺。

3. 制作工艺

(1)将嫩光鸭斩去小翅和鸭脚掌，再在右翅窝下开约3厘米长的小口，从刀口处取出内脏、拉出气管和食管，用清水冲净，滤干备用；

(2)炒锅放在火上放入盐、花椒炒热后备用；

(3)用1/2热的椒盐从翅下刀口处塞入鸭腹，晃匀，用剩下椒盐的1/2椒盐擦遍鸭身，再用余下的热椒盐从颈部刀口和鸭嘴塞入鸭颈，然后将鸭放入缸中腌制(夏天2小时，春秋季4小时，冬季6小时)。然后取出挂在通风凉处吹干，用12厘米长的空心芦管插入鸭子肛门内，在翅窝下刀口处放入姜1片、葱结1个、大料1只；

(4)烧滚6杯清水，放入剩下的生姜、葱结、大料和料酒，将鸭腿朝上，鸭头朝下放入锅内，盖上锅盖，放在小火上焖20分钟；

(5)将鸭拎起，使鸭腹内的汤汁从刀口处漏出，滤干倒入锅内；

(6)鸭放入汤中，使鸭腹内灌入热汤，再放在小火上焖20分钟取出，抽出芦管，放入容器内冷却后；装碟即可。

4. 营养与功能分析

(1)风味特点：做好的盐水鸭体型饱满，光泽新鲜，皮白油润，肉嫩微红，淡而有咸，香、鲜、嫩，令人久食不厌。据南京农业大学专题研究，盐水鸭中有令人愉悦的杏仁香、坚果香等92种香味，这些香味复合起来，成就了盐水鸭的独有风味，也使得盐水鸭成了南京香闻四方的城市名片。

(2)盐水鸭最能体现鸭子的本味，做法返璞归真，滤油腻，驱腥臊，留鲜美，驻肥嫩。鸭肉属于白色动物肉之一，所含脂肪酸熔点低，脂质营养质量较好，维生素B族与维生素E比较高。鸭肉中含有较丰富的烟酸，烟酸在人体内转化为烟酰胺，辅酶烟酰胺是辅酶I和辅酶II的组成部分，参与体内脂质代谢，同时对心脏保护与功能维持有重要作用。

(3)鸭肉性寒、味甘、咸，归脾、胃、肺、肾经；可大补虚劳、滋五脏之阴、清虚劳之热、补血行水、养胃生津、止咳自惊、清热健脾、虚弱浮肿；因此，常吃盐水鸭还能抗炎消肿，延缓衰老，对心血管病患者尤其适宜。

例2：清炖蟹粉狮子头

清炖蟹粉狮子头

苏式鲜肉月饼

1. 简介

清炖蟹粉狮子头是淮扬名菜，狮子头肥嫩异常，蟹粉鲜香，青菜酥烂清口，食后清香满口，齿颊留香，令人久久不能忘怀，此乃“扬州三头”之一。

2. 制作材料

主料：猪肉。

调料：料酒 100 克、小葱 100 克、姜 30 克、猪油（炼制）50 克、盐 15 克、淀粉（蚕豆）25 克。

3. 制作工艺

（1）葱、姜洗净，用纱布包好挤出葱姜水备用；

（2）选用 6 厘米左右的生菜心洗净，菜头用刀剖成十字刀纹，切去菜叶尖；

（3）将猪肉细切粗斩成石榴米状，放入钵内，加葱姜水、蟹肉、虾子少许、精盐、料酒、干淀粉搅拌上劲；

（4）将锅置旺火上烧热，舀入熟猪油 40 克，放入生菜心煸至翠绿色，加虾子少量、精盐，猪肉汤 300 毫升，烧沸离火；

（5）取砂锅一只，用熟猪油 10 克擦抹锅底，再将菜心排入，倒入肉汤，置中火上烧沸；

（6）将拌好的肉分成几份，逐份放在手掌中，用双手来回翻动 4～5 下，捆成光滑的肉圆，逐个排放在菜心上；

（7）再将蟹黄分嵌在每只肉圆上，上盖青菜叶，盖上锅盖，同烧；

（8）烧沸后移微火焖约 2 小时，上桌时揭去生菜叶。

4. 营养与功能分析

（1）猪肉含有丰富的优质蛋白质和必需的脂肪酸，并提供血红素（有机铁）和促进铁吸收的半胱氨酸，能改善缺铁性贫血；具有补肾养血，滋阴润燥的功效；但由于猪肉中胆固醇含量偏高（精肉较低），故肥胖人群及血脂较高者应控制摄入量，特别是肥肉部分不宜多食。

（2）蟹肉含有丰富的蛋白质及微量元素，对身体有很好的滋补作用。螃蟹有清热解毒、补骨添髓、养筋活血，利肢节，滋肝阴，充胃液之功效，对于瘀血、黄疸、腰腿酸痛和风湿性关节炎等有一定的食疗效果。螃蟹具有抗结核作用，对结核病的康复大有裨益。

（3）虾籽具有味道鲜美，营养丰富的特点，含高蛋白，助阳功效甚佳，肾虚者可常食。

（4）生菜中膳食纤维和维生素 C 较白菜多，有消除多余脂肪的作用，故又叫减肥生菜。因其茎叶中含有莴苣素，故味微苦，具有镇痛催眠、降低胆固醇、辅助治疗神经衰弱等功效。生菜中含有甘露醇，有利尿和促进血液循环的作用。生菜中还含有一种“干扰素诱生剂”，可刺激人体正常细胞产生干扰素，从而产生一种“抗病毒蛋白”抑制病毒。

（5）本菜品具有补虚养身调理、气血双补调理、健脾开胃调理、营养不良调理之功效。

五、闽菜

闽菜起源于福建省闽侯县。闽菜由福州、闽南和闽西三路不同风味的地方菜组合而成，福州菜是闽菜的主流。由于福建地处东南沿海，盛产多种海鲜，如海鳗、蛏子、鱿鱼、黄鱼、海参等，因此，闽菜多以海鲜为原料烹制各式菜肴，其风味以海味见长，口味偏甜、酸、淡，追求淡雅、鲜嫩、和醇、隽永、荤香不腻的风格，在中国菜系中独树一帜。特色菜有佛跳墙、醉糟鸡、沙县小吃等。

例1:佛跳墙

佛跳墙　　醉糟鸡

沙县甜烧卖　　沙县糍粑

1. 简介

佛跳墙,福建汉族特色菜肴,属闽菜系,是福州的首席名菜。据说,唐朝的高僧玄荃,在往福建少林寺途中,传经路过"闽都"福州,夜宿旅店,正好隔墙贵官家以"满坛香"宴奉宾客,高僧嗅之垂涎三尺,顿弃佛门多年修行,跳墙而入一享"满坛香"。"佛跳墙"即因此而得名。

2. 制作材料

主料:水发鱼翅500克、净鸭肫6个、水发刺参250克、鸽蛋12个、净肥母鸡1只、水发花冬菇200克、水发猪蹄筋250克、猪肥膘肉95克、大个猪肚1个、羊肘500克、净火腿腱肉150克、净冬笋500克、水发鱼唇250克、鲂肚125克、金钱鲍1000克、猪骨汤1000克、猪蹄尖1000克、熟猪油1000克、净鸭1只。

调料:姜片75克、葱段95克、桂皮10克、炊发干贝125克、绍酒2500克、味精10克、冰糖75克、上等酱油75克。

3. 制作工艺

(1)将水发鱼翅去沙,剔整排在竹箅(一种竹制蒸用工具,或圆或方)上,放进沸水锅中加葱段30克、姜片15克、绍酒100克煮10分钟,使其腥味取出,拣去葱、姜,汁不用,将箅拿出放进碗里,鱼翅上摆放猪肥膘肉,加绍酒50克,上笼屉用旺火蒸2小时取出,拣去肥膘肉,滗去蒸汁。

(2)鱼唇切成长2厘米、宽4.5厘米的块,放进沸水锅中,加葱段30克、绍酒100克、姜片15克煮10分钟去腥捞出,拣去葱、姜。

(3)金钱鲍放进笼屉,用旺火蒸取烂取出,洗净后每个片成两片,剞上十字花刀,盛入小盆,加骨汤250克、绍酒15克,放进笼屉旺火蒸30分钟取出,滗去蒸汁,鸽蛋煮熟,去壳。

(4)鸡、鸭分别剁去头、颈、脚。猪蹄尖剔壳,拔净毛,洗净。羊肘刮洗干净。以上四料各切12块,与净鸭肫一并下沸水锅氽一下,去掉血水捞起。猪肚里外翻洗干净,用沸水氽两次,去掉浊味后,切成12块,下锅中,加骨汤250克烧沸,加绍酒85克氽一下捞起,汤汁不用。

(5)将水发刺参洗净,每只切为两片。水发猪蹄筋洗净,切成2寸长的段。净火腿腱肉加清水150克,上笼屉用旺火蒸30分钟取出,滗去蒸汁,切成厚约1厘米的片。冬笋放沸水锅中氽熟捞出,每条直切成四块,用力轻轻拍扁。锅置旺火上,熟猪油放锅中烧至七成热时,将鸽蛋、冬笋块下锅炸约2分钟捞起。随后,将鱼高鱼肚下锅,炸至手可折断时,倒进漏勺沥去油,然后放入清水中浸透取出,切成长4.5厘米、宽2.5厘米的块。

(6)锅中留余油50克,用旺火烧至七成热时,将葱段35克、姜片45克下锅炒出香味后,放入鸡、鸭、羊肘、猪蹄尖、鸭肫、猪肚块炒几下,加入酱油75克、味精10克、冰糖75克、绍酒2150克、骨汤500克、桂皮,加盖煮20分钟后,拣去葱、姜、桂皮,起锅捞出各料盛于盆,汤汁待用。

(7)取一个绍兴酒坛洗净,加入清水500克,放在微火上烧热,倒净坛中水,坛底放一个小竹箅,先将煮过的鸡、鸭、羊、肘、猪蹄尖、鸭肫、猪肚块及花冬菇、冬笋块放入,再把鱼翅、火腿片、干贝、鲍鱼片用纱布包成长方形,摆在鸡、鸭等料上,然后倒入煮鸡、鸭等料的汤汁,用荷叶在坛口上封盖着,并倒扣压上一只小碗。装好后,将酒坛置于木炭炉上,用小火煨2小时后启盖,速将刺参、蹄筋、鱼唇、鱼高肚放入坛内,即刻封好坛口,再煨一小时取出,上菜时,将坛口菜胡倒在大盆内,纱布包打开,鸽蛋放在最上面。同时,跟上蓑衣萝卜一碟、火腿拌豆芽一碟、冬菇炒豆苗一碟、油辣芥一碟以及银丝卷、芝麻烧饼佐食。

4. 营养与功能分析

(1)鱼翅(干):鱼翅胶质丰富、清爽软滑,是一种高蛋白、低糖、低脂肪的高级食品。鱼翅含降血脂、抗动脉硬化及抗凝成分,对心血管系统疾患有防治功效;鱼翅含有丰富的胶原蛋白,有利于滋养、柔嫩皮肤黏膜,是很好的美容食品。鱼翅味甘、咸,性平,能渗湿行水,开胃进食,清痰消淤积,补五脏,长腰力,益虚痨。

(2)鲍鱼:鲍鱼含有丰富的蛋白质,还有较多的钙、铁、碘和维生素A等营养元素;具有滋阴、清热、益精、明目的功能。

(3)干贝:干贝含有蛋白质、脂肪、碳水化合物、维生素A、钙、钾、铁、镁、硒等营养元素,干贝含丰富的谷氨酸钠,味道极鲜,与新鲜扇贝相比,腥味大减。干贝具有滋阴补肾、和胃调中功能,能治疗头晕目眩、咽干口渴、虚痨咳血、脾胃虚弱等症,常食有助于降血压、降胆固醇、补益健身;据记载,干贝还具有抗癌、软化血管、防止动脉硬化等功效。

(4)竹笋:竹笋富含B族维生素及烟酸等招牌营养素,具有低脂肪、低糖、多膳食纤维的特点,不仅能促进肠道蠕动、去积食、防便秘,而且也是肥胖者减肥佳品,并能减少与高脂有关的疾病。

（5）本菜品有增强免疫力、美容养颜、抑制血栓的形成、抑制癌细胞生长、降三高、增加造血功能、加速伤口愈合、提高免疫力、调经润肠促进生长发育、延缓衰老、防癌抗癌等功能。

例 2:醉糟鸡

1. 简介

醉糟鸡，一种闽菜，是福州地区传统名菜之一。它是将肥母鸡加红糟煮熟、醉糟而成。

2. 制作材料

肥壮净嫩母鸡 1 只（1000 克左右）、白萝卜 400 克、辣椒 1 个，红糟 75 克、五香粉 1 克、白糖 75 克、绍酒 125 克、高粱酒 50 克、精盐 10 克、白醋 50 克、味精 7.5 克、鸡汤 75 克。

3. 制作工艺

（1）将鸡洗净，去脚爪，在膝部用刀稍拍一下，放入锅中，加清水 1500 克，用微火烧十分钟，水不沸时将鸡翻个身再煮 10 分钟，待膝部露出腿骨时，捞起晾凉。红糟剁细，上笼屉蒸透，出取和入鸡汤，用净纱布过滤，取糟汁待用。

（2）将晾凉的鸡身切成四块，留下鸡脚，鸡头劈开成二片，翅膀均切成两段，然后一并放进小盆里，加入味精 3 克、精盐 0.5 克、高粱酒调匀，密封腌渍一小时后，放盖，将鸡翻面，再加入味精 4 克、精盐 5 克、白糖 35 克、炳汁、五香粉、绍酒、搅匀，密封再腌一小时后取出；并将鸡块切成柳条片，排在盘中，拼上头，脚、翅膀成全鸡形。

（3）在醉糟腌鸡的同时，将白萝卜洗净，切成宽、高各 0.5 厘米长条，在各条相对两面，一面剞上斜刀，另一面剞上横刀成蓑衣萝卜，放进盐水中浸 10 分钟去苦汁后，洗净捏干，与辣椒（切成细丝）同放在碗里，加入白糖 40 克、白醋调匀，腌渍 20 分钟后，取出沥干汁，放在鸡肉的两边即成。

4. 营养与功能分析

（1）色泽淡红，骨酥脆，肉软嫩，味道醇香，食之不腻。

（2）鸡：鸡肉肉质细嫩，滋味鲜美，并富有营养，有滋补养身的作用。鸡肉中蛋白质的含量比例很高，而且消化率高，很容易被人体吸收利用，有增强体力、强壮身体的作用。鸡肉含有对人体生长发育有重要作用的磷脂类，是中国人膳食结构中脂肪和磷脂的重要来源之一。

（3）白萝卜：白萝卜是老百姓餐桌上最常见的一道美食，含有丰富的维 A、维 C、淀粉酶、氧化酶、锰等元素。另外，所含的糖化酶素，可以分解其他食物中的致癌物亚硝胺，从而起到抗癌作用。对于胸闷气喘，食欲减退、咳嗽痰多等都有食疗作用。

（4）本菜品属于卤酱菜，能够补虚养身，调理营养不良等症状。

六、浙菜

浙江盛产鱼虾，又是著名的风景旅游胜地，湖山清秀，山光水色，淡雅宜人，故其菜如景，不少名菜，来自民间，制作精细，变化较多。浙菜包括杭州、宁波、绍兴三个流派，最负盛名的是杭州菜。风味突出主料，追求清鲜脆嫩、香醇绵糯、清爽不腻的风格，以纯真见长。调味巧妙运用酒、糖、醋、盐，以四季鲜笋、火腿、冬菇、蘑菇、雪菜和绿叶时菜辅料相衬，构成鲜香。特色菜品有叫花鸡、西湖醋鱼、龙井虾仁和臭冬瓜等。

例 1:西湖醋鱼

叫花鸡

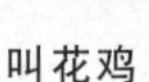

西湖醋鱼

1. 简介

“西湖醋鱼”是浙江杭州传统汉族风味名菜,属浙菜系。其年代可追溯到宋朝,可谓是历史悠久。

2. 制作材料

主料:草鱼 1 条约 900 克

调料:姜 300 克,葱 2 条,酒 1 茶匙,糖 3 大匙,黑醋 2 大匙,酱油 2 大匙,胡椒粉、生粉、香油各适量。

3. 制作工艺

(1)将葱洗净切段分成 2 份。姜半份拍裂,半份切丝。

(2)将草鱼剖净,由鱼肚剖为两片(注意不可切断),放进锅中,注满清水,加葱 1 份、拍裂的姜、酒,煮滚后,用小火焖 10 分钟,捞起,盛入碟中,将姜丝遍滤鱼身。

(3)烧热油锅,放葱爆香,然后把葱去掉,将葱油倒入碗中。注 2 杯清水入锅中,加糖、盐、黑醋、酱油、胡椒粉料煮滚,用生粉水勾芡,再注入葱油,盛起淋在鱼上,洒上香油即可。

4. 营养与功能分析

(1)草鱼:草鱼含有丰富的不饱和脂肪酸,对血液循环有利,是心血管病人的良好食物;草鱼含有丰富的硒元素,经常食用有抗衰老、养颜的功效,而且对肿瘤也有一定的防治作用;并具有暖胃和中、平肝祛风、治痹、截疟、益肠明眼目之功效,主治虚劳、风虚头痛、肝阳上亢、高血压、头痛等。

(2)姜:生姜具有解毒杀菌的作用,所以日常我们在吃松花蛋或鱼蟹等水产时,通常会放上一些姜末、姜汁。生姜中的姜辣素能抗衰老,老年人常吃生姜可除“老年斑”。生姜的提取物能刺激胃粘膜,引起血管运动中枢及交感神经的反射性兴奋,促进血液循环,振奋胃功能,达到健胃、止痛、发汗、解热的作用。姜的挥发油能增强胃液的分泌和肠壁的蠕动,从而帮助消化;生姜中分离出来的姜烯、姜酮的混合物有明显的止呕吐作用。生姜还有抑制癌细胞活性、降低癌变的毒害作用。

(3)本菜品能够促进血液循环,防癌抗癌,滋补开胃的功能。

例 2:臭冬瓜

臭冬瓜

龙井虾仁

1. 简介

臭冬瓜,是宁波传统风味菜,由于腌制过程中复杂的微生物作用或之前加入了臭卤,再经自然发酵后产生特殊的风味包括刺激性气味而得名。它风味独特,奇香味美,健脾开胃,老少咸宜。所谓臭冬瓜,其实只不过是用冬瓜切块,煮熟后凉透,再撒上细盐、麻油等作料,经腌制发酵后制成。吃法无甚奇特,但有爱吃辣的,撒辣椒粉极解馋。热天时吃,大有解暑、通气、开胃的功效,深受民众喜爱。本书作者对此类菜肴生产过程的科学原理、风味变化机制、营养功能及安全评价等已开展系统深入的研究,并得到国家自然科学基金的资助。

2. 制作材料

冬瓜,盐,坛子。

3. 制作工艺

冬瓜的腌制在浙东宁波地区具有很悠久的历史,主要工艺分为生腌和熟腌两种腌制方式,但家庭中经常使用熟腌工艺方式来制作。以下以家庭或作坊式生产方式生产的腌冬瓜制作方法。

(1)选料:选取成熟的老冬瓜(周身有白肤)作为腌制原料。

(2)去皮:洗净冬瓜身上的白肤,用刨或刀去除表皮。

(3)切块:去除冬瓜的籽瓤,将冬瓜切成 8×8 厘米左右大小的方块。

(4)烧煮:将冬瓜块放入装有沸水的锅中(水要没过冬瓜块),煮到六成熟。一般煮沸 6 分钟捞出。

(5)冷却:漂洗后的冬瓜放在竹筛或其他容器上晾干,冷却。

(6)腌制:把切块的冬瓜在盐堆里滚一下(六个面都要滚到)。然后以肉对肉,皮对皮的方式放入缸中。最终控制盐度在 5%左右为佳。宁波人有的会加入臭卤。

(7)封口:放满冬瓜块后,并用竹片撑住或用适重的石块压住,然后封口,一般水封为好。

(8)成熟:熟腌方法制作的腌冬瓜一般 20 天即可成熟。

4. 营养与功能分析

(1)冬瓜性甘平,具有清热养胃,荡涤肠内秽物的功效,是清凉食品和减肥佳蔬。臭卤大都采用豆腐发酵而成,含有丰富的氨基酸,经过与冬瓜腐熟和分解,臭中又有一种清香味。

(2)臭冬瓜中的挥发性风味物质主要包括丁酸、己酸、戊酸、辛酸、2-甲基丁酸、4-甲基苯酚等,它们多数呈不愉快气味,构成了臭冬瓜独特的风味。

(3)臭冬瓜制作过程主要是多种乳酸菌的产乳酸发酵,经检测产品中有多种有机酸;由于多种乳酸菌的存在,因此食用臭冬瓜可以增加肠道有益菌群,改善人体胃肠道功能,恢复人体肠道内菌群平衡,形成抗菌生物屏障,维护人体健康。

(4)臭冬瓜发酵过程中亚硝酸盐峰值 8.8mg/kg,发酵末期其亚硝酸盐含量小于 0.2 mg/kg,两个值均远低于 GB 15198—94 中腌渍品 20mg/kg 的限量标准。作者研究团队在国家自然科学基金等资助下,经几年研究后认为,发酵过程中的主要菌种以及经产品的安全质量(包括各种生物胺等成分)检测结果对人体不能构成威胁,因此食用臭冬瓜特别是乳酸菌发酵腌冬瓜不存在安全隐患。

七、湘菜

湘菜即湖南菜,是以湘江流域、洞庭湖地区和湘西山区等地方菜发展而成。其制作精细,用料广泛,品种繁多,其特色是油多、色浓,讲究实惠。湘西菜擅长香酸辣,具有浓郁的山乡风味。湘菜注重香酥、酸辣、软嫩、麻辣、酸、辣、焦麻、香鲜,尤为酸辣居多。特色菜有腊味合蒸、冰糖湘莲、剁椒鱼头等。

例 1:冰糖湘莲

冰糖湘莲

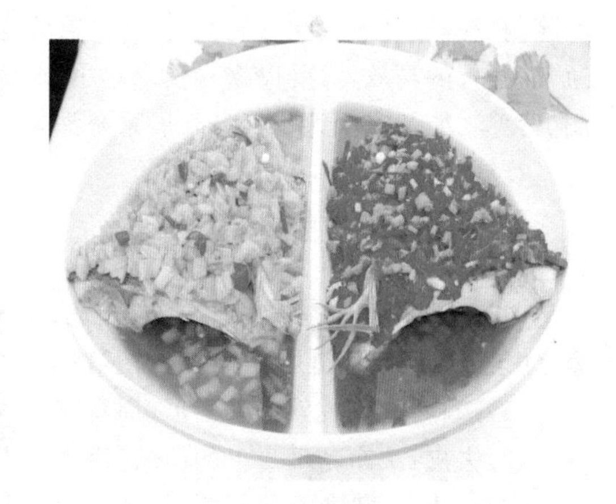

剁椒鱼头

1. 简介

“冰糖湘莲”是湖南甜菜中的名肴。自西汉年间用白莲向汉高祖刘邦进贡,故湘莲又称贡莲,湘莲主要产于洞庭湖区一带,湘潭为著名产区,其中以花石、中路铺两地所产最多,质量也最好,有红莲、白莲之分,其中白莲圆滚洁白,粉糯清香,位于全国之首。在挖掘湖南长沙马王堆墓时,发现候就食用过莲子。金代诗人张楫品尝“心清犹带小荷香”的新白莲后,曾发出“口腹累人良可笑,此身便欲老湖湘”的感叹。

2. 制作材料

湘白莲 200 克、罐头青豆 25 克、鲜菠萝 50 克、罐头樱桃 25 克、桂圆肉 25 克、冰糖 300 克、水 650 克。

3. 制作工艺

(1)将莲子去皮去芯,放入碗内加温水150克,上笼蒸至软烂,桂圆肉温水洗净,泡5分钟,滗去水,鲜菠萝去皮,切成1厘米见方的丁。

(2)炒锅置中火,放入清水500克,再放入冰糖烧沸,待冰糖完全溶化,端锅离火。用筛子滤去糖渣,再将冰糖水倒回锅内,加青豆、樱桃、桂圆肉、菠萝,上火煮开。

(3)将蒸熟的莲子滗去水,盛入大汤碗内,再将煮开的冰糖及配料一起倒入汤碗,莲子浮在上面即成。

4. 营养与功能分析

(1)湘白莲不但风味独佳,而且营养丰富,莲肉富含淀粉、蛋白质、钙、磷、铁和维生素 B_1 等。李时珍《本草纲目》曰:"莲子,补中养神,益气力,久服轻身耐老,不饥延年。"莲子性平,味甘则涩,具有降血压,健脾胃,安神固精,润肺清心的功效。

(2)此菜汤清,莲白透红,莲子粉糯,清香宜人,白莲浮于清汤之上,宛如珍珠浮于水中,是著名湘菜之一。

例2:腊味合蒸

腊味合蒸

龟羊汤

1. 简介

腊味合蒸是湖南传统名菜之一,是取腊肉、腊鸡、腊鱼于一钵,加入鸡汤和调料,下锅清蒸而成。腊味是湖南特产,主要有猪、牛、鸡、鱼、鸭等品种,将三种腊味一同蒸熟即为"腊味合蒸",吃时腊香浓重、咸甜适口、柔韧不腻,是用来下饭的首选。

2. 制作材料

腊肉200克、腊鸭腿200克、味精0.5克、腊鲤鱼200克、熟猪油25克、白糖15克,鸡汤和指天椒若干。

3. 制作工艺

(1)洗净腊肉、腊鸭腿和腊鲤鱼放入锅内,加盖大火隔水清蒸15分钟,取出摊凉备用,指天椒洗净,切成圈状;

(2)先将腊鸭腿斩成条状,腊肉也斩成大小均一的条状。

(3)去掉腊鲤鱼的鱼鳞,剔去鱼腹中的鱼刺,也切成大小均一的条状。

(4)取一深碗，将腊肉、腊鸭腿和腊鲤鱼分别皮朝下，整齐地排放于碗内，用手稍压紧实。

(5)加入1汤匙油和1/2汤匙白糖，淋入半杯清鸡汤。

(6)烧开锅内的水，放入盛腊味的碗，加盖大火隔水清蒸20分钟。

(7)取出腊味，先倒出碗内的鸡汤，然后倒扣于碟中。

(8)将指天椒圈摆于碟边作点缀，淋入鸡汤，即可上桌。

4. 营养与功能分析

(1)腊肉中磷、钾、钠的含量丰富，还含有脂肪、蛋白质、碳水化合物等元素；腊肉选用新鲜的带皮五花肉，分割成块，用盐和少量亚硝酸钠或硝酸钠、黑胡椒、丁香、香叶、茴香等香料腌渍，再经风干或熏制而成，具有开胃祛寒、消食等功效。

(2)鸭腿肉蛋白质含量比畜肉高得多，而脂肪、碳水化合物含量适中，特别是鸭肉中的脂肪酸主要是不饱和脂肪酸和低碳饱和脂肪酸，含饱和脂肪酸量明显比猪肉、羊肉少。饱和脂肪酸、单不饱和脂肪酸、多不饱和脂肪酸的比例接近理想值，其化学成分近似橄榄油，有降低胆固醇的作用，对防治心脑血管疾病有益。

(3)鲤鱼体内含钙、磷营养素较多，刺少肉多，个大味美。具有和脾养肺、平肝补血之作用，常食鲤鱼对肝、眼、肾、脾等病有一定疗效，还是孕妇的高级保健食品。

(4)鸡汤有温中益气，补精添髓，补虚益智的作用。

本菜品能够促进生长发育、改善缺铁性贫血、增强记忆力、增强体力、提高人的免疫力、补肾精、增强消化能力。

八、徽菜

徽菜源于安徽徽州，由皖南、沿江和沿淮三种地方风味构成，皖南菜为主要代表。徽菜的传统品种多达千种以上，徽菜的烹饪技法，包括刀工、火候和操作技术，三个因素互为补充，相得益彰；其特点是色泽鲜艳、鲜醇酥嫩、茶香清馨，善用火腿佐味，冰糖提鲜、喜原汁原味，以烟熏和香茶为独特风味，擅长烧、炖、熏、蒸类的功夫菜。

徽菜的特色菜有无为熏鸭、符离集烧鸡等，其中宿县的符离集烧鸡和德州扒鸡、道口烧鸡、锦州沟帮子熏鸡并称为“中国四大名鸡”，号称中华美食一绝，正宗的符离集烧鸡色佳味美，香气扑鼻，肉白嫩，肥而不腻，肉烂脱骨，嚼骨而有余香，品尝过后给人留下深刻的印象。

例1：徽州毛豆腐

徽州毛豆腐

无为熏鸭

1. 简介

徽州毛豆腐也叫霉豆腐，是一种表面长有寸许白色茸毛的霉制品。主要做法是将豆腐切成块状，进行发酵的过程，使之长出寸许白毛，然后用油煎成两面略焦，再红烧。最有情趣的吃法是，在街头遇到走街串巷的货郎，一头挑干柴，一头挑毛豆腐，浇上香油，淋上辣椒糊，就着油锅边边吃边聊，既鲜美可口，又独具风味。久居外地的徽州人，一说到毛豆腐，就会激起浓浓的思乡之情。

2. 制作材料

毛豆腐10块(约500克)，小葱末5克，姜末5克，酱油25克，精盐2克，白糖5克，味精0.5克，肉汤100克，菜籽油100克。

3. 制作工艺

(1)制浆：精选优质黄豆用水清洗，去除杂质，清洗浸泡6～10小时至豆瓣充分膨胀，中间无硬质上机磨碎，浸泡好的黄豆和水按两份水一份黄豆的重量比同时注入磨机的料斗中，混合磨碎，豆浆和豆渣分别出料，加热豆浆至沸腾为止，自然冷却到75℃±5℃。

(2)点浆：取常规豆腐生产过程中凝固时淅出的淋浆水自然放置3天后备用，按7份豆浆：0.8～1.5份淋浆水的重量比，向浆桶中注入备用的淋浆水，搅拌均匀凝固12～16分钟。

(3)装模定型切块：过凝固的浆料注入放置有滤布的模箱内，加压成型后出模，切成小块，收集淅出的淋浆水以备下次点浆再用。

(4)乳化：将切好的豆腐块平整放在竹条上，每块之间留有间隙，设置环境温度为15℃－25℃，经过3～5天后，豆腐表面长出均匀细密的绒毛，即已乳化成熟。

(5)制备烹调辅料：黄精2份、西洋参1份、当归0.5份、姜1份、蒜2份、辣椒2份，适量的盐和糖。

(6)按以下两种方式之一进行包装：

①经烹饪，再包装：乳化好的豆腐用食用植物油过油，使表面香脆金黄，捞出后与各味烹调辅料加水共同烧烩，豆腐与烹调辅料按重量比的构成为：豆腐10份、烹调辅料1份，水的加入量与豆腐和烹调辅料总量相同，水熬干后撒上葱末，以熟素油封口，真空包装即成；

②豆腐与烹调辅料分装：乳化好的豆腐用食用植物油过油，使表面香脆金黄，捞出后直接真空包装，再按豆腐10份、烹调辅料1份的重量比例分装即成。

4. 营养与功能分析

(1)豆腐：豆腐的蛋白质含量丰富，而且豆腐蛋白属完全蛋白，不仅含有人体必需的八种氨基酸，而且比例也接近人体需要，营养价值较高；有降低血脂，保护血管细胞，预防心血管疾病的作用。此外，豆腐对病后调养、减肥、细腻肌肤亦很有好处。

(2)忌避：豆腐不宜与菠菜、香葱一起烹调，会生成容易形成结石的草酸钙；豆腐忌于蜂蜜、茭白、竹笋、猪肝同食。

例 2:徽州圆子

徽州圆子

符离集烧鸡

1. 简介

“徽州圆子”是正宗徽菜品种之一。起源于歙县,别称“细沙炸肉”,约在 200 年前就已流传各地。

2. 制作材料

炒米 500 克,鸡蛋 1 只,熟猪肥膘肉 100 克,金橘 20 克,生猪肥膘肉 100 克,糖桂花 1 茶匙,白糖 300 克,蜜枣 25 克,青红丝、香油、青梅、生粉各适量。

3. 制作工艺

(1)将熟猪肥膘肉、金橘、蜜枣、青梅分别切成绿豆大的丁,放在碗内,加入白糖(200 克)、糖桂花拌匀,做成比杏核稍大的核心。另将生猪肥膘肉剁成泥,放在碗内打入鸡蛋,加生粉拌匀,再放入炒米拌匀,用手搓散成湿炒米;

(2)用手蘸冷水洒在一部分湿炒米上(用一点,洒一点,拌一点,如洒水面积过大,会影响炒米黏度),取一份湿炒米,放入手掌上,搓成一个直径约 5 厘米的薄饼,包入一个馅心,用手搓团成圆子,放在碟里;

(3)烧热锅,下香油,烧至五、六成熟时,下圆子,炸成金黄色时捞出装碟;

(4)在炸圆子的同时另用一炒锅,放入适量水、白糖、青红丝,用小火煮滚,淋上香油,均匀地浇在炸好圆子上即可。(炒米:将糯米淘洗净,蒸成干饭晒干搓散,放在锅内,加上干净细沙炒至米粒膨胀,呈白色盛出筛去细沙即成,也可用粳米代替。)

4. 营养与功能分析

(1)炒米:它富含蛋白质,且除赖氨酸以外的其他氨基酸之间的比和人体蛋白的构成比非常相似,极易吸收。由于其相对其他主粮富含维生素 B_1、维生素 B_2、维生素 E,因此它非常适宜正处于长身体时期的儿童少年作为主粮和其他食物搭配食用。它特别的“刮肠、刮油”,消暑解渴,而且护胃,想吃多少就可以吃多少,而且可以搭配任何菜来吃,包括减肥人想吃而不敢吃的肉、油炸制品等,对于减肥最好。

(2)本菜品造型别致,色泽淡雅,圆子呈乳白色,圆子外层糯米,呈半透明状,亮晶晶,有黏性,馅心味鲜美,为低脂肪、高蛋白类菜肴,老少皆宜。

除以上介绍的中国八大菜系外,京菜、沪菜、鄂菜、辽菜、豫菜等也久负盛名,清蒸菜、素菜等各具特色,富有魅力。

第四节 中国地方特色美食简介

中国各地美食的主要特点可以概括为四个方面。首先是风味多样，因各地气候、物产、风俗习惯等存在着差异，长期以来在饮食上形成了许多风味，在饮食品种上我国一直就有“南米北面”的说法，在口味上有“南甜北咸东酸西辣”之分。其次，四季有别。即按一年四季季节的变化来调味、配菜，也是中国烹饪的一大特征，冬天味醇浓厚，夏天清淡凉爽；冬天多炖焖煨，夏天多凉拌冷冻。第三，讲究美感。中国的烹饪有讲究菜肴美感的传统，注重食物的色、香、味、形、器的协调一致，表现形式多样，比如无论是个红萝卜还是一个白菜心，都可以雕出各种造型，独树一帜，达到色、香、味、形、美的和谐统一，给人以精神和物质相统一的享受。第四，注重情趣。我国饮食文化发展中历来就注重烹饪技艺及品味情趣，不仅对饭菜点心的色、香、味有严格的要求，而且对它们的命名、品味方式、进餐时的节奏和娱乐等贯穿始终；中国菜肴的名称可根据主、辅、调料及烹调方法的写实命名，也可根据历史掌故、神话传说、名人食趣及菜肴形象等来命名，如“全家福”、“狮子头”、“叫化鸡”、“鸿门宴”及“东坡肉”等，达到出神入化、雅俗共赏的目的。除了上节已经介绍中国八大菜系代表性菜肴外，以下介绍中国东西南北中不同地区的代表性特色美食。

一、北方地区特色美食

(一)北京烤鸭

北京的特色美食不得不提的有北京烤鸭，烤鸭是具有世界声誉的北京著名菜式，由中国汉族人研制于明朝，在当时是宫廷食品。用料为优质肉食鸭北京鸭，果木炭火烤制，色泽红润，肉质肥而不腻。它以色泽红艳，肉质细嫩，味道醇厚，肥而不腻的特色，被誉为“天下美味”而驰名中外。

北京烤鸭

全聚德的北京烤鸭生产方法采取的是挂炉烤法，不给鸭子开膛。只在鸭子身上开个小洞，把内脏拿出来，然后往鸭肚子里面灌开水，然后再把小洞系上后挂在火上烤。这方法既不让鸭子因被烤而失水又可以让鸭子的皮胀开不被烤软，烤出的鸭子皮很薄很脆，成了烤鸭最好吃的部分。挂炉有炉孔无炉门，以枣木、梨木等果木为燃料，用明火。果木烧制时，无烟、底火旺，燃烧时间长。烤出的鸭子外观饱满，颜色呈枣红色，皮层酥脆，外焦里嫩，并带有一股果木的清香，细品起来，滋味更加美妙。严格地说，只有这种烤法才叫北京烤鸭。

北京烤鸭的工艺使得烤鸭中钾、钙等矿物质元素和锰、铁、铜等微量元素含量显著高于普通烤鸭，而鸭胸肉中的脂肪含量和热量都显著降低，碳水化合物含量升高，但并不影响烤鸭中的蛋白质含量。综合分析结果表明，北京烤鸭的烹饪技术提高了食物的健康功能，如游离氨基酸测定结果表明，影响烤鸭腥味的一些氨基酸成分显著下降，而增加香味、鲜味的氨基酸成分明显升高，经常食用对于美容养颜具有良好的功效。此外，对于身体虚弱、病后体虚、营养不良性水肿的人群也适合多食鸭肉。

狗不理包子

(二)狗不理包子

“狗不理”包子是天津地区地方传统风味小吃。为“天津三绝”之首,是中华老字号之一。狗不理已被国家商标局认定为中国驰名商标,狗不理包子被认定天津市名牌产品。狗不理包子关键在于用料精细,制作讲究,在选料、配方、搅拌以至揉面、擀面都有一定的绝招儿,做工上有明确的规格标准,特别是包子褶花匀称,每个包子都是18个褶。刚出屉的包子,大小整齐,色白面柔,香而不腻。

狗不理包子的主料:小麦面粉600克,猪肉(肥瘦)500克;调料:大葱15克,味精3克,料酒6克,酱油25克,碱1克,香油25克,盐3克,酵母15克。

制作流程包括:1)将葱去皮洗净切成末备用;猪肉洗净,剁成肉末,备用。2)将猪肉放入盆内,加入酱油、精盐、料酒、葱末、味精、香油拌和,再将肉骨头汤徐徐倒入,边倒边顺同一方向搅动,搅成具有黏性的馅料。3)将面粉与酵母掺在一起,用温水和好,揉匀,待面团发起,对入适量食碱,揉匀揉透,分成大小均匀的面剂,擀成圆皮,将馅料放入圆皮的中间,收边捏紧,捏成16个以上的褶,即成包子生坯。4)将包子生坯摆入屉中,用旺火沸水蒸熟,即可食用。狗不理包子肉质鲜嫩,香味浓郁,令人胃口大开。

猪肉炖粉条

(三)猪肉炖粉条

猪肉炖粉条是中国东北的代表性菜肴,深受北方人的喜爱,是我国历史悠久、富有特色的地方风味菜肴,自古就闻名全国。

猪肉炖粉条的主要原料是猪肉、粉条,以及各种时令蔬菜,常见的是白菜、青菜等,各种组合百吃不厌。东北的猪肉白菜炖粉条堪称炖菜中的经典。

主料:猪五花肉、粉条、大白菜;调料:大葱、姜、蒜、八角、花椒、小茴香、酱油、白糖、盐、绍酒。

制作方法包括:①五花肉洗净用刀子刮净肉皮,切大块;大白菜洗净切块;粉条提前用温水泡软;②五花肉凉水下锅,烧开,焯水祛除血末,捞出待用;③锅中热水,加入葱姜蒜、八角、茴香、花椒,烧开后放入五花肉,大火烧开,烹入绍酒;烧开后盖盖,改中火烧40分钟,待汤汁变白;④加入酱油、盐、白糖调味;捞去葱姜蒜,待五花肉入味大约10分钟,捞出一些肉;放入粉条炖5分钟;加入切好的白菜炖3分钟;放入捞出的肉搅拌,将猪肉、粉条、白菜在锅中拌匀即可装碗出锅。

猪肉含有丰富的优质蛋白质和必需的脂肪酸,并提供血红素(有机铁)和促进铁吸收的半胱氨酸,能改善缺铁性贫血;具有补肾养血,滋阴润燥的功效。粉条里富含碳水化合物、膳食纤维、蛋白质、烟酸和钙、镁、铁、钾、磷、钠等矿物质;粉条有良好的附味性,它能吸收各种鲜美汤料的味道，再加上粉条本身的柔润嫩滑，更加爽口宜人。白菜含有丰富的粗纤维，不但能起到润肠、促进排毒的作用又刺激肠胃蠕动，促进大便排泄，帮助消化的功能。对预防肠癌有良好作用。白菜中含有丰富的维生素 C、维生素 E，多吃白菜，可以起到很好的护肤和养颜效果。

(四)锅包肉

锅包肉是一道东北风味菜，一般菜肴都讲究色、香、味、型，唯此菜还要加个“声”，即咀嚼时，应发出类似吃爆米花时的那种声音。由于用急火快炒，把铁锅烧热，把汁淋到锅里，浸透到肉里，所以起名叫“锅爆肉”。由于常常品尝这道菜的俄罗斯人发“爆”这个音为包，时间一长，“锅爆肉”就变成了“锅包肉”。

锅包肉

锅包肉是著名的东北菜，将猪里脊肉切片腌入味，裹上炸浆下锅炸至金黄色捞起，再下锅拌炒勾芡即成。成菜色泽金黄，口味酸甜。

制作食材包括主料：新鲜猪里脊肉 300 克。辅料：姜丝 5 克，葱丝 20 克，香菜 10 克，精盐、料酒、酱油、白糖、醋、鲜汤、水淀粉、色拉油各适量。

制作流程包括：1)新鲜的猪里脊肉改刀成大片，用精盐、料酒拌匀腌制十分钟，再把腌好的肉上沾满干淀粉，用水淀粉及少许色拉油调成稠糊；另用酱油、白糖、醋、味精、鲜汤、水淀粉等对成滋汁。2)炒锅置火上，放入色拉油烧至六七成热，先将码好味的肉片与稠糊拌匀，再一片片展开，逐一下入锅中，炸至外酥内嫩时捞出沥油。3)锅留底油，投入姜丝、葱丝炸香，下入炸好的肉片，烹入滋汁，翻拌均匀后起锅装盘，撒上香菜即成。

猪里脊肉含有人体生长的发育所需的丰富的优质蛋白、脂肪、维生素等，而且肉质较嫩，易消化。猪肉为人类提供优质蛋白质和必需的脂肪酸。猪肉可提供血红素(有机铁)和促进铁吸收的半胱氨酸，能改善缺铁性贫血。猪里脊肉具有食疗作用：味甘咸、性平，入脾、胃、肾经；补肾养血，滋阴润燥；主治热病伤津、消渴羸瘦、肾虚体弱、产后血虚、燥咳、便秘、补虚、滋阴、润燥、滋肝阴，润肌肤，利二便以及止消渴等症状。

二、南方地区特色美食

(一)干炒牛河

干炒牛河是广东汉族传统名菜，属粤菜系。以芽菜、河粉、牛肉等炒成。在广州、香港以至海外的粤菜酒家、香港的茶餐厅，干炒牛河几乎成为必备的菜色，如今在全球范围内都享有盛誉。

制作材料包括主料：鲜河粉 300 克，辅料：牛肉(瘦)80 克、绿豆芽 50 克调料：大葱 30 克、姜 10 克、酱油 20 克、淀粉(玉米)10 克、老抽 5 克、生抽 5 克、白砂糖 5 克、盐 10 克。

干炒牛河

制作流程：1)牛肉清洗干净，切成丝，用豉油和生粉搅拌均匀，腌制半小时使其充分入味。葱洗净切段，姜去皮洗净切成细丝，豆芽洗净备用。2)大火烧热锅后放油，待油温至三成热时，把腌好的牛肉丝慢慢滑入锅中不停翻炒，炒至牛肉变白后盛出备用。3)将锅中余油烧热，下姜丝、河粉翻炒，然后将牛肉丝放进锅里，加入葱段、豆芽、彩椒丝一起翻炒，使之均匀地混合在一起。再加上老抽、生抽和糖继续翻炒均匀至熟即可。

河粉含有蛋白质、碳水化合物、维生素 B_1、铁、磷、钾等营养元素，易于消化和吸收，具有补中益气、健脾养胃的功效。牛肉味甘、性平，归脾、胃经；牛肉具有补脾胃、益气血、强筋骨、消水肿等功效。牛肉含有丰富的蛋白质，氨基酸组成比猪肉更接近人体需要，能提高机体抗病能力，对生长发育及手术后、病后调养的人在补充失血、修复组织等方面物别适宜。寒冬食牛肉，有暖胃作用，为寒冬补益佳品。经常食用干炒牛河，具有补中益气、滋养脾胃、强健筋骨、化痰息风、止渴止涎的功效。

艇仔粥

(二)艇仔粥

艇仔粥是广东省广州地区著名的汉族小吃，广东粥品之一。以鱼片、炸花生等多种配料加在粥中而成。原为一些水上人家用小船在荔枝湾河面经营。此品集多种原料之长，多而不杂，爽脆软滑，鲜甜香美，适合众人口味。

艇仔粥以新鲜的河虾或鱼片作配料，后来还增加了海蜇、炒花生仁、凉皮、葱花、姜等，吃前当即煮粥滚制，芳香扑鼻，热气腾腾，十分鲜甜。艇仔粥的主要配料为鱼肉、瘦肉、油条、花生、葱花，亦有加入浮皮、海蜇、牛肉、鱿鱼等。艇仔粥以粥滑软绵、芳香鲜味闻名，吃前当即煮粥滚制，芳香扑鼻，热气腾腾，十分鲜甜。无论在街头食肆，或如白天鹅宾馆那样的五星级酒楼，都可品尝到这种广州特有的粥品。现在在广州、香港、澳门以至海外各地的广东粥品店，艇仔粥都是必备的食品。

艇仔粥中的主要原料是粳米，粳米能提高人体免疫功能，促进血液循环，从而减少高血压的机会；粳米能预防糖尿病、脚气病、老年斑和便秘等疾病；粳米米糠层的粗纤维分子，有助胃肠蠕动，对胃病、便秘、痔疮等疗效很好。艇仔粥中的鱿鱼富含钙、磷、铁元素，利于骨骼发育和造血，能有效治疗贫血；除富含蛋白质和人体所需的氨基酸外，鱿鱼还含有大量的牛磺酸，可抑制血液中的胆固醇含量，缓解疲劳，恢复视力，改善肝脏功能；所含多肽和硒有抗病毒、抗射线作用。

(三)肠粉

肠粉起源于广东的汉族特色小吃，早在清代末期，广州街头上就已经听到卖肠粉的叫卖声。那时候，肠粉分咸、甜两种，咸肠粉的馅料主要有猪肉、牛肉、虾仁、猪肝等，而甜肠粉的馅料则主要是糖浸的蔬果，再拌上炒香芝麻。

广东肠粉主要流派有两种，一种是布拉肠粉，另一种是抽屉式肠粉。肠粉又叫布拉蒸肠粉，是一种米制品，亦称布拉肠、拉粉、卷粉。出品时以“白如雪，薄如纸，油光闪亮，香滑可口”著称。在广东，肠粉是一种非常普遍的街坊美食，它价廉、美味，老少咸宜，妇孺皆知，从不起眼的食肆茶市，到五星级的高级酒店，几乎都有供应。由于使用的制作工具不同，所以导致做出的肠粉都不相同，布拉肠粉是以品尝馅料为主(肠粉浆大部分是使用粘米粉再添加澄面、粟粉和生粉)，而抽屉式肠粉(肠粉浆是使用纯米浆做成)主要品尝肠粉粉质和酱汁调料。在香港广东等地，多配以生抽或者辣酱加花生油。而新加坡和马来西亚等地区则多加添芝麻以及甜酱，但是却有不错的地方特色。

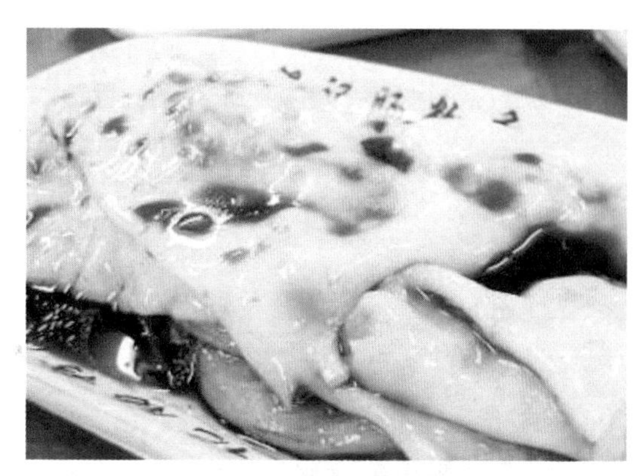

肠粉

肠粉的主料包括米浆，猪肉或牛肉或虾仁，青菜，鸡蛋，菜脯粒。酱汁配方：海天生抽酱油200克、鸡精5克、白糖15克、洋葱30克、葱花10克、清水200克。肠粉中含有丰富的蛋白质、维生素以及微量元素等，经常食用对人体大有裨益。

(四)剁椒鱼头

剁椒鱼头是湖南湘潭的一道汉族传统名菜，属湘菜系。以鱼头的“味鲜”和剁辣椒的“辣”为一体，风味独具一格。特别指出的是此菜所使用的油是茶油。湖南湘潭的剁椒鱼头是在大街小巷的大小餐馆酒店都可以吃到的。

剁椒鱼头以剁椒的“咸”和“辣”沁入鱼头，风味独具一格。菜品色泽红亮、味浓、肉质细嫩。肥而不腻、口感软糯、鲜辣适口。火辣辣的红剁椒，覆盖着白嫩嫩的鱼头肉，冒着热腾腾清香四溢的香气。湘菜香辣的诱惑，在“剁椒鱼头”上得到了完美体现。蒸制的方法让鱼头的鲜香被尽量保留在肉质之内，剁椒的味道又恰到好处地渗入到鱼肉当中，鱼头糯软，肥而不腻，咸鲜微辣。入口细嫩晶莹，带着一股温文尔雅的辣味。

剁椒鱼头

鱼头营养高、口味好，有助于增强男性性功能，并对降低血脂、健脑及延缓衰老有好处。秋冬季是体弱者进补的好时机，鱼则是进补的好水产食品，不仅味道鲜美，而且营养价值极高。其蛋白质含量为猪肉的两倍，且属于优质蛋白，人体吸收率高。鱼中富含丰富的硫胺素、核黄素、尼克酸、维生素D和一定量的钙、磷、铁等矿物质。鱼肉中脂肪含量虽低，但其中的脂肪酸被证实有降糖、护心和防癌的作用。鱼肉中的维生素D、钙、磷，能有效地预防骨质疏松症。可抗衰老、养颜，有利于血液循环，开胃，滋补，防止肿瘤。鱼头含有丰富的不饱和脂肪酸，对血液循环有利，是心血管病人的良好食物；鱼头含有丰富的硒元素，经常食用有抗衰老、养颜的功效，而且对肿瘤也有一定的防治作用；对于身体瘦弱、食欲不振的人来说，草鱼肉嫩而不腻，可以开胃、滋补。同时红辣椒可以开胃消食，暖胃驱寒、止痛散热，肌肤美容、降脂减肥，抵抗癌症、保护心脏，促进血液循环、降低血压。

三、江浙沪地区特色美食

东坡肉

(一)东坡肉

东坡肉是汉族传统名菜，属浙菜系，以猪肉为主要食材。菜品薄皮嫩肉，色泽红亮，味醇汁浓，酥烂而形不碎，香糯而不腻口。

东坡肉是杭州名菜，用猪肉炖制而成。其色、香、味俱全，深受人们喜爱。慢火，少水，多酒，是制作这道菜的诀窍。一般是一块约二寸许的方正形猪肉，一半为肥肉，一半为瘦肉，入口香糯、肥而不腻，带有酒香，色泽红亮，味醇汁浓，酥烂而形不碎，十分美味。

东坡肉的主料是猪肉，猪肉含有丰富的优质蛋白质和必需的脂肪酸，并提供血红素(有机铁)和促进铁吸收的半胱氨酸，能改善缺铁性贫血；具有补肾养血，滋阴润燥的功效；但由于猪肉中胆固醇含量偏高，故肥胖人群及血脂较高者不宜多食。肥肉中的脑磷脂与不饱和脂肪酸，是一种重要的健脑补脑物质。同时，肥肉中含有的脂肪对饮食中包括肉本身含有的人体内必须的脂溶性维生素如 VA、VD 等的吸收起到促进作用，提高食物的营养功能。

南翔小笼包

(二)南翔小笼包

南翔小笼包，是上海嘉定区南翔镇的汉族传统名小吃。已有 100 多年历史。该品素以皮薄、馅多、卤重、味鲜而闻名，是深受国内外顾客喜爱的风味小吃之一

上海南翔小笼包已有 100 多年的历史。南翔小笼包为上海郊区南翔镇的传统名点，素负盛名。因其形态小巧，皮薄呈半透明状，以特制的小竹笼蒸熟，故称“小笼包”。采取“重馅薄皮，以大改小”的方法，选用精白面粉擀成薄皮；又以精肉为馅，不用味精，用鸡汤煮肉皮取冻拌入，又取其鲜，撒入少量研细的芝麻，以取其香；还根据不同节令取蟹粉或春竹、虾仁和入肉馅，每只馒头折裥十四只以上，一两面粉制作十只，形如荸荠呈半透明状，小巧玲珑；出笼时任意取一只放在小碟内，戳破皮子，汁满一碟为佳品，逐步形成皮薄、汁鲜、肉嫩、馅丰的特点。

生产过程中揪出的面团大小均等，还用食用油抹其表面，这样会使口感更好。要把坯子拉到底，差不多大小，包的时候手要向上拉，它的优势是皮薄，肉嫩，丰满。热腾腾的雾气直往上冒，小笼包蒸好了，此时的小笼包一个个雪白晶莹，如玉兔一般，惹人喜爱。戳破面皮，滑溜溜

的汁水一下子流出来。雪白的面皮，透亮的汁液，粉嫩的肉馅，诱人到极致。小笼包受欢迎的原因为小巧玲珑，皮薄馅多，且汤汁鲜美，一口一个，满口生津，若吃时再佐以姜丝、香醋则风味更佳，配上一碗蛋丝汤，其味更佳。南翔小笼包味美细腻，受到了越来越多的人的喜爱。

四、中原及中西部地区特色美食

(一)热干面

热干面是武汉市颇具特色的汉族小吃。原本是武汉的地方特色美食，在湖北很多地方都十分受欢迎。随着湖北人在其他省市地人口增多，武汉热干面也在许多地方都能见到，是诸多人喜欢的面食之一。

热干面

热干面的面条纤细根根有筋力，色泽黄而油润，滋味鲜美。拌以香油、芝麻酱、五香酱菜等配料，更具特色。武汉热干面可谓享誉全国乃至世界。热干面既不同于凉面，又不同于汤面。热干面的面条需事先煮熟，过冷和过油后，再淋上用芝麻酱、香油、香醋、辣椒油、虾米、五香酱菜等配料，更具特色，增加了多种口味，吃时面条纤细爽滑有筋道、酱汁香浓味美，色泽黄而油润，香而鲜美，有种很爽口的辣味，诱人食欲。热干面美味的关键是它的酱料。要想酱料好吃，芝麻酱一定要用芝麻香油调。用芝麻香油把芝麻酱和老抽，生抽，盐拌匀，调至芝麻酱慢慢调成糊状。喜欢吃辣的，也可以另外加辣椒油。关于配菜，也可以按自己的口味添加。譬如，切成丁的辣萝卜、酸豆角、榨菜，切成丝的青瓜，最少不了的一定是葱花和香菜。面条的主要营养成分包括蛋白质、脂肪、碳水化合物等，而添加的配菜富含维生素和植物多酚，具有提高机体抗氧化能力、增强免疫力、平衡营养吸收等功效。

(二)羊肉烩面

羊肉烩面是一种荤、素、汤、菜、饭兼而有之的传统风味小吃，以味道鲜美，经济实惠，享誉中原。1994年5月荣获“全中清真名牌风味食品”称号。1997年12月又摘取“中华名小吃”桂冠。

羊肉烩面

羊肉烩面又叫羊肉扯面、羊肉拉面、羊肉汤面。羊肉烩面的材料包括鲜羊肉，精白面粉，原汁肉汤，黄花菜，木耳，水粉条，香菜，辣椒油，糖蒜。此面面筋光滑，汤鲜味美。烩面是一种荤、素、汤、菜、面兼而有之的传统风味小吃，有羊肉烩面、三鲜烩面、什锦烩面等多种类型。烩面的面为扯面，类似于拉面，但稍有不同。一般用精白面粉，兑入适量盐碱，和成软面，经反复揉搓，使其筋韧。烩面的精华全在于汤，羊肉汤要选用上好鲜羊肉，经反复浸泡后方才能下锅。羊肉性温热，是冬季进补佳品；羊肉肉质细嫩，味道鲜美且易消化；其营养成分丰富，含有维生素（VB_1、VB_2 等）、钙、磷、铁，特别是钙和铁的含量比猪肉、牛肉高，且胆固醇含量较低。经常食用羊肉烩面，具有壮腰健肾调理、补阳调理、肢寒畏冷调理、冬季养生调理的作用。

胡辣汤

（三）胡辣汤

胡辣汤，又名糊辣汤，是中国北方早餐中常见的汤类食品。常见于街上的早点摊点，其特点是微辣，营养丰富，味道上口，十分适合配合其他早点进餐。胡辣汤主要起源于河南周口市西华县逍遥镇的“逍遥镇胡辣汤”和漯河市舞阳县北舞渡镇的“北舞渡胡辣汤”，两者的区别在于，逍遥胡辣汤配有黑木耳、黄花菜等配菜，北舞渡胡辣汤以回族羊肉汤为基础，加入面筋、粉条、葱花演变而来，这是一种汤类小吃。由三十余种天然中草药按比例配制的汤料在加入胡椒和辣椒又用骨头汤做底料的胡辣汤又香又辣。

胡辣汤中的面粉富含蛋白质、碳水化合物、维生素和钙、铁、磷、钾、镁等矿物质，有养心益肾、健脾厚肠、除热止渴的功效；粉皮的主要营养成分为碳水化合物，还含有少量蛋白质、维生素及矿物质，具有柔润嫩滑、口感筋道等特点；豆腐及豆腐制品的蛋白质含量丰富，而且豆腐蛋白属完全蛋白，不仅含有人体必需的八种氨基酸，而且比例也接近人体需要，营养价值较高；豆腐内含植物雌激素，能保护血管内皮细胞不被氧化破坏，常食可减轻血管系统的破坏，预防骨质疏松、乳腺癌和前列腺癌的发生，是更年期妇女的保护神；丰富的大豆卵磷脂有益于神经、血管、大脑的发育生长；大豆蛋白能恰到好处地降低血脂，保护血管细胞，预防心血管疾病；此外，豆腐对病后调养、减肥、细腻肌肤亦很有好处。

道口烧鸡

（四）道口烧鸡

道口烧鸡是汉族传统名菜之一，由河南省滑县道口镇“义兴张”世家烧鸡店所制，是我国著名的特产。河南省民间文化杰出传承人、省特级烧鸡技师张中海先生的先祖张炳始创于清朝顺治十八年（1661 年），至今已有近三百五十年的历史。道口烧鸡的制作技艺历代相传，形成自己的独特风格。道口烧鸡与北京烤鸭、金华火腿齐名，被誉为“天下第二鸡”。

道口烧鸡需要用陈皮、肉桂、豆营、白芷、丁香、草果、砂仁和良姜八味佐料，缺一不可。酥香软烂是道口最受人欢迎的原因之一，光是煮鸡这一道程序，就需要花上 3 至 5 个小时，再加上火候的调整，制作技术要求很高。做好的烧鸡不需刀切，用手轻轻一抖，骨和鸡肉自动分离。不用说是饥肠辘辘之时，就是酒足饭饱之后，它也会令人馋涎欲滴。道口烧鸡具有五味佳、酥香软烂、咸淡适口、肥而不腻的特点。无论凉热，食之均余香满口。

主料：童子鸡900克。辅料：砂仁15克，草果10克，肉桂10克，陈皮15克，丁香4克，白芷10克，豆蔻15克，调料：食盐20克，蜂蜜20克，高良姜90克，水适量。此鸡浅红带微黄色，皮肉完整无损，咸中带甜，香嫩鲜美，鸡骨一触即脱，味香肉嫩、香酥脱骨、色泽鲜亮、香沁肺腑，具有健脾、强胃、补血养生的功效。

五、其他地区特色美食

(一)担担面

担担面

担担面，汉族特色面食，著名的成都小吃。用面粉擀制成面条，煮熟，舀上炒制的猪肉末而成。成菜面条细薄，卤汁酥香，咸鲜微辣，香气扑鼻，十分入味。此菜在四川广为流传，常作为筵席点心。

担担面是四川民间极为普遍且颇具特殊风味的一种著名小吃。因常由小贩挑担叫卖，由此得名。此面色泽红亮，冬菜、麻酱浓香，麻辣酸味突出，鲜而不腻，辣而不燥，堪称川味面食中的佼佼者。其面条细滑，主要佐料有红辣椒油、肉末、川冬菜、芽菜、花椒面、红酱油、蒜末、豌豆尖和葱花等，口味油香麻辣，比较适口。担担面好吃的秘诀是配料的丰富。把豆油、醋、味精、红油辣椒、葱花、芽菜末分别放入不同碗中，把猪肉剁成绿豆大小的颗粒，锅中放化猪油，待油烧热，放入猪肉，放干水分，加盐、豆油，上色，直到配料呈金黄色就可以。

担担面相传为一个绰号叫作陈包包的自贡小贩创制，因为早期是用扁担挑在肩上沿街叫卖，所以叫做担担面。日本的不少拉面馆也有担担面供应。担担面的特点是面条细薄，臊子肉质香酥，调料以葱花、芽菜、猪油为主，略有汤汁，鲜美爽口，辣不重微酸。面条的主要营养成分有蛋白质、脂肪、碳水化合物等；面条易于消化吸收，有改善贫血、增强免疫力、平衡营养吸收等功效。

(二)毛血旺

毛血旺

毛血旺是川菜菜谱之一，以鸭血为制作主料，毛血旺的烹饪技巧以煮菜为主，口味属于麻辣味。毛血旺是重庆市的特色菜，这道菜是将生血旺现烫现吃，遂取名毛血旺，毛血旺的名气已引领川菜大军，席卷了大江南北，是值得一尝为快的巴蜀名菜。

毛血旺又叫“冒血旺”，“血旺”一词指血豆腐，一般用鸭血，个别有用猪血，主要食材还有鳝鱼片，广肚，鱿鱼，大肠，午餐肉等。特点：麻、辣、烫、鲜、香。风味特色：麻辣鲜香，汁浓味足。口感：成菜汤汁红亮，麻辣烫嫩鲜，味浓味厚。

毛血旺中富含木耳等蔬菜，故常吃毛血旺能养血驻颜，令人肌肤红润，容光焕发，并可防治缺铁性贫血；黑木耳含有维生素 K，能减少血液凝块，预防血栓症的发生，有防治动脉粥样硬化和冠心病的作用；木耳中的胶质可把残留在人体消化系统内的灰尘、杂质吸附集中起来排出体外，从而起到清胃涤肠的作用，它对胆结石、肾结石等内源性异物也有比较显著的化解功能。

新疆大盘鸡

（三）新疆大盘鸡

新疆大盘鸡起源于 20 世纪 90 年代初的新疆，主要是鸡块和土豆块，配皮带面烹饪而成，新疆大盘鸡色彩鲜艳，有爽滑麻辣的鸡肉和软糯甜润的土豆，辣中有香，粗中带细。大盘鸡为著名新疆的特色菜肴，其来源有众多说法，比较靠谱的说法为在新疆炒菜的基础上配以多种佐料而成。

鸡肉肉质细嫩，滋味鲜美，并富有营养，有滋补养身的作用。鸡肉中蛋白质的含量比例很高，而且消化率高，很容易被人体吸收利用，有增强体力、强壮身体的作用。鸡肉含有对人体生长发育有重要作用的磷脂类，是中国人膳食结构中脂肪和磷脂的重要来源之一。鸡肉对营养不良、畏寒怕冷、乏力疲劳、月经不调、贫血、虚弱等有很好的食疗作用。祖国医学还认为，鸡肉有温中益气、补虚填精、健脾胃、活血脉、强筋骨的功效。大葱味辛，性微温，具有发表通阳，解毒调味的作用。主要用于风寒感冒，恶寒发热、头痛鼻塞，阴寒腹痛，痢疾泄泻，虫积内阻，乳汁不通，二便不利等。大葱含有挥发油，油中主要成分为蒜素，又含有二烯内基硫醚、草酸钙。另外，还含有脂肪、糖类、胡萝卜素等，维生素 B、C、烟酸、钙、镁、铁等成分。

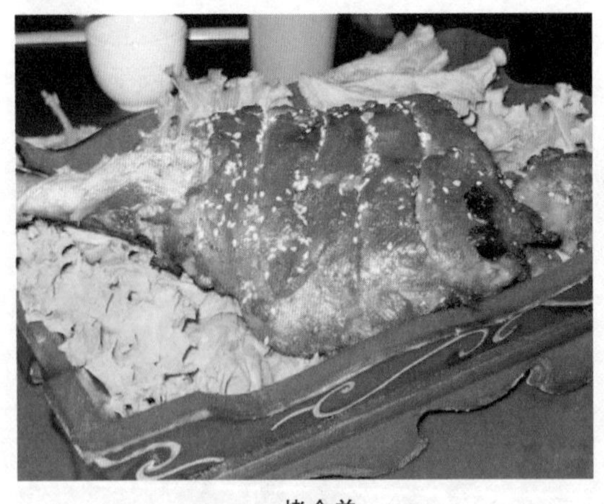

烤全羊

（四）烤全羊

烤全羊是内蒙古自治区少数民族，尤其是蒙古族人民膳食的一种传统地方风味肉制品，一道最富有民族特色的大菜，是该民族千百年来游牧生活中形成的传统佳肴，也是新疆少数民族招待外宾和贵客的传统名肴，也是当下中原人非常喜食的肉制品了。色、香、味形俱全，别有风味。烤全羊是目前肉制品饮食中最健康最环保最绿色的美食了，烤全羊外表金黄油亮，外部肉焦黄发脆，内部肉绵软鲜嫩，羊肉味清香扑鼻，颇为适口，别具一格。

烤全羊之所以如此驰名，除了它选料考究外，就是它别具特色的制法。新疆羊肉质地鲜嫩无膻味，国际国内肉食市场上享有盛誉。技术高超的厨师选用上好的两岁阿勒泰羯羊，宰杀剥皮，去头、蹄、内脏，用一头穿有大铁钉的木棍，将羊从头至尾穿上，羊脖子卡在铁钉上。再用蛋黄、盐水、姜黄、孜然粉、胡椒粉、上白面粉等调成糊。全羊抹上调好的糊汁，头部朝下放入炽热的馕坑中。盖严坑口，用湿布密封，焖烤一小时左右，揭盖观察，木棍靠肉处呈白色，全羊成金黄色，取出即成。烤全羊的制作要求严格，必须选用1～2岁的内蒙古白色大头羯羊，经过宰杀、烫皮、煺毛、腌渍、调味后，再挂入烤炉内，封住口用慢火烤成熟，成品色泽黄红、油亮，皮脆肉嫩，肥而不腻，酥香可口，别具风味。

食用烤全羊具有温补脾胃、温补肝肾、补血温经、保护胃黏膜、补肝明目以及增加高温抗病的能力；同时可以健脑益智、保护肝脏、防治动脉硬化、预防癌症，同时延缓衰老。

（五）精武鸭脖

精武鸭脖是武汉最有名的汉族小吃，因为起源于汉口的精武路而得名。武汉人喜欢吃鸭脖子，因它味足劲够，回味无穷。鸭脖子，本身食之无味，弃之可惜，但经过用红辣椒、花椒、八角等几十种纯天然香料进行精心烹制料理之后就别有风味了。精武鸭脖是将川味卤方改进后用在鸭脖烹饪，具有四川麻辣风格，香味扑鼻，口感刺激，鲜美无比，所以很快成了武汉人喜爱的名小吃；因其香鲜美味，回味十足，是老少皆宜的休闲食品。如今，精武鸭脖在全国各地随处可见，并且形成一些新的流派。

精武鸭脖

精制鸭脖属于酱汁类食品。酱汁类食品通过多种香料浸泡，然后经过风干、烤制等工序精致而成，成品色泽深红，具有香、辣、甘、麻、咸、酥、绵等特点，是一道佐酒佳肴。鸭脖子之所以好吃，秘绝全在汤料里，汤料之所以巨香，是因为上等的香料。真正使用的鸭脖子香料应该是25种，至于其他品牌有可能根据自身需要或增或减。

精武鸭脖的营养功效：鸭脖子有啃头，辣口不辣心，吃了不上火；鸭脖本身高蛋白，低脂肪，具有益气补虚，降血脂以及养颜美容等功效。我国传统中医认为，鸭属凉性，经常食之，平肝去火。味甘，功能温补，益气，配以辣，麻及几十余味中药才，使其主相辅相成，其辣，功能排毒瘦身。健体美颜，其麻，开胃益食，与辣互相作用，具益气养血之效；性温而不躁，除湿去烦，开胃健脾。通过科学的配方，达到醒目安神，活血化瘀，滋阴益肾之功效，同时除去了鸭肉特有“鸭腥”气味，不但口感鲜美，香盈扑鼻辣味独特，亦不失本味原香，独具特别回味。

（六）刀削面

刀削面，汉族面食，首先流行于山西，即以山西刀削面最为著名。山西刀削面因其风味独特，驰名中外。刀削面全凭刀削，因此得名。用刀削出的面叶，中厚边薄。棱锋分明，形似柳叶；入口外滑内筋，软而不粘，越嚼越香，深受喜食面食者欢迎。正宗的刀削面，面身较长，中间宽厚两头尖，吃起来爽口，有一种满足感。刀削面之奥妙在刀功。刀，一般不使用菜刀，要选用特制的弧形削刀。

刀削面

配料和操作过程：正宗的山西刀削面，有

三样卤汁即茄子丁卤、西红柿鸡蛋卤和杂酱卤；佐料有臊子和调料；而臊子用的主要原料为猪精肉，加上各种调料及酱料、食醋和辣椒等炒制而成，因此，此食料具有良好的色泽，加工后产品具有优良的色泽及浓郁的风味等特点。操作过程为将面粉和成团块状，左手托住揉好的面团，右手持弧形刀，手腕要灵，出力要平，用力要匀，对着汤锅，嚓、嚓、嚓，一刀赶一刀将面一片一片地削到开水锅内，削出的面叶儿，一叶连一叶，恰似流星赶月，在空中划出一道弧形白线，将面叶落入汤锅，汤滚面翻，又像银鱼戏水，煞是好看；面煮熟后捞出，加入臊子、调料食用。操作高明的厨师，每分钟能削二百刀左右，每个面叶的长度，恰好都是六寸。

刀削面的营养功效：面粉富含蛋白质、碳水化合物、维生素和钙、铁、磷、钾、镁等矿物质，有养心益肾、健脾厚肠、除热止渴的功效，主治脏躁、烦热、消渴、泻痢、痈肿、外伤出血及烫伤等。猪肉含有丰富的优质蛋白质和必需的脂肪酸，并提供血红素（有机铁）和促进铁吸收的半胱氨酸，能改善缺铁性贫血；具有补肾养血，滋阴润燥的功效；臊子用的原料猪精肉相对其他部位的猪肉，其含有丰富优质蛋白，脂肪、胆固醇较少，一般人群均可适量食用；采用肥膘肉时其中含有多种脂肪酸，能提供极高的热量，并且含有蛋白质、B 族维生素、维生素 E、维生素 A、钙、铁、磷、硒等营养元素。而调料、发酵面酱及食醋和辣椒等更是具有多种维生素、氨基酸及少量生物活性物质，具有开胃、健脾，增进食欲等作用。

（七）肉夹馍

肉夹馍

肉夹馍是中国陕西省汉族特色食物之一。以陕西地区的“腊汁肉夹馍”（猪肉）和宁夏地区的“羊肉肉夹馍”为主。腊汁肉夹馍是陕西省著名西府（宝鸡市）小吃和西安市著名小吃。宁夏的肉夹馍为羊肉馅，每个摊前摆有炉子，和西北其他地方的馍没有区别。

肉夹馍，实际是两种食物的绝妙组合：腊汁肉，白吉馍，肉夹馍合腊汁肉、白吉馍为一体，互为烘托，将各自滋味发挥到极致。馍香肉酥，肥而不腻，回味无穷。腊汁肉历史悠久，闻名中国，配上白吉馍，有着中式汉堡的美誉，扬名中外，深受人们喜爱。腊汁肉夹馍由三十多种调料精心配制而成，由于选料精细，火功到家，加上使用陈年老汤，因此所制的腊汁肉与众不同，具有色泽红润，气味芬芳，肉质软糯，糜而不烂，浓郁醇香，独特风味。

猪肉为人类提供优质蛋白质和必需的脂肪酸。猪肉可提供血红素（有机铁）和促进铁吸收的半胱氨酸，能改善缺铁性贫血。

思考题

1. 中国风味流派形成的条件是什么？请加以分析。

2. 中国八大菜系的主要构成有哪些？分别写出至少一种中国八大菜系各自的代表性美食，并作简要的营养与功效分析。

参考文献

[1]曹雁平.食品调味技术.北京:化学工业出版社,2002.
[2]葛燕燕,吴祖芳,翁佩芳.冬瓜腌制生产工艺与品质特性变化研究,宁波大学学报,2014,27(3):1-6.
[3]路新国.中国烹饪与中国传统食养学.扬州大学烹饪学报,2004(1):21-22.
[4]吕晓敏,丁骁,代养勇.中国八大菜系的形成历程和背景.中国食物与营养,2009(10):62-64.
[5]万力婷,吴祖芳,张天龙,等.苋菜梗腌制过程细菌群落变化及风味的研究.食品工业科技,2014,35(2):166-170.
[6]王昕,李建桥,吕子珍.饮食健康与食品文化.北京:化学工业出版社,2003.
[7]赵建民.中国饮食文化.北京:中国轻工业出版社,2012.
[8]赵永威,吴祖芳,沈锡权,等.冬瓜腌制过程中微生物多样性的研究.中国食品学报,2014(2).
[9]庄必文,吴祖芳,翁佩芳.SDE法和HS-SPME法萃取自然腌冬瓜挥发性物质的比较.食品工业科技,2013,23:70-73,76.

第四篇　美食养生原理与案例

第7章　养生与食物的关系

本章内容提要:食品中的各种营养组分是维持生命最重要的物质基础,本章主要介绍食品材料中不同的营养组分(营养素)、理化性质、存在范围、含量和这些营养组分的生理功能及对人体健康的影响(如食物中蛋白质的不同组分及功能的差异性,食物中糖组分在人体中的代谢及对血糖变化的影响等)。从饮食营养与健康关系角度分析平衡膳食的重要性;最后,对人们在享受美食过程中的不安全因素及其产生机理、防范方法等进行系统介绍。通过本章的学习使读者能够更好地理解人类对营养的需求,知道怎样利用食物的性质、组成来获取食物原料以及制作不同类型和特性的美食,了解食物对健康的影响;从而可进行合理的营养以保持各营养素的平衡,促进人类自身的健康与长寿。

第一节　食物中的营养物质与功能

饮食为的是补充营养,这是人所共知的常识,从中国医学角度分析人体健康与物质关系,指出人体最重要的物质基础是精、气、神,统称"三宝";机体营养充盛,则精、气充足,神自健旺。《寿亲养老新书》说:"主身者神,养气者精,益精者气,资气者食。食者生民之大,活人之本也",明确指出了饮食是"精、气、神"的营养基础。而从现代营养学角度分析,人们在享用美食的时候,除了获得一些风味物质来满足食欲和感官的需求外,美食更为人们提供能量和各种人体所必需的营养素(nutrient)。营养素是指食物中具有营养功能的物质,即通过食物获取并能在人体内被利用,具有供给能量、构成组织以及调节生理功能的物质。人体所必需的营养素主要包括蛋白质、脂类、碳水化合物、矿物质、维生素、水和膳食纤维7类,其中膳食纤维在人类健康方面有着特殊的作用,又称第7大营养素;另外还包含许多非必须营养素。其中水、蛋白质、脂类、碳水化合物、膳食纤维的摄入量较大,因此这类营养素称为宏量营养素(macronutrient);其他摄入量相对较少的营养素称为微量营养素(micronutrient)。由于蛋白质、脂类和碳水化合物经代谢产生人体所需能量,因此这三类营养素又称为能量营养素。以下将通过对食品中不同类型营养物质的性质、来源及对人体健康的影响等方面的介绍,阐明人们享用美食的时候如何获取这些营养物质,以进一步了解这些营养物质对维持生命与健康方面的重要作用。

一、蛋白质

蛋白质广泛存在于所有的生物体中，是构成生物体的基础物质，参与生命的所有过程，如遗传、发育、繁殖、物质和能量的代谢、应激、思维和记忆等。1878 年恩格斯提出“生命是蛋白体的存在形式”(《反杜林论》)。尽管恩格斯认识了蛋白质对生命的重要性，但当时人们对这类生命分子的化学本质和具体的生物学功能的认识是非常肤浅的。一百多年来，特别是 20 世纪的生物化学与分子生物学的研究使我们认识到，蛋白质是一类结构和功能高度多样，并能对环境做出自发响应的、复杂而神奇的生命大分子，也是食品最重要的成分之一。蛋白质的构成单位为氨基酸，是由碳、氢、氧、氮、硫等元素构成，某些蛋白质分子还含有铁、碘、磷、锌等。从食品加工的角度来说，蛋白质的种类、含量以及在加工过程中的变化，直接影响着食品的营养价值。另外，蛋白质在决定食品的色、香、味及质地等特征上也起着重要的作用。有些对人类有毒的如某些毒素也是蛋白质，在食品制作或加工过程中必须严加防范。

因此，通过对蛋白质结构和性质以及食品原料贮藏和加工过程中变化的了解与认识，对人们在制作美食过程中合理利用蛋白质原料、掌握理解蛋白质的功能及对人体的重要作用，促进人类健康具有重要的意义。

(一)蛋白质的分子结构

蛋白质按照不同的结构水平通常分为一级结构、二级结构、三级结构和四级结构等形式。

1. 一级结构

蛋白质的一级结构(Primary Structure)，是指氨基酸在肽链中的排列顺序及二硫键的位置，肽链中氨基酸间以肽键为连接键。许多蛋白质的一级结构业已确定，已知的最短蛋白质链(肠促胰液肽和胰高血糖素)含 20～100 个氨基酸残基. 大多数蛋白质都含有 100～500 个，某些不常见的蛋白质链多达几千个氨基酸残基。

蛋白质的种类和生物活性都与肽链的氨基酸种类和排列顺序有关。蛋白质的一级结构是最基本的结构，决定它的二级和三级结构，其三级结构所需的全部信息也都贮存于氨基酸的顺序之中。

2. 二级结构

蛋白质的二级结构(Secondary Structure)，是指多肽链中彼此靠近的氨基酸残基之间由于氢键相互作用而形成的空间关系，是指蛋白质分子中多肽链本身的折叠方式，分别为 α-螺旋结构、β-折叠结构和 β-转角。

α-螺旋结构　α-螺旋(α-helix)是蛋白质中最常见含量最丰富的二级结构。α-螺旋中氨基酸残基的侧链向外侧，相邻螺旋之间形成链内氢键，氢键的取向几乎与中心轴平行。

多肽链可以形成右手或左手螺旋，但蛋白质中的 α-螺旋几乎都是右手的，因其空间位阻较小，易于形成，构象稳定。左手 α-螺旋虽然很少，但也偶有出现，如在嗜热菌蛋白酶中就有很短一段左手 α-螺旋。一条多肽链能否形成 α-螺旋以及形成的螺旋是否稳定，与它的氨基酸组成、排列顺序和 R 基的大小及电荷性质有极大的关系，如 R 基小、且不带电荷的多聚丙氨酸，在 pH7.0 的水溶液中能自发地卷曲成 α-螺旋。脯氨酸不具备亚氨基，不能形成链内氢键，因此多肽链中只要存在脯氨酸(或羟脯氨酸)，α-螺旋即被中断并产生一个“结节”。此外如果带有相同电荷的氨基酸残基连续出现在肽链上，同性电荷相斥也会影响 α-螺旋的形成。

β-折叠结构 β-折叠(β-pleated sheet)或β-折叠片是蛋白质中第二种最常见的二级结构,是指两条或多条几乎完全伸展的多肽链靠链间氢键连结而形成的锯齿状折叠构象,存在于纤维状蛋白和球状蛋白中。β-折叠分平行式和反平行式两种,前者两条肽链从N端到C端的方向相同,后者相反。在纤维状蛋白质中β-折叠主要是反平行式,而在球状蛋白质中反平行和平行两种方式几乎同样地存在。此外,在纤维状蛋白质的β-折叠中,氢键主要是在肽链之间形成;而在球状蛋白质中,β-折叠既可以在不同肽链或不同蛋白质分子之间形成,也可以在同一肽链的不同位置之间形成。

β-转角结构 β-转角也称回折、β-弯曲或发夹结构,存在于球状蛋白中。β-转角有3种类型,每种类型都有4个氨基酸残基,弯曲处的第一个残基的—C═O和第四个残基的—N—H之间均形成一个4—1氢键,产生一种不很稳定的环形结构。类型Ⅰ和类型Ⅱ的区别在于中心肽单位旋转了180°,类型Ⅱ中C_3几乎都是甘氨酸残基。类型Ⅲ是在第一个和第三个残基之间形成的一小段螺旋。类型Ⅰ和类型Ⅲ几乎没有区别,因为它们的C_1^α的构象是相同的,并且C_2^α的构象也相差很小。β-转角多数都处在球状蛋白质分子的表面,约占球状蛋白全部残基的25%。

3. 三级结构

蛋白质的三级结构(Tertiary Structure)是指多肽链在二级结构的基础上,进一步折叠、盘曲而形成特定的球状分子结构。许多蛋白质的三级结构已被确定,但很难以简单的方式表示这种结构。多肽链所发生的盘旋是由蛋白质分子中氨基酸残基侧链(R基团)的顺序和分子内的各种相互作用决定的。在球状蛋白质中,极性的R基团由于其亲水性大部分位于分子的外表,而非极性的R基团则位于分子内部,从而在内部形成一个疏水的环境。

4. 四级结构

由两条或两条以上具有三级结构的多肽链聚合而成的具有特定三维结构的蛋白质构象叫作蛋白质的四级结构(Quaternary Structure),其中每条多肽链称为亚基。一般地,游离的亚基无生物活性,只有聚合成四级结构后才有完整的生物活性。

蛋白质四级结构的形成是多肽链之间特定的相互作用的结果,这些相互作用是非共价键性质的如氢键、疏水相互作用等。当蛋白质中疏水性氨基酸残基所占比例高于30%时,它形成四级结构的倾向大于含有较少疏水性氨基酸残基的蛋白质。

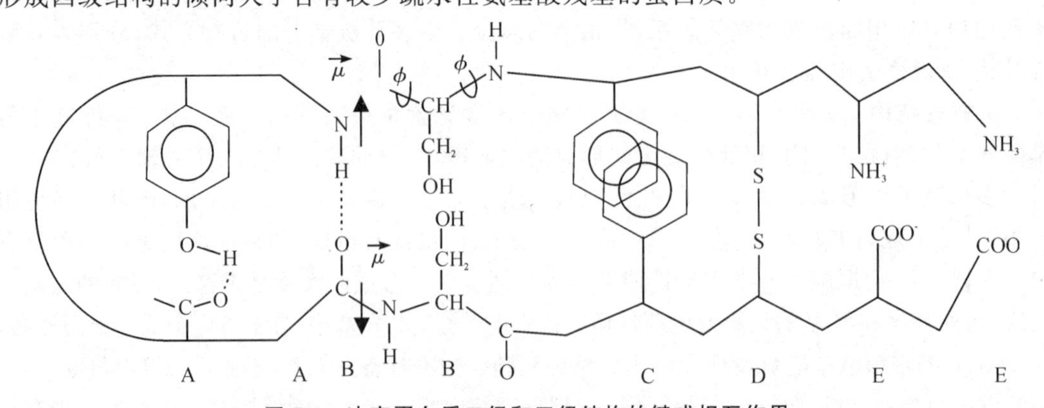

图7-1 决定蛋白质二级和三级结构的键或相互作用

A. 氢键 B. 偶极相互作用 C. 疏水相互作用 D. 二硫键 E. 离子相互作用

(二)蛋白质的分类

蛋白质种类繁多,根据其化学组成及溶解度分类有单纯蛋白质、结合蛋白质和衍生蛋白质。

1. 单纯蛋白质

它是一类仅含有氨基酸的蛋白质,它可分为以下几种。

(1)清蛋白　一般来说,它们都是分子量很低的蛋白质,能溶于中性无盐的水中。例如蛋清蛋白、乳清蛋白、血清蛋白、牛乳中的乳清蛋白、谷物中的麦谷蛋白和豆科种子中的豆白蛋白等即是。

(2)球蛋白　不溶于水,但可溶于中性盐溶液,亦可溶于稀酸及稀碱中,如牛乳中的β-乳清球蛋白、血清球蛋白,肉中的肌球蛋白和肌动蛋白与大豆中的大豆球蛋白即是。

(3)谷蛋白　不溶于水、乙醇及盐溶液中,能溶于很稀的酸和碱溶液中。例如小麦中的谷蛋白和水稻中的米谷蛋白即是。

(4)醇溶谷蛋白　不溶于水及中性有机溶剂中,能溶于50%～90%酒精中。这种蛋白质主要存在谷物中,并含大量的脯氨酸和谷氨酸,例如玉米醇溶谷蛋白、小麦醇溶谷蛋白和大麦醇溶谷蛋白。

(5)硬蛋白　不溶于水和中性溶剂中,并能抵抗酶的水解。这是一种具有结构功能和结合功能的纤维状蛋白。例如肌肉中的胶原蛋白、腱中的弹性蛋白和毛发及角蹄中的角蛋白即是,而明胶为其衍生物。

(6)组蛋白　为一种碱性蛋白质,因为它含有大量的赖氨酸和精氨酸,能溶于水中,但能被氨水沉淀下来。

(7)鱼精蛋白　为一种低分子量(400～8000)碱性很强的蛋白质,它含有丰富的精氨酸。

2. 结合蛋白质

结合蛋白质是单纯蛋白质与非蛋白质成分,如碳水化合物、油脂、核酸、金属离子或磷酸盐结合而成,后者可作为辅基与蛋白质作用生成结合蛋白质。

(1)脂蛋白　为油脂与蛋白质结合的复合物,具有极性的乳化能力,存在牛乳与蛋黄之中。这种与蛋白质结合的油脂有三甘油酯、磷脂、胆固醇及其衍生物。有些蛋白质如视紫红蛋白能与细胞的生物膜相结合,与生物膜的脂双层结合的部分为富含疏水氨基酸的肽段,它们呈螺旋结构,这类蛋白质称为膜蛋白。

(2)糖蛋白　糖蛋白是碳水化合物与蛋白质结合的化合物。这些碳水化合物可能是氨基葡萄糖、氨基半乳糖、半乳糖、甘露糖、海藻糖等中的一种或多种组成,它们能与蛋白质间的共价键或羟基生成配糖体。糖蛋白可溶于碱性溶液。哺乳动物的黏性分泌物、血浆蛋白、卵粘蛋白及大豆某些部位中的蛋白质都属于糖蛋白。

(3)核蛋白　由核酸与蛋白质结合而成。存在细胞核及核糖体中,病毒中也有核蛋白存在。

(4)磷蛋白　为许多主要食物一种很重要的蛋白质。磷酸基团是与丝氨酸和苏氨酸中的羟基结合。如牛乳中的酪蛋白和鸡蛋黄中的磷蛋白即是。

(5)色蛋白　为蛋白质与一具有色泽的辅基基团结合而成,后者多为金属。这种结合常常十分疏松,易于移去,但也有的结合十分牢固。色蛋白有许多种,如血红蛋白、肌红蛋白、叶绿素蛋白及黄素蛋白等。

3. 衍生蛋白质

这是一种用化学或酶学方法得到的化合物，而且根据其变化程度可分为一级和二级衍生物，一级衍生物的改性程度较小，不溶于水，如凝乳酶凝结的酪蛋白即是。二级衍生物改性程度较大，包括胨和肽。这些降解产物的不同点是它们在大小和溶解度上有所不同，它们都能溶于水中而且加热不凝聚，在许多食品加工过程中如干酪老熟时易生成肽这类降解产物。

(三)蛋白质的理化性质

蛋白质是结构非常复杂，一般相对分子质量很大($10^4 \sim 10^6$ 数量级)的亲水高分子化合物。其分散体系属胶体体系，具有较高的黏度，较低的渗透压。由于它成分复杂含有多种化学基团，其化学性质也是多样的，蛋白质的理化性质在相关论著都有较系统详细的介绍，在此仅简单讨论与美食制作或食品加工关系较密切的一些理化性质。

1. 蛋白质的两性电离和等电点

蛋白质分子中有自由氨基和自由羧基，故与氨基酸一样具有酸、碱两性性质。由于蛋白质的支链上，往往有未结合为肽键的羧基和氨基，此外还有羟基、胍基、巯基等，因此其两性离解要比氨基酸复杂得多，其离解方式可简单由图 7-2 表示。

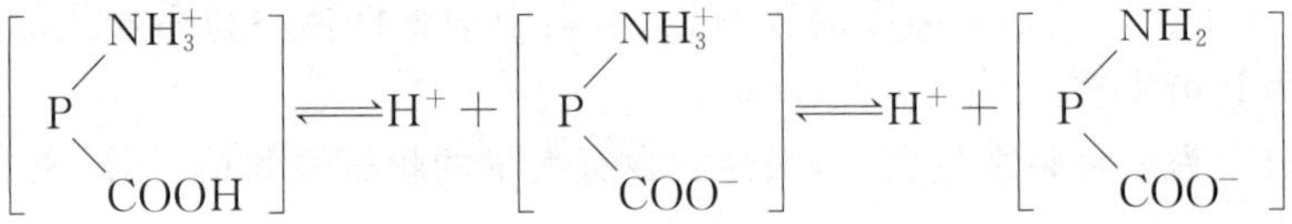

$$\left[P \begin{matrix} NH_3^+ \\ COOH \end{matrix} \right] \rightleftharpoons H^+ + \left[P \begin{matrix} NH_3^+ \\ COO^- \end{matrix} \right] \rightleftharpoons H^+ + \left[P \begin{matrix} NH_2 \\ COO^- \end{matrix} \right]$$

正离子　　　　两性离子　　　　负离子

图 7-2　蛋白质的两性电离(P—蛋白质主链)

随着介质 pH 的不同，蛋白质在溶液中可为正离子、负离子或两性离子。当 pH 升高时，上述平衡向右移动，pH 降低时，向左移动。当净电荷为零的 pH 即为蛋白质的等电点。

蛋白质的两性解离性质使其成为人体及动物体中重要的缓冲溶液。并可利用此性质在某 pH 条件下，对不同蛋白质进行电泳，以达到分离纯化的目的。

2. 凝胶与膨润

蛋白质分子的表面存在很多亲水基团，溶于水可形成较稳定的亲水胶体(溶胶)；而凝胶则可看成水分散于蛋白质所形成的具有部分固体性质的胶体，如豆浆是溶胶，而豆腐则是凝胶。大多数蛋白质的凝胶，首先是蛋白分子变性，然后变性蛋白分子互相作用，形成蛋白质的凝固态。生鸡蛋蛋白溶液受热凝固和牛奶变酸结成奶块，血清受热成为血豆腐等现象都是典型的蛋白质凝胶。由于凝胶中蛋白质分子间的作用力不一样，凝胶有可逆与不可逆之分，以氢键作用为主的凝胶(鱼冻)是可逆的，温度下降，氢键作用力加强，凝胶形成，反之凝胶成为溶胶；以双硫键作用为主的凝胶(蛋清蛋白)，在热的作用下，一旦凝胶形成，就成为稳定状态，很难破坏。凝胶中的水分蒸发干燥后即可得到具有多孔结构的干凝胶，吸水后又变为柔软而富有弹性的凝胶。干凝胶的吸水称为膨润。

膨润过程受 pH 的影响，如酸碱物质对面筋的膨润能力影响很大，在蛋白质等电点左右时由于水化作用弱，膨润程度差，使面筋变得坚硬。而在远离等电点下，水化作用变强，面筋膨润程度好，变得易于拉长。在泡发鱼翅、海参时碱可加速膨润，也是由于蛋白质的亲水性增强的缘故。膨润过程还与水中溶解的中性盐有关，由于中性盐也减小水化作用，可使面筋凝胶的韧性加强，若和面时加点食盐，则使面团更富于弹性。膨润受温度的影响很明显，升高温度不仅可加速膨润，而且也可提高膨润度，但若温度太高，蛋白质发生变性，则效果相反。膨润现象在食品加工中是很常见的过程，如谷类和豆类的浸泡，面团的调制，明胶、鱿鱼等制品的泡发；若在干制时蛋白质变性程度越小，则膨润后复原性越好。如低温干燥脱水蔬菜、喷雾干燥的奶粉，加水后能接近新鲜品的状态。

（四）蛋白质的功能性质

食品蛋白质的功能性质是指蛋白质对食品产生必要特征的那些物理、化学性质。食品蛋白质的功能性质分为三大类：①水合性质，包括水的吸收和保持；湿润性、溶胀性、黏附性、分散性、溶解度和强度等，这一类性质主要取决于蛋白质与水的相互作用；②蛋白质一蛋白质相互作用的有关性质，包括沉淀、胶凝和形成其他各种结构时起作用的性质；③表面性质，包括蛋白质的表面张力、乳化作用和蛋白质的发泡性等。这些性质之间不是决然分开的，是互相关联的。例如，黏度和溶解度取决于蛋白质产水和蛋白质—蛋白质的相互作用；凝胶作用不仅包括蛋白质—蛋白质相互作用而且还有蛋白质—水相互作用。

1. 水合性质

蛋白质在溶液中的构象主要取决于它和水之间的相互作用。大多数食品是水合固态体系。食品中的蛋白质和其他成分的物理化学及流变学性质，不仅受到体系中水的强烈影响，而且还受到水活性的影响。蛋白质制品的许多功能性质与水合作用有关。例如水吸收作用（也叫水摄取、亲和性或结合性）、溶胀、润湿性、持水容量（或水保留作用），以及黏附和内聚力都与水合作用的前4个步骤有关；分散性和强度（或增稠力）涉及第5个步骤；蛋白质的最终状态，可溶性或不溶性（部分或全部）也与功能性质（例如溶解性或速溶性）有关。胶凝作用是指充分水合的不溶性块状物的形成，而且要求产生特殊的蛋白质—蛋白质相互作用；与表面性质有关的功能性，例如乳化作用和发泡性，蛋白质还必须是高度水合和分散的。

蛋白质的水合性质是食品化学上的重要性质。例如当向肉制品、面包或干酪等食品中添加大豆蛋白时，蛋白质的吸水性便成为一个重要因素。即使加热也能保持水分，这对肉制品来说是至关重要的，因为只有保持肉汁，肉制品才能有良好的口感和风味。

影响蛋白质水合性质的因素有蛋白质浓度、pH和温度。水的总吸收率随蛋白质浓度的增大而增加。pH的变化影响蛋白质分子的解离和净电荷量，因而可影响蛋白质-蛋白质、蛋白质一水相互作用力。在等电点pH时，蛋白质一蛋白质相互作用最强，蛋白质的水合作用和溶胀最小。例如宰后僵直前的生牛肉（或牛肉匀浆）pH从6.5下降至5.0（等电点），其持水容量显著减小，并导致肉的汁液减少和嫩度降低。蛋白质结合水的能力一般随温度升高而降低，这是因为降低了氢键的缔合，同时蛋白质加热时发生变性和聚集，导致减少蛋白质的表面积和降低极性侧链对水结合的有效性。但另一方面，结构很紧密的蛋白质在加热时，由于发生解离和伸展，使原来被掩蔽的肽键和极性侧链暴露在表面，从而提高了极性侧链结合水的能力。例如乳清蛋白质加热时，可发生不可逆胶凝，如果将凝胶干燥，可增加不溶性蛋白质网络内的毛细管作用，因而使蛋白质的吸水能力显著增强。

2. 溶解度

蛋白质的溶解度是蛋白质的固有性质之一，它随 pH、离子强度、温度和蛋白质浓度等因素的不同而改变。经加热或其他处理后蛋白质水溶性降低，则蛋白质的胶凝性、乳化性、发泡性等其他许多功能性质也会下降。因此，溶解度也是评价蛋白质饮料的一个主要特征。

大多数蛋白质在加热时，溶解度会明显地不可逆降低。在通常情况下，为了使蛋白质溶解，可通过碱处理促进其离解，还可使用半胱氨酸、乙醇等切断二硫键的试剂，这些方法都是有效的。大豆蛋白质受 pH、离子强度的影响较大，当 pH 为 7～10 时，随着离子强度增加，溶解度降低；但当 pH 为 4～5 时，添加食盐后可提高溶解度。特别是当蛋白质呈酸性时，这类盐类可促使阴离子与蛋白质的阳离子结合、使溶解度增加。在制作蛋白质饮料时，有必要考虑使溶液透明、黏度低。因此，pH、离子强度及温度必须在较大范围内保持稳定；同时还应考虑到该饮料能以溶液状态或浓缩状态、粉末状态进行贮存。另外，碳酸饮料必须在酸性状态下溶解。

3. 黏度

流体的黏度反映它对流动的阻力、用黏度系数 η 表示。包括蛋白质在内的大多数亲水性大分子的溶液中分散体(匀浆或悬浮体)、乳浊液、糊状物或凝胶，都不符合牛顿流体的特性，其强度系数随剪切速度的增加而降低。蛋白质分子的体积很大，而且由于水化作用使蛋白质分子表面带有水化层，更增大了分子的体积，使得蛋白质溶液的流动阻力很大，其黏度要比一般小分子溶液大得多。影响蛋白质流体黏度特性的主要因素有蛋白质浓度和蛋白质分子的形状和表面状况。

4. 胶凝作用

胶凝作用是指蛋白质分子聚集并形成有序的蛋白质网络结构的过程。蛋白质的胶凝作用与蛋白质溶液分散程序的降低(如缔合、聚集、聚合、沉淀、絮凝和凝结等)不同。蛋白质的缔合一般是指亚单位或分子水平发生的变化；聚集或聚合一般包括大的复合物的形成；沉淀是指由于溶解性完全或部分失去而导致的聚集反应；絮凝是指不发生变性的无规则聚集反应；凝结是指发生变性的无规则聚集反应的蛋白质—蛋白质的相互作用大于蛋白质—溶剂的相互作用引起的聚集反应。

5. 织构化

在许多食物中蛋白质为构成其结构和质地的基础，无论在生物组织(肉和鱼的肌原纤维蛋白)还是组合食品(如面团、大豆或明胶形成的凝胶、干酪凝块、香肠、肉糜和灌肠等)都是这种情况。另外，有些织构化的加工方法可用于许多可溶性植物蛋白和乳蛋白，使它们形成具有咀嚼性和良好持水性的薄膜或纤维状产品，并且在以后的水合和加热处理中仍具有保持这些性质的能力。这些织构化的蛋白质常可用作肉类的代用品或填充物。另外，有些织构化加工方法也可用于动物蛋白质以进行“重织构化”或“重整”，例如对牛肉或禽肉。蛋白质织构化方法可参见相关食品化学类专著。

6. 乳化性

蛋白质成分在稳定一些食品的胶态体系中通常起着重要的作用，如牛奶、乳脂、冰淇淋、黄油、干酪、蛋黄酱和肉馅等食品均属于乳胶体。可溶性蛋白质乳化作用最重要的特征是其向油/水界面扩散和在界面吸附的能力。一般认为蛋白质的一部分一旦与界面接触，非极性氨基酸残基则朝向非水相，于是体系的自由能降低，蛋白质的其余部分自动在界面上被吸附。蛋白质的疏水性愈大，界面的蛋白质浓度也愈大，使界面张力更小，乳浊液更稳定。但是蛋白质的总疏水性（按亲水和疏水氨基酸残基的体积比或平均疏水性确定）与乳化性质不密切相关。根据疏水亲和色谱、疏水分配或用疏水性试剂测定的结果，增加蛋白质的表面疏水性与降低界面张力和增大乳化作用指数，均存在明显的相关性。蛋白质在乳化性质中所起的作用是依靠降低界面张力促进乳浊液的形成，并依靠界面形成物理势垒维持乳浊液的稳定。

7. 发泡性

食品泡沫通常是气泡在连续的液相或含可溶性表面活性剂的半固相中形成的分散体。大多数情况下，气体是空气或二氧化碳，连续相是含蛋白质的水溶液或悬浊液；泡沫中的薄液层连续相使气泡分散，通常用表面活性剂以保持界面防止气泡聚集，因为表面活性剂能够降低界面张力，并且在气泡之间形成有弹性的保护层。各种泡沫的气泡大小很不相同，直径大小可从微米级到厘米级不等。气泡的大小由相的表面张力、黏度、输入的能量等影响，因此泡沫是由可溶性蛋白质向空气/水界面扩散、伸展、浓集和快速扩展、降低界面张力而形成的。泡沫的稳定性取决于气泡是否具有一层黏结、富有弹性而不透气的蛋白质膜；分布均匀的细微气泡可以使食品具有稠性及细腻和松软的口感，提高分散性和风味感。具有良好发泡性质的蛋白质有卵清蛋白、血红蛋白中的球蛋白部分、牛血清蛋白；明胶、乳清蛋白、酪蛋白胶束、p-酪蛋白、小麦蛋白、大豆蛋白和某些蛋白质的低度水解产物。

8. 蛋白质与风味物质的结合

食品中存在的醛、酮、醇、酚和氧化的脂肪酸可以产生豆腥味、酮苦味或涩味，这些物质能与蛋白质或其他物质结合，当烹调或咀嚼时，它们释放出来影响到人的感官。与此相反，蛋白质又可作为适宜风味的载体，如使织构化的植物蛋白产生肉的风味，理想的是所有挥发性适宜风味成分在贮藏和加工时必须永远保持不变，而在口腔中又能很快地、全部地、不失真地释放出来，这一问题目前正在研究之中。

蛋白质与风味物质的结合受环境因素的影响，例如水可以促进极性挥发物的结合，但不能影响非极性物质的结合。酪蛋白在中性或碱性 pH 中比在酸性 pH 能结合更多的羰、醇或酯类挥发性物质。高浓度的氯化钠、硫酸盐会改变水的结构，使疏水的相互作用减弱，导致蛋白质的伸展，提高与羰基化合物的结合。蛋白质的水解也能降低与挥发性物质的结合，因此，蛋白质水解可用来减轻大豆蛋白质的豆腥味。相反，蛋白质的热变性却会导致与挥发物质结合。而冷冻干燥常常能将最初结合在蛋白质上的挥发物质释放出来。再者脂类的存在可促进各种羰基挥发物的结合与保留。

（五）蛋白质在美食制作中的营养及安全性等的变化

一般来说，食品加工能延长食品的保质期，并能使各种季节性的食品能以稳定的形式供应，通过烹饪技艺不但改变原有的色香和味，在一定程度上其组成的化学物质也会发生变化，其中的蛋白质也不例外，但这种变化必须是保持有营养和安全的。大多数情况下，加工过程对蛋白质的营养价值没有显著影响，有时甚至能得到改善。但是有时也可发生一些不需要的反应，通常是蛋白质的一级结构改变，使必需氨基酸含量降低或形成抗营养的可能有毒的衍生物。当破坏的氨基酸并未构成膳食中营养限制因素时，或者受损坏的蛋白质仅为膳食中蛋白质很少的一小部分时，营养价值降低是不重要的。如果膳食是由有限几类食品所构成时，如牛乳、谷物或豆类，或者膳食仅具有营养要求的最低含量的蛋白质时，那么这样的损坏是十分有害的。

1. 热处理引起的变化

加热处理分离蛋白或含蛋白质的食品会引起蛋白质结构的改变，使其失去生物活性和改变功能性质，但当加热温度保持适度时，共价键不会破坏也不会形成，也不会强烈影响到蛋白质的高级结构。从营养学观点来看，温和热处理所引起的变化一般是有利的。热烫或蒸煮可以使酶失去活性，例如脂酶、脂肪氧合酶、蛋白酶、多酚氧化酶和糖水解酶。酶失活能防止食品产生不需要的颜色、风味、质地变化和纤维素含量的降低。食品中存在的大多数天然蛋白质毒素或抗营养因子都可通过加热而变性钝化，由微生物污染产生的大多数蛋白质毒素亦然，但少数微生物蛋白需高温灭活（如肉毒杆菌毒素在100℃下10min可破坏），而金色葡萄糖菌产生的毒素，必须经218～248℃下处理30min，才使毒素完全消除。

豆科植物（大豆、花生、菜豆、蚕豆、豌豆和百秸等）的种子或叶片含有能在体内结合和抑制酶的蛋白质，因而会降低摄入蛋白质的消化率和营养价值。例如大豆种子中存在的胰蛋白酶抑制剂和胰凝乳蛋白酶抑制剂。这种热不稳定性蛋白质抑制剂可以使某些动物胰脏过度分泌和增生，从而减缓它们的生长。豆科植物的植物血球凝集素是一种能和多糖苷类分子结合的热不稳定性蛋白质，随膳食进入人体后，可能是由于与肠细胞膜多糖形成复合物，因而减弱了氨基酸的转移和消化能力，并且还发现对人和动物可产生毒性作用。

当种子、面粉或蛋白质浓缩物在高温潮湿条件下加热如高压灭菌、挤压加工、焙烤和烹煮时，所有抗营养因子都会变性和失活。由于适当热处理可明显提高植物蛋白对某些动物的营养价值，所以某些动物饲料中植物蛋白质成分通常要经过加热处理。许多蛋白质例如大豆球蛋白、胶原和卵清蛋白在适当热处理后更容易消化，这是出于蛋白质发生伸展而使原来被掩蔽的氨基酸残基暴露，从而使蛋白酶能更迅速和广泛地起作用。

蛋白质及蛋白质食品在不添加外来物质的条件下进行热处理，可引起氨基酸的脱硫、脱酰胺、异构化和其他化学改性，甚至有时会伴随产生有毒化合物。例如在115℃时灭菌，会引起半胱氨酸和胱氨酸残基遭到破坏（不可逆化学改性），生成硫化氢、二甲基硫化物和磺基丙氨酸。用肉、鱼的肌肉、牛奶等实验，所产生的硫化氢和其他挥发性化合物能使这些经过加热的食品具有很好的风味。在超过100℃的情况下加热蛋白质，将会发生脱酰胺反应，释放出的氨主要来自谷氨酰胺和天冬酰胺的酰胺基水解反应，所以该反应并不损害蛋白质的营养价值。温度超过200℃的剧烈处理和在碱性pH时的热处理都会使氨基酸的残基发生β-消除反应，形成负碳离子，经质子化后可随机形成D型或L型氨基酸的外消旋混合物。由于大多数D-氨基酸不具有营养价值，因此，必需氨基酸残基的外消旋反应将会使其营养价值降低50%左右，D-氨基酸残基的产生还会使蛋白质的消化率降低，因为，在体内D-残基肽键比L-残基肽键更难水解。再者，某些D-氨基酸可产生毒性物质，这种毒性的大小与肠壁吸收的D-氨基酸量成正比。在碱性pH条件下热处理，精氨酸可能转变成鸟氨酸、尿素、肌氨酸和氨，半胱氨酸可能变成脱氢丙氨酸，苏氨酸和赖氨酸的含量在碱性pH下加热也会降低。在碱性pH热处理条件下还会导致赖氨酰丙氨酸、羊毛硫氨酸、鸟氨酰丙氨酸的形成以及在分子间或分子内形成共价交联。这些交联键是由赖氨酸、半胱氨酸或鸟氨酸等残基和脱氢丙氨酸残基（DHA）缩合产生的。脱氨丙氨酸是通过半胱氨酸或磷酸丝氨酸残基的β-

消除反应形成的。当大鼠摄取含有赖氨酰丙氨酸的蛋白质后，往往发生腹泻、胰腺肿大和脱毛。必需氨基酸残基的异构化和可能形成的其他毒性物质也是大鼠产生这类症状的可能原因。在剧烈的热处理条件下，赖氨酸和谷氨酰胺之间，或赖氨酸和天冬酰胺残基之间可分别形成 c-N-(γ-谷氨酰)颁氨酰或 c-N-(β-天冬氨酰)赖氨酰类的肽间共价键，高达 15%的蛋白质赖氨酸残基参加了这个反应，这种键的形成可以使蛋白质消化率和蛋白质效率比降低，还影响蛋白质的生物价。经剧烈热处理的蛋白质又可形成环链衍生物，其中有些还有强诱变作用，如色氨酸在 200℃以上加热时，通过环化可转变成为 α、β 和 γ-咔啉及其衍生物。

2. 辐射引起的变化

当蛋白质受到 γ-辐射或者在有氧化脂肪存在时可发生分子间或分子内的共价交联，主要在氨基酸残基 α-碳上形成的自由基如发生聚合反应。γ-辐射还可引起低水分食品的多肽链断裂。在有过氧化氢酶存在时酪氨酸会发生氧化交联生成二络氨酸残基。辐射引起的营养与安全性问题的研究还在继续。

3. 氧化引起的变化

食品加工或美食制作时采用氧化剂并不少见。例如过氧化氢具有杀菌和漂白的性质，乳品工业中用来加工某种干酪用的牛奶或用它作为贮存罐、利乐包装用的“低温杀菌剂”，它还可以用于改善鱼蛋白浓缩物、面粉、油料种籽蛋白质分离物等加工产品的色泽。此外，含黄曲霉毒素的谷物、豆类、种籽壳皮可以用过氧化氢脱毒；又如，过氧化苯甲酰可用于面粉的漂白，在某些情况下还用作乳清粉的漂白剂。不应用氧化剂制作的食品也可能有过氧化物的出现，例如脂类氧化产生的过氧化物及其降解产物存在于很多食品体系之中，这些过氧化物往往是引起它们共存的蛋白质成分发生降解的原因。氨基酸残基由于过氧化反应、辐射、微量金属、氧、热空气干燥和发酵过程时充气等原因，也可以发生氧化变性。对氧化反应最敏感的氨基酸是含硫氨基酸和色氨酸，其次是酪氨酸和组氨酸。含硫氨基酸的氧化主要涉及含硫侧链的氧化，含芳香环的氨基酸的氧化主要涉及芳香环所在侧基的氧化。

4. 美拉德反应引起的变化

含还原性碳水化合物或碳基化合物(例如脂类氧化产生的醛和酮)的蛋白质食品，在加工和储藏过程中发生非酶褐变(又叫美拉德反应)。非酶褐变反应在蒸煮、热处理、蒸发和干燥时明显地增强。以中等水分食品的褐变反应速度最高，例如焙烤食品、炒花生、焙烤的早餐谷物和滚筒法干燥奶粉即是。

美拉德反应可形成高分子量和结构复杂的褐色或黑色的类黑精，这类色素是面包和焙烤产品产生褐色的原因。类黑精的产物对营养的影响至今还未完全了解，有人认为这类产物能抑制某些必需氨基酸在肠道内的吸收。类黑精形成时伴随有少量蛋白质发生共价交联，这种交联能明显地损害这些蛋白质的消化性。某些蛋白质-碳水化合物模拟体系和加热产生的类黑精还表现出诱变性质，这种性质的能力决定于美拉德反应的强度。类黑精是不溶于水的物质，肠壁对其仅微弱的吸收。因此，它们在生理方面的危险性很小，但是低分子量类黑精前体较容易吸收。

(六)美食制作原料中常见的蛋白质

1. 肉类中的蛋白质

一般所谓肉类是指动物的骨骼肌，以牛、羊、鸡、鸭肉等最为重要，其蛋白质占湿重的

18%～20%。肉类中的蛋白质分为肌原纤维蛋白质、肌浆蛋白质和基质蛋白质。这三类蛋白质在溶解性质上存在着显著的差别，采用水或低离子强度的缓冲液(0.15mol/L或更低浓度)能将肌浆蛋白质提取出来，提取肌原纤维蛋白质则需要采用更高浓度的盐溶液，而基质蛋白质则是不溶解的。肌浆蛋白质主要有肌溶蛋白和球蛋白X两大类，占肌肉蛋白质总量的20%～30%。肌溶蛋白溶于水，在55～65℃变性凝固；球蛋白X溶于盐溶液，在50℃时变性凝固。此外，肌浆蛋白质中还包括有少量的使肌肉呈现红色的肌红蛋白。

(1)肌原纤维蛋白质(亦称为肌肉的结构蛋白质) 包括肌球蛋白(即肌凝蛋白)、肌动蛋白(即肌纤蛋白)、肌动球蛋白(即肌纤凝蛋白)和肌原球蛋白等，这些蛋白质占肌肉蛋白质总量的51%～53%。其中，肌球蛋白溶于盐溶液，其变性开始温度是30℃，肌球蛋白占肌原纤维蛋白质的55%，是肉中含量最多的一种蛋白质。在屠宰以后的成熟过程中，肌球蛋白与肌动蛋白结合成肌动球蛋白，肌动球蛋白溶于盐溶液中，其变性凝固的温度是45～50℃。由于肌原纤维蛋白质溶于一定浓度的盐溶液，所以也称盐溶性肌肉蛋白质。

(2)基质蛋白质 主要有胶原蛋白和弹性蛋白，都属于硬蛋白类，不溶于水和盐溶液。胶原蛋白在肌肉中约占2%，其余部分存在于动物的筋、脏、皮、血管和软骨之中，它们在肉蛋白的功能性质中起着重要作用。

胶原蛋白含有丰富的羟脯氨酸(10%)和脯氨酸，甘氨酸含量更丰富(约33%)，还含有羟赖氨酸，几乎不含色氨酸。这种特殊的氨基酸组成是胶原蛋白特殊结构的重要基础，现已发现Ⅰ型胶原(一种胶原蛋白亚基)中96%的肽段都是由Gly-x-y个三联体重复顺序组成，其中x常为Pro(脯氨酸)，而y常为HyP(羟脯氨酸)。胶原蛋白可以链间和链内共价交联，从而改变了肉的坚韧性，陆生动物比鱼类的肌肉坚韧，老动物肉比小动物肉坚韧，是交联度提高造成的。在胶原蛋白肽链间的交联过程中，首先是胶原蛋白肽链的末端非螺旋区的赖氨酸和羟赖氨酸残基的з-氨基在赖氨酸氧化酶作用下氧化脱氨形成醛基，醛基赖氨酸和醛基经赖氨酸残基再与其他赖氨酸残基反应经重排而产生脱氢赖氨酰正亮氨酸和赖氨酰-5-酮正亮氨酸，而赖氨酞-5-酮正亮氨酸还可以继续缩合和环化形成三条链间的吡啶交联。这些交联作用的结果形成了具有高抗张强度的三维胶原蛋白纤维，从而使肌腱、韧带、软骨、血管和肌肉的强韧性提高。在80℃热水中，胶原蛋白一方面发生部分水解，从而产生明胶，明胶分子质量为胶原蛋白的1/3存在(或保留)着一定程度的三维结构，可作为肉制品的添加剂和果蔬汁加工中单宁物质的沉淀剂。

肌肉的嫩化是肌肉经蛋白酶水解由坚韧变软嫩的变化。在肌肉组织中存在内源的钙活化蛋白酶和组织蛋白酶。钙活化蛋白酶的适宜pH为6左右，动物宰后肌肉细胞中游离钙的浓度逐渐上升，同时pH值下降，这时钙活化蛋白酶就开始催化肌肉蛋白水解；组织蛋白酶有6种，它们原存在于肌肉细胞的溶酶体中，适宜pH在2.5～4.2，在动物肌肉pH下降后，溶酶体会自动释放出这些酶。当pH在5.5以下时，它们就开始催化蛋白质水解。现代食品工业已部分采用商品木瓜蛋白酶和菠萝蛋白酶来促进肉的嫩化。另外，挂吊动物时的重力撕拉作用也有利于肌肉嫩化；肌肉过分收缩也是肉嫩化的一个重要原因，如牛肉在僵直缩短到原来长度的60%(收缩度40%)以前，肉的坚韧性不断增加，烧煮后嫩度不断下降，但当收缩度超过40%以后，肉的坚韧性和嫩度则开始向相反的方向变化。

商业肉品的加工，也使用注盐水和加磷酸盐来提高肉制品的嫩度，常使用0.8～

1.0mol/L的食盐水和3%焦磷酸钠，其作用在于它们能削弱肌肉的致密结构，促进肌球蛋白溶解和提高肌肉的溶胀体积及持水力。

2.牛乳中的蛋白质

牛乳中含有大约33g/L的蛋白质，可分为酪蛋白和乳清蛋白两大类。尽管还有极少量脂肪球膜蛋白、但加工中通常脂肪随离心被脱去。酪蛋白占牛乳蛋白质的80%，包括α_{S1}-酪蛋白、α_{S2}-酪蛋白，β-酪蛋白和k-酪蛋白；乳清蛋白占牛乳蛋白的20%，包括β-乳球蛋白、α-乳清蛋白、免疫球蛋白和血清蛋白等。

(1)酪蛋白　每升鲜牛奶中含27g酪蛋白，它是磷蛋白，在20℃下于pH4.6沉淀。酪蛋白含有4种蛋白亚基，即α_{S1}、α_{S2}、β、k-酪蛋白，它们的比例约为3∶1∶3∶1，随遗传类型不同而略有变化。

α_{S1}和α_{S2}-酪蛋白的分子质量相似，约23500，等电点也都是pH5.1，α_{S2}-酪蛋白仅略为更亲水一些，两者共占总酪蛋白的48%。从一级结构看，它们含有非常均衡分布的亲水残基和非极性残基，很少含半胱氨酸和脯氨酸，成簇的磷酸丝氨酸残基分布在第40～80位氨基酸肽之间，C末端部分有硫水键。这种结构特点使其形成较多α-螺旋和β-折叠片二级结构，并易和二价金属钙发生结合，钙离子浓度高时不溶解。

β-酪蛋白分子质量约24000，它占酪蛋白的30%～35%，等电点为pH5.3，β-酪蛋白高度疏水，但它的N末端含有较多亲水基，因此它的两亲性使其可作为一个乳化剂。在中性pH下加热，β-酪蛋白会形成线团状的聚集体。

K-酪蛋白占酪蛋白的15%，分子质量为19000，等电点在pH3.7～4.2。它含有半胱氨酸并可通过二硫键形成多聚体，虽然它只含有一个磷酸化残基，但它含有碳水化合物成分，这提高了其持水性。

酪蛋白与钙结合形成酪蛋白酸钙，再与磷酸钙构成酪蛋白酸钙-磷酸钙复合体。复合体与水形成悬浊状胶体(酪蛋白胶团)存在于鲜乳(pH6.7)中，酪蛋白胶团在牛乳中比较稳定，但经冻结或加热等处理，也会发生凝胶现象。130℃加热经数分钟，酪蛋白变性而凝固沉淀。添加酸或凝乳酶，酪蛋白胶粒的稳定性被破坏而凝固，干酪就是利用凝乳酶对酪蛋白的凝固作用而制成的。

(2)乳清蛋白　牛乳中酪蛋白沉淀下来以后，保留在上面的清液即为乳清，存在于乳清中的蛋白质称为乳清蛋白。乳清蛋白有许多组分，其中最主要的是β-乳球蛋白和α-乳清蛋白。β-乳球蛋白约占乳清蛋白质的50%，仅存在于pH3.5以下和7.5以上的乳清中，在pH3.5～7.5之间则以二聚体形式存在。β-乳球蛋白是一种简单蛋白质，含有游离的－SH基，牛奶加热产生气味可能与它有关。加热、增加钙离子浓度或pH值超过8.6等都能使它变性。α-乳清蛋白在乳清蛋白中占25%，比较稳定。分子中含有4个二硫键，但不含游离-SH基。乳清中还有血清蛋白、免疫球蛋白和酶等其他蛋白质。血清蛋白是个大分子球形蛋白质，相对分子质量66000，含有17个二硫键和1个半胱氨酸残基，该蛋白结合着一些脂类和风味物，而这些物质有利于其耐变性力的提高。免疫球蛋白相对分子质量大到15000～950000，它是热不稳定球蛋白。

(3)脂肪球膜蛋白质　在乳脂肪球周围的薄膜中吸附着少量的蛋白质(每100g脂肪吸附蛋白质不到1g)，这层膜控制着牛乳小脂肪水分散体系的稳定性。脂肪球膜蛋白质是磷脂蛋白质，并含有少量糖类化合物。

3. 鸡蛋中的蛋白质

鸡蛋蛋白质可分为蛋清蛋白和蛋黄蛋白，其组成见表 7-1 和表 7-2。

表 7-1 蛋清蛋白

组成	占总固体百分比/%	先增电点	特性
卵清蛋白(ovalbumin)	54	4.6	易变性，含巯基
伴清蛋白(conalbumin)	13	6.0	与铁复合，能抗微生物
卵类黏蛋白(ovomucoid)	11	4.3	能抑制膜蛋白酶
溶菌酶(lysozyme)	3.5	10.7	为分解多糖的酶，抗微生物
卵黏蛋白(ovomucin)	1.5		具黏性，含唾液酸，能与美素作用
黄索蛋白-脱辅基蛋白(fiovoprotein-apoprotein)	0.8	4.1	与核黄素结合
蛋白酶抑制剂(proteinase inhibitor)	0.1	5.2	抑制细菌蛋白酶
抗生物素(avidin)	0.05	9.5	与生物素结合，抗微生物
未确定的蛋白质成分(unidenTIF;S * 2ied proteins)	8	5.5,7.5	主要为球蛋白
非蛋白质氮(nonprotein)	9	8.0,9.0	其中一半为糖和盐(性质不明确)

表 7-2 蛋黄蛋白

组成	占卵黄固体百分比/%	特性
卵黄蛋白	5	含有酶、性质不明
卵黄高磷蛋白	7	含 10%的磷
卵黄脂蛋白	21	乳化剂

由此可见，鸡蛋清蛋白质中有些具有独特的功能性质，如鸡蛋清中由于存在溶菌酶、抗生物素蛋白、免疫球蛋白和蛋白酶抑制剂等，能抑制微生物生长，这对鸡蛋的贮藏十分有利，因为它们将易受微生物侵染的蛋黄保护起来。我国中医外科常用蛋清调制药物用于贴疮的膏药，正是这种功能的应用实例之一。

鸡蛋清中的卵清蛋白、伴清蛋白和卵类黏蛋白都是易热变性蛋白质，这些蛋白质的存在使鸡蛋清在受热后产生半固体的胶状，但由于这种半固体胶体不耐冷冻，因此不要将煮制的蛋放在冷冻条件下贮存。

鸡蛋清中的卵清蛋白和球蛋白是分子质量很大的蛋白质，它们具有良好的搅打起泡性，食品中常用鲜蛋或鲜蛋清来形成泡沫。在焙烤过程中还发现，仅由卵粘蛋白形成的泡沫在焙烧过程中易破裂，而加入少量溶菌酶后却对形成的泡沫有保护作用。皮蛋的加工，利用了碱对卵蛋白质的部分变性和水解，产生黑褐色并透明的蛋清凝胶，蛋黄这时也变成黑色稠糊或半塑状。

蛋黄中的蛋白质也具有凝胶性质，这在煮蛋和煎蛋中最重要，但蛋黄蛋白更重要的性质是它们的乳化性，这对保持焙烤食品的网状结构具有重要意义。蛋黄蛋白质作乳化剂的另一个典型例子是生产蛋黄酱。蛋黄酱是色拉油、少量水、少量芥末和蛋黄及盐等调味品的均匀混合物，在制作过程中通过搅拌，蛋黄蛋白质就发挥其乳化作用而使混合物变为均匀乳化的乳状体系。

4. 鱼肉中的蛋白质

鱼肉中蛋白质的含量因鱼的种类及年龄不同而异，含10%～21%。鱼肉中蛋白质与畜禽肉类中的蛋白质一样，可分为3类，即肌浆蛋白、肌原纤维蛋白和基质蛋白。鱼的骨骼肌是一种短纤维，它们排列在结缔组织（基质蛋白）的片层之间，仅鱼内中结缔组织的含量要比畜禽肉类中的少，而且纤维也较短，因而鱼肉更为嫩软。鱼肉的肌原纤维与畜禽肉类中相似，为细条纹状，并且所含的蛋白质如肌球蛋白、肌动蛋白、肌动球蛋白等也很相似，但鱼肉中的肌动球蛋白十分不稳定，在加工和贮存过程中很容易发生变化，即使在冷冻保存中，肌动球蛋白也会逐渐变成不溶性的而增加了鱼肉的硬度。如肌动球蛋白当贮存在稀的中性溶液中时很快发生变性并可逐步凝聚而形成不同浓度的二聚体、三聚体或更高的聚合体，但大部分是部分凝聚，而只有少部分是个别凝聚，这可能是引起鱼肉不稳定的主要因素之一。

5. 大豆中的蛋白质

大豆蛋白可分为两类即清蛋白和球蛋白。清蛋白一般占大豆蛋白的5%（以粗蛋白计）左右，球蛋白约占90%。大豆球蛋白可溶于水、碱或食盐溶液，加酸调pH至等电点4.5或加硫酸铵至饱和，则沉淀析出，故又称为酸沉蛋白，而清蛋白无此特性，则称为非酸沉蛋白。

按照在离心机中沉降速度来分，大豆蛋白质可分为4个组分，即2S，7S，11S和15S（S为沉降系数，$1S=1\times10^{-13}$秒＝1Svedberg单位），其中7S和11S最为重要，7S占总蛋白的37%，而11S占总蛋白的31%。

表7-3　水提取大豆蛋白的超离心分级

沉降系数（S_{w20}）	占总蛋白质的百分数	已知的组分	相对分子质量
2S	22	胰蛋白酶抑制	8000～21500
		细胞色素c	12000
7S	37	血球凝集素	11000
		脂肪氧合酶	102000
		β-淀粉酶	61700
11S	31	11S球蛋白	350000
15S	11	—	60000

7S球蛋白是一种糖蛋白，含糖量约为5.0%，其中甘露糖3.8%，氨基葡萄糖为1.2%；11S球蛋白也是一种糖蛋白，糖含量只占0.8%。11S球蛋白含有较多的谷氨酸、天冬酰胺。与11S球蛋白相比，7S球蛋白中色氨酸、蛋氨酸、胱氨酸含量略低，而赖氨酸含虽则较高，因此7S球蛋白更能代表大豆蛋白质的氨基酸组成。

7S组分与大豆蛋白的加工性能密切相关，7S组分含量高的大豆制得的豆腐就比较细嫩；11S组分有一个特性即冷沉性，脱脂大豆的水浸出蛋白液在0～2℃水中放置后，约有86%的11S组分沉淀出来，利用这一特性可以分离浓缩11S组分；11S组分和7S组分在食品加工中性质不同，由11S组分形成的钙胶冻比7S组分形成的坚实得多，这可能是因为11S和7S组分与钙反应的差异所致。

不同的大豆蛋白质组分，乳化特性也不一样，7S与11S的乳化稳定性稍好，在实际应用中，不同的大豆蛋白制品具有不同的乳化效果，如大豆浓缩蛋白的溶解度低，作为加工香肠用乳化剂不理想，而用分离大豆蛋白其效果则好得多。

大豆蛋白制品的吸油性与蛋白质含量有密切关系，大豆粉、浓缩蛋白和分离蛋白的吸油率分别为84%、133%和150%，组织化大豆蛋白的吸油率为60%～130%，最大吸油量发生在15～20min内，而且粉越细吸油率越高。

大豆蛋白沿着它的肽链骨架，含有许多极性基团，在与水分子接触时，很容易发生水化作用。当向肉制品、面包、糕点等食品添加大豆蛋白时，其吸水件和保水性平衡非常重要，因为添加大豆蛋白之后，若不了解大豆蛋白的吸水性和保水性以及不相应地调节工序及吸水量，就可能会因为大豆蛋白质从其他成分中夺取水分，而影响面团的工艺性能和产品质量；相反，若给予适当的工艺处理，则对改善食品质量非常有益，不但可以增加面包产量、改进面包的加工特性，而且可以减少糕点的收缩，延长面包和糕点的货架期。

大豆蛋白质分散于水中形成胶体，这种胶体在一定条件(包括蛋白质的浓度、加热温度、时间、pH值以及盐类和巯基化组分的食物等)下可转变为凝胶，其中大豆蛋白质的浓度及其组成是凝胶能否形成的决定性因素，大豆蛋白质浓度愈高，凝胶强度愈大；在浓度相向的情况下，大豆蛋白质的组分不同其凝胶性也不同，在大豆蛋白质中，只有7s和11s组分才有凝胶性，而且11s形成凝胶的硬度和组织性高于7s组分凝胶。

大豆蛋白制品在食品加工中的调色作用表现在两个方面，一是漂白，二是增色。如在面包加工过程中添加活性大豆粉后，一方面大豆粉中的脂肪氧合酶能氧化多种不饱和脂肪酸，产生氧化脂质，氧化脂质对小麦粉中的类胡萝卜素有漂白作用，使之由黄变白，形成内瓤很白的面包；另一方面大豆蛋白又与面粉中的糖类发生美拉德反应，可以增加其表面的颜色。

6. 小麦蛋白

小麦蛋白的主体是面筋。面筋是小麦面粉与水糅和，洗掉淀粉及其他成分后形成的富有弹性的软胶体，也是小麦淀粉加工的副产物。小麦蛋白主要是由清蛋白、球蛋白、麦胶蛋白和麦谷蛋白组成。小麦蛋白作为优质的植物蛋白质来源，具有较高的营养价值，其谷氨酸、脯氨酸含量高，赖氨酸和苏氨酸含量低，脂肪和糖类的含量极低，在食品应用中具有一定的营养改良和强化作用。小麦蛋白具有独特的结构，所以它具有良好的黏弹性、延伸性、吸水性、乳化性、薄膜成型性等功能性质。目前，小麦蛋白及其深加工产品在食品工业中得到了广泛的应用。

7. 单细胞蛋白

单细胞蛋白是以微生物作为食品的方式，它具有生长速率快、易控制和产量高等优点。常见的单细胞蛋白有酵母类、细菌、藻类、真菌等。

8. 叶蛋白

植物的叶片是进行光合作用和合成蛋白质的场所，是一种取之不尽的蛋白质资源。许多禾谷类及豆类作物的绿色部分含有2%～4%的蛋白质。叶蛋白能增加禽类的皮肉部和蛋黄的色泽，可以作为商品饲料，它对患蛋白质缺乏症的儿童也能起到改善营养的作用，但是由于叶蛋白的适口性不佳，往往不能为一般人接受，可以将其作为添加剂用于谷物食品中，会提高人们对叶蛋白的接受性，且补充谷物中赖氨酸的不足。

二、脂类

脂类(lipid)是脂肪和类脂的统称,是人体所需要的重要的营养素之一,也是人体主要的产能和储能营养素。脂类主要包括脂肪,类脂和类固醇。人体所需能量的 20%～30%是由脂类提供的。合理的脂类营养对于预防疾病、促进健康有积极意义,但是脂肪产热较高,饮食中若摄入过多,容易造成热能过剩而引起肥胖,从而引发高血脂、高血压、糖尿病等代谢疾病,同时也会提高肠癌和乳腺癌的发病率。

(一)食物中的脂类物质

脂类是一大类疏水化合物,在活细胞结构中有极其重要的生理作用,主要包括中性脂肪和类脂类。中性脂肪指甘油和三分子脂肪酸组成的甘油三酯,包括油类(oils)和脂肪类(fats),是自然界最丰富的脂,占食物中脂肪的 98%,在身体中超过 90%。日常食用的动物油脂如猪油、牛油、豆油、花生油、菜籽油和棉籽油等均属中性脂肪。类脂指那些性质类似油脂的物质,主要包括磷脂、糖脂和固醇等,也包括脂溶性维生素和脂蛋白,具有重要的生物学意义。营养学上最重要的是能被人体吸收利用的偶数碳脂肪酸,可根据其碳链中双键数目的多少分为 3 类即饱和脂肪酸(多存在于动物脂肪中)、单不饱和脂肪酸(最普通的是油酸)和多不饱和脂肪酸(鱼油和植物种子中含量较多,最普遍的是亚麻酸)。常见脂肪酸的食物来源如表 7-4 所示。

表 7-4　常见脂肪酸的食物来源

名称	代号	食物来源
丁酸(butyric acid)	C4:0	奶油
己酸(caproic acid)	C6:0	奶油
辛酸(caprylic acid)	C8:0	椰子油、奶油
葵酸(caprice acid)	C10:0	椰子油、奶油、棕榈油
月桂酸(lauric acid)	C12:0	椰子油、奶油
肉豆蔻酸(myristic acid)	C14:0	椰子油、奶油、肉豆蔻脂肪
棕榈酸(palmiyic acid)	C16:0	牛羊肉、猪肉大部分脂肪
棕榈油酸(palmitoleic acid)	C16:0,n-7 cis	棕榈油
硬脂酸(stearic acid)	C18:0	牛羊肉、猪肉大部分脂肪
油酸(oleic acid)	C18:1,n-9 cis	大多数油脂
反油酸(elaidic acid)	C18:1,n-9 trans	人造黄油
亚油酸(linoleic acid)	C18:2,n-6,9 all cis	植物油
α-亚麻油酸(α-linolenic acid)	C18:3,n-3,6,9 all cis	植物油
γ-亚麻油酸(γ-linolenic acid)	C18:3,n-3,6,2 all cis	微生物发酵
花生酸(arachidic acid)	C20:0	花生油、猪油
花生四烯酸(arachidonic acid)	C20:4,n-6,9,12,15 all cis	植物油、微生物发酵
二十碳五烯酸(eicosapentaenoic acid, EPA)	C20:5,n-3,6,9,12,15 all cis	鱼油
芥子酸(erucic acid)	C22:1,n-9 cis	菜籽油
二十二碳六烯酸(docosahexenoic acid, DHA)	C22:6,n-3,6,9,12,15,18 all cis	鱼油
神经酸(nervonic acid)	C20:1,n-9 cis	鱼油

(二)脂类的生理功能

1. 身体的构成部分

脂类是人体重要的组成成分,正常人体中之类大约占10%~25%。如脂肪是机体的贮存组织,主要分布在皮下、腹腔、肌肉间隙和脏器周围,常以大块脂肪存在。机体内的脂肪含量与机体所能获得与消耗的能量有较大的关系,所以经常处于变动状态。类脂是细胞膜状结构的基本成分,细胞膜上的类脂层是由磷脂、糖脂、胆固醇等组成。类脂在神经组织中含量较丰富,如脑髓及神经组织中含磷脂、糖脂。类脂一般在人脑和神经组织中约占2%~10%,整个人体中类脂约占5%。

2. 生理功能

(1)提供能量　脂肪是一种高能量营养素,其生理能值(机体能利用的能值)为38kJ/g(约9kcal/g),比碳水化合物、蛋白质的生理能值(约17 kJ/g)高一倍多。积存的体脂是机体的"燃料仓库",饥饿时机体首先消耗糖原、体脂,保护蛋白质。人体细胞除红血球和某些中枢神经系统外,均能直接利用脂肪作为能源,人体所需能量的30%左右来自脂类。

(2)促进脂溶性维生素的吸收　膳食中适量脂肪的存在有利于指溶性维生素的吸收。脂溶性维生素多伴随着脂肪的存在,如黄油、麦胚油、豆油等含有维生素D、维生素E和视黄醇等。

(3)提供必需脂肪酸(EFA)　必需脂肪酸是一种不饱和脂肪酸,机体无法合成,只能由膳食供给,它是组织细胞的组成成分,对线粒体和细胞膜特别重要。

(4)保护机体　脂肪在体内可起到隔热、保温的作用,还可支持和保护体内脏器,使之不易损伤。如身体肥胖的人由于体内较厚的脂肪层而比普通人对寒冷和击打具有更大的抵抗力。寒带动物大多具有厚的脂肪层以起到保温御寒的作用等。

(5)其他功能　脂类还可以增加饱腹感和改善食品的感官性状。甘油三酯在纯的状态下相对无味,但它可吸收保留食物的香味。烹调油脂可改善食物的感官特性,赋予食品特殊风味,提高食欲。脂肪进入十二指肠,刺激产生肠抑胃素,能延长食物在胃中停留时间,产生较长的饱腹感。

(三)必需脂肪酸

必需脂肪酸(Essential fatty acids, EFA)是指人体维持机体正常代谢不可缺少而自身又不能合成、或合成速度慢无法满足机体的需要,必须通过食物供给的脂肪酸。脂肪是人体三大产热营养素之一,而脂肪酸又有饱和脂肪酸、单不饱和脂肪酸、多不饱和脂肪酸,其中亚油酸、α-亚麻酸在人体内不能合成,每日必须由食物供给,故称必需脂肪酸,是维持人体正常生长发育和健康必需的。必需脂肪酸不仅能够吸引水分滋润皮肤细胞,还能防止水分流失,它是机体的润滑油。由于人体自身不能合成,必须从食物中摄取,每日至少要摄入2.2~4.4克。

必需脂肪酸的生理功能包括组成磷脂的重要成分,与胆固醇代谢有关系,前列腺素的前体,维持正常视觉功能,与类脂代谢关系密切以及与动物精子形成有关等。

(四)饱和脂肪酸和不饱和脂肪酸

1. 饱和脂肪酸

不含双键的脂肪酸称为饱和脂肪酸,即一类碳链中没有不饱和键(双键)的脂肪酸,是构成脂质的基本成分之一。较常见的有辛酸、癸酸、月桂酸、豆蔻酸、软脂酸、硬脂酸和花生酸等。此类脂肪酸多存在于牛、羊、猪等动物的脂肪中，有少数植物油如椰子油、可可油、棕榈油等也多含有此类脂肪酸。

2. 饱和脂肪酸对健康的影响

饱和脂肪酸摄入量过高是导致血胆固醇、三酰甘油、LDL-C（低密度脂蛋白-胆固醇）升高的主要原因，继发引起动脉管腔狭窄，形成动脉粥样硬化，增加患冠心病的风险。

3. 不饱和脂肪酸

除饱和脂肪酸以外的脂肪酸就是不饱和脂肪酸。不饱和脂肪酸是构成体内脂肪的一种脂肪酸，人体必需的脂肪酸。不饱和脂肪酸根据双键个数的不同，分为单不饱和脂肪酸和多不饱和脂肪酸二种。食物脂肪中，单不饱和脂肪酸有油酸，多不饱和脂肪酸有亚油酸、亚麻酸、花生四烯酸等。人体不能合成亚油酸和亚麻酸，必须从膳食中补充。不饱和脂肪酸的食物来源主要有蔬菜、蘑菇类、大豆及其制品、鱼类、水果、奶类等。

4. 不饱和脂肪酸的生理功能

（1）清理血栓　随饮食补充的深海鱼油能够促进体内饱和脂肪酸的代谢，减轻和消除食物内动物脂肪（主要来自肥肉、奶制品等）对人体的危害，防止脂肪沉积在血管壁内，抑制动脉粥样硬化的形成和发展，增强血管的弹性和韧性。降低血液黏稠度，增进红细胞携氧的能力。鱼油中的 EPA（二十碳五烯酸），还有防止血小板粘连、凝聚的功能，因此它可以有效防止血栓的形成，预防中风。

（2）调节血脂　高血脂导致高血压、动脉硬化、心脏病、脑血栓、中风等疾病的主要原因，鱼油里的主要成分 EPA 和 DHA（二十二碳六烯酸），能降低血液中对人体有害的胆固醇和甘油三酯，能有效地控制人体血脂的浓度，并提高对人体有益的高密度脂蛋白的含量；而维持低浓度血脂水平对保持身体健康，预防心血管疾病、改善内分泌都起着关键的作用。

（3）维护视网膜提高视力　DHA 是视网膜的重要组成部分，约占 40%～50%。补充足够的 DHA 对活化衰落的视网膜细胞有帮助，对用眼过度引起的疲倦、老年性眼花、视力模糊、青光眼、白内障等疾病有治疗作用。DHA 还可提供视觉神经所需营养成分，并防止视力障碍。

（4）免疫调节　补充 EPA、DHA 可以增强机体免疫力，提高自身免疫系统战胜癌细胞的能力。日本的研究发现鱼油中的 DHA 能诱导癌细胞“自杀”。另据资料报道，鱼油对预防和抑制乳腺癌等作用十分显著，深海鱼油还对过敏性疾病、局限性肠胃炎和皮肤疾患有特殊疗效。

（5）改善关节炎症状减轻疼痛　Omega-3 系列不饱和脂肪酸可以辅助形成关节腔内润滑液，提高体内白细胞的消炎杀菌的能力，减轻关节炎症状，润滑关节，减轻疼痛。

（6）补脑健脑　DHA 是大脑细胞形成发育及运动不可缺少的物质基础。人类的记忆力、思维功能都有赖于 DHA 来维持和提高。补充 DHA 可促进脑细胞充分发育，延缓智力下降，健忘及预防阿尔茨海默病等。

（五）反式脂肪酸

反式脂肪酸（Trans Fatty Acids，TFA）是分子中含有一个或多个反式双键的非共轭不饱和脂肪酸。反式脂肪酸（有天然存在和人工制造两种情况，人乳和牛乳中都天然存在反式脂肪酸，牛奶中反式脂肪酸约占脂肪酸总量的4%～9%，人乳约占2%～6%。

1. 反式脂肪酸对人体健康的影响

反式脂肪酸对早产儿和不足月儿有重要影响，反式脂肪酸影响△6脂肪酸脱氢酶活性，从而使体内PUFA(不饱和脂肪酸)的生成受到抑制，影响婴儿的正常生长。反式脂肪酸还对心血管疾病有重要影响，研究证明，反式脂肪酸有明显降低血浆载脂蛋白A2I(apoA2I)水平、升高载脂蛋白B(apoB)水平的作用，而血浆总胆固醇和甘油三酯水平及apoB水平的升高是动脉硬化、冠心病和血栓形成的重要危险因素。此外，反式脂肪酸有增加血液黏稠度和凝聚力的作用。反式脂肪酸摄入过多会增加妇女患Ⅱ型糖尿病的风险。实验表明反式脂肪酸能使脂肪细胞对胰岛素的敏感性降低，从而增加机体对胰岛素的需要量，增大胰岛负荷，易引起Ⅱ型糖尿病。

2. 反式脂肪酸对不饱和脂肪酸的影响

反式脂肪酸在合成组织时优先占据细胞膜磷脂的1位，取代饱和脂肪酸，少数的反式C18:2会结合在2位与PUFA形成竞争，因此反式脂肪酸会干扰体内正常脂质代谢。反式脂肪酸能抑制花生四烯酸的合成，无论是早产儿还是正常儿童血液中花生四烯酸和花生四烯酸生物合成的产物与主要的反式脂肪酸9t－18:1和7t－18:1含量成负相关，两者均抑制花生四烯酸的生物合成，呈剂量依赖性。

(六)脂类的营养价值评价

1. 脂肪的消化率

食物脂肪的消化率与其熔点密切相关，而熔点取决于脂肪酸碳链长度及饱和程度。含不饱和脂肪酸和短链脂肪酸越多的脂肪，熔点越低，越容易消化。另外，顺反构型对熔点也有一定影响，如顺式油酸熔点为14℃，反式油酸则为44℃。熔点低于体温的脂肪消化率可高达97%～98%，高于体温的脂肪消化率约90%左右，熔点高于50℃的脂肪相对不容易消化，一般植物脂肪的消化率要高于动物脂肪。常用食用油的熔点及消化率如表7-5所示。

表7-5 常用食用油的熔点及消化率

油脂名称	熔点/℃	消化率/%
羊脂	44～45	81
牛脂	42～50	89
猪脂	36～50	94
奶脂	28～36	98
椰子油	28～33	98
花生油	室温下液体状	98
菜油	同上	99
棉籽油	同上	98
豆油	同上	91
菜油	同上	98
橄榄油	同上	98
麻油	同上	98
向日葵油	同上	96.5

2. 必需脂肪酸的含量

一般植物油中亚油酸和 α-亚麻酸含量高于动物脂肪，其营养价值优于动物脂肪。但椰子油例外，亚油酸含量很低，其不饱和脂肪酸含量也少。

3. 膳食脂肪提供的各种脂肪酸的比例

机体对饱和脂肪酸、单不饱和脂肪酸和多不饱和脂肪酸的需要不仅要有一定的数量，而且各种脂肪酸之间还要有适当的比例。目前，推荐的比值为 1∶1∶1，n-3 对 n-6 脂肪酸摄入比为 1∶(4～6)。一般植物油中不饱和脂肪酸的含量高于动物脂肪。

4. 脂溶性维生素的含量

食物脂肪是各类脂溶性维生素 A、D、E、K 的食物来源，一般脂溶性维生素含量高的脂肪营养价值也高。如鱼肝油和奶油富含维生素 A、D，许多植物油富含维生素 E，特别是谷类种子的胚芽(如麦胚油)维生素 E 的含量更为突出；脂肪还能促进这些脂溶性维生素在肠道中的吸收。

5. 某些有特殊生理功能的脂肪酸含量

如鱼类脂肪，尤其是鱼油中含有丰富的 DHA 和 EPA，具有重要的营养价值。

三、碳水化合物

碳水化合物(carbohydrate)由碳、氢、氧 3 种元素组成，是绿色植物通过光作用合成的一类多羟基醛或多羟基酮的有机化合物。碳水化合物又称糖类，由于受代谢过程的影响，动物性食品通常含量较少，主要存在于植物性食品中。

(一)食物中碳水化合物的种类

按照化学机构和生理作用，营养学上一般将碳水化合物分为单糖(monosaccharide)、双糖(disaccharide)、寡糖(oligosaccharide)和多糖(polysaccharide)4 类。

1. 单糖

单糖是指不能再被水解的糖单位，是构成各种寡糖和多糖的基本构成单位，每分子可含有 3～9 个碳原子。在食品中常见的有葡萄糖(glucose)和果糖(frocose)。葡萄糖是一种醛糖(右旋糖)，它是人体空腹时唯一游离存在的六碳糖，主要存在于各种植物性食品中。人体利用的葡萄糖，主要由淀粉水解而来，此外还可来自于蔗糖、乳糖等的水解；葡萄糖不需经消化过程就能直接被人体小肠壁吸收，是向人体提供能量的主要燃料。血液中的葡萄糖即血糖浓度保持恒定具有重要的生理意义。果糖是最甜的一种糖，主要存在于蜂蜜和水果中；食物中的果糖在体内吸收后可转化为葡萄糖，不会刺激胰岛素的分泌，其代谢也不受胰岛素的制约，不引起饭后明显的高血糖症。人工制作的玉米糖浆中含果糖达 40%～90%，是饮料、糖果生产的重要原料。

糖醇是单糖的重要衍生物，常见有山梨醇、甘露醇、木糖醇等。由于这些糖醇类物质在体内消化、吸收的速度慢，提供能量较葡萄糖少，已被广泛用于食品制造中特别是某些疾病(肥胖、糖尿病等)患者的甜味剂。

2. 双糖

双糖是有两分子单糖缩合而成。常见的天然存在于食品中的双糖有蔗糖(sucrose)、乳糖(lactose)和麦芽糖(maltose)等。蔗糖由 1 分子葡萄糖和 1 分子果糖组成，是食品工业中最重要的含能量甜味剂。在植物界广泛分布，常大量存在于根、茎、叶、花、果实、种子内。大量摄食蔗糖有副作用，西方国家人均每天食用蔗糖的量曾高达100g以上，结果出现体重过高、糖尿病、龋齿、动脉硬化、心肌梗塞等的高发率。动物实验也表明，大量食用低分子糖有害。乳糖是哺乳动物乳汁中主要碳水化合物，含量依动物不同而异。乳糖由葡萄糖和半乳糖以β-1,4糖苷键连接而成，主要存在于乳及乳制品中；乳糖约占鲜奶的5%，占乳类供能的30%～50%，同时母体内合成的乳糖是乳汁中主要的碳水化合物，是婴儿主要食用的糖类物质；乳糖必须在乳糖酶作用下分解为葡萄糖和半乳糖后才能被人体利用，由于有色人种体内乳糖酶含量相对较低，所以导致"乳糖不耐症"。麦芽糖是由2分子葡萄糖以α-1,4糖苷键连接而成，在麦芽中含量较多，一般植物中含量很少；主要在种子发芽时，因酶的作用分解淀粉而生成。动物体内不含麦芽糖(由淀粉、糖原水解的除外)。含淀粉的食物在口腔中咀嚼时，经唾液淀粉酶作用，被分解为麦芽糖，所以能感觉到甜味。制糖制酒工业大量使用麦芽中淀粉酶也是基于这一原理。麦芽糖还具有很好的黏性常常用来制作某些糖制品，如米花糖、牛皮糖等。

3. 寡糖

寡糖又叫低聚糖，是由3～9个单糖分子失水缩合而成。目前已知的几种重要寡糖有棉籽糖、水苏糖、异麦芽低聚糖、低聚果糖、大豆低聚糖等。大豆低聚糖(soybean oligosaccharide)是存在于大豆中的可溶性糖的总称，主要成分是水苏糖、棉籽糖和蔗糖。除大豆以外，在扁豆、豌豆、绿豆中均有存在。其甜味特性接近于蔗糖，但能量仅为蔗糖的50%左右。此外大豆低聚糖还是肠道双歧杆菌等益生菌的增殖因子，也可部分代替蔗糖应用于饮料、酸奶等食品中。

4. 多糖

多糖(polysaccharide)是由糖苷键结合的糖链，至少要超过10个以上的单糖组成的聚合糖高分子碳水化合物，可用通式$(C_6H_{10}O_5)_n$表示。由相同的单糖组成的多糖称为多糖，如淀粉、纤维素和糖原；以不同的单糖组成的多糖称为杂多糖，如阿拉伯胶是由戊糖和半乳糖等组成。多糖不是一种纯粹的化学物质，而是聚合程度不同的物质的混合物。多糖类一般不溶于水，无甜味，不能形成结晶，无还原性和变旋现象。多糖也是糖苷，所以可以水解，在水解过程中，往往产生一系列的中间产物，最终完全水解得到单糖。

多糖广义上可分为均一性多糖和不均一性多糖。

(1)均一性多糖　由一种单糖分子缩合而成的多糖，叫作均一性多糖。自然界中最丰富的均一性多糖是淀粉和糖原、纤维素，它们都是由葡萄糖组成。淀粉和糖原分别是植物和动物中葡萄糖的贮存形式，纤维素是植物细胞主要的结构组分。

淀粉　淀粉是植物营养物质的一种贮存形式，也是植物性食物中重要的营养成分，分为直链淀粉和支链淀粉。直链淀粉是由许多α-葡萄糖以α-1,4-糖苷键依次相连成长而不分开的葡萄糖多聚物。典型情况下由数千个葡萄糖线基组成，分子量从150000到600000。直链淀粉的结构为长而紧密的螺旋管形，这种紧实的结构是与其贮藏功能相适应的。支链淀粉是在直链的基础上每隔20～25个葡萄糖残基就形成一个一(1～6)支链，不能形成螺旋管。

糖原　与支链淀粉类似，只是分支程度更高，每隔4个葡萄糖残基便有一个分支。结构更紧密，更适应其贮藏功能，这是动物将其作为能量贮藏形式的一个重要原因，另一个原因是它含有大量的非原性端，可以被迅速动员水解。

纤维素 纤维素是由许多β-D-葡萄糖分子以β-1,4-糖苷键相连而成直链。纤维素是植物细胞壁的主要结构成分,占植物体总重量的1/3左右,也是自然界最丰富的有机物,地球上每年约生产1011吨纤维素。是膳食纤维的主要成分。

因为人体无分解β-1,4-糖苷键的酶,所以人类不能消化利用纤维素。这样纤维素只能以原形通过胃、小肠至大肠后,肠内细菌可分解它产生低级脂肪酸、乳酸、气体(如H_2、CO_2、CH_4等),对发挥肠道内有益菌的正常功能(如解毒、合成部分维生素等)具有重要作用。过去认为,因为纤维素不能被人体消化、利用,所以没有营养价值,因此认为它无关紧要。以上分析说明,纤维素是人们膳食中不可缺少的成分,在维护人类健康方面有重要作用,因此,膳食纤维有叫第7大营养素。

(2)不均一性多糖 有不同的单糖分子缩合而成的多糖,叫作不均一多糖。常见的不均一多糖有透明质酸、硫酸软骨素等。不均一性多糖种类繁多,有一些不均一性多糖由含糖胺的重复双糖系列组成,称为糖胺聚糖(glyeosaminoglycans,GAGs),又称黏多糖。糖胺聚糖是蛋白聚糖的主要组分,按重复双糖单位的不同,糖胺聚糖有五类,即透明质酸、硫酸软骨素、硫酸皮肤素、硫酸角质素、肝素、硫酸乙酰肝素。

(二)碳水化合物的主要生理功能

1. 构成机体组织

碳水化合物虽然仅占人体干重的2%左右,但它参与体内重要的代谢活动,例如糖脂是细胞膜与神经组织的组成部分,糖蛋白是许多重要功能物质,如酶、抗体、激素的一部分,核糖和脱氧核糖是遗传物质RNA和DNA的主要成分之一。

2. 储存和提供能量

碳水化合物是人类获取能量最经济和最主要的来源,它在体内消化吸收较其他两种产能营养素迅速而且完全,即使在缺氧条件下,仍能供给集体能量维持人体健康所需要的能量中,55%~65%由碳水化合物提供。葡萄糖可被所有的组织利用,例如蛋白质在肌肉中不能被直接氧化去的能量,脂肪在肌肉中的氧化能力很低,肌肉活动最有效的能量是糖原;心脏、神经系统只能利用葡萄糖作为能源,如大脑每日需要消耗100g以上葡萄糖,所以正常血糖水平对维持心脏、神经系统的功能非常重要。血糖降低时,往往会出现昏迷,严重时甚至休克、死亡。

3. 抗生酮作用

如果碳水化合物提供的能量不足,机体则需要消耗大量的脂肪补充能量,这时脂肪的代谢将不完全,产生过多的酮体。酮体是一些酸性化合物,会引起血液酸度升高,即出现所谓的酸中毒。当碳水化合物摄入充足时,可维持脂肪代谢的正常。

4. 节约蛋白质

碳水化合物是机体最直接最经济的能量来源,当摄入充足时,机体首先利用它提供能量,减少了蛋白质作为能量的消耗,使更多的蛋白质用于组织的构建和再生。

5. 保肝解毒作用

当碳水化合物摄入充足时,可增加体内肝糖原的贮备,机体抵抗外来有毒物质的能力增强。肝脏中的葡萄糖醛酸能与这些有毒物质结合,排出体外,起到解毒作用,具有保护肝脏的功能。

6. 增强肠道功能

非淀粉多糖是一类不能被机体小肠消化利用的多糖类物质，但能刺激肠道蠕动，增加结肠发酵率，有利人体肠道的健康，具有重要的生理意义。

（三）碳水化合物的食物来源

人类所需的碳水化合物主要由植物性食品提供，包括米面、杂粮、根茎、果实和蜂蜜等。其中粮谷类中淀粉约占 60%～80%，薯类一般含 15%～29%，豆类 40%～60%。蔗糖、糖果、甜食、糕点及含糖饮料等主要提供双糖、单糖。动物性食品只有肝脏含有糖原，乳中有乳糖，乳糖是婴儿最重要的碳水化合物，其他则含量甚微。

四、矿物质

矿物质（mineral）即无机盐，是食物中除去碳、氢、氧、氮四种元素以外的其他元素的统称。由于食品经过灼烧后，有机物常成为气体逸去，而无机物大部分为非挥发性的成分而形成残渣，故矿物质又称灰分。

（一）食物中矿物质的分类

按在体内的含量和每日的需要量不同，矿物质可分为两类。

1. 大量或常量矿物质元素

这是指含量占人体质量的 0.01%以上，需要量 100mg/d 以上的矿物质元素，共有 7 种，钙、磷、硫、钾、钠、氯、镁。

2. 微量元素

含量占人体质量的 0.01%以下，或日需要量在 100mg/d 以下的其他元素，叫微量元素。其中一些是由食物摄入的人体必需元素，称为必需微量元素。1973 年 WHO 认为必需微量元素有 14 种，铁、锌、铜、碘、锰、钼、钴、铬、镍、锡、硅、氟、钒。1995 年，FAO/WHO 再次界定必需微量元素为三类，即必需微量元素为铁、锌、铜、碘、锰、钼、钴、铬、氟、硒；可能的必需微量元素有硅、镍、硼、钒；有潜在毒性，但在低剂量下可能有人体必需功能的元素如铅、镉、汞、砷、铝、锡和锂。需要注意的是，所有必需元素，摄入过量都会有毒，特别是必需微量元素，在它的生理作用浓度和中毒剂量之间差别很小，补充过量容易出现中毒。这在进行食品营养强化或服用矿物质补充剂时需要特别引起注意。

（二）矿物质的生理功能

1. 机体的重要组成成分

矿物质是机体的重要组成成分，如骨骼、牙齿中的钙、磷和镁。血红蛋白中的铁，细胞中的钾，体液中的钠等。

2. 维持细胞的渗透压与机体的酸碱平衡

矿物质可调节细胞膜的通透性，保持细胞内外液中酸性和碱性无机离子的浓度，维持细胞正常的渗透压和体内的酸碱平衡。

3. 维持神经和肌肉的兴奋性

钙为正常神经冲动传递所需必需的元素，钙、镁、钾对肌肉的收缩和舒张均具有重要的调节作用。

4. 组成激素、维生素、蛋白质和多种酶类的成分

矿物质可促进体内某些酶的活性，如谷胱甘肽过氧化物酶中含硒和锌，细胞色素氧化酶中含铁，甲状腺素中含碘，维生素 B_{12} 中含钴等。

五、维生素

维生素（vitamin）又称维他命，是指维持人体生命活动必需的、无热量的、食物中所含有的微量的有机化合物。由于维生素类物质的化学稳定性较低，食物的加工和储藏处理可能对维生素保存率造成重要影响，因而一些容易受破坏的维生素在食品中的保存率是食品加工质量的重要衡量指标。随着加工食品在膳食中的比例不断增大，维生素在食品加工储藏中的损失问题越来越受到重视。

（一）维生素的分类

维生素的种类很多，通常按其溶解性分为脂溶性维生素和水溶性维生素两大类。

脂溶性维生素：维生素 A、维生素 D、维生素 E、维生素 K。水溶性维生素：B 族维生素（维生素 B_1、维生素 B_2、维生素 B_6、维生素 B_{12}、烟酸、泛酸、叶酸、生物素）、维生素 C。机体内存在的一些物质，尽管不认为是真正的维生素类，但它们所具有的生物活性却非常类似维生素，有时把它们列入复合维生素 B 族一类中，通常称它们为类维生素物质，其中包括：胆碱、生物类黄酮、肉毒碱、辅酶 Q（泛醌）、肌醇、维生素 B_{17}、硫辛酸、对氨基苯甲酸（PABA）和维生素 B_{15}。

1. 维生素 A

维生素 A 是不饱和的一元醇类，属脂溶性维生素；维生素 A 是眼睛中视紫质的原料，也是皮肤组织必需的材料，人缺少它会得干眼病、夜盲症等。它是 1913 年美国化学家戴维斯从鳕鱼肝中提取得到；它是一种黄色粉末，不溶于水，易溶于脂肪、油等有机溶剂；化学性质较稳定，但易为紫外线破坏，在空气中易氧化，应贮存在棕色瓶中。由于人体或哺乳动物缺乏维生素 A 时易出现干眼病，故又称为抗干眼醇。已知维生素 A 是含有 β-白芷酮环的多烯醇，有 A_1 和 A_2 两种，A_1 存在于动物肝脏、血液和眼球的视网膜中，又称为视黄醇，天然维生素 A 主要以此形式存在；A_2 主要存在于淡水鱼的肝脏中。维生素 A_1 是一种脂溶性淡黄色片状结晶，熔点 64℃，维生素 A_2 熔点 17～19℃，通常为金黄色油状物；维生素 A_2 的化学结构与 A_1 的区别只是在 β-白芷酮环的 3，4 位上多一个双键。不论是 A_1 或 A_2，都能与三氯化锑作用，呈现深蓝色，这种性质可作为定量测定维生素 A 的依据。许多植物如胡萝卜、番茄、绿叶蔬菜、玉米含类胡萝卜素物质，如 α、β、γ-胡萝卜素、隐黄质、叶黄素等。其中有些类胡萝卜素具有与维生素 A_1 相同的环结构，在体内可转变为维生素 A，故称为维生素 A 原，β-胡萝卜素含有两个维生素 A_1 的环结构，转换率最高。一分子 β 胡萝卜素，加两分子水可生成两分子维生素 A_1。在动物体内，这种加水氧化过程由 β-胡萝卜素-15，15′-加氧酶催化，主要在动物小肠黏膜内进行。食物中，或由 β-胡萝卜素裂解生成的维生素 A 在小肠黏膜细胞内与脂肪酸结合成酯，然后掺入乳糜微粒，通过淋巴吸收进入体内。动物的肝脏为储存维生素 A 的主要场所。当机体需要时，再释放入血液中，在血液中，视黄醇（R）与视黄醇结合蛋白（RBP）以及血浆前清蛋白（PA）结合，生成 R-RBP-PA 复合物而转运至各组织。

（1）维生素 A 的生理功能　维生素 A 是复杂机体必需的一种营养素，它以不同方式几乎影响机体的一切组织细胞。尽管是一种最早发现的维生素，但有关它的生理功能至今尚未完全揭开。维生素A最主要是生理功能包括：

维持视觉 维生素A可促进视觉细胞内感光色素的形成。全反式视黄醇可以被视黄醇异构酶催化为11-顺-视黄醇，进而氧化成11-顺-视黄醛，11-顺-视黄醛可以和视蛋白结合成为视紫红质。视紫红质遇光后其中的11-顺-视黄醛变为全反视黄醛，因为构象的变化，视紫红质是一种G蛋白偶联受体，通过信号转导机制，引起对视神经的刺激作用，引发视觉。而遇光后的视紫红质不稳定，迅速分解为视蛋白和全反视黄醛，并在还原酶的作用下还原为全反式视黄醇，重新开始整个循环过程。维生素A可调节眼睛适应外界光线的强弱的能力，以降低夜盲症和视力减退的发生，维持正常的视觉反应，有助于对多种眼疾的治疗作用。维生素A对视力的作用是最早被发现、也是被了解最多的功能。

促进生长发育与视黄醇对基因的调控有关 视黄醇也具有相当于类固醇激素的作用，可促进糖蛋白的合成。促进生长、发育，强壮骨骼，维护头发、牙齿和牙床的健康。

维持上皮结构的完整与健全 视黄醇和视黄酸可以调控基因表达，减弱上皮细胞向鳞片状的分化，增加上皮生长因子受体的数量。因此，维生素A可以调节上皮组织细胞的生长，维持上皮组织的正常形态与功能。保持皮肤湿润，防止皮肤黏膜干燥角质化，不易受细菌伤害，有助于对粉刺、脓包、疖疮，皮肤表面溃疡等症的治疗；有助于祛除老年斑；能保持组织或器官表层的健康。缺乏维生素A，会使上皮细胞的功能减退，导致皮肤弹性下降，干燥粗糙，失去光泽。

加强免疫能力 维生素A有助于维持免疫系统功能正常，能加强对传染病特别是呼吸道感染及寄生虫感染的身体抵抗力；有助于对肺气肿、甲状腺功能亢进症的治疗。

清除自由基 维生素A也有一定的抗氧化作用，可以中和有害的自由基。另外，许多研究显示皮肤癌、肺癌、喉癌、膀胱癌和食道癌都跟维生素A的摄取量有关；不过这些研究仍待临床更进一步的证实其可靠性。

(2)维生素A的食物来源及过量的危害 人体从食物中获得的维生素A主要有两类：一是来自动物食物的维生素A，多数以酯的形式存在于动物肝脏、鱼肝油、鱼卵、乳和乳制品(未脱脂)、禽蛋中；二是来自植物性食物中的胡萝卜素，有色蔬菜尤其绿色和黄色蔬菜及部分水果中含量最多，如菠菜、韭菜、油菜、豌豆苗、红心甜薯、胡萝卜、青椒、南瓜、芒果及杏等是胡萝卜素的丰富来源。

过量摄入维生素A可引起中毒。当成人维生素A使用剂量超过RNI100倍或儿童超过RNI20倍可发生急性中毒，症状为恶心呕吐、头疼眩晕、视觉模糊、肌肉失调、婴儿囟门突起。当剂量极大时可出现嗜睡、厌食、少动、反复呕吐，一旦停止服用症状会消失。长期使用RNI10倍剂量以上时可发生慢性中毒，常见症状是头痛、食欲不振、脱发、肝大、长骨末端外周部分疼痛、肌肉疼痛和僵硬、皮肤干燥瘙痒、复视、出血、呕吐和昏迷等。

2. 维生素D

维生素D为类固醇衍生物，属脂溶性维生素。维生素D与动物骨骼的钙化有关，故又称为钙化醇。维生素D于1926年由化学家卡尔首先从鱼肝油中提取，它是淡黄色晶体，熔点115～118℃，不溶于水，能溶于醚等有机溶剂。维生素D化学性质稳定，在200℃下仍能保持生物活性，但易被紫外光破坏，因此，含维生素D的药剂均应保存在棕色瓶中。维生素

D的生理功能是帮助人体吸收磷和钙，是造骨的必需原料，因此缺少维生素D会得佝偻症。在鱼肝油、动物肝、奶及蛋黄中它的含量较丰富，尤以鱼肝油含量最丰富。人体中维生素D的合成跟晒太阳有关，在动物皮下的7-脱氢胆固醇，经紫外线照射也可以转化为维生素D_3，因此麦角固醇和7-脱氢胆固醇常被称作维生素D原。因此，适当的光照有利健康。

天然的维生素D有两种，麦角钙化醇(D_2)和胆钙化醇(D_3)。植物油或酵母中所含的麦角固醇(24-甲基-22脱氢-7-脱氢胆固醇)，经紫外线激活后可转化为维生素D_2。在动物体内，它们必须在动物体内进行一系列的代谢转变，才能成为具有活性的物质，这一转变主要是在肝脏及肾脏中进行的羟化反应，首先在肝脏羟化成25-羟维生素D_3，然后在肾脏进一步羟化成为1,25-(OH)2-D3，后者是维生素D_3在体内的活性形式。1,25-二羟维生素D_3具有显著的调节钙、磷代谢的活性，它促进小肠黏膜对磷的吸收和转运，同时也促进肾小管对钙和磷的重吸收。在骨骼中，它既有助于新骨的钙化，又能促进钙由老骨髓质游离出来，从而使骨质不断更新，同时，又能维持血钙的平衡。由于1,25-二羟维生素D_3在肾脏合成后转入血液循环，作用于小肠、肾小管、骨组织等远距离的靶组织，基本上符合激素的特点，故有人将维生素D归入激素类物质。维生素D有调节钙的作用，所以是骨及牙齿正常发育所必需。特别在孕妇、婴儿及青少年需要量大。如果此时维生素D量不足，则血中钙与磷低于正常值，会出现骨骼变软及畸形，发生在儿童身上称为佝偻病；在孕妇身上为骨质软化症。

(1)维生素D的生理功能　提高机体对钙、磷的吸收，使血浆钙和血浆磷的水平达到饱和程度；调节钙、磷的代谢，促进生长和骨骼钙化，促进牙齿健全；通过肠壁增加磷的吸收，并通过肾小管增加磷的再吸收；维持血液中柠檬酸盐的正常水平；具有免疫调节功能，可改变机体对感染的反应；防止氨基酸通过肾脏损失等。一项对肥胖和非肥胖儿童的研究发现，维生素D水平低在肥胖儿童中的发生率更高；另外，与膳食未补充钙和维生素D的女性相比，绝经后女性补充钙和维生素D维持2年可显著降低LDL-C(低密度脂蛋白胆固醇)水平。

(2)维生素D的食物来源与过量的影响　希望从食物中获得维生素D是很不容易的，坚持户外活动，经常接受充足的日光照射，是预防维生素D缺乏的最安全、有效的方法。食物中维生素D主要存在于鱼肝油、海水鱼、动物肝脏、奶油及蛋黄等动物性食品中。

维生素D摄入过量可能造成的后果是：恶心、头痛、肾结石、肌肉萎缩、关节炎、动脉硬化、高血压、轻微中毒、腹泻、口渴、体重减轻、多尿及夜尿等症状。严重中毒时则会损伤肾脏，使软组织(如心、血管、支气管、胃、肾小管等)钙化。需要说明的是缺乏维生素D使得大肠癌发病风险升高，以及与Ⅰ型糖尿病密切有关；补充维生素D有益改善肺结核患者改善肺功能等。

3. 维生素E

维生素E是1922年由美国化学家伊万斯在麦芽油中发现并提取，是所有具有α-生育酚活性的生育酚和生育三烯酚及其衍生物的总称，又名生育酚。是一种脂溶性维生素，20世纪40年代已能人工合成。维生素E为微带黏性的淡黄色油状物，在无氧条件下较为稳定，甚至加热至200℃以上也不被破坏；但在空气中维生素E极易被氧化，颜色变深，故能保护其他易被氧化的物质(如维生素A及不饱和脂肪酸等)不被破坏。

VE主要存在于蔬菜、豆类中，在麦胚油中含量最丰富。天然存在的维生素E有8种结构形式，均为苯并二氢吡喃的衍生物，根据其化学结构可分为生育酚及生育三烯酚二类，每类又可根据甲基的数目和位置不同，分为α-、β-、γ-和δ-四种。商品维生素E以α-生育酚生理活性最高，β-及γ-生育酚和α-三烯生育酚的生理活性仅为α-的40%、8%和20%。天然α-生育酚是右旋型，即d-α-生育酚，它是生物活性最高的维生素E形式；1克d-α-生育酚的生物活性为1490IU，所以称其为1490型维生素E。另外，d-α-生育酚醋酸酯，d-α-生育酚琥珀酸酯等衍生物经常用在维生素E补充剂中。由于1克d-α-生育酚醋酸酯的生物活性仅为1360 IU所以称其1360型维生素E，而且d-α-生育酚醋酸酯和琥珀酸酯在吸收前需先经胰脂酶和肠黏膜脂酶的水解成具有生物活性的游离生育酚即α-生育酚时才能被人体吸收，起到抗氧化作用，因此外用不能起到抗氧化作用。在外用时，d-α-生育酚醋酸酯只能起到保湿的作用，而d-α生育酚具有保湿和抗氧化双重作用。

(1)维生素E的生理功能　维生素E对动物生育是必需的。缺乏维生素E时，雄鼠睾丸退化，不能形成正常的精子；雌鼠胚胎及胎盘萎缩而被吸收，会引起流产。动物缺乏维生素E也可能发生肌肉萎缩、贫血、脑软化及其他神经退化性病变。如果还伴有蛋白质不足时，会引起急性肝硬化；虽然这些病变的代谢机理尚未完全阐明，但是维生素E的各种功能可能都与其抗氧化作用有关。人体有些疾病的症状与动物缺乏维生素E的症状相似。由于一般食品中维生素E含量尚充分，较易吸收，故不易发生维生素E缺乏症，仅见于肠道吸收脂类不全时。维生素E在临床上试用范围较广泛，并发现对某些病变有一定防治作用，如贫血动脉粥样硬化、肌营养不良症、脑水肿、男性或女性不育症、先兆流产等，也可用维生素E预防衰老。

(2)维生素E的食物来源及过量的影响　各种植物油、谷物的胚芽、豆类、蔬菜以及蛋黄等食物中含有大量维生素E。肉、乳、奶油、鱼肝油中也有存在。此外，在人体的肠道内还可以合成，所以正常情况下，人体不会缺乏维生素E。

维生素E的毒性相对较少，大多数成人都可以耐受每日口服100～800mg的维生素E，而没有明显的毒性症状和生化指标改变。有证据表明，人体长期摄入1000mg/d以上的维生素E又可能出现中毒症状，如视觉模糊、头痛和极度疲乏等。

4. 维生素K

维生素K属脂溶性维生素。1929年丹麦化学家达姆从动物肝和麻子油中发现并提取；黄色晶体，熔点52-54℃，不溶于水，能溶于醚等有机溶剂。维生素K均为2-甲基-1,4-萘醌的衍生物，化学性质较稳定，能耐热耐酸，但易被碱和紫外线分解。常见的有维生素K_1和K_2，维生素K_1是黄色油状物，K_2是淡黄色结晶，均有耐热性，但易受紫外线照射而破坏，故要避光保存。人工合成的K_3和K_4是水溶性的，可用于口服或注射。

由于它具有促进凝血的功能，故又称凝血维生素。K_1是由植物合成的，如苜蓿、菠菜等绿叶植物；K_2则由微生物合成，人体肠道中的细菌也可合成维生素K_2；维生素K在猪肝、鸡蛋、蔬菜中含量较丰富，因此，人一般不会缺乏。目前维生素K已能人工合成，如维生素K_3，且化学家能巧妙地改变它的“性格”为水溶性，有利于人体吸收，在医疗上已被广泛应用。另外，临床上使用的抗凝血药双香豆素，其化学结构与维生素K相似，能对抗维生素K的作用，可用以防治血栓的形成。

(1)维生素K的生理功能　维生素K和肝脏合成四种凝血因子(凝血酶原、凝血因子Ⅶ，Ⅸ及Ⅹ)密切相关，如果缺乏维生素K_1，则肝脏合成的上述四种凝血因子为异常蛋白质分子，它们催化凝血作用的能力大为下降。人们已知维生素K是谷氨酸γ羧化反应的辅因子。缺乏维生素K则上述凝血因子的γ-羧化不能进行，此外，血中这几种凝血因子减少，会出现凝血迟缓和出血病症。此外，人们公认维生素 K 溶于线粒体膜的类脂中，起着电子转移作用，维生素 K 可增加肠道蠕动和分泌功能，缺乏维生素 K 时平滑肌张力及收缩减弱，它还可影响一些激素的代谢。如延缓糖皮质激素在肝中的分解，同时具有类似氢化可的松作用，长期注射维生素 K 可增加甲状腺的内分泌活性等。在临床上维生素 K 缺乏常见于胆道梗阻、脂肪痢、长期服用广谱抗菌素以及新生儿中，使用维生素 K 可予纠正。但过大剂量维生素 K 也有一定的毒性，如新生儿注射 30mg/天，连用三天有可能引起高胆红素血症。

(2)维生素 K 的食物来源　人体所需的维生素 K 中，有将近一半的量可直接由肠道的细菌提供，另一半可从食物中摄取。维生素 K 广泛存在于各种食物中，其中含量较多的有绿叶蔬菜、大豆和麦麸。水果及大部分动物性产品中维生素 K 的含量很少。由于不同肠道细菌产生维生素 K 的数量不同，所以到目前为止维生素 K 的推荐摄入量人无法确定。

5. 维生素 B_1

维生素 B_1 是最早被人们提纯的维生素，1896 年荷兰王国科学家伊克曼首先发现，1910 年为波兰化学家丰克从米糠中提取和提纯。因其分子中含有硫及氨基，故称为硫胺素，又称抗脚气病维生素。提取到的维生素 B_1 盐酸盐为单斜片晶；维生素 B_1 硝酸盐则为无色三斜晶体，无吸湿性。维生素 B_1 是一种白色粉末，易溶于水，遇碱易分解。

(1)维生素 B_1 的生理功能　维生素 B_1 能增进食欲，维持神经正常活动等，缺少它会得脚气病、神经性皮炎等。它广泛存在于米糠、蛋黄、牛奶、番茄等食物中，现阶段已能由人工合成。维生素 B_1 因溶于水，在食物清洗过程中可随水大量流失，经加热后菜肴中维生素 B_1 主要存在于汤中；如菜类加工过细、烹调不当或制成罐头食品，维生素会大量丢失或破坏。维生素 B_1 在碱性溶液中加热极易被破坏，后者在紫外光下可呈现蓝色荧光，利用这一特性可对维生素 B1 进行检测及定量。维生素 B_1 在体内转变成硫胺素焦磷酸(又称辅羧化酶)，参与糖在体内的代谢。因此维生素 B_1 缺乏时，糖在组织内的氧化受到影响。它还有抑制胆碱酯酶活性的作用，缺乏维生素 B_1 时此酶活性过高，乙酰胆碱(神经递质之一)大量破坏使神经传导受到影响，可造成胃肠蠕动缓慢，消化道分泌减少，食欲不振、消化不良等障碍。维持人体的正常新陈代谢，以及神经系统的正常生理功能，缺乏症为脚气病。

(2)维生素 B_1 的食物来源　维生素 B_1 普遍存在于各类食品中，小麦胚粉和干酵母中含量最高，谷类、豆类、肉类和动物内脏含量也较多，但蔬菜水果中不高。谷类过分精制加工、烹调前淘洗过度、加碱、高温等均可使维生素 B_1 有不同程度的损失。

6. 维生素 B_2

维生素 B_2 又名核黄素，有异咯嗪加核糖醇侧链组成，并有许多同系物，在自然界中主要以磷酸酯的形式存在于黄素单核苷酸和黄素腺嘌呤二核苷酸两种辅酶中。1879 年大不列颠及北爱尔兰联合王国化学家布鲁斯首先从乳清中发现，1933 年美国化学家哥尔倍格从牛奶中提取，1935 年德国化学家柯恩合成了它。维生素 B_2 是橙黄色针状晶体，味微苦，水溶液有黄绿色荧光，在碱性或光照条件下极易分解，熬粥不放碱就是这个道理。

(1)维生素 B_2 的生理功能　维生素 B_2 参与体内生物氧化与能量代谢；参与维生素 B_6 和烟酸的代谢；参与体内的抗氧化防御系统；与体内铁的吸收、储存和动员有关；另外，维生素 B_2 还可以与细胞色素 P_{450} 结合，参与药物代谢，提高机体对环境的应激适应能力。其被认为是视黄醛色素的组成成分，并与肾上腺皮质的分泌功能有关。人体缺少它易患口腔炎、皮炎、微血管增生症等。与能量的产生直接有关，促进生长发育和细胞的再生，增进视力。

(2)维生素 B_2 的食物来源　肠中细菌可以合成一定量的维生素 B_2，但数量不多，主要还需依赖于食物中的供给。维生素 B_2 广泛存在于动植物食物中，由于来源和收获、加工储存方法的不同，不同食物中维生素 B_2 的含量差异较大。乳类、蛋类、各种肉类、动物内脏中维生素 B_2 的含量丰富，主要以 FMN 和 FAD 的形式与食物中蛋白质结合。绿色蔬菜、豆类中也有。粮谷类的维生素 B2 主要分布在谷皮和胚芽中，碾磨加工可丢失一部分维生素 B_2，植物性食物中维生素 B_2 的含量不高。我国以植物性食品为主，摄取量偏低，维生素 B_2 的摄入尚不能满足人们身体的需要，较易发生维生素 B_2 的缺乏。

7. 维生素 B_{12}

维生素 B_{12}，即抗恶性贫血维生素，又称钴胺素，含有金属元素钴，是维生素中唯一含有金属元素钴的有机化合物。1947 年美利坚合众国女科学家肖波在牛肝浸液中发现维生素 B12。

化学性质稳定，脱氧腺苷钴胺素是维生素 B_{12} 在体内主要存在形式。它是一些催化相邻两碳原子上氢原子、烷基、羰基或氨基相互交换的酶的辅酶。体内另一种辅酶形式为甲基钴胺素，它参与甲基的转运，和叶酸的作用常互相关联，它可以增加叶酸的利用率来影响核酸与蛋白质生物合成，从而促进红细胞的发育和成熟。维生素 B_{12} 是人体造血不可缺少的物质，缺少它会产生恶性贫血症。具有抗脂肪肝，促进维生素 A 在肝中的贮存；促进细胞发育成熟和机体代谢。它与其他 B 族维生素不同，一般植物中含量极少，而仅由某些细菌及土壤中的细菌生成。须先与胃幽门分泌的一种糖蛋白(亦称内因子)结合，才能被吸收。因缺乏“内因子”而导致的 B_{12} 缺乏，治疗应采用注射剂。

(1)维生素 B_{12} 的生理功能　维生素 B_{12} 参与体内一碳单位的代谢。可将 5-甲基四氢叶酸的甲基移去形成有活性的四氢叶酸，以利于叶酸参与嘌呤、嘧啶的合成。因此，维生素 B_{12} 可通过增加叶酸的利用率来影响核酸和蛋白质的合成，从而促进红细胞的发育和成熟。

维生素 B_{12} 参与神经组织中髓磷脂的合成，同时又能使谷胱甘肽保持还原型而有利于糖代谢，故对维持神经系统的正常功能有重要作用。

(2)维生素 B_{12} 的食物来源　维生素 B_{12} 的主要来源为肉类，尤以内脏含量最多，鱼贝类、蛋类其次，乳类最少，植物性食品一般不含此种维生素。动物性食物所含维生素 B_{12} 主要由动物食入微生物合成的维生素 B_{12} 所致。

8. 维生素 C

维生素 C 又叫 L-抗坏血酸，是一种水溶性维生素，能够治疗坏血病并且具有酸性，所以称作抗坏血酸。1907 年由挪威化学家霍尔斯特在柠檬汁中首先发现，1934 年才获得纯品，现已可人工合成。维生素 C 是最不稳定的一种维生素，由于它容易被氧化，在食物贮藏或烹调过程中，甚至切碎新鲜蔬菜时维生素 C 都能被破坏；微量的铜、铁离子可加快破坏的速度。因此，只有新鲜的蔬菜、水果或生拌菜才是维生素 C 的丰富来源。

维生素 C 是一种无色晶体，熔点 190－192℃，易溶于水，水溶液呈酸性，化学性质较活泼，遇热、碱和重金属离子容易分解，所以炒菜不可用铜锅和加热过久。在柠檬汁、绿色植物及番茄中含量很高。抗坏血酸是单斜片晶或针晶，容易被氧化而生成脱氢坏血酸，脱氢坏血酸仍具有维生素 C 的作用。在碱性溶液中，脱氢坏血酸分子中的内酯环容易被水解成二酮古洛酸，这种化合物在动物体内不能变成内酯型结构，在人体内最后生成草酸或与硫酸结合成的硫酸酯，从尿中排出。因此，二酮古洛酸不再具有生理活性。

(1)维生素 C 的生理功能　维生素 C 同大多数 B 族维生素不一样，他不是某种酶的成分，但他是维持人体健康不可缺少的物质，在体内有多种功能，如参加体内的多种氧化-还原反应，促进生物氧化过程；促进组织中胶原的形成，保持细胞间质的完整；提高机体的抵抗力，并具有解毒作用；与贫血有关，缺乏则易引起贫血，严重时会引起血机能障碍；防止动脉粥样硬化和防癌作用。此外，它还能增强免疫以及对皮肤、牙龈和神经也有好处。

(2)维生素 C 的食物来源及过量的影响　维生素 C 主要是食物来源为新鲜蔬菜与水果，如西兰花、菜花、塌棵菜、菠菜、青椒等深色蔬菜和花菜，以及柑橘、红果、柚子等水果含维生素 C 量均较高。野生的苋菜、刺梨、沙棘、猕猴桃、酸枣等含量尤其丰富。

迄今，维生素 C 被认为没有害处，因为肾脏能够把多余的维生素 C 排泄掉。但美国新发表的研究报告指出，体内有大量维生素 C 循环不利伤口愈合。每天摄入的维生素 C 超过 1000mg 会导致腹泻、肾结石及不育症，甚至还会引起基因缺损。国内外研究表明，随着维生素 C 的用量日趋增大，产生的不良反应也愈来愈多。每日服用 1-4 克维生素 C，即可使小肠蠕动加速，出现腹痛、腹泻等症。长期大量口服维生素 C，会发生恶心、呕吐等现象。同时，由于胃酸分泌增多，能促使胃及十二指肠溃疡疼痛加剧，严重者还可酿成胃黏膜充血、水肿，而导致胃出血。大量维生素 C 进入人体后，绝大部分被肝脏代谢分解，最终产物为草酸，草酸从尿排泄成为草酸盐；有人研究发现，每日口服 4g 维生素 C，在 24 小时内，尿中草酸盐的含量会由 58mg 激增至 620mg。若继续服用，草酸盐不断增加，极易形成泌尿系统结石。痛风是由于体内嘌呤代谢发生紊乱引起的一种疾病，主要表现为血中尿酸浓度过高，致使关节、结缔组织和肾脏等处发生一系列症状。而大量服用维生素 C，可引起尿酸剧增，诱发痛风。怀孕妇女连续大量服用维生素 C，会使胎儿对该药产生依赖性。出生后，若不给婴儿服用大量维生素 C，可发生坏血病，如出现精神不振、牙龈红肿出血、皮下出血；甚至有胃肠道、泌尿道出血等症状。儿童大量服用维生素 C，可罹患骨科病，且发生率较高。育龄妇女长期大量服用维生素 C(如每日剂量大于 2g 时)，会使生育能力降低。长期大量服用维生素 C，能降低白细胞的吞噬功能，使机体抗病能力下降。主要表现为皮疹、恶心、呕吐，严重时可发生过敏性休克，故不能滥用。

(二)维生素的共同特点

维生素的种类很多，化学结构及性质各不同，但它们却有以下共同点。

1. 外源性

人体自身不可合成或合成量不足，如尼克酸和维生素 D 虽然人体可以合成，维生素 K 和生物素虽然肠道细菌可以合成，但合成的量不能完全满足机体的需要，必须经常通过食物来获得。

2. 调节性

维生素不是构成机体组织和细胞的组成成分，也不会产生能量，主要参与机体代谢的调节。维生素在体内的作用多种多样，如维生素 A 是视觉维生素、维生素 D 促进钙的吸收、维生素 E 防止组织氧化、维生素 K 促进血液凝固、多数 B 族维生素参与能量代谢、维生素 B_6 帮助身体制造蛋白质，叶酸和维生素 B_{12} 帮助细胞繁殖，维生素 C 促进胶原蛋白合成等。

3. 特异性

当人体缺乏某种维生素后，会导致人体的特定缺乏症或综合症，人将呈现出特有的病症。

4. 微量性

人体对维生素的需要量很少，日需要量常以 mg 或 μg 计算，但可以发挥巨大作用。

(三)维生素缺乏和不足的原因

1. 膳食供给不足由于生活条件差、膳食结构单调、偏食以及不合理加工，使得摄入膳食中维生素的量无法满足机体的需要。

2. 机体吸收障碍胆汁分泌不足，可引起脂溶性维生素吸收障碍。患慢性消耗性疾患的病人，长期腹泻，可导致各种维生素吸收减少。

3. 生理需要量增加如儿童生长发育阶段、妊娠、乳母供乳期、减肥期间、一些特殊工种及重体力活动以及熬夜、吸烟、酗酒、紧张的学习等对维生素需要量增加。

4. 维生素摄入不平衡各种维生素之间、维生素与其他营养素之间保持平衡非常重要。某些维生素过多或过少都会影响机体对其他维生素的吸收，如高剂量维生素 E 的摄入可干扰维生素 K 的吸收利用。

5. 其他原因如长期缺乏阳光照射，体内维生素 D 将合成不足，长期服药可抑制肠道产维生素的细菌生长等。

脂溶性维生素 A、维生素 D、维生素 E、维生素 K 一般共存于脂肪和食物油中，吸收时需要胆汁。吸收后，在身体需要它们之前就一直储存在肝脏和脂肪组织中。因此，只要饮食总体上提供接近推荐的摄入量，一般短期即使食物中缺乏这些维生素，对身体也往往无大碍。水溶性维生素则不然，它们在体内无大量储存，往往需要每天摄入。

维生素种类很多，但比较容易缺乏的、营养上要特别重视的有维生素 D、维生素 A、维生素 B_1、维生素 B_6 和维生素 C 等。

六、水

(一)人体中水的含量及需求量

1. 人体中水的含量

水是人体含量最多的成分，约占体重的 60%。机体的含水量与年龄、性别有关。年龄越小，含水量越多。新生儿的含水量可高达 80%，成年男子的含水量约为体重的 60%，成年女子为 50%～55%。

2. 人体中水的需求量

水是维持生命活动最终要的营养素。俗话说："可以一日无食，不可一日无水"。一般来说，年龄越小，对水的需要量越大，到成年时则相对稳定。婴幼儿每 1kg 体重，每天需饮水 110mL；少年儿童每 1kg 体重，每天需饮水 40mL；成年人每 1kg 体重，每天需饮水 40mL。因此，假定一个成年人的体重 70kg，他每天需要水量大约是 2900mL。

(二)不同种类的水

人们可饮用的水种类很多，不同的水对人体健康的影响也不一样。一般可饮用的水分为硬水和软水两大类。硬水包括矿泉水、井水、自来水、碱离子水等，软水包括蒸馏水、太空水、净化水、超净水等纯净水。有五种生活用水不能饮用，即老化水、干滚水、不开的水、蒸锅水、重新煮开的水。

自来水作为饮用水不可以直接饮用，须煮沸后饮用。优质的矿泉水除含一定微量元素锂外，钙离子和镁离子的含量比例为2∶1。通过实验证实，碱离子水有许多功效，对慢性腹泻、消化不良、胃肠内异常发酸、抑制胃酸、改善便秘等有良好改善作用。调查证实，人若长期饮用纯净水，对健康是有害无益的，长期饮用可导致必需微量元素流失，影响机体内营养物质输送，是身体呈现亚健康状态。

(三)水的生理功能

1. 参与机体的构成

人体含量最高的成分是水，它广泛存在于人体的各个组织中，特别是新陈代谢旺盛的组织中，例如血液、肾脏、肝脏、肌肉、大脑和皮肤等。

2. 参与机理物质代谢

水是体内各种生化反应的媒介，参与体内水解、水合等生化反应，而且参与以内消化、吸收、呼吸、循环、分泌、排泄等一系列生理活动。水是无机物、有机物、酶和激素等的良好溶剂。即使是不溶于水的物质如脂肪等也能在适当条件下分散于水中构成乳浊液或胶体溶液，以利营养素的消化和吸收。由于水的流动性强，可以作为体内各种物质的载体，对于各种营养素的吸收和运输、气体的运输与交换、代谢产物的运输与排泄都有着非常重要的作用。

3. 调节体温

由于水的比热容高、蒸发热高以及导热性强，因此是体温调节系统的主要组成部分。人体在进行各种代谢过程中会释放大量热量，谁可吸收这些热，并通过血液循环将这些热传至体表，通过对流、辐射、传导或蒸发而散失，维持体温在正常的范围内。

4. 润滑作用

水的黏度小，可是体内的摩擦部位滑润，减少损伤。体内关节、韧带、肌肉、眼球等处的活动都由水作为润滑剂。同时，水还可以滋润身体细胞，使其保持湿润状态。水还可以维持腺体器官的正常分泌，如消化道中腺体的分泌有助于食物的吞咽、蠕动及残渣的排泄等。

5. 其他功能

水是动、植物食品的重要成分，对食品的营养品质及加工性能有重要作用。水分对食品的鲜度、硬度、流动性、呈味性、保藏和加工等方面具有重要影响。在食品加工过程中，水起着膨润、浸透呈味物质的作用。水的沸点、冰点及水分活度等理化性质对食品加工有重要意义。

七、膳食纤维

膳食纤维最初被认为是“木质素与不能被人体消化道分泌的消化酶所消化的多糖之总称”。按此定义，膳食纤维主要是一些植物性物质，如纤维素、半纤维素、木质素、戊聚糖、果胶、树胶等；有人认为，也可包括动物性甲壳质、壳聚糖等；或可以包括人工化学修饰的某些物质，如甲基纤维素、羧甲基纤维素、藻酸丙二酸酯等。食物中的膳食纤维含量，依食物种类不同而异。如蔬菜的茎、叶中含量高，根茎类低(含淀粉高)。不同食物的膳食纤维组成成分也不同，蔬菜、干豆类以纤维素为主，谷类以半纤维素为主。

(一)膳食纤维的生理功能

1. 降胆固醇作用

大多数可溶性膳食纤维可降低人血浆胆固醇水平及动物血浆胆固醇和肝的胆固醇水平,这类膳食纤维包括果胶、海藻多糖、魔芋蒲甘聚糖及各种树胶。富水溶性纤维的食物如燕麦麸、大麦、荚豆类和蔬菜等的膳食纤维摄入,几乎都是降低 LDL-C(低密度脂蛋白-胆固醇),而 HDL-C(高密度脂蛋白-胆固醇)降低很少或不降低。

2. 改善血糖生成反应

许多研究表明,摄入某些可溶性纤维可降低餐后血糖升高的幅度并提高胰岛素敏感性。补充各种纤维使餐后葡萄糖曲线变平的作用与纤维素的黏度有关。

3. 改善大肠功能

膳食纤维影响大肠功能的作用包括缩短消化残渣在大肠的通过时间、增加粪便体积和重量及排便次数、稀释大肠内容物及为正常存在于大肠内的菌群提供可发酵的底物,从而可发挥肠道有益微生物的功能如合成维生素或产生对人体有益的代谢产物,这种对肠功能的作用起到了预防肠癌的作用。粪便量的增加及膳食纤维在结肠的发酵作用加速了肠内容物在结肠的转移和使粪便排出,起到预防便秘的效果。

4. 其他作用

膳食纤维能增加胃部饱腹感,减少食物摄入量,具有预防肥胖的作用。膳食纤维可减少胆汁酸的再吸收,改变食物消化速度和消化道激素的分泌量,可预防胆结石。另外,还具有防癌的作用。但是,过多摄入也有一定的副作用。

(二)膳食纤维的食物来源

膳食纤维主要存在于谷物、薯类、豆类及蔬菜、水果等植物性食品中,这是日常生活中膳食纤维的主要来源。植物成熟度越高,纤维含量越多。

此外,一些食物中含有的植物胶、藻类多糖、某些抗性淀粉和低聚糖等,也是膳食纤维的补充来源。然而最重要的还是应该注意多吃谷类食物,并避免选用加工过度精细的谷类。同时多吃富含膳食纤维的蔬菜、水果等。

第二节　饮食健康与平衡膳食

人体为了维持生命与健康,保证正常的生长发育以及从事工作和生活,必须有正常的营养摄入和能量保证,这些营养素和能量主要通过食物供应途径来满足。食物中的营养物质即营养素,是指食物中能被人体消化、吸收和利用的有机和无机物质,主要由碳水化合物、脂类、蛋白质、维生素和矿物质这基本五大类,而这些营养元素根据人体生理与代谢需要在膳食中所占比重差异较大,分别称为宏量营养素(如碳水化合物、脂类、蛋白质)和微量营养素(如矿物质和维生素),而矿物质元素又根据人体内需要量的差别分别称为常量元素(如钾、钠、钙、镁、硫、磷和氯等)和微量元素(如铁、碘、锌、硒、铜和钴等)。人体正是利用摄入食物中的营养物质进行代谢以获得能量,因此,正常供应生命以食物营养对生命与健康非常重要,以满足人体生命维持和工作劳动需要的营养与能量,然而营养过量或不平衡也会对健康产生重要影响。

一、人体对营养的需求及用量

营养素是构成人体的基本材料,是食物中能维持人的生命、生长和正常生理功能所必需的各种有效成分。在食物中,营养素的种类很多,通常有蛋白质、脂肪、碳水化合物、无机盐、多种维生素和水(营养素功能详细介绍见第一节)。

(一)蛋白质

蛋白质是生命的物质基础,没有蛋白质就没有生命。因此,它是与生命及各种与生命活动紧密联系在一起的物质。被摄入的蛋白质在体内经过消化分解形成各种氨基酸,吸收后在体内主要用于重新按一定比例组合成人体蛋白质,同时新的蛋白质又在不断代谢与分解,时刻处于动态平衡中。蛋白质不仅是重要的物质基础,还具有多种生理作用。

蛋白质的需要量与许多因素有关,如年龄、各国的标准不同、蛋白质的优劣程度等,其需要量有所不同,要满足蛋白质的需要,不但要进食足够的蛋白质,而且还应有足够的其他营养素。中国营养学会提出中国居民膳食蛋白质推荐摄入量,成年人蛋白质推荐摄入量按1.16g/(kg·d)计。

(二)脂类

脂类是油、脂肪、类脂的总称。食物中的油脂主要是油和脂肪,通常的油是植物中储存脂类的主要形式,含不饱和脂肪酸较多;脂肪是动物中储存脂类的主要形式,含不饱和脂肪酸较少,类脂包括磷脂和胆固醇。

脂肪无供给量标准。不同地区由于经济发展水平和饮食习惯的差异,脂肪的实际摄入量有很大差异。不同年龄人群对脂肪的需要摄入量也有差异(图7-3),我国成年人通过混合膳食如能每天摄取约50g的脂肪就可以基本满足生理需要,图7-3是指不同年龄层次的个体内需要的脂肪摄入量百分比(纵坐标:即脂肪能量占总能量的百分比)的变化。不过我国营养学会建议膳食脂肪供给量不宜超过总能量的30%。

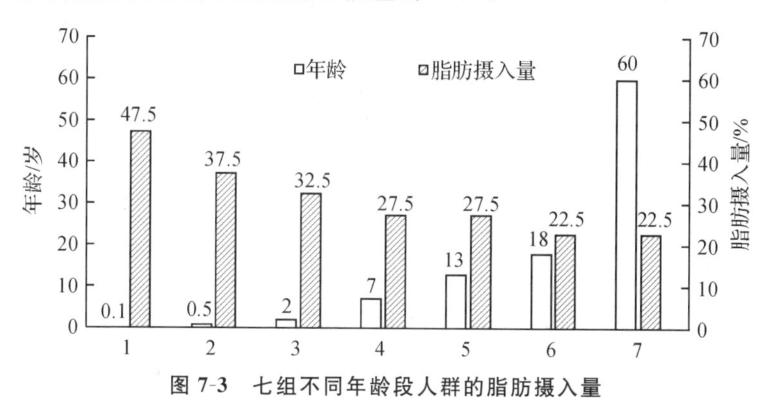

图7-3 七组不同年龄段人群的脂肪摄入量

(三)碳水化合物

碳水化合物是自然界存在最多、分布最广的一类重要的有机化合物;为生物的生长、运动、繁殖提供主要能源;是人类生存发展必不可少的重要物质之一。膳食中碳水化合物供给量与民族饮食习惯、生活水平、劳动性质及环境因素等有关。因此,还无法规定一个人应该吃多少重量的碳水化合物，但碳水化合物的产热一般占总热量的60%左右为宜。大约一个正常的从事轻体力劳动的年轻男性，一般摄入500g左右，女性300～400g；老年男性大约300～400g，女性250～300g；但无论任何人（有病者除外）一天碳水化合物的摄入不能少于150g。

根据我国膳食碳水化合物的实际摄入量，参考国外对碳水化合物的推荐量，中国营养学会认为，除2岁以下的婴幼儿外（＜2岁），现阶段我国居民碳水化合物的适宜摄入量（AI）应占全日膳食总能量的55%～65%。建议限制纯热能食物如糖的摄入量，多食用谷类为主的多糖食物。各国膳食碳水化合物摄入量建议值如表7-6所示。

表7-6　各国膳食碳水化合物摄入量建议值

国家和组织	年份	占热量百分比	摄入量(8.4MJ)		
			谷类	蔬菜水果	糖
美国	2005	45%～65%	350g	450g	50g
英国	1992	＞55%	6～11份	3～5份	少量
加拿大		＞55%			
法国	1995	50%～55%			
捷克	1990	60%～65%			
荷兰	1993	55%			
WHO	1998	55%			

（四）维生素

维生素是人体所必需的一类有机营养素，也是保持人体健康的重要活性物质。维生素在体内含量很少，但在人体生长、代谢、发育过程中却发挥着重要的作用。各种维生素的化学结构以及性质虽然不同，但它们有以下共同点：(1)均以维生素原的形式存在于食物中。(2)维生素既不构成机体组织，也不产生能量，主要是参与机体代谢的调节。(3)大多数维生素必须通过食物获得。(4)人体对维生素的需要量很小，但作用大。

由于个人身体状况的差异，机体对于维生素的需求量也会有所不同。以成年人为例，列举一些常见维生素的推荐摄入量，如表7-7所示。

表7-7　常见维生素的推荐摄入量

名称	摄入量	名称	摄入量
维生素A	男800μgRE 女700μgRE	维生素B_{12}	2.4μg/d
维生素B_1	男1.4mg/d 女1.3mg/d	维生素C	100mg/d
维生素B_2	男1.4mg/d 女1.2mg/d	维生素D	10μg/d
维生素PP	男14mgNE/d 女13mgNE/d	维生素E	14mgα-TE/d
泛酸	5mg/d	生物素	30μg/d
维生素B_6	1.2mg/d	叶酸	400μgDFE/d

注：数据参考这个营养学会2000年推荐摄入量。（RE：视黄醇当量，NE：烟酸当量，α-TE：α-生育酚当量，DFE：膳食叶酸当量）

各种维生素的参考摄入量分别介绍如下。

1. 维生素A的参考摄入量

正常成人每天的维生素A最低需要量约为3500国际单位(0.3μg维生素A或0.332μg乙酰维生素A相当于1个国际单位),儿童约为2000～2500国际单位,不能摄入过多,有关研究表明,它还有抗癌作用。动物肝中含维生素A特别多,其次是奶油和鸡蛋等。妇女需要0.8mg,即80g鳗鱼,65g鸡肝,75克胡萝卜,125g皱叶甘蓝或200g金枪鱼。

膳食中维生素A及维生素A原长期不足或吸收不良会引起缺乏。体内维生素A缺乏时暗适应能力降低,严重者可致夜盲症。还可引起眼结膜干燥、变厚而失去透明度,即干眼病,严重时可致失明。儿童维生素A缺乏典型临床体征是眼结膜毕脱(氏)斑,其为脱落细胞的白色泡沫状聚积物,是正常结膜上皮细胞和杯状细胞被角化细胞取代的结果。另外,维生素A缺乏的儿童免疫功能低下,生长发育迟缓,骨骼发育不良。缺乏维生素A的孕妇所生的新生儿体重减轻。

2. 维生素D的参考摄入量

维生素D的参考摄入量为0.0005～0.01mg,即35g鲱鱼片,60g鲑鱼片,50g鳗鱼或2个鸡蛋加150g蘑菇。而美国医学研究所2010年公布的数据显字,不同年龄人群每日生理需求的维生素D的量分别是:0～1岁的婴儿需要400IU;1～70岁的人需要600IU;70岁以上老人需要800IU;1 mg维生素D为40000国际单位。只有休息少的人,才需要额外吃些含维生素D的食品或制剂。婴儿、青少年、孕妇及喂乳者每日需要量为400～800单位。

膳食供应不足或人体日照不足是维生素D缺乏的主要原因。若日照充足户外活动正常,一般情况下不易发生维生素D的缺乏。婴幼儿缺乏维生素D可引起佝偻病,以钙、磷代谢障碍和骨样组织钙化障碍为特征,严重者出现骨骼畸形,如方头、鸡胸、漏斗胸、肋骨串珠,"O"形腿和"X"形腿等。成人维生素D缺乏会使已成熟的骨骼脱钙,表现为骨骼软化症,特别是孕妇、哺乳妇女及老年人容易发生。常见的症状是骨痛、肌无力、肌痉挛和骨压痛,活动时加剧,严重时骨骼脱钙而引起骨质疏松症和骨质软化症,发生自发性或多发性骨折。

3. 维生素E的参考摄入量

中国营养学会于2000年制定的中国居民膳食营养素参考摄入量(DRI)提出了成年人膳食维生素E的适合摄入量(AI)为14mgα-TE/d。维生素E缺乏在人类中较为少见,易出现在低体重的早产儿、血β-脂蛋白缺乏症和脂肪吸收障碍的患者中。缺乏维生素E时可出现视网膜蜕变、蜡样质色素积聚、溶血性贫血、肌无力、神经退行性病变、小脑共济失调和震动感觉丧失等。

4. 维生素K的参考摄入量

一般情况下,人体不会缺乏维生素K,且对维生素K的需求量很低。种类多样的饮食通常可提供约300～500μg/d的维生素K,比较美国估计的男性、女性的安全适量的维生素K的摄入量70～140μg/d,这个量就足够了。

5. 维生素B_1的参考摄入量

我国居民成年男女膳食中维生素B_1的RNI分别为1.4mg/d和1.3mg/d,UL为50mg/d。

6. 维生素B_2的参考摄入量

中国营养学会于2000年制订的中国居民膳食维生素B_2参考摄入量中,建议成年男性的 RNI 分别为 1.4mg/d，女性的 RNI 为 1.2mg/d。

7. 维生素 B_{12} 的参考摄入量

我国居民成人膳食中维生素 B_{12} 的 AI 为 2.4μg/d。

8. 维生素 C 的参考摄入量

中国营养师学会建议的膳食参考摄入量（RNI），成年人为 100mg/日，最多摄入量为 1000mg/日，即可耐受最高摄入量（UL）为 1000mg/日。即半个番石榴，75g 辣椒，90g 花茎甘蓝，2 个猕猴桃，150g 草莓，1 个柚子，半个番木瓜，125g 茴香，150g′菜花或 200ml 橙汁。

（五）矿物质

构成人体的矿物质，按其含量可分为常量元素和微量元素，常量元素包括钙、磷、硫、钾、钠、氯、和镁七种元素。微量元素包括铁、锌、铜、碘、锰、钼、钴、硒、铬等。矿物质在体内不能合成，必须从饮食中摄取；矿物质在体内分布极不均匀；矿物质在相互之间存在协同或拮抗作用。

1. 矿物质的主要生理功能

（1）构成人体的重要组成　钙、磷、镁是牙齿与骨骼的组成，硫、磷是某些蛋白质的组成元素，磷是遗传物质核酸的组成，铁是血红蛋白、肌红蛋白和细胞色素的组成等。

（2）调节组织细胞的渗透压　人体细胞能维持紧张状态和物质出入，与细胞内外渗透压有关。钠、钾、氯等与蛋白质一起调节细胞膜的通透性，控制水分，维持正常的渗透压，在体液的储留和移动过程中发挥作用。

（3）维持体液的酸碱平衡　人体内 pH 的恒定由两种缓冲体系共同维持。一类是有机缓冲体系，即蛋白质和氨基酸体系；另一类是无机缓冲体系，即磷、氯、硫等酸性离子与钠、钾、钙、镁等碱性离子体系。

（4）维持细胞的生理状态　某些离子对于维持原生质的生理状态有重要作用。如钠、钾、OH^- 可提高神经、肌肉细胞的应激性，而钙、镁和 H^+ 则降低应激性。

（5）参与体内的生物化学反应　许多矿物质元素直接或间接参与生物化学反应，如体内磷酸化作用需要磷酸参与。有的矿物质元素参与构成酶和酶的辅助因子，或参与酶的激活。如硒是谷胱甘肽过氧化物酶的组成，铜是超氧化物歧化酶的组成，锌和镁是多种酶的激活剂。

2. 矿物质的需要量

以成年人为例，表 7-8 列举了一些常见矿物质元素的推荐摄入量(RNI)或适宜摄入量(AI)。

表 7-8　矿物质元素的推荐摄入量(RNI)或适宜摄入量(AI)

元素	RNI	AI	元素	RNI	AI
钙		800	氟		1.5
磷		700	铬		50
钾		2000	锰		3.5
钠		2200	钼		50
镁		350	碘	150	
铁		男 15，女 20	锌	男 15，女 11.5	
铜		2	硒	50	

注：表中数据参考中国营养学会 2000 年对中国居民膳食营养素推荐摄入量（铬、碘、硒单位为 μg，其他为 mg）。

二、平衡膳食

现代医学营养学在介绍食源性疾病时提到，随着人们对疾病认识的深入和发展，其范围在不断扩大，其中一条提到由食物营养不平衡所造成的某些慢性退行性疾病如心脑血管疾病、肿瘤和糖尿病等也属于此范畴。由此说明由于饮食营养不当也可产生疾病，其主要原因是经常性缺失某些营养元素或由于某些营养摄入的过剩而引起机体功能失调、障碍或紊乱，从而成为一些诸如慢性疾病等的诱发因素；这也是现代生活中人们疾病谱发生较大变化的原因之一。克服由此引起的对人体健康的不利影响，平衡膳食是解决此问题产生的重要途径。

膳食平衡是指膳食中所含的营养素必须做到种类齐全，数量充足，比例适当，既不过多又不缺少，即要达到平衡，以满足身体生理需要，保证机体生命活动和健康。膳食平衡的提出，既要求膳食能够全面满足人体营养需要的膳食，还要避免因膳食构成而引起的营养素比例不当或甚至营养素缺乏或过量所引起的营养失调。通过平衡膳食可使供给的营养素与身体所需的营养保持平衡，能对促进身体健康发挥最好的作用。

（一）一般人群的膳食指南

1. 食物多样，谷类为主，粗细搭配　人类的食物是多种多样的。各种食物所含有的营养成分不完全相同，每种食物都至少可提供一种营养物质。平衡膳食必须由多种食物组成，才能满足人体各种营养需求，达到合理营养、促进健康的目的。

谷类食物是中国传统膳食的主体，是人类能量的主要来源。谷类包括米、面、杂粮，主要提供碳水化合物、蛋白质、膳食纤维及B族维生素。坚持谷类为主是为了保持我国膳食的良好传统，避免高能量、高脂肪和低碳水化合物膳食的弊端。

人们应保持每天适量的谷类食物摄入，一般成年人每天摄入250～400g为宜。另外要注意粗细搭配，经常吃一些粗粮、杂粮和全谷类食物。稻米、小麦不要加工得太精，以免所含维生素、矿物质和膳食纤维流失。

2. 多吃蔬菜水果和薯类　新鲜蔬菜水果是人类平衡膳食的重要组成部分，也是我国传统膳食重要特点之一。蔬菜水果能量低，是维生素、矿物质、膳食纤维和植物化学物质的重要来源。薯类含有丰富的淀粉、膳食纤维以及多种维生素和矿物质。富含蔬菜、水果、薯类的膳食对保持身体健康，保持肠道正常功能，提高免疫力，降低患肥胖、糖尿病、高血压等慢性疾病的风险具有重要作用。推荐我国成年人每天吃蔬菜300～500g，水果200～400g，并注意增加薯类的摄入。

有些水果维生素及一些微量元素的含量不如新鲜蔬菜，但水果含有的葡萄糖、果酸、柠檬酸、苹果酸、果胶等物质又比蔬菜丰富。红黄色水果如鲜枣、柑橘、柿子和杏等是维生素C和胡萝卜素的丰富来源。

3. 每天吃奶类、大豆或其制品　奶类营养成分齐全，组成比例适宜，容易消化吸收。奶类除含丰富的优质蛋白和维生素外，含钙量高，且利用率高，是膳食钙质的极好来源。各年龄群适当多饮奶有利于骨健康，建议每人每天平均饮奶300mL。饮奶量多或有高血脂和超重肥胖倾向者应选择低脂、脱脂奶。

大豆含丰富的优质蛋白质、必须脂肪酸、多种维生素和膳食纤维，且含有磷脂、低聚糖，以及异黄酮、植物固醇等多种植物化学物质。应适当多吃大豆及其制品，建议每人每天摄入

30～50g 大豆或相当量的豆制品。

4. 常吃适量的鱼禽蛋和瘦肉 鱼禽蛋和瘦肉均属于动物性食物，是人类优质蛋白质、脂类、脂溶性维生素、B族维生素和矿物质的良好来源，是平衡膳食的重要组成部分。瘦肉铁含量高且利用率好；鱼类脂肪含量一般较低，且含有较多的多不饱和脂肪酸；禽类脂肪含量也较低，且不饱和脂肪酸含量较高；蛋类富含优质蛋白质，各种营养成分比较齐全，是很经济的优质蛋白质来源。

目前我国部分城市居民食用动物性食物较多，尤其是食入的猪肉过多。应适当多吃鱼、禽肉，减少猪肉摄入。相当一部分城市和多数农村居民平均吃动物性食物的量还不够，还应适当增加。动物性食物一般都含有一定量的饱和脂肪酸和胆固醇，摄入过多可增加患心血管病的危险性。

5. 减少烹调油用量，吃清淡少盐膳食 脂肪是人体能量的重要来源之一，并可提供必须脂肪酸，有利于脂溶性维生素的消化吸收，但是脂肪摄入过多时引起肥胖、高血脂、动脉粥样硬化等多种慢性疾病的危险因素之一。因此，应多选择低脂肉类、低脂乳类，尽量采用水煮、炖、清蒸或凉拌等方式制作菜肴，以减少油脂的摄入量；膳食盐的摄入量过高与高血压的患病率密切相关。食用油和食盐摄入过多是我国城乡居民共同存在的营养问题。

为此，建议我国居民应养成吃清淡少盐膳食的习惯，即膳食不要太油腻，不要太咸，不要摄入过多的动物性食物和油炸、烟熏、腌制食物。

世界卫生组织建议每人每天食盐用量以不超过 6g 为宜。膳食钠的来源除食盐外还包括酱油、咸菜、味精等高钠食品，及含钠的加工食品等；应从幼年就养成少盐膳食的习惯。

6. 食不过量，天天运动，保持健康体重 进食量和运动是保持健康体重的两个主要因素，食物提供人体生命维持的能量，运动消耗能量。如果进食量过大而运动不足，多余的能量就会在体内以脂肪的形式积存下来，增加体重，造成超重或肥胖；相反若食量不足，可由于能量不足引起体重过低或消瘦。

正常生理状态下，食欲可以有效控制进食量，不过有些人食欲调节不敏感，满足食欲的进食量常常超过实际需要。食不过量对他们意味着少吃几口，不要每顿饭都吃到十成饱。

由于生活方式的改变，人们的身体活动减少，目前我国大多数成年人体力活动不足或缺乏体育锻炼，应改变久坐少动的不良生活方式，养成天天运动的习惯，坚持每天多做一些消耗能量的活动。

7. 三餐分配要合理，零食要适当 合理安排一日三餐的时间及食量，进餐定时定量。早餐提供的能量占全天总能量的25%～30%，午餐应占30%～40%，晚餐应占30%～40%，可根据职业、劳动强度和生活习惯进行适当调整，一般情况下，早餐安排在6:30－8:30，午餐安排在11:30－13:30，晚餐在18:00－20:00。要天天吃早餐并保证其营养充足，午餐要好，晚餐要适量。不暴饮暴食，不经常在外就餐，尽可能与家人共同进餐，并营造轻松愉快的就餐氛围。零食作为一日三餐之外的营养补充，可以合理选用，但来自零食的能量应计入全天能量摄入之中。

8. 每天足量饮水，合理选择饮料 水是膳食的重要组成部分，是一切生命必需的物质，在生命活动中发挥着重要功能。体内水的来源有饮水、食物中含的水和体内代谢产生的水。进入体内和排出来的水基本相等，处于动态平衡。饮水不足或过多都会对人体健康带来危害。饮水应少量多次，要主动，不要感到口渴时再喝水，饮水最好选择白开水。

饮料多种多样，需要合理选择，如乳饮料和纯果汁饮料含有一定量的营养素和有益膳食成分，适量饮用可以作为膳食的补充。有些饮料添加了一定的矿物质和维生素，适合热天户外活动和运动后喝；有些饮料只含有糖和香精香料，营养价值不高；有些人尤其是儿童青少年，每天喝大量含糖的饮料代替喝水，是一种不健康的习惯，应当改正。

9. 饮酒应限量　在节假日、喜庆和交际的场合，人们饮酒是一种习俗。高度酒含能量高，白酒基本上是纯能量食物，不含其他营养素。无节制的喝酒，会使食欲下降，食物摄入量减少，以致发生多种营养素缺乏、急慢性酒精中毒、酒精性脂肪肝，严重时还会造成酒精性肝硬化。过量饮酒还会增加患高血压、中风等疾病的危险；并可导致事故及暴力的增加，对个人健康和社会安定都是有害的，应该严禁酗酒。另外饮酒还会增加患某些癌症的危险。

若饮酒尽可能饮用低度酒，并控制在适当的限量以下，建议成年男性一天饮用酒的酒精量不超过25g，成年女性一天饮用酒的酒精量不超过15g；孕妇及儿童青年应忌酒。

10. 吃新鲜卫生的食物　食物放置时间过长就会引起变质，甚至可能产生对人体有害有毒的物质；另外食物中还可能含有或混入各种有害因素，如致病微生物、寄生虫和有毒化合物等；吃新鲜卫生的食物是防止食源性疾病、实现食品安全的根本措施。正确采购食物是保证食物新鲜卫生的第一关，烟熏食品及有些加深色泽食品可能含有苯并芘或亚硝酸盐等有害成分，不宜多吃。

食物合理储藏可以保持新鲜，避免受到污染。高温加热能杀死食物中大部分微生物，延长保存时间，但营养成分会适度破坏；冷藏温度常为4～8℃，只适于短期储存；而冷藏温度低达－12～23℃，可保持食物新鲜，适于长期贮藏；烹调加工过程是保证食物卫生安全的一个重要环节。需要注意保持良好的个人卫生以及食物加工环境和用具的洁净，避免食物烹调时的交叉污染。食物腌制要注意加足食盐，避免高温环境。有一些动物或植物食物含有天然毒素，为了避免误食中毒，一方面需要学会鉴别这些食物，另一方面应了解对不同食物去除毒素的具体方法。

(二)中国居民平衡膳食宝塔

平衡膳食宝塔提出了一个营养上比较理想的膳食模式。它所建议的食物量，特别是奶类和豆类食物的量可能与大多数当前的实际膳食还有一定距离，对某些贫困地区来讲可能距离还很远，但为了改善中国居民的膳食营养状况，这是不可缺少的；应把它看作是一个奋斗目标，努力争取，逐步达到。

膳食宝塔共分五层，包含我们每天应吃的主要食物种类通过其在膳食宝塔各层位置和面积不同，反映出各类食物在膳食中的地位及应占的比重(如图7-4)。

膳食宝塔谷类食物位居底层，每人每天应摄入250～400g；蔬菜和水果居第二层，每天应摄入300～500g和200～400g；鱼、禽、肉蛋等动物性食物位于第三层，每天应摄入125～225g(包括鱼虾类50～100g，畜、禽肉50～75g，蛋类25～50g)；奶类和豆类食物合居第四层，每天应吃相当于鲜奶300g的奶类及奶制品和相当于干豆30～50g的大豆及制品。第五层塔顶是烹调油和食盐，每天烹调油不超过25g或30g，食盐不超过6g。由于我国居民现在平均糖摄入量不多，对健康的影响不大，故膳食宝塔没有建议食糖的摄入量，但多吃糖又增加龋齿的危险，儿童、青少年不应吃太多的糖和含糖高的食品及饮料。

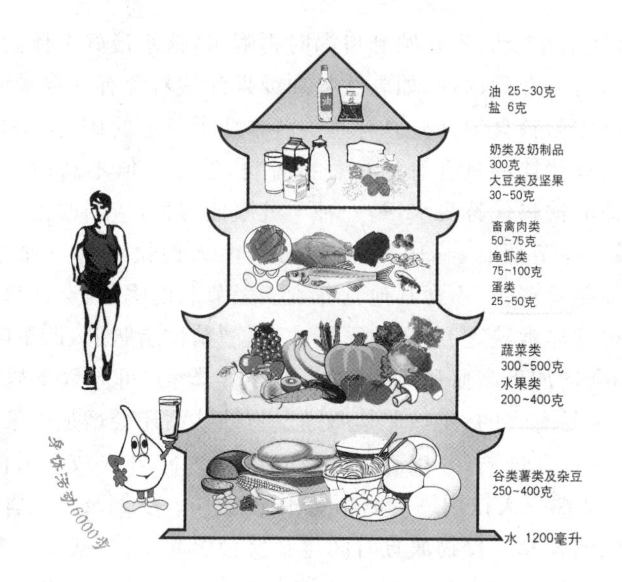

图 7-4 中国居民平衡膳食宝塔(中国营养学会,2007)

新膳食宝塔增加了水和身体活动的形象,强调足量饮水和增加身体活动的重要性。水是膳食的重要组成部分,饮水不足或过多都会对人体健康带来危害。目前我国大多数成年人身体活动不足或缺乏体育锻炼,应改变久坐少动的不良生活方式,养成天天运动的习惯,坚持每天多做一些消耗体力的活动。建议成年人每天进行累计相当于步行 6000 步以上的身体活动。如果身体条件允许,最好进行 30 分钟中等强度的运动。

三、饮食失宜的危害性

不良饮食习惯是指在饮食上存在不科学、不规律、不合理的膳食习惯。以下将从几个方面谈谈饮食失宜对人体健康的危害,怎样做到合理饮食,科学养生。

(一)吃得过少

有些人为了减肥,经常节食。特别是不吃早餐的人常容易疲乏犯困。早晨需要上学的学生或受上班时间限制的工薪人员,常有不吃早餐的。一次、两次不吃,久而久之成了习惯。然而,营养学研究证明,早餐却是人一天中最重要的一顿饭。一夜酣睡,激素分泌进入低谷,储存的葡萄糖在餐后 8 小时就消耗殆尽,而人脑的细胞只能从葡萄糖这一种营养素获取能量。早餐如及时雨,能使激素分泌很快进入高潮,并为脑细胞提供能源。如果早餐吃得少,会使人精神不振,降低工作效率。时间长了还会使人变得疲倦无力,头昏脑涨,情绪不稳定,甚至出现恶心、呕吐、晕倒等现象,无法精力充沛地学习和工作。

(二)吃得过多

大量进食后,胃肠为了完成消化吸收任务不得不增加血液供给,这样大量的血液流向消化道,外周组织和大脑的供血就会相应减少,特别是大脑,它不能储存能量,所以一旦缺血缺氧,能量代谢就会发生障碍,直接影响到脑功能的正常发挥,使人感到困倦。

(三)过食油腻食物

偶尔摄入过多脂肪对身体并无大碍,但是如果是高血脂患者摄入过多脂肪,就会使本已超标的血脂更高。由于血液中的血脂偏高,从而导致血液的流速下降,供氧功能降低,而心脏也会代偿性地增加收缩力。这时人不但容易困倦,而且稍一剧烈活动还会增加心脏负荷从而加重疲劳感。

(四)过多摄入含色氨酸食物

色氨酸是人体必需的氨基酸,它可以促进大脑神经细胞分泌血清素。血清素具有抑制大脑思维活动的作用。因此摄入色氨酸含量较多的膳食,人就容易产生疲倦感和睡意。富含色氨酸的食物有小米、牛奶、香菇、葵花籽、黑芝麻、黄豆、南瓜籽、肉松、油豆腐、鸡蛋等。

(五)运动后大量喝酸性饮料

人体经过剧烈或大量运动之后,体内便会积累较多的乳酸,此时大量喝酸性饮料,就会使体内酸性代谢产物积聚,使人疲劳感加重。这时合理的方法就是多食用一些清淡易消化的食物,以蔬菜、水果等碱性食物为最佳。

(六)酗酒

据流行病学调查,饮酒与口腔癌、咽喉癌、食管癌和结肠癌的发病相关,与胃癌和肝癌的发生也关系密切。我国食管癌患者有饮酒史的占35%~40%,大量饮酒的人们一般摄食较少,往往影响维生素的摄入、吸收和代谢,从而导致维生素的缺乏,机体在抵抗力下降时易于患癌症。

(七)脂肪肝

随着人们生活水平的提高,各种不良生活方式的影响,脂肪肝患者愈来愈多,并且年龄逐步趋向于年轻化。吸烟、饮酒、喜肥食、缺少锻炼等不良生活习惯和超重、肥胖、高血压、糖代谢紊乱、血脂异常、高尿酸血症都增加了脂肪肝的患病风险。脂肪肝较非脂肪肝患者吸烟、饮酒和喜肥食容易发生,吸烟、饮酒可以加重肝内脂肪沉积,进食肥食过多正是摄入了较高的脂肪含量,因此要想减少脂肪肝的发生,首先要改变不健康的生活行为习惯。

(八)喉痹

喉痹是耳鼻喉科常见病、多发病,其主要表现为咽喉干燥、咽痒、咽喉异物感及喉底有颗粒状突起为特征。饮食失宜主要损伤脾胃,导致其功能紊乱,可以形成脾胃痰火或脾虚湿盛等实邪阻滞经络,并可引起气血生成减少,咽喉失于濡养,形成喉痹。

第三节 饮食的安全与卫生

一、食品中的危害因子

人们在谈论美食的时候可能只知道它为人类提供生命营养与健康及美味,却忽略了享用食品的时候也存在安全隐患;随着食品工业的发展以及人们生活水平的提高,加上目前食品安全事件频发,人们对食品安全与卫生的关注和要求也越来越高了,因此,人们对于食品中存在的危害因素或危害因子已引起高度的重视。食品危害即是食品中所含有的对健康有着潜在不良影响的食品存在状况;食品中有自然存在的危害因子,也有人为或环境因素造成的危害因子，食品消费者必须加以防范，保证饮食安全，促进你的生命健康。

(一)动植物天然毒素

动植物天然毒素就是指某些动植物中存在的某种对人体健康有害的非营养性天然物质成分，或因贮存方法不当在一定条件下产生的某种有毒成分。这些有毒成分以固有的方式存在于食品中，与食品浑然一体，不容易被发现与确认，因此也就存在着更大的安全隐患，威胁人体健康。在美食制作过程中其原料的选择或食材的贮藏保鲜过程中需特别的注意。植物天然毒素结构复杂，种类繁多，常见的有甙类、生物碱类、酚类及其衍生物、毒蛋白及肽类、酶类以及硝酸盐和亚硝酸盐、草酸和草酸盐等。动物天然毒素有河豚毒素、组胺、石房蛤毒素、螺类毒素、海兔毒素和肉毒鱼毒素等。举例说明如下。

菜豆 又称扁豆、四季豆，云豆，中毒多因进食炒、煮不透的菜豆所致，多发生于秋季。其主要成分为菜豆豆荚中的皂甙，对消化道有强烈刺激性，可引起出血性炎症，并对红细胞有溶解作用；豆粒中含血细胞凝集素，具有血细胞凝集作用。中毒后的主要表现为急性胃肠炎症状。引起中毒的主要原因是烹调不当、炒煮不够熟透。

马铃薯 （土豆）马铃薯如果贮藏不当发青或发芽后可产生一种有毒的生物碱成分叫龙葵素，烹调时又未能除去或破坏龙葵素，当人体摄入 0.2～0.4g 龙葵素后便可发生食物中毒。因此，当人食用此种马铃薯后就可能引起中毒。中毒草现象为当进食发芽马铃薯几分钟或几小时后可发现，开始时口腔、咽部有烧灼感，然后出现恶心、呕吐、腹痛、腹泻、脱水，严重中毒者高烧、抽风、昏迷、呼吸困难，死亡较少见。

马铃薯

黄花菜

主要预防措施一是防止马铃薯发生这种发青产生绿色色素或发芽。将马铃薯存放于干燥阴凉处或经辐照处理，防止发芽。已经发生这种贮藏变化时，对发芽多的或皮肉变黑绿者不能食用。对于发芽不多者，可剔除芽及芽周边部位，去皮后水浸 30～60min，烹调时加些醋，以破坏残余的毒素等。

黄花菜 黄花菜又名金针菜，新鲜黄花菜等植物中存在一种有毒成分秋水仙碱，当食用未经加工或处理不当的黄花菜，即可引起中毒。因未经加工的鲜品含有秋水仙碱，如不进行高温加热，秋水仙碱不被分解。尽管秋水仙碱本身无毒，但人食用后在体内会氧化成毒性很大的类秋水仙碱，能强烈刺激胃肠和吸收系统。当成人一次性食入 0.1～0.2 毫克的秋水仙碱(相当于黄花菜的 1 到 2 两)，即可引起中毒。中毒症状有出现咽干、烧心、口渴、恶心、呕吐、腹痛、腹泻等症状,严重者可出现血便、血尿等现象,如果一次食入20毫克的秋水仙碱可致人死亡。

预防措施:为预防鲜黄花菜中毒,每次不要多吃。由于新鲜黄花菜的有毒成分在高温60℃时可减弱或消失,因此,食用时应先将鲜黄花菜用开水焯过,再用清水浸泡2小时以上,捞出用水洗净后再进行炒食。另外,采用经干燥或晒制的干黄花菜进行烹饪。

果仁 部分水果中的果仁如苦杏仁、苦桃仁、枇杷仁、亚麻仁、杨梅仁、李子仁、樱桃仁、苹果仁等其中含有一种叫氰甙的成分,在木薯中的含量也较高。其中毒的原理是氰甙被果仁所含的水解酶水解放出氢氰酸(HCN),被黏膜吸收入血,氰根(CN—)与细胞色素氧化酶中的铁结合,使呼吸酶失活,氧气不能被组织细胞利用,致组织缺氧、窒息。氰甙中毒的临床表现为口内苦涩,流涎,恶心,呕吐,心悸,呼吸不规则,困难,严重四肢冰冷,昏迷甚至死亡。

预防措施:充分加热处理,使其失去毒性;如加工苦杏仁时去皮去尖,热水浸泡一天;烹饪此菜肴时适当时候不加盖煮熟,可安全食用,目的是让易挥发的氢氰酸去除。

河豚 河豚是一种味道鲜美但含剧毒素的鱼类,特别受日本人喜欢,中毒也多发生在日本、东南亚及我国沿海、长江下游一带。中毒的主要原因是食用了其中含有的一种毒性很强的河豚毒素。河豚毒素是一种神经毒,对热较稳定,需220℃以上才可以分解;用盐腌或日晒一般不能破坏。毒素含量与其鱼体中的不同部位以及季节性有很大的不同,卵巢和肝脏有剧毒,其次为肾脏、血液、眼睛、鳃和皮肤。鱼死后内脏毒素可渗入肌肉,而使本来无毒的肌肉也含毒。在产卵期卵巢毒性最强。

河豚

鲭鱼

河豚毒素中毒机理为可引起中枢神经麻痹,阻断神经肌肉间传导,使随意肌出现进行性麻痹;直接阻断骨骼纤维;导致外周血管扩张及动脉压急剧降低。潜伏期10分钟~3小时;临床表现为早期有手指、舌、唇刺痛感,然后出现恶心、呕吐、腹痛、腹泻等胃肠症状;四肢无力、发冷、口唇和肢端知觉麻痹。重症患者瞳孔与角膜反射消失,四肢肌肉麻痹,以致发展到全身麻痹、瘫痪。呼吸表浅而不规则,严重者呼吸困难、血压下降、昏迷,最后死于呼吸衰竭。

预防措施:加强宣传教育,防止误食。新鲜河豚应请专业训练人员或统一加工处理,经鉴定合格后方可出售或烹饪食用。

青皮红肉鱼 含组氨酸丰富的这些海产鱼类中,这些原料在食品制作或储藏过程中体内自由组氨酸,经外源污染性或鱼类肠道微生物产生的脱羧酸酶降解后产生对产品品质(感官指标)劣化和人体有一定毒害的化学物质组胺,当鱼体不新鲜或腐败时,污染于鱼体的细菌如组胺无色杆菌,产生脱羧酶,使组氨酸脱羧生成组胺;腌制咸鱼时,如原料不新鲜或腌的不透,含组胺较多,食用后也可引起中毒。能够引起组胺中毒的食品主要是海产青皮红肉鱼类(如鲐鱼、鲭鱼、秋刀鱼、沙丁鱼、金枪鱼、竹夹鱼、沙丁鱼、长嘴鱼等),含高组胺鱼类中毒是由于食用含有一定数量组胺的这些鱼类而引起的过敏性食物中毒。

组胺引起中毒的机理是组胺引起毛细血管扩张和支气管收缩,导致一系列的临床症状。组胺中毒的特点是发病快、症状轻、恢复快。潜伏期一般为 0.5~1 小时,短者只有 5 分钟,长者 4 小时,表现为脸红、头晕、头痛、心跳加快、脉快、胸闷和呼吸促迫、血压下降,个别患者出现哮喘。

预防措施:组胺的预防控制方法一直是一个较难攻克的问题,文献报道的也较少;控制鱼类中组胺方法主要是食用这些由高组胺含量食材制作成的产品之前如何抑制产组氨酸脱羧酶微生物的生长。传统组胺控制的方法主要是采用低温保藏或高盐腌渍,但这往往具有一定的局限性,并且这也不能确保组胺含量不超标。Phuvasate 等人发现电解氧化水及其冰能够有效地减少鱼体或其接触容器表面产组胺微生物的数量;Kuda 等人发现大米抛光的副产品(米糠)中的一种水溶性、耐热的高分子量化合物,能够有效减少鱼露中组胺的含量;Emborg 等人研究发现气调保鲜(40% CO_2 和 60% O_2)能够有效抑制摩根氏菌和发光细菌的生长及其组胺的产生;Paramasivam 等人发现天然防腐剂—大蒜、姜黄和生姜提取物能够抑制产组胺微生物(芽孢杆菌等)的生长。另外,利用乳酸菌的抗氧化、抗菌等特性结合几种与乳酸菌功能作用相关的特色类食品的加工,可采用生物之间的拮抗性来控制产组胺微生物的发生。

贝类 我国浙江、福建、广东等地曾多次发生贝类中毒,主要原因是食用或误食了含有贝类毒素的贝类水产品,导致中毒的贝类有蛐子、花蛤、香螺和织纹螺等常食用的贝类。

食用贝类可能产生毒害的主要原因是某些无毒可供食用的贝类,在摄取了有毒藻类后,这些有毒藻类主要为甲藻类,特别是一些属于膝沟藻科的藻类;于是贝类就被毒化,因毒素在贝类体内呈结合状态,故贝体本身并不中毒,也无生态和外形上的变化;但当人们食用这种贝类后,毒素迅速被释放,就会发生麻痹性神经症状,故称麻痹性贝类中毒。

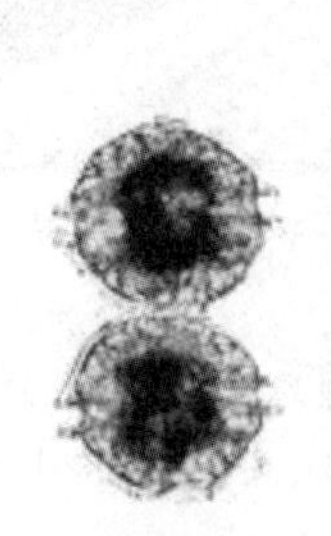

膝沟藻

石房蛤

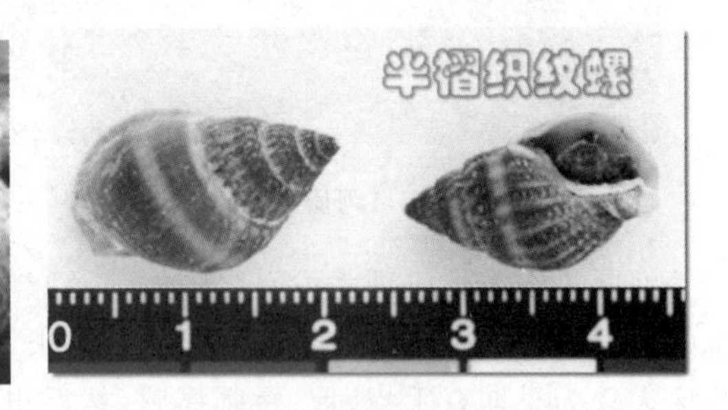

半褶织纹螺

毒藻类中的贝类麻痹性毒素主要是石房蛤(一种贝类)毒素;该毒素为白色,易溶于水,耐热、胃肠道易吸收。石房蛤毒素是一种神经毒,在分子量较小的毒素中为毒性较高者;对人经口致死量约为 0.54~0.9mg。主要表现为突然发病,唇、舌麻木,肢端麻痹,头晕恶心,胸闷乏力等,部分病人伴有低烧,重症者则昏迷,呼吸困难,最后因呼吸衰竭窒息而死亡。

预防措施:建立疫情报告和定期监测制度,定期对贝类生长水域采样进行显微镜检查,如发现水中藻类细胞增多,即有中毒的危险,应对该批贝类作毒素含量测定。其次是规定市售贝类及加工原料用贝类中毒素限量。目前,美国和加拿大对冷藏鲜贝肉含石房蛤毒素的限量≤80μg/100g，对罐头原料用贝肉中毒素限量，美国≤200μg/100g，加拿大≤160μg/100g，可作借鉴。最后就是要做好卫生宣教，介绍安全食用贝类的方法。贝类毒素主要积聚于内脏，如除去内脏、洗净、水煮，捞肉弃汤，可使毒素降至最低程度。

人体内毒素的搬运工　尽管人们在饮食生活中或多或少会接触各种不安全的因素（如以上介绍的各种毒素），但当人们在食用某些食物时可对防范或消除诸如毒素之类的不安全因素起到积极的作用，被科学工作者戏称为人体毒素的搬运工。如芹菜，性凉味甘，归肺、胃、肝经；含有的丰富纤维可以像提纯装置一样，过滤体内的废物；经常食用可以刺激身体排毒，对付由于身体毒素累积所造成的疾病，如风湿、关节炎等；此外芹菜还可以调节体内水分的平衡（利水）和消肿，改善睡眠等作用。第二是苦瓜，苦瓜性味苦，归脾、胃、心、肝经；苦味食品一般都具有解毒功能，对苦瓜的研究发现，其中有一种蛋白质及苦瓜素能增加免疫细胞活性，清除体内有毒物质；尤其女性，多吃苦瓜还有利经作用。第三，绿豆。绿豆味甘性凉，归心、胃经；绿豆具有降压降脂，滋补强壮、清热解毒的功效。绿豆自古就是极有效的解毒剂，对重金属、农药以及各种食物中毒均有一定防治作用；它主要是通过加速有毒物质在体内的代谢，促使其向体外排泄。第四，茶叶，茶叶中的茶多酚，多糖和维生素C都具有加快体内有毒物质排泄的作用。茶多酚类中的儿茶素，能有效防止人体机能癌变；多酚类化合物还有吸收放射性辐射物特性而起到防辐射作用；茶多酚能极强清除有害自由基，阻断脂质过氧化过程，提高人体内酶活性，从而起到抗突变、抗癌症功效。其他，牛奶和豆制品，富含钙质，是有用的“毒素搬运工”。

（二）食源性致病菌和病毒

能够通过食物传播疾病的细菌即为食源性致病菌，食源性致病菌可导致食源性疾病，食源性疾病是指通过摄食而进入人体的有毒有害物质（包括生物性病原体）等致病因子所造成的疾病。我国细菌性食物中毒事件每年发生数占食物中毒事件总数的30％～90％，中毒人数占食物中毒总人数的60％～90％，给人们的生命健康带来严重的危害。金黄色葡萄球菌、沙门氏菌、单核细胞增生李斯特氏菌、志贺氏菌、副溶血性弧菌等被公认为主要的食源性致病菌，另外溶藻弧菌、蜡样芽孢杆菌也是重要的食源性致病菌。病毒对食品的污染不像细菌那么普遍，但一旦发生污染，产生的后果将非常严重，目前已经发现150多种可能引发食物中毒的病毒，主要有轮状病毒、星状病毒、腺病毒、杯状病毒、甲型肝炎病毒和戊型肝炎病毒等。

各种引起食源性疾病的细菌其预防措施概括如下。

金黄色葡萄球菌肠毒素的食物中毒包括防止污染和防止其肠毒素形成二个方面。避免带菌人群如各种感染（化脓性咽炎、口腔疾病、化脓伤口等）污染食物；乳制品（奶类）生产及保藏过程防止金黄色葡萄球菌污染。食物应冷藏或置阴凉通风地方保存，对可能带菌食物须经加热处理。对一些蛋白质含量较高、水分充足，同时含有一定量淀粉等碳水化合物的食物以及含油脂较多的食物如奶油糕点、冰淇淋等冷饮制品和油煎蛋等污染后易形成金黄色葡萄球菌的肠毒素，应加以防范。

沙门氏菌对食物污染后不容易引起感官性质的变化，因此，不易引起察觉而食物中毒，沙门氏菌又是不耐热性细菌，是不产生毒素的感染型中毒。最容易污染的食物主要为动物性食品如畜禽肉类及制品，蛋类、乳品类及其制品，因此，在这些食物原料采购及加工制作过程中要加以防止，包括存放过程中的生熟食物分开存放，低的存放温度与加热处理等措施，这些易感食物的饮食卫生参见后续内容。

副溶血性弧菌为革兰氏阴性杆菌，主要存在近岸海水、海底沉积物及鱼、贝类海产品，而在淡水产品中较难存活。主要分为感染型中毒和产生毒素型中毒。同以上防止病原菌的方法，也可通过预防食物污染、控制副溶血性弧菌繁殖和加热杀灭病原体的方法来防止副溶血性弧菌引起的食物中毒。由于对食醋较敏感，因此，对凉拌食物经清洗干净后置于食醋中浸泡沫 10 分钟处理，在食用海产食品及各种熟制品时应煮透充分，注意生食海产品的卫生与预防污染。

李斯特菌的污染与预防，李斯特菌为革兰氏阳性杆菌和不耐酸，引起中毒是由于大量数量的活细菌侵入肠道后所致。引起李斯特菌食物中毒的主要食物有乳及乳制品、肉类制品及水产品、蔬菜及水果。其主要预防措施之一是对于冰箱久藏的熟肉制品或直接入口的方便食品、乳制品等食物需经过充分加热处理。

（三）真菌毒素

真菌毒素是由真菌类产生的具有毒性的次级代谢产物，主要是由霉菌污染到食品上后在适宜的条件下繁殖所产生，它对人、牲畜引起损害。真菌毒素通常具有耐高温、无抗原性、主要侵害实质器官的特性，可导致肝肾毒性、中枢神经系统异常、雌激素异样反应等。如黄曲霉毒素、杂色曲霉毒素、赭曲霉毒素、展青霉毒素、棒曲霉毒素、镰孢菌毒素等。产毒的真菌菌株主要在谷物、发酵食品及饲料上生长并产生毒素，直接在动物性食品如肉、蛋、乳上产毒的较为少见。而食入大量含毒饲料的动物同样可引起各种中毒症状，致使动物性食品带毒，被人食入后会造成真菌毒素中毒。

真菌毒素的特点是真菌毒素中毒常常表现出明显的地方性和季节性，甚至有些还具有地方疾病的特征。仅少数霉菌具有产毒性，少数产毒霉菌只有一部分菌株可以产毒；霉菌产毒具有可变性，且产毒的菌种产生毒素无严格的专一性；产生毒素也需具备一定的条件。

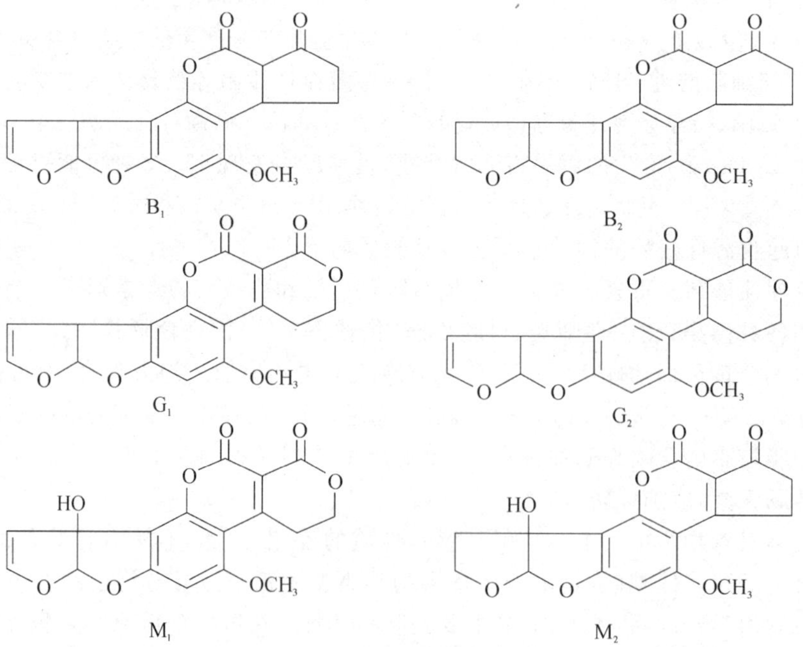

图 7-5　黄曲霉毒素的化学结构

黄曲霉毒素主要由菌株黄曲霉(*Aspergillus flavus*)在适当的食品原料或食品中生长繁殖后产生的次级代谢产物,有几种不同的结构类型,其毒性大小也有区别,毒性最强的为AFB1(图7-5),且化学性质稳定,具有较强的耐热性。在花生、玉米及其制品中污染最严重,高温高湿地区易发。

主要预防措施是防止粮油制品霉变,对已污染或可能污染有黄曲霉的食品原料应该剔除或采用水法搓洗,加碱处理或采用臭氧或高压处理,以破坏或去除黄曲霉毒素。

(四)农业化学控制物质

用于农业生产的化学合成物质就是农业化学控制物质。在进行农业食品原料生产与加工过程中,生产者为提高数量与质量常施用各种化学控制物质,如兽药、农药、化肥、动物激素与植物激素等,这些物质的残留可造成严重的食品安全问题。因此,建议在农业或畜牧业生产中要严格遵守国务院的《农药管理条例》、《农药安全使用规定》(GB 4285)和《农药合理使用准则》(GB 8321.1—6)等要求,同时大力提倡发展绿色食品、有机食品的生产体系进行农业生产。在畜牧业生产中,建议严厉查处违禁药物用作饲料添加剂,加强用于动物的药物的合理使用规范,加强有效的监督管理和检测体系建设等。同时对食品原料市场流通中监管检测、原料采购、贮藏与食品制作加工过程等环节严格把关与正确处理,确保食品质量安全,促进消费者身体健康。

(五)食品添加剂

食品添加剂是为改善食品品质(如色、香、味)以及为防腐、保鲜和加工工艺的需要而加入食品中的人工合成或天然物质。添加剂在食品工业中是不可或缺的,可以说,没有食品添加剂就没有现代食品工业。但由于使用不当引起的食品安全问题也带来了极大影响,主要表现有如下几个方面:①超范围使用食品添加剂,不同种类食品其成分组成、营养性及贮藏和加工等特性有较大差异,使用添加剂的种类、数量不同,不能盲目使用;②超量使用食品添加剂,某些食品添加剂由于其作用性质不同,过量使用会产生较大的副作用或甚至有毒害;③非法加入食品添加剂范围之外的化学物质的现象,如牛奶中添加三聚氰胺、辣椒粉中添加苏丹红、冰淇淋中添加工业明胶等。

(六)其他化学物质

化学性危害情况比较复杂,污染途径也较多,主要包括无机化学污染物和有机化学污染物。如多环芳烃、杂环胺、二噁英、N-亚硝基化合物等。

二、食品危害因素的产生途径

人类在摄取食物过程中,可能难于避免一些饮食不安全因素,这就是食品的危害。食品危害产生的途径很多,包括原料、生产、加工、市场流通等过程都有可能产生食品危害因素。为了在食品制作或饮食过程中较好地防范这些食品不安全因素,以下将从几个方面介绍食品危害因素产生的途径。

(一)原料

某些食品原料本身就带有食品危害物质,在常见的食品中,主要包括一些天然毒素。如上一部分提到的其中之一龙葵碱是一种具较强毒性的毒素,广泛存在于马铃薯、西红柿及茄子等茄科植物中，特别是发芽的马铃薯，龙葵碱含量可增加数十倍，孕妇若长期大量食用会导致致畸效应。鲜黄花菜中含有秋水仙碱，秋水仙碱在进入人体后氧化生成的二秋水仙碱具较大毒性，所以食用鲜黄花菜应先沸水烫，再清水浸泡 2～3 小时，最后煮透后方能食用。菜豆和大豆中含有皂苷，烹调不当、炒煮不透的豆类不能完全破坏皂苷而引起中毒。水果核仁，特别是苦杏仁和苦桃仁中含有苦杏仁苷，误食后会引起氰苷中毒，平时要注意在食用水果时，尽量避免摄入核仁部分。生姜、胡椒、桂皮、茴香等香辛料或多或少含有被认为具有弱致癌作用的黄樟素成分，第二章中已提到的在烂生姜中黄樟素含量会显著提高；黄樟素若与氧化剂结合，会生成更强致癌活性的环氧黄樟素。在美国不再允许黄樟素作为食物添加剂。最近，欧盟专家委员会决定，在欧盟范围内进一步降低黄樟素的允许剂量，以减少对人体的危害。国际食品添加剂法典委员会正在启动制定的《食用香料使用准则》中规定，黄樟素在食品和饮料中最大限量为 1 毫克/千克。尽管天然香辛料确有活血、祛寒、除湿、发汗之功效，特别是生姜具有利胆、健胃、止吐、辟腥臭的作用，在摄取量上也应合理控制；建议在饮食上清淡，特别是多吃水果蔬菜，可有效抑制黄樟素与氧化剂的结合，降低其致癌效应；尽量少吃卤菜，因为卤菜制作中，八角、桂皮、茴香、花椒等香辛料，是"当家"作料；建议不使用劣质生姜作为调料来烹制菜肴等。河豚鱼的内脏和血液中都含有剧毒的河豚毒素，而由于肉味鲜美，人们不惜冒着危险去品尝，因此也带来了很大的安全隐患。食用海产贝类也会造成贝类毒素中毒，贝类毒素事实上是贝类自身摄食含有岩藻毒素的涡鞭毛藻后富集了该毒素，将染毒的贝类在清水中放养 1～3 周后可将毒素排净。水产品中含有组胺，特别是青皮红肉鱼，较高的组氨酸因鱼体被感染具氨基酸脱羧酶活性的细菌而代谢成组胺，组胺具有较大毒性。由于具有一定的药用价值，蟾蜍在日常生活中也会被食用，但因蟾蜍毒素中毒的死亡率较高，应尽量避免食用。对于猪、牛、羊等畜禽类，正常情况下，它们的肌肉无毒可食用，但其体内的某些腺体脏器或分泌物，如摄食过量或误食，可扰乱人体正常代谢，甚至引起食物中毒。

鱿鱼中的甲醛 研究表明，甲醛容易与细胞亲核物质发生化学反应，形成化合物，导致 DNA 损伤，国际癌症机构已将甲醛列为可疑致癌物之一。国内外研究发现，甲醛可以在动植物体内自然生成，水产品鱿鱼中的内源性甲醛主要由前体物质氧化三甲胺（TMAO）转化而来，通过氧化三甲胺酶的作用，产生甲醛。鱿鱼内脏组织甲醛含量均明显高于胴体，其含量约为后者的 4～10 倍；而且不仅新鲜鱿鱼自身含有甲醛，有些品种随着存放时间延长，自身还继续分解产生大量甲醛，但随后甲醛含量又会减少，这可能是甲醛被空气氧化成甲酸的原因，这也验证了氧气和鱼肉组织对甲醛的产生具有抑制作用的说法。同时，茶多酚也能去除鱿鱼中的甲醛，当 pH 为 9 时，在鱿鱼中加入适量的茶多酚溶液后 100℃水浴加热 60min，使茶多酚分子结构中的酚羟基与甲醛的醛基充分发生羟醛缩合反应，这样可使甲醛的去除率达到 85%～88%。

（二）生产过程

在当今，食品生产者在生产过程中为提高自身利益而给食品带来了许多危害因素。兽药残留是其中之一，它既包括兽药本身残留，也包括药物在动物体内的代谢产物和兽药生产中所伴生的杂质。"瘦肉精"、安定、己烯雌酚、群勃龙等违禁药物具有预防动物疾病、促进动物生长、增加蛋白存积从而改善饲料利用率的功用，而由于生产者的滥用，最终导致了人尽皆知的"瘦肉精"中毒事件。滥用含 β-内酰胺类、四环素类、磺胺类等药物的抗菌类药物造成了"有抗奶"问题。抗生素类属于抗微生物药物，是最主要的兽药添加剂和兽药残留，约占药物添加剂的60%。2002年我国出口欧盟水产品就因含氯霉素残留而遭到了全面禁运。农药残留是施用农药的必然结果，目前我国蔬菜中主要有3类农药残留，包括有机磷农药、拟除虫菊酯类农药以及一些常用杀菌剂类农药。闫实等研究了不同种类蔬菜农药残留检出率的规律性，结果表明农药种类主要集中在高毒有机磷杀虫剂方面。激素能够促进动植物快速生长、繁殖，常被人们用来提高生产效益，因此也造成了激素残留问题。在水产养殖方面，有些渔业生产者不按国家要求和规定使用渔药，不遵守渔药休药期，甚至使用禁用药物；如在饲养蟹产卵期滥用生殖激素。也有研究表明，养殖红笛鲷与野生红笛鲷相比，前者三种性腺激素残留量是后者的2～5倍之多。近年来，我国氯霉素、呋喃唑酮、己烯雌酚等水产品禁用药物超标事件也频繁发生，畜牧业中更有滥用类固醇激素(如己烯雌酚)等的现象。

啤酒中的甲醛 国家标准对啤酒中甲醛含量要求是≤2.0mg/L，绿色食品对啤酒中甲醛含量的要求是≤0.2mg/L。啤酒产品甲醛的来源主要有以下几个方面。一是原料：麦芽在浸泡时添加甲醛，以防腐、抑制根芽生长；啤酒生产所使用的水若在处理过程中管道杀菌使用甲醛，也会残留一部分；二是糖化过程，糖化投料时添加一定量的甲醛，此时总投料水中甲醛含量每升可达几十毫克，但在糖化结束时，头道麦汁中甲醛已经降至每升几个毫克，而随着洗糟、煮沸后，定型麦汁中甲醛已经低于2.0mg/L。再次，啤酒酿造过程中，由于酵母菌发酵即酵母菌自身代谢的需要，既能利用甲醛，又能产生一定量的甲醛；其次是啤酒酿造过程中如果卫生管理不好而受外源微生物污染，外源微生物在发酵过程中就可能产生一系列含有甲醛的副产物；另据研究报道，成品酒在贮藏过程中，甲醛含量会有所回升，2005年国家质检总局检测市场上进口啤酒，甲醛含量总体高于国产啤酒，这与进口啤酒贮存时间长于国产啤酒就有一定关系。

另外，食品生产加工过程中还有食品添加剂的使用不当而造成的食品危害，这也是较主要的一类危害因素，主要包括以下三个方面：一是超量使用食品添加剂。例如，焦亚硫酸钠超标量用于黄花菜加工、漂白、防腐、防霉；在面粉中超量使用过氧化苯甲酰使其看起来更白；在一些乳饮料、果汁饮料、蜜饯中大量加入防腐剂(苯甲酸)、甜味剂(糖精钠、甜蜜素)和人工合成色素等以延长其保存期和降低成本。二是超范围使用食品添加剂。例如，《食品添加剂使用卫生标准》明确规定膨化食品中不得加入糖精钠和甜蜜素等甜味剂，但有研究表明，在质量抽查时发现不少膨化食品中均添加了甜蜜素和糖精钠；另外，还有一些生产经营者在馒头制作过程中滥用硫黄熏蒸馒头，致使馒头中维生素B_2受到破坏，引起二氧化硫严重残留，在粉丝中添加亮蓝、日落黄、柠檬黄等色素，以不同的比例充当红薯粉条和绿豆粉丝。三是滥用非法添加物。例如，将工业级碳酸氢铵作为"食品疏松剂"；有毒添加剂"吊白块"(甲醛次硫酸氢钠$NaHSO_2 \cdot CH_2O \cdot 2H_2O$)本是工业用漂白剂却用于食品漂白；在辣椒酱和饲料中，添加"苏丹红一号"色素，它是一种常用于工业方面的人造化学制剂，如果经常摄入会增加致癌的可能性；三聚氰胺是一种有机化工原料，大量地摄入可能对肾与膀胱产生影响，导致结石，但却被掺入奶粉中成为"假蛋白"。

(三)加工方式

食品加工方式多种多样，有的有利于人们对食品营养的吸收，但有的也会导致食品营养流失，甚至产生有毒有害物质。对于可能会带来食品危害因素的食品加工方式，以下是比较需要引起注意的几种日常加工方式。一是腌制发酵食品，其中主要危害物质有亚硝酸盐。亚硝酸盐的好处是能够杀灭产生肉毒毒素的肉毒梭状芽孢杆菌，过量摄入腌制类等食品中的亚硝酸盐可引起急性中毒；亚硝酸盐在血液中可导致血红蛋白变性，失去输氧能力；亚硝酸盐本身并不引起致癌，与食品中的氨基酸结合产生亚硝胺后产生致癌性，因此，有些文献中报道的亚硝酸盐具有毒性和致癌性与此有关，即亚硝酸盐是强致癌物亚硝胺的前体物质。亚硝酸盐的产生是由硝酸盐还原菌将食品中存在的硝酸盐还原的结果，腌制发酵食品中，如一些腌制蔬菜(叶菜类含硝酸盐的量在1000～3000mg/kg)、腌制鱼、腊肉(因加工中添加亚硝酸盐或硝酸盐)，均普遍含有亚硝酸盐，由于生产过程中，由于多种微生物共同发酵作用，其中部分细菌能产生对硝酸盐起还原作用的酶，从而产生亚硝酸，再形成相应的亚硝酸盐或甚至亚硝胺；而硝酸盐对控制血压有利，摄氧能力增加，而且对心脏和肾脏的损害起保护作用。本书作者科研团队通过长期的腌制发酵食品的研究发现，这些亚硝酸盐的量特别是腌制蔬菜中会发生从低到高再到低的变化过程，最后可达到食用安全水平，其中的原因一方面是腌制体系中部分微生物如乳酸菌能促进亚硝酸盐的降解，同时亚硝酸盐本身也存在稳定性问题。另外，通过添加维生素C、大蒜、姜等也可减少亚硝酸盐的含量，这方面与其维生素C的化学性质有关，同时后二者也可能有促进腌制体系中有益细菌乳酸菌的生长有关。具有氨基酸脱羧酶活性的细菌能够代谢氨基酸产生生物胺(组胺、酪胺等)，生物胺具有毒性，特别是组胺毒性最大，其次是酪胺，近年来研究发现，在许多发酵食品中都存在着生物胺，如发酵香肠、干酪、果酒以及发酵蔬菜等，特别是肉类制品等蛋白质含量丰富的食品中，生物胺与其腐败程度密切相关，已是评价食品鲜度的一个重要指标。酒是我国不可或缺的文化，而由于微生物的复杂发酵也产生了一些毒性较大的致癌物质，如氨基甲酸乙酯，一种2A级致癌物，在酿造酒(包括黄酒、清酒、啤酒、葡萄酒等)的生产过程中会产生，主要由酵母菌在酒精发酵时合成大量的尿素与乙醇反应生成。赭曲霉毒素具有较强毒性，也有在葡萄酒中被检测到，是由微生物的代谢产生。二是熏制食品。熏制食品常见的包括肉类熏制食品(熏鱼、熏肉、熏肠等)和淀粉类熏烤食品(烤白薯、面包等)，而伴随熏制食品产生的有强致癌物质—苯并芘，苯并芘存在于熏烟中，在熏制时污染了食物，同时如果是肉类食品，则其本身所含的脂肪如果燃烧不完全也会产生苯并芘，而如果是淀粉类食品，烤焦的淀粉也能产生这类物质；烟熏食品中含有的另外一种可致癌多环芳烃是二苯并蒽，大多数烟熏食品中这两种物质的含量都还是很低的，但在烟熏羊肉和大马哈鱼中含量较高(每kg湿重各为1.3mg和2.1mg)。另外，熏制肉品中的亚硝酸盐也不容忽视，来源有很多，包括亚硝酸盐本身就是肉类食品的发色剂和防腐剂，同时肉品中自身含有的硝酸盐也会经熏烤温度的热加工转化成亚硝酸盐，而制作熏肉前一般都要腌制，在腌制过程中硝酸盐也会被微生物还原成亚硝酸盐。三是烧烤食品。在我国，街头小巷抑或是家庭野餐，烧烤食品，特别是烤肉串是较受人们喜爱的食品之一，但烧烤食品却能带来很大的危害。其一，由于也是通过烟熏加工，苯并芘的产生不可避免；其二，烧烤食品中还很有可能含有致癌物质丙烯酰胺，有研究表明，丙烯酰胺普遍存在于市场销售及家庭自制的如油条、麻花、烤肉等油炸烧烤食品中；其三，很多时候，街头摊贩用于制作烤肉串的肉原料未经检疫，甚至很有可能含有短时间难以杀死的寄生虫，在食用中被摄入体内；其四，烧烤后的食品性质偏向燥热，加之孜然、胡椒、辣椒等调味品，很是辛辣刺激，有可能损伤消化道黏膜，影响身体平衡。四是油炸食品，油炸食品在国内外都备受人们的喜爱，但近年来研究发现油炸食品存在诸多危害因素，丙烯酰胺是其中的首要致癌物质，据我国卫生部食品污染物监测网监测结果显示，高温加工的淀粉类食品中丙烯酰胺含量较高，其中薯类油炸食品中丙烯酰胺平均含量高出谷类油炸食品4倍，再是谷物类烘烤食品和其他食品；第二是有毒的聚合物，特别是环状单聚体，由于能被人体吸收更具毒性，而油在高温烹调时就能分解和聚合成这类聚合物；第三是苯并芘，形成的原因可能是反复使用高温油炸，导致食物中的有机物分解并经环化、聚合而成；最后是杂环胺，经高温加热后的油脂对机体有一定的毒性作用，在煎炸过程中若油温超过200℃以上，便会分解出大量的杂环胺，随油炸食物进入人体，可致癌。

鱿鱼丝加工过程中不同阶段其甲醛含量变化（上升和下降）明显，比如，蒸煮和焙烤两道工序甲醛明显上升，而调味和烘干工序甲醛略有下降，用该工艺生产甲醛本底为4.51mg/kg的原料加工成鱿鱼丝成品的甲醛含量达到14.39mg/kg。因此，无论是人工添加，还是本底生成而造成鱿鱼及其制品中甲醛的严重超标，人体食用后都会造成消化系统的刺激和损害，所以消费者在发现鱿鱼及其制品颜色异常亮白或者在拆开包装发现有一股异味时就应该小心购买。

（四）包装

食品包装产生的危害因素同样不可小视，主要来自于包装材料以及包装过程中带入的物理危害因素。食品包装材料的选择和使用不当很有可能造成食品危害，这种危害主要来源于食品包装材料中的化学成分向食品中发生迁移并且迁移的量超过了一定界限：这种迁移物质有包装材料本身的单体或助剂，如聚氯乙烯（PVC）单体就造成了聚氯乙烯塑料薄膜风波；也有印刷中使用的油墨、溶剂等物质，如雀巢婴儿牛奶事件中的ITX；纸制、可降解等包装材料可受到微生物的污染；部分包装材料可产生异臭、异味，影响食品的感官性状等。另外，在食品包装过程中，也容易产生一些物理危害因素，包括玻璃、金属、塑料、头发、蟑螂等昆虫的残体以及其他可见的异物。这些物质的来源主要是在包装前混入其中没被检出进而与食品一起包装产生，或者在包装过程中包装设备或包装人员带入产生，这种物理性危害是最常见的消费者投诉问题，因为伤害立即发生或吃后不久发生，并且伤害的来源是经常容易确认。

（五）市场流通

食品在市场流通过程中同样很有可能产生食品危害，这里主要提的一点就是在流通过程中因外源微生物的感染而导致的食品腐败与食源性疾病。金黄色葡萄球菌是一种主要的食源性致病菌，是医学届研究的重点，因为它在食品中分布很广泛且对不良环境中的抵抗能力在非芽孢菌中最强，能产生耐热的肠毒素，普通的烹饪条件无法使其失活，可以通过很多途径污染食品，如食品加工人员、炊事员或销售人员带菌，还有就是熟食制品包装不严，在运输过程中受到了污染，有20%～30%葡萄球菌肠毒素食物中毒都是由此引起的，有研究调查510份不同类食品，检测出有108份被金黄色葡萄球菌污染，总检出率达21.2%，因此，在选购食品时建议选择知名品牌的合格商品，应在阴凉、通风、干燥、低温处贮藏食品，以防止葡萄球菌肠毒素的产生。

（六）饮食习惯

随着生活水平的提高以及食品工业的发展，人们的饮食习惯也在潜移默化地发展着，而总体是向着更加卫生、健康、养生的方向积极发展，但有些也并非如此。不得不说肯德基、麦当劳仍是时下十分受人们喜爱的快餐食品，而这些食品却被称作“垃圾食品”，不无道理，油炸、烘焙、二次加工是这些快餐的主要加工方式，而这些方式正是产生许多有毒有害物质的来源；又比如，在食物相对富足的当今，很多人们的饮食节奏趋向于尝试更新鲜刺激的“美味”，有吃河豚鱼的，有吃毒蛇肉的，有吃各种生鱼生肉的，而很明显，这些都存在着很大的食品安全隐患；甚至是日常生活中习惯吃水果不削水果皮也会给我们带来很大的安全隐患，因为农产品表面时常附有农药以及用于保鲜的蜡油，特别是采用蜡油进行水果的涂膜保鲜，如果用到工业级石蜡，则可能引起有毒金属铅、汞的超标，不削皮食用水果时就会摄入这些化学物质，积少成多就很易造成危害，有研究表明苹果经清洗和去皮后能除去98%的克菌丹残留，但仅经清洗的去除率约为50%，而黄瓜经去皮后敌敌畏和二嗪农残留分别降低了57.2%和67.3%，相对清洗、冷藏是最有效的手段。

三、食品的饮食卫生

作为加工食品或美食制作过程所用的食品原料在生产或收获后的贮藏、运输或加工方式等过程中可能会受到内在或外在环境等众多因素的影响而发生物质的变化，从而可能产生对人体危害的因素，这些危害因素包括生物性危害、化学性危害及物理危害等。食品的饮食卫生是指人们在消费食品过程中如何避免食品中的不安全因素，从而可最大限度地减少食品对人体健康的危害，是保护人体健康的重要手段。

（一）植物性食品的卫生要求

1. 粮豆类

粮食，颗粒完整，质地坚韧，无霉变虫蛀和杂物，色白，含水量在15%以下。豆类，颗粒饱满，无虫蛀、挂丝和霉变。豆腐，点豆腐的卤水应纯净，不宜加入过多。豆腐应具有正常的色、香、味，无豆粞和石膏脚，质地细腻，用刀切后，切面干净，整板豆腐脱套圈、揭布后不坍塌，不宜在常温下存放太久，否则易变质。豆浆，豆浆需注意的卫生要求，生豆浆中含有蛋白酶抑制剂和其他抗营养素物质等，这些有害成分只有在90℃以上温度方可分解、破坏，因此生豆浆饮前必须煮沸。臭豆腐，臭豆腐需注意的卫生要求，臭豆腐在制作过程中，如果容器不洁或使用了霉变的豆子以及发酵中不注意卫生，不仅会受到霉菌污染，产生霉菌毒素如黄曲霉毒素 B_1，也会受到肉毒梭菌污染，产生外毒素，食后引起中毒。

2. 果蔬类

蔬菜　保持鲜嫩无黄叶，无刀伤和烂斑。水果，优质水果表皮色泽光亮，内质鲜嫩清脆，有清香味。瓜果腐烂部分超过果体 1/3 则不能食用，1/3 以下的要清洗消毒，现削、现挖、现售。水果、萝卜、黄瓜常作生吃，食用前要用清水充分洗涤以除去寄生虫卵和污染的杂菌及皮上农药残留。然后用开水浸泡 30 秒，也可用 5%乳酸溶液或其他消毒液浸泡消毒后再生吃。

（二）动物性食品的卫生要求

1. 畜禽肉类

鲜肉　应具有光泽，红色均匀，脂肪洁白，外表微干或微湿润，触摸不粘手，有弹性，指压后凹陷立即复原，无异味，烹调中肉汤透明、澄清，脂肪团聚于汤面，有香味。内脏，肠呈乳白色，稍软，略坚韧，没用脓点、出血点，无异味。胃呈乳白色，黏膜完整结实，无异味。肾呈淡紫色，有光泽，具弹性，无囊泡或畸形，气味正常。心呈淡红色，脂肪部呈白色，结实有弹性，无异味。肺呈粉红色，有弹性，边缘无肺丝虫，无异味。肝呈棕红色，包膜光滑，有弹性，质地结实。肉制品，火腿色泽鲜明，肉质暗红，脂肪透明白色，肉身干燥结实，有香味。咸肉呈红色，脂肪色白，肉质致密，无异味。书香肠的肠衣完整，肠衣与灌的肉紧密相贴，无黏液，肉红色，脂肪透明如玉，无腐臭和酸败味。酱卤肉无异味，肉块中心已煮透，外面无异物污染。肉松呈金黄或淡色絮状，纤维纯净疏松，无异味。禽类，健康鸡冠色鲜红，挺直，肉髯柔软，眼圆大有神，嘴紧闭干燥，嗉囊无气味，积水和积食，两翅紧贴胸壁，羽毛紧贴有光泽，肛门附近绒毛洁净，肛门湿润粉红，胸肌丰满有弹性，腿脚健壮有力，行动自由。宰后禽肉质量同其他鲜肉。死禽皮肤表面暗红色具青紫色四斑，脂肪暗红色，血管中有紫红色血液贮留，禽肉切面不干燥，色暗红无弹性，有少量血滴流出。冻禽解冻前，母禽及禽皮色乳黄，公禽、幼禽、瘦禽皮色微红。解冻后切面干燥，肌肉微红。

2. 水产品类

鲜鱼　表面有光泽，附有清洁透明黏液，鳞片完整，不易脱落，无异味，眼球凸出饱满，角膜透明；鳃色鲜红无黏液；腹部坚实无胀气，有弹性，肛门孔白色凹陷；肉质坚实，有弹性，骨肉不分离。冻鱼，鱼化冻后质地坚硬，色泽鲜亮，表面清洁无污染。鱼肉剖面新鲜不腐败，与鲜鱼相似。河蟹，动作灵活，能爬行，剖开后内脏无发黏变色异味。梭子蟹，背壳青褐色，纹理清晰有光泽，蟹足内壁洁白，鳃丝呈白色或带微褐色，蟹黄凝固不动，步足与躯体连接紧密，提起蟹体时，步足无松弛下垂现象。一般来说，河蟹或海洋中青蟹等捕获后如果死亡可引起自带的细菌等微生物快速繁殖引起腐败变质不能食用。

3. 蛋类

良好鲜蛋壳上有白霜，清洁完好，照光透明，气室小，蛋黄略有阴影，无斑点。冰蛋融化后，液体黄色均匀，无异味及杂质。咸蛋外观蛋壳完整，无霉斑，摇之有轻度水荡漾感，照光蛋白透明，红色清晰，蛋黄缩小，靠近蛋壳，打开后蛋白稀薄透明无色，蛋黄浓缩呈红色，煮熟后蛋黄有油脂并有沙感，具香味。皮蛋外层包装完整，无霉味，摇晃无动荡声，用光透视照蛋时若皮蛋大部分呈黑色（墨绿色），蛋的小头呈黄棕色或微红色即为优质皮蛋。蛋白凝固不动，打开时蛋白凝固、有弹性；纵剖面蛋黄淡褐、淡黄，中央稍稀软，芳香无辛辣味。鸡蛋黄呈粉状或极易松散块状、黄色均匀，无异味和杂质；鸡蛋白片呈晶片状或碎屑状，浅黄色，无异味和杂质。

4. 奶及奶制品类

在乳汁中不能掺水和加入其他任何物质，制作酸奶的菌种应纯净、无害；奶制品包装必须严密完整，乳品商标必须与内容相符，必须注明品名、厂名及生产日期、批量、保存期限及食用方法。

（三）糕点食品的卫生要求

制作过程必须符合食品卫生要求，贮存时要防止糕点生虫、霉变和脂肪酸败。贮放应清洁卫生、干燥、通风，并具有防鼠、防蝇设备。优质面包质地松软，顶面呈均匀的金黄或深黄色、不焦、不生、外形饱满、有弹性、咀嚼时无粘牙感。饼干色泽光亮，花纹清晰，松脆且酥、有香味。

(四)冷饮食品的卫生要求

制作冷饮使用原料要新鲜,水源应好,香精、色素、糖精应控制使用。制作场所盛放器皿、管道应彻底清洗,并用蒸汽或0.1%~0.2%漂白粉液消毒,熬料后要迅速冷却。包装纸应清洁无毒,包装纸用的蜡应为食品级石蜡。

冷饮品必须放在冷库或冰箱内贮藏,以保证冷饮食品的卫生质量,如室温融化则易污染。冷饮食品应具有该冷饮品的色泽和滋味,无异臭、异味及异物。汽水应澄清透明,不浑浊或有沉淀物,瓶盖严密不漏气。

(五)罐头食品的卫生要求

生产原料、生产工序均须符合食品卫生要求。优质罐头外壳光洁,无锈斑,无损伤裂缝以及漏气膨胀现象,接合处焊锡完整均匀。罐内真空度必须符合标准,用金属棒轻击罐盖,发音清脆坚实。打开后罐身内壁不应有腐蚀、变黑或涂料层剥离现象。油炸食品须炸透、酥脆,不得有焦味和酸败味,水果罐头的果肉不得煮得过熟,块形完整,果肉不得过硬,色泽天然,不准人工着色。汤汁透明清澈、不含杂质,糖水一般为30%,无异味。果酱罐头应与原来果实色泽相符,果酱黏度高,倾罐时不易倒出,静置时不分离出糖汁,可适合加酒石酸或柠檬酸,无异味或香精味。保存罐头的地方应通风、阴凉、干燥,一般相对湿度应在70%~75%左右,温度在20℃以下,以1~4℃为最好。罐头保存期限通常铁皮罐头2年,玻璃罐头为1年。

(六)酒类食品的卫生要求

一般白酒的卫生指标为纯洁、透明、有酒香、滋味醇厚、无强烈刺激性、无异味。黄酒色黄澄清不混浊无沉淀物,有爽快馥郁的香味,滋味醇厚稍甜,无酸涩味。葡萄酒应是清亮,具天然色彩,红紫或浅黄色,无沉淀,具葡萄香气,有浓厚醇香,无异臭,滋味带果汁味,质差时有酸涩味。啤酒应透明澄清,无混浊或沉淀,金黄色,具正常酒花香,入杯时有密集洁白细腻的泡沫,保持一定时间不消失(发泡不多的表明发酵不良,贮存时间过长),滋味爽口,略带苦味,无焦臭味和酸味。

白酒贮存于25℃以下,黄酒、果酒和葡萄酒为20℃左右,熟啤酒4~20℃,生啤酒0~10℃,夏天要注意降温。一般果酒保存期限为六个月,熟啤酒为三个月,瓶装鲜啤酒0~15℃为7~10天,桶装啤酒为5天。但是密闭的瓶装、坛装黄酒、白酒,不受时间限制,时间越长,香味越浓,质量越好。

第四节　转基因食品与健康

一、转基因食品概况

(一)转基因食品的概念

根据世界卫生组织的定义,转基因食品(genetically modified food, GMF)又称作基因修饰食品,生物工程食品,是指利用基因工程技术将某些生物的基因转移到其他物种中,以改变它们的遗传物质,使其在性状、营养品质、消费品质等方面向着人们所需要的目标转变。

转基因食品包括转基因动植物、微生物产品;转基因动植物、微生物直接加工品;以转基因动植物、微生物或其直接加工品为原料生产的食品和食品添加剂等。转基因微生物虽然在生物酶制剂的生产等方面应用广泛,但并没有完全走向人们的餐桌,所以目前人们所食用的转基因食品多指转基因作物转化或加工来的食品。

(二)转基因食品安全争论的背景

随着生物技术的成功应用,无论是发达国家还是发展中国家都认识到转基因作物在国民经济、生态环境、人民健康和社会稳定等方面起到的积极作用。1983年,第一株转基因植物诞生,人类面临的一系列严重问题有了新的出路,人们兴奋地利用着转基因技术这只“上帝之手”改造着大自然和人类的生活。1986年,抗虫和抗除草剂的转基因棉花首次进入田间试验。1994年,美国孟山都(Monsanto)公司研制的延熟保鲜转基因番茄(Flavr Savr TM)在美国批准上市,20多年来,全球转基因植物种植面积迅猛发展,大豆、玉米、棉花、油菜籽、西红柿等许多转基因农作物都已经实现商品化,转基因食品越来越多地出现在人们的餐桌上。

转基因食品与传统食品相比有一定的差别,从1983年的第一株转基因作物问世以来,其诸多令人瞩目的优点一直激励着科学家们对其进行更加广泛深入的研究。据初步估计,利用转基因技术生产转基因食品的成本是传统产品的60%~80%,而产量增加5%~20%,其低成本、高产量的优点极大地解决了粮食短缺的问题。利用转基因技术将特定性能基因(如抗除草剂、抗虫、抗逆性基因等)转入特定的农作物中,使转基因作物具有“抗除草剂、抗虫、抗逆境”等的特性,减少了传统农药的使用量,极大地避免了环境污染。此外,转基因食品的品质与营养价值较传统食品有了很大的提高,例如,通过转基因技术提高谷类作物的赖氨酸含量,通过转基因技术改良小麦中谷蛋白和“醇溶蛋白”的含量比,通过转基因技术提高水稻中维生素含量等。转基因技术在农业中的应用,使得食品的性状、品质可以随着人们需要的方向转变,极大地满足了现代人日益增长的消费需求。

但同时我们也注意到,转基因食品的安全性问题一次次受到了人们的质疑。传统的食品是与人类经过数千年形成的饮食习惯相适应的,作为新事物的转基因食品并没有经过这样被人类选择的过程。加上现有的科学技术还不能对转基因食品进行长远的安全性评估,转基因食品的安全性尚无定论,从而引发人们对食用转基因食品到底安全不安全等一系列问题的关注和争论。在这种背景下,世界各国不断完善相关立法,以预防和规制这一新兴的食品类型所引发的安全问题。为此,必须让大众正确地认识了解转基因技术,使大众在面临转基因食品安全性备受争议的今天,能进行理性的思考与正确的抉择。

二、转基因食品的种类及特点

转基因技术最初主要应用于大豆、玉米、棉花三种农作物,其主要特性表现为抗除草剂和抗虫。随着转基因技术的发展,科学家又陆续研制出了具有特定性状的转基因番茄、转基因油菜、转基因马铃薯等农作物。

(一)转基因大豆

早在1994年,孟山都公司开发的抗草甘膦转基因大豆(商品名:Roundup ready)就在美国被批准可以供人类使用。随后具有不同性状特征的不同品系的转基因大豆相继被开发，如转基因大豆 A5547－127 品系所改变的性状为耐除草剂(草丁膦)；转基因大豆 G94－1、G94－19 和 G－168，改品系具有改变油酸含量的性状，可供人类食用或动物饲用，以及转基因大豆 OT96－15 品系所改变的性状为改变亚麻酸的含量等。

(二)转基因玉米

在所有的商品化的转基因作物中，转基因玉米的品系最多。这些品系改变的性状主要表现为抗虫、耐除草剂或抗虫和耐除草剂。如，Monsanto 公司生产的 MON810、GA21 等品系主要改变的性状分别为抗虫(欧洲玉米螟)和耐除草剂(草甘膦)，可供人类食用或动物饲用；Syngenta Seeds Inc. 公司生产的 BT11 改变的性状为抗虫(欧洲玉米螟)和耐除草剂(草丁膦)可供人类食用和动物饲料生产；Aventis CropScience 公司生产的 CBH－351 具有抗虫(欧洲玉米螟)和抗除草剂(草丁膦)性状，在美国被批准仅可用于动物饲料和工业生产，而不能用于人类食用。

(三)转基因番茄

商业化的转基因番茄中 5 个品系所改变的性状是延迟成熟(或延迟软熟)，另 1 品系为抗虫。这六个品系的转基因番茄均采用 NPTII 作为标记基因，故检测 NPTII 无疑是转基因番茄筛选检测的最好指标之一。

(四)转基因棉花

转基因棉花的商品化品系共有 12 个，主要改变的性状是抗虫(又称 Bt 棉)和耐除草剂。棉花主要用于纺织工业，棉籽则是主要的油料作物之一。

(五)转基因油菜

转基因油菜目前有 17 个商品化品系，这些已经商品化的转基因油菜主要用于榨取供人类使用的油，其次用作动物饲料。17 个品系分为两类，其中一大类为具有耐除草剂功能，另一类是改变油脂成分和/或含量的。在耐除草剂的转基因油菜中，大部分是抗草丁膦。

(六)其他转基因食品

其他转基因食品还包括抗虫、抗病毒的转基因马铃薯；耐除草剂和雄性不育的转基因菊苣；耐除草剂(硫苯脲)的转基因亚麻；延迟软熟的转基因香瓜；抗病毒的转基因番木瓜；耐除草剂的水稻、小麦及抗病毒的南瓜等。

三、转基因食品与健康

食品安全是人类生存及健康的第一道屏障，关系到国计民生，无论是转基因食品还是传统食品，都不能违背食品安全的原则，转基因食品之所以不断受到质疑，其主要问题就在于依靠目前科学技术的发展水平，还不能建立一套有效的能对转基因食品安全性进行长远评估的体系。目前，对于转基因食品安全性的讨论主要集中在两方面：一是食用安全性，二是环境安全性。

(一)转基因食品的食用安全性

1. 营养学评价 食品的功能主要体现在其营养特性对人类健康的影响。因此，营养成分和抗营养因子是转基因食品安全性评价的重要组成部分。由于转基因食品中插入基因的效应无法完全预测,外源基因对食品营养价值的改变也难以完全预料。一些人士认为,那些通过人为地改变了蛋白质组成的食物会因为外源基因的来源和导入位点的不同,极有可能产生基因的缺失、错码等突变,使所表达的蛋白质产物的性状、属性及部位与期望值不符,从而降低食品的营养价值,引起营养失衡。这种质疑虽然存在一定的科学性,但转基因食品的上市实则比传统食品经历了更加严格的安全评价和监管,那些不符合期望值的转基因食品绝对不会流通到市场上,换言之,只要是经过了严格地安全评价和监管的转基因食品其营养价值方面是可以得到保障的。

转基因食品营养成分的评价主要包括蛋白质、淀粉、纤维素、脂肪、脂肪酸、氨基酸、矿质元素等与人类健康密切相关的物质。根据转基因食品的种类及其营养特性,有时还需有重点地开展一些营养成分的分析。如对转基因大豆的营养成分分析,还应重点对大豆中的大豆异黄酮、大豆皂苷等进行分析,一方面因为这些物质是一些对人类健康具有特殊功能的营养成分,另一方面也是抗营养因子。美国伦理和毒性中心的实验报告就曾指出,与一般大豆相比,耐除草剂的转基因大豆中防癌成分异黄酮减少了。但是食物的营养价值与利用及加工方式也密切相关,例如同样是耐除草剂的转基因大豆,用来榨油和加工成豆制品其对人体的影响就各不相同。

抗营养因子可理解为抑制或阻碍代谢(特别是消化)重要通路的物质,会降低营养素(尤其是蛋白质、维生素和矿物质)的最大利用,以及食物的营养价值。若超过一定的剂量,抗营养因子也可能具有毒性。几乎所有的植物性食品中都含有抗营养因子,这是植物在进化过程中形成的自我防御物质。在评价转基因食品抗营养因子时,要根据植物的特点选择抗营养因子进行监测和分析,着重评价转基因食品是否由于外源基因的插入改变了食品中抗营养因子(如植酸、胰蛋白酶抑制剂、棉酚、芥酸等)的含量升高。如传统谷物中的植酸可以抑制混合膳食中非血红素铁的吸收,通过转基因技术可以减少谷物中植酸的含量,对比转基因玉米与野生型玉米制作的薄玉米饼中的植酸的含量发现,每克转基因玉米中植酸含量为3.48mg,比对照的野生型玉米植酸含量减少了65%,此外,用转基因玉米加工的燕麦粥比未修饰前铁吸收率增加了50%。

在按照"实质等同性原则"评价转基因食品与传统食品在营养方面的差异时,还应充分考虑这种差异是否在这一类食品的营养范围内。若在这个范围内,就可以认为该转基因食品在营养方面是安全的。如某种转基因玉米的脂肪酸含量与其非转基因玉米存在显现差异,但该玉米的脂肪酸含量在不同种类玉米已知的脂肪酸含量以内,则可以认为在脂肪酸方面,该转基因玉米是安全的。

2.毒性作用评价 毒性物质是指由动植物、微生物产生的对其他生物有毒的,可以对生物各种器官和生物靶位产生化学和物理化学的直接作用,从而引起机体损伤、功能障碍、致畸、致癌、致突变甚至造成死亡的化合物。有人认为,含有抗虫作物所残留的毒素和蛋白酶活性抑制剂的叶片、果实、种子等,既然能破坏昆虫的消化系统,其对人畜也可能产生类似的伤害。另外有研究表明,一些转基因植物有富集土壤中重金属的特点,这些富集在植物中的重金属是否对人体有害有待进一步研究。此外,一些研究学者还认为,转基因食品在达到某些人想达到的效果的同时,也可能增加食物中原有的微量毒素的含量。而且对于新的作物,由于缺乏食用历史，转基因食品的有毒物质含量的增加，可能会危害人类与动物的健康，严重的会导致某些遗传类疾病。

动物实验是食品安全毒理学评价最常用的方法之一，对转基因食品的毒性检测评价涉及免疫毒性、神经毒性、致癌性与遗传毒性等多种动物模型的建立。目前，我国的转基因食品安全性评价采用的是1983年由卫生部颁发的《食品安全性毒理学评价程序与方法》法规。毒理学研究主要通过动物实验来完成，通过微核实验、精子致畸实验、埃姆斯实验、急性毒性实验、喂养实验等进行转基因食品毒理性分析。

3. 潜在过敏反应评价 转基因食品中由于存在外源基因的表达，食品成分中可能含有新的蛋白质。人体免疫系统对食品中特异性物质产生特异性的免疫球蛋白，发生过敏反应。我们平时所食用的蛋、鱼、贝类、奶、花生、大豆、坚果和小麦等160多种食物中就存在过敏原，在基因工程中如果将控制过敏原形成的基因转入新的植物中，则会对过敏人群造成不利的影响。1996年，美国的种子公司就曾经把巴西坚果中的2S清蛋白基因转入大豆，以使大豆的含硫氨基酸增加，结果一些对巴西坚果过敏的人就对转基因大豆产生了过敏反应。其次，由于转基因食品中插入新的外源性基因可能激活或抑制宿主基因，使其特定蛋白质过度表达或过低表达。如果宿主作物含有已知致敏蛋白质，则存在致敏原水平升高的可能性，使已存在的过敏反应加剧。

国际食品生物技术委员会所制定的转基因食品致敏性评价方法的第一步是根据转基因食品中外源基因供体分为常见过敏原、不常见过敏原和外源基因供体的过敏性未知三大类；随后再根据导入的外源基因供体的类型进行转基因食品致过敏性评价。

4. 抗生素抗性风险评估 抗生素抗性基因是目前转基因植物食品中常用的标记基因。抗生素标记基因是与插入的目的基因一起转入目标作物中，用于帮助植物遗传转化筛选及鉴定转化的细胞、组织和再生植株。标记基因本身并无安全性问题，有争议的一个问题是会有基因水平转移的可能性。例如是否会水平转移到肠道微生物或上皮细胞，对抗生素产生抗性，从而降低临床治疗中的有效性。虽然很多报道指出标记基因水平转移给肠道微生物并表达的可能性极小，因为DNA从植物细胞中释放出来后，很快被降解成小片段，甚至核苷酸，并且DNA转移并整合进入受体细胞是非常复杂的过程，成功率极低。但是，到目前为止，还没有充分的证据完全说明抗生素抗性基因不可能转移到微生物体内。因此，转基因食品可能带来的抗生素抗性风险也引起高度的重视。近年来，为了消除转基因食品中抗生素抗性的风险，研究者采取其他形式的标记基因如甘露糖作为选择剂，取得了突破性进展。如果不使用抗生素抗性基因作为标记基因，转基因食品带来的抗生素抗性问题就迎刃而解。

（二）转基因食品的安全性评价原则

1. 实质等同性原则 实质等同性（substantial equivalence）原则是OECD提出的新型食品安全性分析的原则，即转基因食品及成分是否与目前市场上销售的传统食品具有实质等同性，其概念是：如果某种新食品或食品成分同已经存在的某一食品或成分在实质上相同，那么在食品安全方面，新食品和传统食品同样安全。一般情况下，对食品的所有成分进行分析是没有必要的，但若其他的特征表明外源基因的插入对人体产生了不良影响时，就应该考虑对广谱成分予以分析。对关键营养素的毒素物质的判定是通过对食品功能的了解和插入基因表达产物的了解来实现的。但是，在应用实质等同性原则时应该根据不同的国家、文化背景和宗教的差异进行评价。

2. 预先防范的原则　转基因技术作为现代分子生物学的重要组成部分，是人类有史以来，按照人类自身的意愿实现了遗传物质在四大系统间的转换，即人、动物、植物和微生物。但这种跨物种的基因表达，是否都能按照人类预计的方向发展，是否会存在不可预测的安全风险还有待进一步的研究。正是因为转基因技术的这种特殊性，必须对转基因食品采取预先防范作为风险评估的原则。必须采取以科学为依据，对公众透明，结合其他评价原则，对转基因食品进行评估，防患于未然。

3. 逐步评估的原则　转基因生物及其产品的研发大致经历了实验室研究、中间试验、环境释放、生产性试验和商业化生产几个环节。这里的每个环节对人类健康和环境造成的风险是不同的。逐步评估的原则就是要求在每个环节上对转基因生物及产品进行风险评估，并且以前一步的实验结果作为依据来判定下一阶段的开发研究。

4. 风险效益平衡原则　发展转基因技术就是因为该技术可以带来巨大的经济效益和社会效益，但作为一项新技术，该技术带来的风险也是不容忽视的。因此，在对转基因食品进行风险评估时，应该采用风险和效益平衡的原则，综合进行评估。

5. 熟悉性原则　熟悉性原则指的是了解转基因食品的有关性状、与其他生物或环境的相互作用、预期效果等背景知识。转基因食品的风险评估既可以在短期完成，也可能需要长期的监控。这主要取决于人们对转基因食品有关背景知识的了解和熟悉程度。

其他还有个案评估的原则等。

四、转基因食品的安全性讨论

任何一种新生事物的问世都会受到来自各方的压力及质疑，在食品安全问题备受瞩目的今天，有关转基因食品安全性问题的讨论可谓是“一波未平一波又起”。目前，有关转基因食品的安全性问题主要有两种观点。支持转基因食品发展的人士认为转基因食品是安全的，其理由包括如下几点：

(1)从转基因食品进入市场以来，还没有出现一例危害人体健康的例子。因此，转基因食品不会对人体健康产生危害；

(2)转基因食品上市要经过严格安全评价和监管，故转基因食品中不会含有毒素物质；

(3)转基因食品中含过敏原的可能性极小。而且许多传统食物，如花生、豆类、虾类对某些特定人群也会产生过敏反应，故人们不能对转基因食品可能存在的过敏原另眼相看。如果转基因食品中含过敏源的概率小于0.1%，这在实践中往往可以忽略不计。

(4)抗生素抗性标记基因的水平转移的可能性很小，不可能导致人对抗生素的抗药性提高。

而一些认为转基因食品不安全的人士的理由有如下几点：

(1)转基因食品将一些动植物的基因甚至是人的基因转入到目标生物体中，打破了自然界物种界限和生物进化规律，可能破坏自然的完整性和统一性，有潜在的危害；

(2)转基因食品出现的时间不长，虽然从短期看来，转基因食品对人类的健康不产生直接影响，但对人体健康的长期影响一直是悬而未决的问题。人体健康关系到人的生命，必须引起我们的高度重视。

(3)许多食品事件丑闻(英国的“疯牛病”、欧洲的“二噁英”事件、比利时的“毒鸡”事件、

"可口可乐污染"事件)反映了个别一些科学家、政府管理者和企业对消费者的身体健康不是非常负责,他们更看重的是商业利益而不是消费者的身体健康。

(4)虽然转基因食品中的过敏原与毒素含量少,但是对某一特定的人群来说,含量很少的过敏原或毒素也可能对他们产生不良后果。

(5)转入特定的基因或一味地增强作物的某种性能,可能打破食品中的营养平衡,对人体健康不利。

(6)我国如果对转基因滥种监管不力,导致非法种植上升,使很多转基因作物不经审批而进入我们的餐桌。

如何评价以上两种观点?从整体性原则上看,食品作为一个有机整体有自身的协调统一性,食品的各个营养特性和化学结构有自身的有机构成。而且,人体也是十分复杂的有机整体,转入新的跨物种基因是否会轻易打破这种完整性,破坏食品的整个营养结构,人食用后是否有不良影响,又是否会打破人体内部的营养平衡和生理机能,这些可能并非不存在。仅从健康效益方面来看,转基因食品给人体健康带来的短期的、直接的危害不是非常明显,但长期积累的间接效应还很难说,必须引起我们的重视。

我国对转基因食品的管理是严格的、严谨的,对转基因食品实行强制标识管理。在转基因应用上遵循"非食用-间接食用-食用"的原则,即首先发展非食用的经济作物如抗虫棉等,其次是饲料作物、加工原料作物,再次是一般的食用作物,最后是主粮作物。我国目前批准种植的作物只有转基因抗虫棉和抗病毒番木瓜。主粮中、肉蛋奶和水产品种还没有出现商品化生产,现在舆论上说的西红柿、辣椒、蔬菜等都不是转基因食品。转基因作物无论是制种、试验还是种植都需要经过严格的程序批准,对个别的公司或个人违规销售、种植转基因作物,农业部将"发现一起查处一起,决不姑息"我国转基因安全评审非常慎重。例如2013年新批准的转基因大豆,其在美国、加拿大、日本等十几个国家已批准用于商业化种植或食用。在他国安全评价基础上,又在国内开展了环境和食用安全验证试验,历时三年才发证。转基因食品能否上市销售,提供给消费者,必须经过极其严格的安全评估和检查,并确保消费者有足够的知情权,才可以批准上市。

无论是支持人士还是反对人士,关注转基因食品对人体健康的影响不仅是必要的,也是非常重要的,需要我们理性看待。而从责任原则来看,从事转基因食品研究的科学家有责任研究健康安全的转基因食品,从事转基因食品开发与种植的企业和从事转基因食品监管的政府机构更是有责任保证转基因食品"从农田到餐桌"整个过程的合法性及安全性,而从事信息传播的新闻媒体,应该遵守职业道德,一方面不乱传播没有科学依据的负面报道,耸人听闻,混淆视听;另一方面,对世界各国尤其是我国的转基因食品相关信息政策作出及时正确的解读。

五、转基因食品的监管

转基因食品是一项新兴的生物技术新产业,由于这种食品有其自身的多种优点,因此,具有广阔的发展前景。在转基因食品安全性颇受争议的今天,消费大众要以清晰的头脑理性地看待这个问题,转基因食品的安全虽然存在一定的不可预测性,但世界各国对转基因食品的监管政策都是相当严格的,只要在转基因食品研发、种植、加工、安全性评价及合法销售等环节做好监管，使得转基因食品的生产加工销售有法可依、有章可循，则可保证通过正规途径流通到市场上的转基因食品安全可靠。

目前，我国已建立健全了一整套的适合我国国情并且与国际接轨的法律法规技术和管理规程，这个规程和法规涵盖了转基因的研究、试验、生产、加工、经营、进口许可还有产品强制标识等各环节。第一，国务院颁布了《农业转基因生物安全管理条例》，农业部制定实施了《农业转基因生物安全评价管理办法》等四个配套规章。第二，目前国内已成立国家农业转基因生物安全委员会，负责对转基因生物进行科学、系统、全面的安全评价，以及全国农业转基因生物安全管理标准化技术委员会，目前已经发布了104项转基因生物安全标准。第三，国家还建立了由12个部门组成的农业转基因生物安全管理部际联席会议制度，来负责研究和协调农业转基因生物安全管理工作中的重大问题。第四，施行转基因食品的标识管理。我国目前实行的是定性按目录强制标识的制度，依法对转基因大豆、玉米、油菜、棉花、番茄等五类作物17种产品实行按目录强制标识。

思考题

1. 碳水化合物有哪些重要的生理功能？
2. 什么是必需氨基酸？有什么生理功能？
3. 脂类的营养评价应注意哪些方面？如何评价一种食用油的营养价值？
4. 必需氨基酸包括哪几种？认识它们对合理利用蛋白质有何作用？
5. 蛋白质有何生理功效？
6. 矿物质的主要生理功效是什么？
7. 维生素缺乏的常见原因是什么？
8. 为什么说水是维持生命活动中最重要的营养素？
9. 功能性多糖与功能性低聚糖各有哪些重要的生理功能？
10. 何为膳食纤维？膳食纤维有哪些重要的生理功能？
11. 谈谈如何预防和控制饮食生活中的不安全因素？
12. 什么是食品添加剂？食品添加剂带来的安全隐患主要有哪三个方面？

参考文献

[1]蔡智鸣，王振，史馨，等. 油炸及烧烤食品中丙烯酰胺的HPLC测定. 同济大学学报(医学版)，2006，27(5)：10-12.
[2]曹男，林连捷，郑长青，等. 脂肪肝相关危险因素的研究. 中国全科医学，2013，16(10)：1115-1119.
[3]操时树. 烟熏肉制品及其安全性检测. 肉类工业，1996(2)：13-14.
[4]陈丽星. 真菌毒素研究进展. 河北工业科技，2006，23(2)：124-126.
[5]陈敏，王军. 食品添加剂与食品安全. 大学化学，2009，24(1)：28-32.
[6]陈乃用. 实质等同性原则和转基因食品的安全性评价. 工业微生物，2003，33(3)：44-51.
[7]陈一资，胡滨. 动物性食品中兽药残留的危害及其原因分析. 食品与生物技术学报，2009，28(2).
[8]程晓艳. 几种食源性致病菌快速检测技术的建立. 中国海洋大学学位论文，2012.
[9]崔中祥. 啤酒中的甲醛. 啤酒科技，2006，(10)：40-40.
[10]邓志爱，李孝权，李钏华，等. 金黄色葡萄球菌所致食源性疾病分离株的多态性分析. 实用预防医学，

2006,13(3):498-500.
[11]方宏筠.植物基因工程(第二版).北京:科学出版社,2002:711-713.
[12]封锦芳.饮食与健康.北京:化学工业出版社,2004.
[13]韩闯.饮食失宜与喉痹的关系初探.中医眼耳鼻喉杂志,2011,1(4):1189-1190.
[14]韩梅.医学营养学基础.北京:中国医药科技出版社,2011.
[15]黄李春,章荣华,顾昉,等.居民膳食营养与健康状况研究.浙江预防医学,2011,23(12):1-4.
[16]洪松虎,吴祖芳.乳酸菌抗氧化作用研究进展.宁波大学学报,2010,23(2):17-22
[17]贾士荣.转基因作物的安全性争论及其对策.生物技术通报,1999,15(6):1-7.
[18]孔令锟.食品中的天然毒素及不安全因素.黑龙江科技信息,2013,(15):13.
[19]昆仑,文涛.转基因食品安全评价与检测技术.科学出版社,2009.
[20]李征,朱兵,高晓莲.DNA阵列芯片上的DNA二聚体并行热力学研究及其在SNP基因分析中的应用.华西药学杂志,2006,20(5):396-399.
[21]李传印.转基因食品的利与弊.生物学通报,2001,36(9):10-11.
[22]李微微,吴祖芳,周秀锦,等.出口金枪鱼罐头中组胺及微生物控制的HACCP应用技术研究,食品与生物技术学报,2013,32(1):18-22.
[23]林忠平,倪挺.农业确实需要转基因?——关于转基因食品安全性的讨论.科学中国人,2001(9):45-47.
[24]刘朝.熏制食品.肉品卫生,2001(4):19.
[25]刘建本.几种腌薰食品中亚硝酸盐及其含量的调查分析.吉首大学学报(自然科学版),1994(1):17.
[26]刘金峰,钱家亮,武光明.啤酒生产中甲醛残留量控制.中国酿造,2010,29(10):177-180.
[27]刘萍,孙来娣,李春雨,等.茶多酚去除鱿鱼中甲醛的实验研究.青岛大学学报:工程技术版,2013,27(4):84-87.
[28]刘岩,孙建华.酸菜中亚硝酸盐的快速减少法研究.食品工业科技,2005,26(10):57-58.
[29]刘志成.营养与食品卫生学(第二版).北京:人民卫生出版社,1992.
[30]米强,于亚莉,高峰.我国食品添加剂的安全现状与发展对策.中国调味品,2009(8):37-39.
[31]钱建伟,钱宏光,李蕴华,等.兽药残留的危害及应对措施.畜牧与饲料科学,2008(2):100-101.
[32]沈建忠,何继红.浅谈兽药残留分析技术研究进展.中国禽业导刊,2004(21):15-16.
[33]沈锡权,赵永威,吴祖芳,翁佩芳,卓鸿雁.冬瓜生腌过程细菌种群变化及其品质相关性.食品与生物技术学报,2012,31(4):411-416.
[34]孙保国.食品添加剂.北京:化学工业出版社,2008.
[35]索玉娟,于宏伟,凌巍,等.食品中金黄色葡萄球菌污染状况研究.中国食品学报,2008,8(3):88-93.
[36]谭云.现代食品的安全问题.粮油食品科技,2003,11(1):29-31.
[37]万力婷,吴祖芳,张天龙,等.苋菜梗腌制过程细菌群落变化及风味的研究.食品工业科技,2014,35(2):166-170.
[38]王冰冰.浅谈油炸食品对人体健康的影响.中国食物与营养,2010(8):74-77.
[39]王阳光,李碧清,高华明.在室温下存放的鱿鱼甲醛含量的变化.食品工业科技,2005,26(7):169-170.
[40]魏要武.南通市2002-2004年市售食品中使用添加剂问题及其对策.职业与健康,2006,22(4):268-269.
[41]吴永宁,饮食与健康.北京:化学工业出版社,2004.
[42]徐美奕,蔡琼珍,黄霞云,等.红笛鲷肌肉中三种性腺激素残留的分析.食品工业科技,2007,28(6):218-220.
[43]严功翠,秦向东.浅析消费者对转基因食品的认知和意向-以上海为例.安徽农业科学,2006,34(1):154-156.

[44]闫实,张静,梁彦秋.不同种类蔬菜农药残留检出率的规律性研究.安徽农业科学,2009,36(35):15670-15672.

[45]叶丽芳.鱿鱼及制品中甲醛测定方法,本底含量和甲醛生成控制的初步研究.浙江工商大学硕士学位论文,2007.

[46]杨健,吴祖芳.食品中产组胺微生物及其控制的研究进展.食品工业科技,2012(3):384-387.

[47]杨丽琛,杨晓光.转基因食品中标记基因的生物安全性研究进展及对策.卫生研究,2003,32(3):239-245.

[48]张磊.食品包装材料与食品的安全.上海食品药品监督情报研究,2007,10(5):88-88.

[49]张蕾,张学俊.浅谈食品添加剂的应用与发展.中国调味品,2011,36(1):10-13.

[50]钟耀广,刘长江.含天然有毒物质的植物研究进展.现代农业科技,2009,(22):262-264.

[51]周韫珍.我国人民膳食结构与膳食指南.医学与社会,1997,10(4):14-15.

[52]Bettelheim A. Drug resistant bacteria: can scientists find a way to control "superbugs"? CQ Researcher,1999,9(21):473-496.

[53]Cengiz M F, Certel M, Göçmen H. Residue contents of DDVP (Dichlorvos) and diazinon applied on cucumbers grown in greenhouses and their reduction by duration of a pre-harvest interval and post-harvest culinary applications. Food Chemistry,2006,98(1):127-135.

[54]Childs E A. Functionality of fish muscle: emulsification capacity. Journal of the Fisheries Board of Canada,1974,31(6):1142-1144.

[55]Emborg J, Laursen B, Dalgaard P. Significant histamine formation in tuna (Thunnus albacares) at 2℃, effect of vacuum- and modified atmosphere-packaging on psychrotolerant bacteria. International Journal of Food Microbiology,2005,101(3):263-279.

[56]Francisco P J J, Garcia M L, Moreno B, et al. Importance of food handlers as a source of enterotoxigenic staphylococci. Zentralblatt fur Bakteriologie, Mikrobiologie und Hygiene. 1. Abt. Originale B, Hygiene,1985,181(3-5):364-373.

[57]Galgano F, Favati F, Bonadio M, et al. Role of biogenic amines as index of freshness in beef meat packed with different biopolymeric materials. Food Research International,2009,42(8):1147-1152.

[58]Gerrard J A, Brown P K, Fayle S E. Maillard crosslinking of food proteins I: the reaction of glutaraldehyde, formaldehyde and glyceraldehyde with ribonuclease. Food Chemistry,2002,79(3):343-349.

[59]Kuda T, Miyawaki M. Reduction of histamine in fish sauces by rice bran nuka. Food Control,2010,21(21):1322-1326.

[60]Rawn D F K, Quade S C, Sun W F, et al. Captan residue reduction in apples as a result of rinsing and peeling. Food Chemistry,2008,109(4):790-796.

[61]Paramasivam S, Thangaradjou T, Kannan L. Effect of natural preservatives on the growth of histamine producing bacteria. Journal of Enironmental Biology,2007,28(2):271-274.

[62]Phuvasate S, Su Y. Effects of electrolyzed oxidizing water and ice treatments on reducing histamine-producing bacteria on fish skin and food contact surface. Food Control 2010,21(3):286-291.

[63]Vinvi G, Antonelli ML. Biogenic amine: quality index of freshness in red and white meat. Food Control,2002,13(3):519-524.

第8章 饮食养生方法与食物中的功效成分

本章内容提要：食物或食品除了满足或提供人类最基本的营养需要外，还存在许多生理活性物质，这些成分对人类健康甚至治病防病发挥重要的作用；从中医学视角，食物的不同属性需结合人体的生理、体质特点，科学饮食，才能促进健康。中医理论中关于饮食的防病治病作用可以与食物有效成分的生理功能相互诠释。通过本章的学习，使我们能够了解饮食养生的原则与方法，通过对食物中功效成分的了解，理解自古以来医食（饮食）养生研究学者提出的药食同源的思想及食物的养生功效，深刻领会中国几千年来形成的饮食养生文化的内涵，认识到合理而科学的饮食对防病治病的作用，所有这些对日常生活中特别是病患者的膳食配菜设计、促进人体健康长寿等将起到积极的作用。

第一节 美食（饮食）养生的原则和方法

一、饮食养生的原则

中国的中医学已有数千年的历史，中医十分重视饮食与养生保健的关系，认为合理的饮食是安身益寿的基础。如唐代医学家孙思邈在《千金要方·食治》中引扁鹊的话“安身之本，必资于食；不知食宜者，不足以存生也”。就是说人的生命靠五味滋养，健康也会因五味损伤，所以扁鹊说安身之本在于饮食，如果不知道饮食宜忌就不足以保存生命。汉代医学家张仲景提到：“若忽而不学，诚可悲也”，指出了学习合理饮食知识的必要性，避免由于不合理的饮食而损害人体的健康。人存在于自然界之中，与自然界密不可分，因此饮食养生也应顺应自然变化的规律；在时间上，有四季昼夜更替的不同；在地域上，有东西南北中分布的差异；人的个体上，有性别、年龄、体质的不同，因此综合考量各个方面的影响，要特别注意合理的因时、因地、因人安排饮食。

综观历代中医养生学家及现代大量饮食对健康的影响等研究，对饮食养生方法，有着如下四大原则。

（一）饮食因人制宜

传统中医药学认为人体有寒、热、虚、实不同的体质属性，而所有的食物亦有温、凉、润、燥、补、泻的特性功效；《黄帝内经》中提到饮食（食物）具有寒、热、温、凉等四种性质，又叫作“四气”。在食物的选择上应当注意与人体的体质属性相适宜，所谓“相宜者养形，不宜者伤身”。饮食要寒温适中，反对过寒过热，《灵枢师传》中记载：“食饮者，热无灼灼，寒无沧沧。寒温中适，故气将持，乃不致邪僻也”，强调了饮食需要注意调节寒温，寒温适中。如果饮用过多寒凉生冷之物，则会损伤脾阳，还可影响到脾胃的受纳及运化功能，以致造成不思饮食、呕吐流涎、消化不良等病变。

寒凉食物，具有清热泻火、凉血解毒、滋阴生津、平肝安神、通利二便等作用。比如绿豆、芹菜、西红柿、黄瓜、冬瓜、丝瓜、西瓜、柿子、梨、香蕉、马兰头、鸡、鸭肉、金银花和胖大海等属于寒性或凉性食物，主要功能为清热、生津、消暑解渴，不适用于虚寒体质和阳气不足的人群；而适用于热、多汗、多动、口干、便秘等加速阴伤而形成阴虚体质的人群。

温热食物，具有温中散寒、助阳益气、通气活血等功效。比如姜、葱、蒜、高粱、甘薯、燕麦、辣椒、胡椒、南瓜、油菜、梅子、山楂、鸡、黄鳝、羊肉、海鳗等属于温热食物，适于怕冷、肢体不温、口不渴等虚寒体质的人群食用，而不适用于阴虚火旺的人群。

而平性食物具备平补气血、健脾和胃、补肾等功效，对寒症或热症都适用。对此，历代养生学家积累了丰富的经验，不懂得食物之性很难明白饮食宜忌的道理。

中医理论提到的五味，及食物所具有的酸、苦、甘、辛、咸等五种味道，内涵并不完全相同。在《素问·至真要大论》中说到“五味入胃，各归所喜，故酸先入肝，苦先入心，甘先入脾，辛先入肺，咸先入肾，久而增气，物化之常也”。食物对人体的营养作用，还表现在对人体脏腑、经络、部位的选择性上，即通常所说的“归经”问题。如茶入肝经，梨入肺经，粳米入脾、胃经，黑豆入肾经等等，有针对性地选择适宜的饮食，对人的营养作用更为明显。《素问·阴阳应象大论》中提到，在五味当中，辛、甘之味能够温补、升散，所以为阳；酸味能够使人涌吐、苦味能够使人泄泻、咸味能够渗下，所以为阴。

任何一种药物或者饮食（食物）都是既有气又有味的，知道了食物的“四气”和“五味”，即了解分清每一种食物的性味，就可以辨证论治开方用药或指导饮食养生，正确食用这种食物，或合理地去搭配其他饮食（食物），最后达到食疗养生的目的。

体质特征　2013年5月，在台湾召开了一个信息科学家和医生联合举办的研讨会，其中交流了哈佛医学院研究团队利用信息科学进行人体节律方面的研究；该课题组利用现有信号探测方式得到的数据，分析了人体的运行规律，如运动的周期性等，得到人体内脏的运动规律，这些研究结果对人们日常饮食摄入方法具有科学的指导作用。这项研究给我们的启示是由于每个人的体重、健康状态、疾病及其发病原因各不相同，在饮食方法上不能采用固定模式，应该区别对待。比如当人体处于一种亚健康状态的时候（注：亚健康状态是指人的机体无明显疾病症状，但呈现出易疲劳，活力、反应能力与适应能力减退，创造力较弱和自我感觉不适的一种状态，又叫“机体第三状态”或“灰色状态”），这种状态下机体对维生素类的需求应加强，包括维生素A、维生素B族、维生素C和维生素E，矿物质中的铁、锌、硒、铜、锰和钙等的很重要，这些营养功能物质主要在促进机体新陈代谢、消除人体氧自由基和增强免疫系统功能（保护细胞与提高白细胞及抗体的活性）发挥重要的作用。因此，亚健康状态人群在饮食上要注意饮食均衡，从天然新鲜食物中摄取充足的这些营养物质；如尽量摄取全谷类食品、足够的蔬菜（十字花科蔬菜）、水果、豆制品及适量的奶蛋鱼和发酵性酸奶等。

阳性体质人群的临床表现为虚热，喜欢冷食；人表现温热，脸色赤红，易流汗，喜凉怕热，干燥特征，如口渴，头发干燥起皱，尿少，便秘。亢奋特征，热，多动等。此类症状易加速阴伤，引起阴虚；此类人群宜食寒凉性食物。

阴性体质人群的临床表现为易感冒，免疫力低下，面色较白，属虚寒体质。此类人群宜食温热性食物。

对于不同体质如患有某些疾病的人群更是需要结合身体疾病特点采取相应的饮食控制措施,改善身体健康状况以获得长寿。

痛风与饮食营养 痛风是由于嘌呤代谢失调,导致尿酸产生过多或排泄减少,血中尿酸水平增高,引起反复发作的关节炎、结石,导致关节畸形、肾脏病变等的一系列疾病。痛风的膳食营养原则为:摄入充足的液体,每日应饮水2000毫升以上,液体摄入将有利于尿酸排出,预防尿酸肾结石;多食用碱性食物,因为尿酸在尿中的溶解性随尿的pH升高而增加,故多摄入碱性食物,如新鲜蔬菜、水果、牛奶、坚果、海藻等可促进尿酸的排泄;避免高嘌呤食物,如畜禽内脏、鲢鱼、白带鱼、乌鱼、鲨鱼、牡蛎、芦笋、紫菜、香菇、肉汁、浓肉汤、鸡精、酵母粉等;禁止饮酒及乙醇饮料,乙醇代谢使乳酸浓度升高,乳酸可抑制肾脏对尿酸的排泄,引发痛风症;适当选用合适的蛋白质,慎用大豆类;限制脂肪摄入量,补充维生素特别是维生素B和维生素C的摄入能促进淤积于组织内的尿酸盐溶解。

贫血与饮食营养 缺铁性贫血的病人应选择富含铁的食物,如红色肉类、血、肝脏等。老年人由于胃腺细胞萎缩或功能障碍,内因子分泌不足,进而对维生素B12的吸收能力下降,最终导致巨幼细胞贫血和造血障碍。对于老年贫血,临床除给予相应铁剂、叶酸、维生素C、维生素B等的补充剂外,合理的营养治疗也非常重要。老年贫血病人应适当增加蛋白质和热量供给;巨幼细胞性贫血病人应增加富含叶酸和维生素B的食物摄入,如动物肝脏、肉类、奶类、豆制品类、新鲜绿叶蔬菜等。

高血脂与饮食营养 中老年人膳食失衡,胆固醇摄入量高、脂肪供热比高、体力活动少,是出现高脂血症的重要原因;高血脂能使血管失去弹性、血管腔变狭窄、腔壁变脆,导致动脉硬化、高血压和冠心病。冉君花等研究报道合理的膳食营养加上运动治疗能够明显改善高血脂病人血脂状况。研究表明(王红育,等.2005.李素云.2008),高血脂人群的饮食应合理控制热量和糖,保持适宜体重;适当限制脂肪,减少动物脂肪摄入,尽量在烹调过程中少放油,用植物油代替动物油;忌食含胆固醇高的食物,如动物的内脏、蛋黄、鱼子、鱿鱼等;增加新鲜蔬菜、水果的摄入量,蔬菜、水果中的矿物质、维生素和食物纤维能有效促进胆固醇的代谢;另外,控制烟酒,少量多餐、喝茶和易饮淡茶等。

现代生活中常见的其他疾病谱如"高血糖、高血压"人群的饮食养生已在第二章饮食养生新进展中作了介绍,这里不再重复赘述。

年龄结构 饮食不合理招致疾病。人从出生到死亡经历一个生长、发育、成熟及衰老的过程;在正常情况下人生的不同阶段其生理特点和营养的需求有很大的不同,因此,在饮食配餐及对各种营养素的摄入量要有所区别。婴幼儿时期身体生长发育特别旺盛,各种营养需求量大,包括蛋白质、脂肪、维生素及矿物质元素等,且机体对环境的适应性较差,对食品的营养与质量要求比较高。青少年时期也是身体生长与发育发展的重要阶段,同样需要充足的蛋白质及各种矿物质元素等,机体对不良环境的抵抗能力等逐步增强。老年阶段机体的生理特点发生显著变化,包括机体的营养物组成比例如脂肪比例增加,骨矿物质含量降低引起骨质密度下降,还有机体的心血管系统、消化系统、视觉器官和神经系统等引起功能的下降。当然各种常见病、多发病,往往在壮年时期就已开始,到了中年以后,由于机体逐渐衰老、退化,各组织器官的生理功能减退,新陈代谢功能降低,尤其是胃肠道消化功能减弱;如果饮食不合理，会使体内新陈代谢受到影响，使身体营养失去平衡。营养过剩，会导致心血管疾病、脑血管疾病以及糖尿病等；所以，在青壮年时期就应注意饮食合理，营养平衡。

(二)饮食因时制宜

"顺时养生、饮食有节"是历来养身学的重要内容，是大多数长寿老人的共同经验。中医古籍《内经》在谈到上古之人"尽终其天年，度百岁乃去"的经验时，就非常强调"饮食有节"，所谓"饮食有节"，除饮食要守常有节外，还要注意顺从四季节气变化来调节饮食习惯。自然界四时气候的变化必然会对形体产生重要影响，随四时变化而调整饮食是传统养生法中的重要内容，在《黄帝内经》中也提出了关于四季养生最出名两句"春夏养阳，秋冬养阴"，一年四季的养生也同样要掌握三个规律，阴阳消长运行的规律、气机升降的规律和天气地气开合的规律。掌握了这三个规律以后，我们就可以养生长、化收藏、养阴阳、葆五脏。

我们应顺应四季变化时身体的需要，科学地选择食物。人体健康与四季气候变化紧密相连，四季交替的规律也是人体的代谢规律。春季，万物萌生，阳气开发，此时应多食嫩芽萌生类食物以扶助阳气的升发；春季对应五脏六腑的肝，人体肝气当令，所以饮食宜减酸益甘，以免肝气太过影响健康。夏季人体易因新陈代谢旺盛而伤津耗气，饮食也要以清淡生津食物为主；暑热炎炎，阴津易伤，此时应多食甘淡清润之品，以清暑生津。秋季风高气燥，饮食上也要相应地以滋阴润燥为主，秋季气候转凉干燥，此时应少吃辛燥之物，多用温润养阴之品，以润燥养肺。冬季阴盛阳衰，是滋补的最佳季节，这一季节的饮食既要敛阳又要护阴。冬季万物潜藏，气候寒冷，在饮食上此时应少吃寒凉之物，多用温阳补肾之品，以护阳气。

(三)饮食宜清淡

其意指饮食口味宜清淡，如酸、苦、甘、辛、咸五味不能过偏。《黄帝内经》说"谨和五味，骨正筋柔，气血流畅，长有天命"。如果"味过酸，脾气乃绝；味过咸，脉凝而心气郁；味过甘则骨痛，发落、肾气衰；味过苦则皮干枯，胃气伤；味过辛则筋急爪枯，此五味之所伤也"。另一方面意指，多食素而少食肉，少饮酒。如唐代孙思邈说："养生要诀，常须少食肉"，认为肥肉美酒，烂肠之食。"过食肥甘则病生，过嗜醇酿则积饮"。从中医食疗角度来说，日常生活中不宜过度食用补阳助热食物，过多使用会使人体内的阳气过盛而产生火热炽盛的病变，消耗人体内的阴精和损伤正气，因此，不要长期过量使用辛甘大热的壮火之品。平常多吃各种谷物、一些水果、果实、蔬菜或饮水等的好处可从中医学角度来解释，这些食物都是日常生活中所必需的适宜长期食用的气味比较平和的少火之品，作用平缓，性质温和，能够滋养人体的正气，因此，无论是治疗还是食养，使用少火之品都是安全可靠的。

《素问·阴阳应象大论》中也将药食分作气味的厚薄，气味的厚薄不同，药食所起的功效作用各异，即味厚之品有泄热的作用，如黄连、栀子、大黄、蒲公英、苦瓜等；味薄之品有通利的作用，如泽泻、木通、芹菜、赤小豆等。气薄之品有发汗解表的作用，如麻黄、桂枝、大葱、生姜等；气厚之品有温阳助热的作用或称壮火之品(纯阳)，如附子、肉桂、干姜、川椒、芥子、白酒等。

(四)饮食节制

晋代葛洪提出"养生之旨，食不过饱，饮不过多"。梁代陶弘景解释说"饮食过多则气滞，百脉闭塞，血气不行则伤形"。明代《老老恒言》说"凡食总以少为有益，脾胃易磨运，乃化精血。否则，多食至受伤，故曰少食以安脾也"。从保护消化系统功能阐述了节制饮食的意义。

后世龙遵叙在《饮食坤言》中指出："多食之人有五苦：一是大便数，二是小便多，三是扰睡眠，四是身重不堪修业，五者多患食不消化，自滞苦际。"而作为中国古代养生学和医学理论思想的奠基者和集大成者的《黄帝内经》中总结并提出了"谨和五味"与"食饮有节"的饮食养生基本原则。饮食过多，胃就会承担过多负担而不能及时消化摄入的食物；古今医学研究表明，饮食过饱伤脾，脾是后天之本，脾主肌肉运作，因此，食之过饱肠胃蠕动的动力不足，从而影响对食物的消化吸收能力，如长期这样会引起脾虚，脾功能抑制导致食欲不振，最后产生胃肠疾病。同时脾虚或脾受伤而不能正常运化，易腹泻或导致筋脉、脓血痢疾、溃疡性结肠炎等疾病的发生；因此，饮食过饱会危及人体的健康，反之亦然。饮食不足或饥饿太多，同样也伤脾胃，会对人体产生危害。中国饮食文化发展历史涉及的以上观点与现代医学认为多食可致人体肥胖、诱发高血压、糖尿病、动脉硬化和心脑血管病等，并可加快人的衰老过程，其理相通。中药中的黄芪有健脾益气、促生肌，对补脾虚有较好的作用；同时在饮食中控制凉性（包括果蔬类）食物的过度摄入。

另外，不良的饮食习惯也易招致各种疾病，如偏食（过量蛋白质、过量油脂、过量零食等的摄入）、各种烧烤、过度饮酒、缺乏饮水等引起的维生素、矿物质元素和膳食纤维摄入不足，这些都易引起肠道蠕动减弱，导致毒素积累不能及时排泄，由此引起的疾病主要有肠道疾病，长期不加以治疗而引起肠道癌变如结肠癌等。不良饮食习惯引起的营养状况如人体缺乏优质蛋白质的摄入，可招致其他各类疾病的发生，在饮食上必须加以注意。

综述所述，唯有在科学的整体指导原则之下，依照每个人不同的特征，如身体状况、疾病携带情况、心理状态和年龄结构等个性化的要素，适量而均衡地摄取正确调理的天然食物，并且配合充分的运动，才能吃出健康，吃出青春和美丽。正所谓，民以食为天，食以何为先？健康科学才是最关键的要素。

二、饮食养生的方法

（一）食物的配伍

自然界中，各种可供人类食用的食物都有其特定的化学结构和营养特性，但没有一种食物可以满足机体所需要的全部营养素。为了满足机体的需要，我们应该摄取多种食物，以保证营养的均衡和全面；同时从中医学角度，食物的搭配也讲究阴与阳平衡，这也是现代营养配餐设计的主要依据；这些都涉及"食物配伍，平衡饮食"的概念。食物的搭配绝不是一件简单的事，如果搭配不合理，不仅会影响食物营养物质的吸收，严重者还会造成生命危险。"搭配得宜则益体，搭配不宜则成疾"，从中医角度来说，就是所谓食物之间的"相生相克"的关系，从西医学角度，其实就是食物成分间的相互影响或作用关系。相信随着科技的进步，有更多的研究学者将全方位阐明其营养组分的搭配方法及原理，找到更科学的证据或理由来支持食物配伍的重要性，使中医学与现代营养科学等更通融交洽，互相促进，并积极为人类健康饮食找到科学的依据。

中医学认为，食物有四气（即热、寒、温、凉）和五味（辛、甘、苦、咸、甜），通过其间合理科学地搭配，就可以达到食物间的营养平衡，发挥食物对人体保健的最大功效。

1. 食物搭配的原则

食物的配伍与药物的配伍基本同理，分为协同和拮抗两个方面，当然，从美食的角度，食物的配伍不仅讲究疗效，还讲究营养与口味。

食物的协同配伍包括：相须、相使。相须是指同类食物相互配伍使用，起到相互加强的效果。2014 年 6 月，第六届全国发酵工程学术会议上美国康奈尔大学华人科学家刘瑞海博士的研究团队做了专题报告，对苹果的养生功能进行了几年的研究（Liu. 2003；Boyer & Liu，2004，He & Liu，2007，2008；Vayndorf，et al.，2013），分离并鉴定了苹果中多种生物活性成分如槲皮素、儿茶素、绿原酸和根皮苷等多种多酚类物质，证明其具有较好的降血脂、降胆固醇、抗氧化及提高人体免疫活性等多种功能；研究发现采用苹果中的膳食纤维（果胶）与具有生理活性的多酚类物质复合使用与单独使用相比其生理功能（促进肠道健康和脂代谢）显著加强（Aprikian，et al.，2003）。另外如治肝肾阴虚型高血压的淡菜皮蛋粥中，淡菜与皮蛋共吃补肝肾、清虚热之功。相使是以一类食物为主，另一类食物为辅，使主要食物功效得以加强。如治风寒感冒的姜糖中，温中和胃的红糖，增强了生姜温中散寒的功效。食物的相须相使是最为常见的食物配伍原则。如当归生姜羊肉汤中，温补气血的羊肉、补血止痛的当归、温中散寒的生姜，三者搭配，不仅去除了羊肉的膻味，还增强了补虚散寒止痛的功效。

食物的拮抗配伍包括相畏、相杀、相恶和相反。相畏相杀指一种食物可以减轻或消除另一种食物的不良作用。如某些鱼类引起的腹泻、皮疹等不良反应可以被生姜减轻或消除；河豚或螃蟹等引起的轻微中毒和胃肠不适，可配伍橄榄或生姜以解其毒；绿豆和大蒜可以防治毒蘑菇中毒等。相恶是指在功能上相互牵制的食物搭配，如温补气血的羊肉若与凉性的绿豆、鲜萝卜同食，就会降低其温补功效；茶叶、山楂能破坏或降低人参的补气作用；香蕉、番茄、银耳不应与辣椒、生姜、大蒜一同食用，否则前者的功效会被后者减弱。相反是指会产生毒性反应的食物搭配，如蜂蜜反生姜，黄瓜反花生，鹅肉反鸭梨等。

2. 药膳配伍的原则

药膳的配伍是结合中医学、烹饪学和营养学理论为基础的，必须严格按照药膳配方将中药和某些具有药用价值的食物结合起来，才能使药物与食物两者相辅相成，既可提高营养价值，又可预防疾病，保健强身，延年益寿。

药膳配伍时，应以中药配伍中的相须为用，以增强疗效，同时还须考虑色、香和味。如滋补气血的黄芪鳝鱼羹，加食盐、生姜调味，既和胃调中，提高滋补效能，又能去黄鳝的腥膻，色香味俱全。药膳配伍时也可以使用相使为用的配伍方法，以一种食物或药物为主，另一种食物或药物可辅助主食、主药。如滋补药膳杞枣鸡蛋，是治疗肝病的佳膳。此外，还应注意中药和食物具体的相克相宜情况，注意药膳配伍的禁忌；随着现代医学、信息科学、食品营养科学及其他学科的研究进展，其作用原理将会不断被揭示和阐明。

3. 食物的巧搭

豆类配主食　豆类和谷类一起食用，其中的蛋白质可以起到互补作用，谷类中赖氨酸含量较少，但蛋氨酸含量较为丰富；大豆中蛋氨酸含量较少，但赖氨酸含量较为丰富。这两类食物进入人体后，其中的蛋白质即被分解为不同种类的氨基酸，可使蛋白质的营养价值增加，更好地被人体吸收利用。

富铁食物配新鲜水果　食物中的铁以两种形式存在：血红素铁和非血红素铁。前者主要存在于动物性食品中，如动物的肝脏、全血等，其消化吸收率高；后者主要存在于一些植物性食物，如香菇、黑木耳、发菜、菠菜等，人体摄入后，必须先转化成二价铁后才能被机体吸收。新鲜的水果和蔬菜中富含维生素C，维生素C可促进非血红素铁的吸收。因此，可选择生菜、卷心菜、香菇、豆芽、萝卜、黄瓜等与动物性食品进行搭配，以促进机体对铁的吸收。

胡萝卜配肉类 胡萝卜中富含β-胡萝卜素，即维生素A原，人体摄入后可转换为维生素A，发挥其特殊的生理功能，如维护夜视力，保护角膜、皮肤和黏膜，促进骨骼的正常生长发育等功效。但β-胡萝卜素是一种脂溶性维生素，它必须溶于含脂肪的食物，才可被人体吸收利用。因此，生吃胡萝卜，其中的β-胡萝卜素很难被吸收，如果将其同肉类食品搭配，例如，胡萝卜烧肉、胡萝卜炒牛腩之类，使β胡萝卜素溶于脂肪后，即可被人体吸收。

（二）食物的禁忌

食物的禁忌通常来说是宜吃什么或不宜吃什么，一般是指依据不同体质或疾病的症状正确选择食物。不宜吃什么又叫忌口，是为了防止对体质的不利影响，或者是某种食物对身体疾病的不良影响或副作用的一种措施，历来受中医或西医的重视；具体分为以下几种情况。

1. 根据五脏确定食物的五味禁忌

《内经》根据人体五脏的生理特点及其相互影响，总结出"肝病忌辛，心病忌咸，脾病忌酸，肺病忌苦，肾病忌甘"的食物禁忌原则。而食物有酸、甜、苦、辣（辛）、咸五味，它和内脏有一定的关系。从临床上来说，辛食可助消除体内气滞、血瘀等症，但若饮食过量，则会引起肺气过盛，肛门灼热。所以，患痔疮等肛门疾病及胃、十二指肠溃疡、便秘、咽喉炎等症者，不宜多食辛辣之食。酸味食品可以增强肝脏功能，但若食之过量，尤其是胃酸过多的人，会引起消化功能紊乱。患有关节炎，肾功能较差者切忌多食酸味之食。苦味食品有除热和燥湿等功能，但脾虚或大便秘结的人应少吃。甜味食品能补气血，解除肌肉紧张，还有解毒作用，但甜食过多，会导致血糖升高，血液中胆固醇含量增加，从而引起身体的肥胖。因此，肥胖者应少食甜食，糖尿病患者更不能多食。

2. 根据机体患病属性确定饮食禁忌

从中医上来说，人体患病分寒热虚实，故选食用药也应当有差别。寒症者应当禁忌寒性食物，如生冷瓜果、白萝卜、竹笋、菜瓜等及清凉饮品；热症者当禁忌热性食物，如葱、姜、蒜及牛羊肉、鹅肉、油炸食品等，也不宜进烟酒；虚证者当忌具有消削、攻伐、泻下食物，如芋头、冬瓜等；实证者当忌具有滋腻、补塞的食物，如生涩酸果、豆果仁等。

3. 根据药物性质确定饮食禁忌

服用药物时，若饮食不当，会降低药物功效或治疗效果，严重者还会发生副反应等，因此，服药期间应注意饮食禁忌。如人参、党参忌白萝卜、浓茶；甘草、桔梗、乌梅、黄连忌猪肉；何首乌忌葱、蒜、白萝卜；安神药忌浓茶、咖啡；利尿消肿药忌盐；止咳化痰药忌咸、甜、鱼、虾、蟹、烟、酒等；清热解毒药则忌食葱、姜、蒜、牛羊肉等热性食物。

4. 根据患病的临床特点确定饮食禁忌

一般火热炽盛之症，如急性炎症、目赤肿痛、高热咽痛等症宜忌辛辣、畜肉类、海鲜类食品；大便溏薄、胃痛喜热、四肢冰凉者宜忌西瓜、梨、香蕉、冷饮之物；瘙痒性皮肤病、痔疮患者宜忌鱼胆发物及刺激性食物，如鱼、虾、蛋、香菇、竹笋、葱、蒜等；腹胀、胸闷者忌豆类、马铃薯、芋头等。

食物的禁忌是一门学问，我们必须因人因病制宜，掌握正确的忌口原则，科学地忌口，方能取得良好的效果。

（三）饮食平衡

由于维持人体生命健康必需摄入不同数量的营养物质，而且不同类别营养物质之间的平衡在机体代谢协调性方面也发挥重要的作用。由于不同营养物质在食物中的分布及其含量有较大的差别。因此，饮食上应注意摄入不同种类的食物以及合适的数量比例，以下4个4∶6比例可助平衡饮食，供作饮食参考。

1. 细粮与粗粮的比例在4∶6

现代食品工业发展为我们提供了各种精细不同的食物，现代生活水平的提高及健康意识的增强，又将吃五谷杂粮成了一种新时尚。很多人喜欢吃粗粮，认为它营养价值高、入口感觉好，而且对牙齿、面部肌肉等都比较有益。但粗粮也不宜多吃，因为其中含有过多的食物纤维，会影响人体对蛋白质、无机盐以及某些微量元素的吸收。日常饮食，细粮与粗粮的比例控制在4∶6最健康。

2. 主食与副食的比例是4∶6

主食是指面、米、杂粮等或叫五谷类，主要以提供碳水化合物或糖类为主，其作用主要是提供人体生命活动所需的能量；副食是指蛋、肉、菜等食物。现代社会市场流通发达，菜篮子供应充分，饮食消费水平不断提高，人们的主食消费逐步减少。有人提倡多食肉少吃粮，这不符合养生之道。有人要减肥，只吃主食，不吃副食，结果却适得其反，多余的淀粉在体内会分解成葡萄糖，并转化为脂肪储藏起来。有人觉得主食没有营养，不吃正餐，零食不断，饮食无常。这些都不符合饮食养生的要求。主食和副食二者缺一不可，主食与副食的比例是4∶6，这是一个较好的参考比例。

3. 酸性与碱性的比例是4∶6

事实上，食物的酸碱性并不是由我们的味觉决定的，而是与它的矿物质含量有关，这称生理意义上的酸碱性。从营养健康意义上来说，使用食物后适当保持碱性有利于健康。水果中通常吃起来酸酸的，如杨桃、柠檬，然而它却是碱性食物：又如米饭，面类并无显著的味觉反应，但为酸性食物。若以日常食物分类，大部分动物性食物，属酸性食物，如肉类、鱼类、贝类。此外，大多数谷类、部分坚果类亦属于酸性食物。

4. 荤与素的比例是4∶6

从美食角度上来说，人们大多喜欢荤类食物，特别是青少年或年轻消费人群；荤与素二者的合理搭配，可以让人既饱口福，又不至于因吃动物性食物过多，而增加血液和心脏的负担。我们中国人的饮食习惯是以植物性食物为主，动物性食物为辅，这样的膳食结构比较利于长寿。

（四）不同季节的饮食养生方法

1. 春天饮食

春天气温的变化较大，这种反反复复的冷热刺激，会加速体内的蛋白质分解，引起机体抵抗力降低。因此，春季应当及时补充优质蛋白质食品。在一日三餐中可考虑以下几种优质蛋白质源食物的摄取，主要包括奶、蛋、鱼类、鸡肉和豆制品等。第二，应充分考虑维生素和无机盐含量丰富的食物，如小白菜、油菜、青椒、西红柿、柑橘、柠檬等富含维生素 C，具有抗病毒作用；胡萝卜、苋菜等黄绿色蔬菜，富含维生素 A；芝麻、青色卷心菜、菜花等富含维生素 E；各种蔬菜含有丰富的无机盐。常吃这些食物能够保护和增强上呼吸道黏膜和呼吸器官上皮细胞的功能，提高免疫功能。第三要注意摄入具有平补、清补功效的食物。根据春天阳气生发的特点，中医认为，春季的进补应该以轻松疏散之品为宜，滋腻之品为忌。应选择平补、清补的饮食，提高正气，清化郁热。大米、小米、薏仁米、荞麦、黑芝麻、豇豆、扁豆、黄豆、赤豆、豆浆、山药、大枣、核桃、栗子、苹果、橘子、菠菜、胡萝卜、南瓜等，性质平和，具有补脾益气功效，可长期服用。梨、荸荠、莲藕、荠菜、百合等，则能清润补肺，都可以根据自己的口味，选择使用。春天要注意少吃寒凉、油腻、难消化的食品。

2. 夏天饮食

夏季气候炎热，是万物生长最茂盛的季节，暑湿之气容易乘虚而入，人体消耗较大而胃纳差，此时饮食应以健脾胃、消暑、化湿为主；膳食应配以甘寒、清凉为宜，适量加入清心火、补气生津的原料，并注重调配食物的色、香、味、形以增加食欲。少吃肥肉等油腻食物，多选择瘦肉、鱼类、豆类、酸奶等食物，以补充营养。夏季人体气血趋向体表，阳气盛而阴气弱，故宜少食辛甘燥热食品，多食消暑的绿豆和各类新鲜蔬菜，如茄果类、豆类、瓜类，特别是冬瓜、苦瓜、丝瓜、南瓜等；烹调时，以食物不油腻、易消化为原则，多做些凉面、凉菜、粥类、汤类饮食，还可选择一些清热解暑的食品及时补充水分，如绿茶、菊花和金银花茶等饮料消暑。但应注意，夏天也不宜过分贪凉饮冷，过食生食使脾胃受伤，故进食时，应伴热食，多吃大蒜，一可防止寒伤脾胃，二可避免腐烂不洁之物入口，三则预防胃肠道疾病。

3. 秋天饮食

秋天季节的特点是日夜温差比较大，中午时候天气还是很热，每当这个温差比较大的季节，人的身体往往会出现问题，特别是秋季干燥易上火。对于中老年妇女来说养生饮食要注意滋润补阴。下面提出几点秋季饮食要注意的事项及饮食建议。①饮食不要过于生冷。由于秋季天气由热转凉，人体为了适应这种变化，生理代谢也发生变化。饮食特别注意不要过于生冷，以免造成肠胃消化不良，发生各种消化道疾患。②不要暴饮暴食。一般人到了秋季，由于气候宜人，食物丰富，往往进食过多。摄入热量过剩，会转化成脂肪堆积起来，使人发胖，俗话叫“长秋膘”，在秋季饮食中，要注意适量，而不能放纵食欲，大吃大喝。③进补不要过量。中医讲“虚则补之，实则泻之”，要遵循“不虚不补”、“缺什么补什么”的原则，对于体内缺少的，可以补，但必须补之有度，否则也会造成人体的阴阳失衡。同时应懂得药补不如食补，是药三分毒，能用食补的不要用药补。④少吃刺激食品。秋天应当少吃一些刺激性强、辛辣、燥热的食品，如尖辣椒、胡椒等等，应当多吃一些蔬菜、瓜果，如冬瓜、萝卜、西葫芦、茄子、绿叶菜、苹果、香蕉等。另外，还要避免各种湿热之气积蓄，因为凡是带有辛香气味的食物，都有散发的功用，因此提倡吃一些辛香气味的食物如芹菜。⑤少辛增酸。秋季，肺的功能偏旺，而辛味食品吃得过多，会使肺气更加旺盛，进而还会伤及肝气，所以秋天饮食要少食辛味食物，如：葱、姜、蒜、韭菜、辣椒等。在此基础上多吃些酸味食物，以补肝气，如：苹果、石榴、葡萄、芒果、樱桃、柚子、柠檬、山楂、番茄、荸荠等。另外，在食补上要多喝开水、淡茶、牛奶、豆浆，还应该多吃萝卜、芝麻和蜂蜜，还可以适当吃些鸭蛋、动物肝脏、海带、鱼等祛火的食品。⑥秋季饮食还应注意防病。秋季凉爽，人体食欲大增，暴饮暴食使胃肠负担加重，功能紊乱，特别是秋季昼夜温差较大，腹部着凉后容易引起胃肠道疾病。因此应注意食品的卫生，把住"病从口入"关。另外，秋天气候凉爽，味觉增强，饮食过量，汗液分泌减少，应防止肥胖。

4. 冬季饮食

冬季气候寒冷，阳气潜藏，脏腑功能减退，此时饮食的基本原则是保阴潜阳。膳食应含有一定量的脂类，以提供充足的热量和营养物质，抵御严寒。冬季食欲大增，而且营养物质宜被人体吸收，故日常膳食应以热性食物为主，如牛肉、羊肉、枣、桂圆、板栗等；还可增加一些厚味食品，如炖肉、火锅、油炸食品等，但不能过量。在调味品上可多用辛辣食物，如辣椒、胡椒、葱、蒜等。另外，应特别注意吃绿叶蔬菜、豆芽、萝卜、油菜等，避免发生维生素A、维生素B_2、维生素C缺乏。冬天人体精气封藏，进补易吸收藏纳，滋养五脏。中医有"冬至——阳生"的观点。"冬至"是冬三月气候转变的分界线，此时阴气始退，阳气渐回，这时进补可扶正固本，有利于体内阳气和生发，从而增强体质，预防各种疾病的发生。

（五）不同年龄人群的饮食养生方法

产妇　产妇产后的营养方面，应适当补充B族和E族维生素，以帮助调整精神状态和维持合理的休息，而VE能改善产后血管的扩张状况，提高血液供应，维护和维持充足的乳汁分泌。另外，合理饮食鱼肉类及足够的膳食纤维，食用多种新鲜水果蔬菜，应保证红白黄黑绿各类颜色食物的同餐食用，保持合理的荤素搭配，粗精结合；还需食用适当的动物肝脏和肉奶蛋类，以补充铁元素。

婴儿　营养与膳食对婴儿的生长发育极为重要。婴儿期是人一生中生长发育最为旺盛的时期，年龄越小对热能及各种营养素的要求越高。6月龄及以下的婴儿主要以母乳喂养为主，同时应及时补充适量维生素K，尽早抱婴儿到户外活动或适量补充维生素D。6～12月龄的婴儿应在母乳及婴儿配方奶的基础上，适量添加婴儿辅助食品，但要注意膳食少糖、无盐、不加调味品，先谷物、水果后鱼、蛋、肉的原则，以保证婴儿对各类营养素的需求。

青少年　青少年时期是人体生长发育的第二个高峰，是由儿童过渡到成年人的关键时期，应摄取足量优质的蛋白质，如乳类、蛋类、肉类等，青春期少男还应注意摄入足量的胶原蛋白及弹性蛋白质，如猪皮、猪蹄、猪筋等，以促进发音器官的发育。另外，摄入富含钙和磷的食物有助于骨骼的迅速生长，促进甲状软骨的发育；青春期少女还应注意铁、锌、碘等微量元素的摄入，多食海产品、动物肝脏及植物和豆类食物。此外，青少年还应适量摄入各种水果和蔬菜，以保证机体对各类维生素的需求。

老年人　人到老年各类机体功能都有所下降，如代谢功能、消化功能等下降，产生的疾病往往虚实夹杂，虚证主要由脏腑功能减退引起，表现为体力下降、记忆力减退、头晕、失眠、性功能减退、腰酸腿软、腹胀和便秘等；而实证主要表现为血脉不畅、痰湿内阻，由此引起的骨质增生、动脉硬化和组织增生等。针对老年人体质特点，饮食总体上来说，应注意膳食的多样化，偏食和不必要的禁食是不利的；注意饮食清淡，鱼肉类食品烹调方式多样化，尽量使老人易于进食和消化；此外，还应多食富含维生素C的蔬菜、水果，以利于铁的吸收。具体指导方法针对身体病情采取不同的食物补养方法，如针对老年人的骨质疏松症，适当补充钙和磷营养素，磷与人体骨质是否坚硬关键性物质羟基磷灰石有关。加强易消化的粥类药膳，以及进食时应注意细嚼慢咽。润肠通便的药膳，多食用富含蛋白质、维生素、膳食纤维而少含脂肪的食物，膳食纤维能刺激肠道蠕动，缩短食物通过肠道的时间，富含膳食纤维的食物如芹菜、菠菜、空心菜、竹笋、香蕉、萝卜、甘薯、四季豆、粗米、山药及带皮水果等。降压降脂的药膳,如多食用植物油,包括豆油、菜籽油和玉米油等;老年人也需要摄入充足的蛋白质,因此,还可摄入足量的瘦肉类,鱼虾类、豆制品。多吃富含维生素C及胡萝卜素的食物如红枣、山楂、苹果、西红柿、油菜、胡萝卜、杏仁等,此外,含碘较多的食物如海带、紫菜等,这些食物对降低血脂及胆固醇有用,又能防治高血压。针对降低血糖的饮食,如糖尿病人应严格限制主食量,同时供给病人足够的营养,如可摄入充足的蔬菜,如油菜、白菜、菠菜、莴笋、南瓜、西葫芦等。

第二节　食物中的功效成分

一、果蔬类

果蔬中富含维持人体正常新陈代谢所必需而一般食品中所缺少的营养成分,如多种维生素、无机盐、纤维素、有机酸、芳香物质等。通过对不同果蔬中富含的功效成分的分析,我们可以了解到它们各自的生理保健功能,从而更好地被人体所利用。

(一)叶绿素

青菜、香菜、豇豆、黄瓜、茼蒿、鸡毛菜、油菜、西兰花、芥菜、猕猴桃等绿色果蔬,其绿色主要来源于叶绿素(chlorophyll),而叶绿素还具有改善便秘(Young, et al.,1980)、抗衰老、抗诱变(郭亚杰,2008)、抑制肿瘤细胞(Carter, et al.,2004)、排毒养颜等生理功能。日本科学家研究表明,叶绿素在人体内有吸纳剧毒致癌物质二噁英(Dioxin)后和大便一起排出体外的解毒效果(李文胜,2001)。

(二)类胡萝卜素

类胡萝卜素(Carotenoid)是自然界分布非常广泛和十分重要的色素之一,由几个异戊二烯单位构成、含有多个双键的化合物。一般有胡萝卜素(Carotene)和叶黄素(Lutein)等,前者以*β*-胡萝卜素为代表,仅含碳、氢两种元素。

1. β-胡萝卜素(β-carotene)

这是一种重要的类胡萝卜素(carotenoid),在绿黄色蔬菜和藻类中的含量较高,胡萝卜、卷心菜、辣椒、菠菜、海藻、番茄中富含β-胡萝卜素。β-胡萝卜素被人体摄入后,可能被肠壁直接吸收,或者转化为维生素A(蔡晓湛,等,2005)。它能提高机体抗癌免疫活性,提高人体免疫系统抵抗病原体的能力(Fryburg D A, et al., 1995);具有抗氧化剂的功能,能淬灭单线态氧和清除体内自由基的不良影响(Paiva, et al.,1999);具有抗辐射作用(李怡岚,等,2004),在一定程度上阻止由辐射引起的白细胞下降;对化学致癌物致突变性有明显的拮抗效果(田明胜,等,2005)。Bertram(Bertram, et al.,1991)发现β-胡萝卜素和其他类胡萝卜素可加强细胞间隙连接的交流能力,从而抑制或降低癌症的发生和发展。

2. 番茄红素(Lycopene)

这也是一种重要的类胡萝卜素,是植物和微生物合成的一种脂溶性天然色素,在人体内不能合成，只能通过饮食来摄取(许文玲，等，2006)。番茄红素在自然界中的分布较少，主要存在于番茄、西瓜、红色葡萄柚和番石榴等果蔬中，在番茄中含量最高。Mascio(Di Mascio, et al.,1991)等发现，包括β-胡萝卜素在内的所有类胡萝卜素中，番茄红素碎灭单线态氧的效率最高；还具有消除自由基(魏来，等，2004)、减轻紫外线对皮肤损伤(于文利，等，2005)、诱导细胞间信息传递，调控肿瘤增殖(Stahl, et al.,1996)、降血糖(黄玥等，2006)、血脂(邢岩等，2007)、减缓动脉粥样硬化形成(Klipstein-Grobusch, et al., 2000)、提高机体免疫能力(卢锋，等，2006)等功能。1999年哈佛大学一组研究人员根据文献研究的结果指出，在72个番茄红素与癌症的相关性研究中，有57项研究显示番茄红素能够预防癌症，其中35项研究具有统计学上的意义，尤其能够预防肺癌、胃癌和前列腺癌(蔡乐波, 2004)。

3. 叶黄素(Lutein)

叶黄素又名“植物黄体素”，是一种广泛存在于蔬菜、花卉、水果与某些藻类生物中的天然色素，是α-胡萝卜素的衍生物，属于类胡萝卜素(孟祥河，等，2003)。在玉米、青豆、菜豆、豌豆、生菜、抱子甘蓝、羽衣甘蓝、菠菜、西兰花、莴苣等绿色蔬菜中以游离非酯化形式存在，而在芒果、木瓜、桃子、李子、笋瓜和橘子等黄色/橙色水果蔬菜中是以与肉豆蔻酸、月桂酸、棕榈酸等脂肪酸酯化形式存在的(朱海霞，等，2005)。天然叶黄素是一种优良的抗氧化剂，能抵御自由基在人体内造成细胞与器官损伤，从而可防止机体衰老引发的心血管硬化、冠心病和肿瘤疾病(Dwyer, et al., 2001)。研究表明(Granado, et al., 2003)，叶黄素在抑制细胞膜脂质自氧化和氧化诱导的细胞损伤方面比β-胡萝卜素更有效。叶黄素(Handelman, et al., 1999)可以保护视网膜免受氧化损伤和光污染，预防老年性眼球视网膜黄斑区病变引起的视力下降与失明是叶黄素的独特的功能。

(三)多酚类化合物

1. 白藜芦醇(Resveratrol)

在花生、葡萄、桑葚、凤梨等有限的植物中发现，被喻为继紫杉醇之后的又一新的绿色抗癌药物。具有多种有益于人体的生物学作用，如抗肿瘤活性(韩忠敏，等，2011)，心血管保护(周忠明等，2004)，抗氧化、抗自由基(Miura T, et al., 2002)，保肝(莫志贤等，2000)，抗炎(王铮等，2007)，免疫(于良，等，2003)，抗菌、抗病毒(杨子峰，等，2006)等。

2. 黄酮类化合物(Flavonoids)

黄酮类化合物也称类黄酮，是一类存在于自然界的、具有2-苯基色原酮(flavone)结构的酚类化合物。黄酮类化合物广泛存在于植物的各个部位，常以结合态(黄酮苷)或自由态(黄酮苷元)形式存在于许多食源性植物中，是植物(古勇，等，2006)叶、花、果实呈现蓝、紫、橙等颜色的主要成分。

蔬菜中主要存在5种形式(Hertog, et al.,1992)的类黄酮，即山奈黄素(kaempferol)、槲皮素(quercetin)、杨梅素(myricetin)、芹菜素(apigenin)、毛地黄素(luteolin)，后两种属于黄酮，前三种属于黄酮醇。类黄酮含量较高的蔬菜种类为百合科葱属、十字花科和绿叶菜类蔬菜。葱蒜类蔬菜(大葱、韭菜、蒜苗、大蒜、蒜薹、洋葱、韭葱等)所含类黄酮主要是槲皮素和山奈黄素，而大蒜主要含有杨梅黄酮和芹菜素，仅含有少量槲皮素。白菜类蔬菜(小白菜、青花菜、花椰菜、甘蓝、大白菜、萝卜缨等)所含类黄酮也主要是槲皮素和山奈黄素，甘蓝仅含有杨梅素，大白菜仅含有芹菜素。绿叶菜类蔬菜(莴笋、芹菜、结球莴苣)中以芹菜和莴苣类黄酮含量较高(叶春,等,2000)。水果中的苹果、草莓、猕猴桃、芒果、山楂、葡萄、柑橘、木瓜、柠檬、樱桃等也含有较高的类黄酮。

研究表明,类黄酮类化合物在防治心脑血管疾病、保肝护肝、抗肿瘤、抗自由基、抗氧化、抗雌激素缺乏、抗消化性溃疡、抗过敏、消炎、抗病毒、镇痛、止咳、平喘等方面有重要作用(高锦明,2003)。

3. 槲皮素(Quercetin)

这是一种天然的黄酮类化合物,存在于洋葱、细葱、芦笋、卷心菜、芥菜、青椒、菊苣、葡萄柚、生菜、苹果、芒果、番石榴、李子、萝卜、黑加仑、马铃薯和菠菜等许多植物体内。它具有明确的抗肿瘤(刘荣耀,等,2008)、抗血栓(Hubbard, et al., 2004)、抗氧化(Choi, et al., 2003)、抗菌(秦晓蓉,等,2009)、止泻(张文举,等,2004)作用,并影响多种酶的活性。

4. 花青素(Anthocyanidin)

花青素又称花色素,属于类黄酮化合物,是植物的主要呈色物质。在茄子皮、紫甘薯、紫马铃薯、紫豇豆、紫玉米、红萝卜、紫甘蓝等紫色蔬菜中以及蓝莓、葡萄、桑椹、石榴等水果中都含有大量的花色苷类色素(杨秀娟,等,2005)。花青素是目前为止所知晓的最有效的天然自由基清除剂,它清除自由基的能力明显强于维生素C和维生素E(赵晓玲,2012)。同时它还拥有改善肝功能(闫倩倩,等,2012)、预防心血管疾病、抗癌(梁慧敏,等,2011)、抗炎(何耀辉,等,2005)、抗病毒(杨奎真,2013)、调节肠道菌群(李帅等,2011)和保护视力(刘春民等,2005)等多种生理作用。

5. 大豆异黄酮(Soybean Isoflavone)

在自然界中的资源十分有限,只局限于豆科的蝶形花亚科等极少数植物中,大豆是唯一含有异黄酮且含量在营养学上有意义的食物资源,主要由大豆黄素和染料木素组成。它具有如抗氧化活性(葛丽霞等,2007)、降血糖(黄进等,2004)、血脂(李国莉等,2006)、类似女性雌激素作用以及抗激素作用(张文众等,2008)、降低乳腺癌(任国峰等,2012)、胰腺癌(高明春等,2013)、宫颈癌(蒋葭蒹等,2012)的发病率和预防骨质疏松症(迟晓星等,2008)等生理功能。

6. 其他

绿原酸(苹果等水果的成分)、儿茶素(苹果、茶)等多酚化合物也都具有较好的生理活性,促进人体健康具有积极的作用。

(四)低聚果糖

低聚果糖是通过促进人体即有双歧杆菌的增殖而达到保健目的,而不像活菌那样食后易被胃酸胆汁等杀死。这种食后不被消化吸收,而可直入大肠刺激大肠中有益细菌生长和活性,从而有益宿主健康的食物成分称之为"益生元"。香蕉、大蒜、洋葱、韭菜等果蔬都是低聚果糖的极好来源。低聚果糖能促进双歧杆菌增殖并减少有害菌(项明洁等,2005);预防便秘(周景欣等,2006);降血脂(徐进,2001)等作用。

(五)多糖

1. 膳食纤维

多属于糖类,主要包括除淀粉以外的多糖,如纤维素、果胶、半纤维素,还有非多糖结构的木质素(李建文,等,2007)。主要存在于梨、李子、苹果、香蕉、牛蒡、藕、甘薯、萝卜、芜菁、菠菜、韭菜、竹笋、菌类等。由于膳食纤维在预防人体胃肠道疾病和维护胃肠道健康方面功能突出,因而有"肠道清洁夫"的美誉。

它们可改变肠道系统中微生物的群系组成,使得双歧杆菌在大肠内迅速繁殖,抑制腐生细菌生长,预防肠道疾病(韩俊娟,等,2008);能使胃肠中的食物疏松,增加与消化液的接触面,增进胃肠蠕动,帮助人体将胆固醇和碎小石块排出体外,可预防动脉硬化、冠心病和结石症(胥晶,等,2009);排出有毒物质和致癌物质,缩短其与肠壁接触时间,改善消化道环境,对防止肠癌具有重要意义(于岩,等,2008)。从香菇、金针菇、灵芝、蘑菇和茯苓等食用真菌提取的膳食纤维中的多糖组分,可以增加巨噬细胞的数量,刺激抗体的产生,达到提高人体免疫能力的生理功能(Slavin, 2005)。

2. 南瓜多糖(Pumpkin polysaccharide)

这是从南瓜中提取的主要的降糖活性成分,由糖和蛋白质组成;用于抗肿瘤(徐国华等,2000)、降血糖(左耀明,等,2001)、降血脂(常慧萍,2008)及免疫增强(王传栋,等,2012)等医学领域。

3. 食用菌多糖

如(李文胜,等,2001)香菇多糖、蘑菇多糖、猴头菌多糖、金针菇朴菇素、平菇糖蛋白、蜜环菌多肽葡萄糖、银耳酸性异多糖、黑木耳 β-葡聚糖等,它们虽非直接杀伤肿癌细胞,但被机体摄取后,能够形成肿瘤细胞难以存活的人体环境,强烈抑制癌细胞 DNA 和 RNA 的合成,提高机体免疫力,间接抑制肿瘤生长(李小雨,等,2012)。还具有降血糖、改善糖耐量、增加体内肝糖原(王慧铭,等,2005);抗炎(Wu, et al., 2010);抗辐射(Pillai, et al., 2010);抗突变(黄宗锈,等,2001);抗氧化、抗衰老(杜志强,等,2007)等功效。

(六)植物甾醇

甾醇因其呈固态又称固醇,是以环戊烷全氢菲(甾核)为骨架的一种醇类化合物。植物甾醇(寇明钰,等,2004)主要以游离态、甾醇酯(脂肪酸酯和酚酸酯)、甾基糖苷和酰化甾基糖苷形式存在。一般认为,植物油及其加工产品是植物甾醇最丰富的自然资源,其次是谷物、谷物副产品和坚果,少量来自水果和蔬菜。在玉米、菜豆、花椰菜、胡萝卜、西红柿、苹果、柑橘等果蔬中含有少量的甾醇。

植物甾醇最引人注目的生理功能就是降胆固醇。Peterson(Peterson, 1951)等于 1951 年首次报道了用含植物甾醇的饲料饲养鸡,可以降低其胆固醇浓度;随后,Pollak(Pollak, 1953)等证实了谷甾醇对人具有同样的降胆固醇效应;同时,它还能预防血管动脉硬化(张艳等,2012)、降血脂(何胜华,等,2005)、预防乳腺癌(Awad, et al., 1999)、肠癌(Janezic, et al., 1992)、胃癌(De Stefani, et al, 2000)和肺癌(Mendilaharsu, et al., 1998)等癌症的作用。Malini (Malini, et al., 1992)等研究证明,β-谷甾醇对子宫内物质代谢有类似于雌激素作用。

(七)辣椒素

辣椒素(Capsaicin)是辣椒中的主要辣味成分,是香草基胺的酰胺衍生物(肖素荣等,2009)。辣椒素能刺激口腔黏膜,反射性增加胃的运动,增进消化酶的活动,增进食欲,改善消化功能,起到健胃消食的作用;诱导肿瘤细胞的凋亡,如可使白血病细胞停滞于 G_0 或 G_1

期或凋亡(Tsou, et al., 2006),诱导体外培养的人黑色素瘤细胞凋亡(龚显峰,等,2005);此外,对银屑病(张爱军,等,2004)、糖尿病肾病(应长江,等,2012)、高脂血症(孟立科,等,2012)有积极疗效,少量摄取还能抗突变(欧阳永长,等,2012)。

(八)姜辣素

姜辣素是生姜中辣味物质的总称(夏延斌,等,2008),其结构中均含有3-甲氧基-4-羟基苯基官能团,根据该官能团所连接脂肪链的不同,可把姜辣素分为姜醇类(gingerols)、姜烯酚类(shogaols)、姜酮类(gingerones)、姜二酮类(gingerdiones)、姜二醇类(gingerdiols)、副姜油酮类(paradols)等不同类型(熊华,2009)。

吃姜发汗是因为姜辣素刺激心脏血管皮肤,使全身毛孔舒张,从而散发出汗。姜辣素可抑制体内过氧化脂质的产生,清除体内自由基;降低血糖(Akhani, et al., 2004)、胆固醇,减轻动脉粥样硬化程度(Bhandari, et al., 1998);Kadnur(Kadnur, et al., 2005)等人研究发现,生姜甲醇提取物对果糖诱发的高血脂、高血糖、高胰岛素血症及体重增加具有抑制作用,其作用强度与提取物中6-姜酚的浓度呈正相关;具有明显抑制盐酸、乙醇引起的胃损害,对胃溃疡呈显著作用(Yoshikawa, et al., 1994)。姜辣素有刺激味觉神经,促使消化液分泌,起到健胃止呕作用(Sripramote, et al., 2003);具有抗血小板凝集功能(Nie, et al., 2008);对常见的皮肤癣菌有极为显著的抑菌和杀菌作用(何丽娅,等,1999);Minghetti(Minghetti, 2007)等人利用巴豆油所致小鼠耳水肿模型研究发现,富含姜辣素成分的干姜提取物具有局部抗炎作用;姜酚有很强的利胆(李玉平,1986)作用,使胆汁中的粘蛋白难以和胆汁中的钙离子及非结合型胆红素结合成胆石支架和晶核,从而抑制胆结石的形成。

(九)有机硫化合物

有机硫化合物是含碳硫键的有机化合物,广泛存在于植物体内。常见的有硫醇、硫酚、硫醚、二硫化物和多硫化物等。富含多量硫化合物的蔬菜,有百合科的葱、洋葱、大蒜及十字花科的花椰菜、青花菜、萝卜、甘蓝和芜菁等(马力,2007)。

硫代葡萄糖甙(Glucosinolates)是一种含硫的阴离子亲水性次生代谢产物,是十字花科植物的主要活性成分。完整的硫代葡萄糖甙既无毒性也无生物活性,其生物活性作用是经过水解之后的产物异硫代氰酸盐等表现出来的。硫代葡萄糖甙的降解产物长期以来被认为是有毒的,但有些硫甙的降解产物却具有抗癌作用。

1. 萝卜硫素(Sulforaphane)

十字花科类蔬菜(西兰花、洋白菜、球茎甘蓝、芥蓝、白萝卜、高丽菜等)中的萝卜硫素(王见冬,等,2003)是硫甙4-甲基硫氧丁基(glucoraphanin)的降解产物,是活力最强的一类异硫氰酸盐,也是迄今为止发现的最强烈的PhaseⅡ(致癌因子解毒)酶诱导剂,刺激人或动物细胞产生仅对身体有益的Ⅱ型酶,同时抑制iv型酶的产生,使细胞形成对抗外来致癌物侵蚀的膜,使致癌基因失去作用,达到抗癌效果。沈莲清(沈莲清,等,2009)等通过体外细胞筛选试验研究萝卜硫素的抗肿瘤活性,结果显示,萝卜硫素对5种肿瘤细胞株(HeLa、HL-60、CNE、PC3及P388细胞)均有显著的体外增殖抑制活性。

2. 大蒜素(Allcin)

硫醚化合物是有机硫化物的一种,现已查明大蒜中含有大蒜辣素、大蒜新素等多种硫醚化合物，通常称为大蒜素（梅四卫等，2009），其功能成分主要是二烯丙基三硫醚。大蒜素被誉为（Bakri，et al.，2005）天然广谱抗生素药物，大蒜素能有效抑制和杀死消化道内硝酸盐还原菌，阻断亚硝胺的合成，起到防治癌变的作用，特别是对胃癌有一定的防治效果（兰泓等，2003）；还可降血压（Al-Qattan，1999）、血糖（刘浩，等，2004）、血脂（张庭廷，等，2007），降低缺血心肌耗氧、保护心肌（史春志，等，2006），保护肝脏（朱兰香，等，2005），抗氧化等。

（十）抗毒素

常见的植物抗毒素主要包括萜类、酚类、吲哚类、双苯类、香豆素类、醌类、内酯类以及苯并呋喃类等（Hu，et al.，2009）。

1. 吲哚类

大白菜、青菜、卷心菜、萝卜和芥菜等十字花科蔬菜含有吲哚类化合物，如大白菜含有约占干白菜重量 1%的吲哚-3 甲醇（孙静，等，2003），能够促使体内雌激素代谢与清除，降低血中雌激素，防止乳癌发生。卷心菜中含量丰富的 brassinin 是一种吲哚类植物抗毒素，具有抗癌作用（Choi，et al.，2009）。

2. 生物碱

如百合中的秋水仙碱、秋水仙胺等生物碱及百合甙 A、B，能够抑制人体细胞有丝分裂与癌细胞增生，治疗原发性痛风（Borstad，et al.，2004）。印度科学家（Young，et al.，1980）近期发现茄中的龙葵碱，对唇癌、子宫癌有疗效。

（十一）柠檬烯

柠檬烯（Limonene）又称苧烯（王伟江，2005），是广泛存在于天然植物中的单环单萜（monocylic monoterpene）。柠檬、甜橙、柑橘、柚子、香柠檬等中均含有柠檬烯。其存在三种同分异构体，其中最普遍存在的是 D-柠檬烯，其次是 D1-柠檬烯，1-柠檬烯较少见。D-柠檬烯有很多生理功效，最突出的是其优良的抗肿瘤活性（徐耀庭，等，2010），可以用来预防、治疗自发性和化学诱导性肿瘤。另外它具有抑菌（王雪梅，等，2010）和一些其他生理活性。

（十二）微量元素

蔬菜中含有许多矿物质，其中生理保健功效突出的微量元素有钼、锗、钴、硒、碘。

南瓜、甘蓝中钼的含量较多，它的防癌抗癌作用，一是通过减少致癌物质亚硝胺的合成原料；二是通过增加维生素 C，来阻断合成亚硝胺的途径，从而消除引起食道癌、胃癌的病因（陈伯扬，2008）。

钴普遍存在于番茄、辣椒中，是人体合成维生素 B_{12} 的必需原料，而 B_{12} 能参与蛋白质的合成、叶酸的储存、硫醇酶的活化以及磷脂的形成；刺激促红细胞生成素的生成，促进胃肠道内铁的吸收，活跃新陈代谢，抑制肿瘤细胞生长（李青仁，等，2008）。

枸杞、芹菜中含有锗，可以修复已被损害的免疫系统，激活自身各种吞噬细胞，从而增强机体免疫系统的抗癌能力；降低血液的黏稠度，减少癌细胞黏附、侵蚀和破坏血管壁的机会，对阻止和抑制癌细胞的扩散具有一定作用。如人体血液的黏稠度高时，容易形成血栓，癌细胞被裹在栓子内，常使抗癌药物无能为力，如将抗癌药物和锗同时使用，就能提高抗癌疗效（田秀红，2008）。

洋葱、大蒜、葛根等富含微量元素硒，而硒又被称为“抗癌大王”，通过谷胱甘肽过氧化物酶保护机体免受氧化损害。易被人体吸收,有效地留在血清中,修补心肌,增强机体免疫力,清除体内产生癌症的自由基,抑制癌细胞中 DNA 的合成和癌细胞的分裂与生长,预防胃癌、肝癌等发生。在满足营养需要的情况下,每天补充 200μg 硒,对免疫功能具有显著的刺激作用,淋巴细胞和中性细胞的生成量可大幅度增加,而这两种细胞都具有破坏肿瘤细胞的作用(陈亮,等,2004)。

此外,紫菜、海带、莴苣、黑辣椒等中碘的含量多,每人日需碘量为 75μg,人体内有 80%~90%的碘来自于食物,食物中的碘化物在消化道内几乎被完全吸收。碘有助于合成甲状腺激素,可治疗甲状腺肿瘤和淋巴癌、乳腺癌等恶性肿瘤。缺碘不仅会引起甲状腺肿,而且还可导致不可逆转的运动系统和神经系统发育障碍(夏敏,2003)。

(十三)其他

具有抗癌作用的成分还有许多,如(戴晓梅,2001)芦笋的天门冬酰胺,能使细胞正常生长,控制癌细胞生长,对急性淋巴细胞型的白血病患者,白细胞的脱氢酶有抑制作用;并含有叶酸、核酸,能推平肿瘤,对白血病、淋巴结癌、膀胱癌、肺癌、皮癌、子宫颈癌有特殊疗效。丝瓜幼苗、黄瓜蒂含葫芦素 C,以提高人体免疫力,抗肿瘤,可用于原发性肝炎治疗,消除疼痛,延长生存期。甘薯含有去氢表雄酮,可抑制乳腺癌和结肠癌。刀豆、菜豆含有血球凝聚素,可激活淋巴细胞转为淋巴母细胞,增强人体免疫力,凝聚癌细胞和各种致癌物质引起的变形细胞,抑制癌症发生等等。

随着科学的发展和研究的深入,越来越多的事实证明了功能性成分是果蔬中的重要组成部分,在维护体内各种生理生化反应及功能中具有重要作用。

二、海洋资源类

进入 21 世纪,海洋成为人类物质资源的重要来源。海洋环境的复杂多样,形成了海洋生物的多样性。就我国所管辖的海域来说,根据 1994 年发布的数据,我海域已记录的海洋生物种类丰富多样,数量多达 20278 种,成为开发生物活性物质和健康美食的重要资源库,主要有蛋白质和肽类、萜类、多糖及糖苷类、脂类、生物碱类、酚类、皂苷类、聚醚类、大环内酯类和脂蛋白类等。这些活性成分具有健脑益智、抗癌防瘤、预防心脑血管疾病、降血压、降血糖、抗菌抗病毒、提高机体免疫功能和清除自由基及抗衰老等作用。

(一)多糖及糖苷类化合物

单糖半缩醛羟基与另一个分子(例如醇、糖、嘌呤或嘧啶)的羟基、胺基或巯基缩合形成的含糖衍生物形成糖苷,多糖则由至少 10 个单糖通过糖苷键结合而成的糖链。多糖及糖苷类化合物产量大,种类丰富,如海参多糖、褐藻胶、褐藻糖胶、褐藻淀粉、卡拉胶、鲨鱼软骨多糖和盐藻活性多糖等。

1. 海参多糖

在我国,海参被冠为海八珍之首,历来被认为是名贵滋补的食品和药材。传统中医认为,海参具有滋阴壮阳、生血、补血、利水、主补元气和益滋五脏六腑的功能。海参多糖(Sea cucumber polysaccharide)是海参中生物活性物质十分重要的一类,广泛存在于各类海参的体细胞外的细胞间质中,约占体壁干物质的 6%。海参多糖分两种,一为海参糖胺聚糖或粘多糖(Holotharian Glycosam inoglycan，HG)，由D-*N*-乙酰胺基半乳糖、D-葡萄糖醛酸和L-盐藻糖组成，为一种有分支的杂多糖；另一种为海参盐藻多糖(Holotharian Fucan，HF)，由L-岩藻糖构成的直链多糖组成。在海参多糖中，目前研究较多的是刺参多糖，其次是玉足海参多糖。刺参多糖具有抗凝血、抗血栓(王曼玲等，2005)、抗病毒(纪静等，2009)、抗肿瘤(牛娟娟，等，2010；Lu，et al.，2010；王静凤，等，2007)和免疫调节(张月杰，等，2012)等多种药理作用。

2. 褐藻多糖

主要来自海带、巨藻、泡叶藻、墨角藻等海藻，也叫海带多糖，主要包括褐藻胶(Algin)、褐藻糖胶(Fucoidan)和褐藻淀粉(Brown algae starch)。褐藻胶和褐藻糖胶是细胞壁的填充物；褐藻淀粉存在于细胞质。褐藻胶一般指褐藻酸盐类，如褐藻酸钠，其在海带的含量相当丰富，约为19.7%，是由α-1,4-L-古罗糖醛酸和β-1,4-D-甘露糖醛酸为单体构成的嵌段共聚物，不含蛋白质。褐藻糖胶在海带中的含量约为2.46%，主要成分是α-L-岩藻糖-4-硫酸酯多聚物。褐藻淀粉是由葡萄糖组成的葡聚糖，主要由1,3糖苷键连接而成。

海带多糖是海带中主要的生物活性成分，具有多方面的生物功能，如免疫调节(王庭祥，等，2009)、抗肿瘤(孙文忠，等，2013；Qiong，et al.，2011；孙丽萍，等，2005)、抗炎抑菌(窦勇，等，2009；陈丽，等，2007)、降血糖(姜文，等，2012)、改善血液循环、调血脂(田嘉伟，等，2012)、抗辐射(刘积威，等，2011)、抗氧化(王亚男，等，2012；赵雪，等，2011)、抗疲劳及保护肝脏(王界年，等，2012)等作用。

褐藻胶与一般的抗肿瘤剂不同，褐藻胶对正常细胞无损伤作用，却能激活人单核细胞产生TNF-α、IL-6和IL-1β等十分重要的免疫因子(Thomas，et al.，2000)，使抗原效应细胞产生亢进，在机体中发挥抗肿瘤、抗菌、抗病毒作用(廖建民，等，2002)。

褐藻胶也可作为金属离子的结合剂和阻吸剂。褐藻胶对二价及以上阳离子的亲和力非常强，是良好的离子交换剂，可预防银、铅、铬的摄取和沉积，可作为解毒剂。对体内沉积的铅有促进排出的功效，可使人体对铅的吸收减少70%。这主要是褐藻胶分子中的甘露糖醛酸能增强对重金属离子的选择性，使铅成为海藻酸铅等而排出体外(Lee，et al.，2000)。但与钙等有益金属离子的结合力很小，故不会影响体内钙的平衡。

3. 卡拉胶(Carrageenan)

卡拉胶又称为麒麟菜胶、石花菜胶、鹿角菜胶、角叉菜胶，主要产于红藻的角叉菜和麒麟菜等几十个种，其中角叉菜含量最高，麒麟菜其次。卡拉胶是由半乳糖及脱水半乳糖所组成的多糖类硫酸酯的钙、钾、钠、铵盐。由于其中硫酸酯结合形态的不同，可分为K型(Kappa)、I型(Iota)、L型(Lambda)。广泛用于制造糕点、八宝粥、银耳燕窝、羹类食品和凉拌食品等(李八方，2009)。

研究表明，卡拉胶具有抗肿瘤(师然新，等，2000)、抗凝血(Miller and Blunt，1998)、增强人体细胞免疫和体液免疫力(李翊，等，2005)，以及抗病毒，尤其是抑制人体免疫缺陷病毒(HIV)(Damonte，et al.，1994)等多方面生物活性，同时还可与其他抗艾滋病药物具有良好的协同作用(艳秋，2006)。研究表明，卡拉胶的降血脂作用较其他膳食纤维更为显著，由于卡拉胶不仅能够影响胆固醇的吸收，还可以通过形成凝胶来吸附胆酸，从而引起胆酸减少，但是机体又需要利用胆固醇来合成胆酸，从而导致血脂降低(刘亚丽，等，2009)。

(二)多糖及活性蛋白、肽及氨基酸化合物

活性蛋白、肽及氨基酸类生物活性物质包括牛磺酸、胶原蛋白、环肽、肌肽、降钙素、酸性氨基酸、碱性氨基酸、中性氨基酸、含硫氨基酸、糖蛋白和直链活性肽等。

1. 牛磺酸(Taurine)

牛磺酸是一种由含硫氨基酸转化而来的氨基酸,又名β-氨基乙磺酸、牛黄酸、牛胆酸、牛胆碱、牛胆素,因1827年首次从公牛胆汁中分离出来而得名。牛磺酸广泛分布于海生动物组织细胞内,软体动物体内含量尤为丰富,鱼类和贝类次之,贻贝和扇贝可与鸡蛋媲美,且在不同组织细胞内含量也不同。一般来说,心脏和脾脏中含量高于其他组织;金枪鱼、鲐鱼等红肉鱼的血中牛磺酸含量比普通肉高,而真鲷、比目鱼等白肉鱼的各种组织中牛磺酸含量则没有明显的不同。另外,牛磺酸在海带等褐藻中也有分布(李八方,2009)。

牛磺酸不仅参与维持机体内环境的稳态,而且在神经(郭艳,等,2012;王国明,等,2008)、心血管(王洁,等,2012;Sun, et al.,2008;杨群辉,等,2007)、免疫(黄春喜,等,2011;刘玉芝,等,2009)和内分泌(彭杰,等,2011)等系统生理功能的正常发挥起着重要的调节作用,机体内几乎所有正常生理功能的维持和调节都需要牛磺酸的参与,其作用可与水分子的作用相提并论。

2. 胶原蛋白(Collagen)

胶原蛋白又叫胶原质,在鱼的皮、软骨、肌肉、鳞和鳍以及海星的体壁中,含量非常丰富,特别是鱼皮(Nagai and Suzuki,2000),柔鱼类和枪乌贼类的皮肤胶原蛋白含量更是达到干重的80%以上。胶原蛋白的营养十分丰富,其富含除色氨酸和半胱氨酸外的18种氨基酸,同时还含有在一般蛋白质中少见的羟脯氨酸和焦谷氨酸(顾其胜,2006; Li,2003)。胶原蛋白最为人们所知的是能有效地延缓机体的衰老、强筋健骨、增强体质,还可起到减肥降压和补钙等保健效果(Kerry, 2005)。

3. 糖蛋白(Glycoprotein)

糖蛋白是指由链条比较短,带分支的寡糖与多肽链某些特定部位的羟基或酰胺基以共价键形式连接的一类结合蛋白质。糖蛋白含有几乎所有的氨基酸,其中苏氨酸、丝氨酸,羟脯氨酸、天门冬酰胺、羟赖氨酸的含量常常较高。尽管糖链的类型不同,但是在全世界发现的200多种单糖中,仅有阿拉伯糖、半乳糖、N-乙酰葡萄糖胺、甘露糖、木糖、葡萄糖以及糖醛酸等11种出现在糖蛋白中(王倩,等,2012)。其多分布于海蜇、河蚬等的软骨、结缔组织、角膜基质、关节滑液、黏液、眼玻璃体等组织(蔡孟深,等,2006)。

研究发现,糖蛋白除具有胞壁黏着、接触抑制和归巢行为的细胞识别作用外,还可以清除自由基的方式增强组织的抗氧化和抗衰老能力(魏文志,等,2006),通过消耗乳酸从而减少乳酸堆积或者促进肝糖元转化为肌糖元增强抗疲劳能力(雷虹,2011;林丹,等,2009)。还具有抗肿瘤活性(祝雯,等,2004;Mallya, et al.,1992)。

4. 降钙素(Calctonin, CT)

降钙素是一种含有32个氨基酸的直线型多肽类激素,降钙素氨基酸的特点是氨基末端有保守的1,7位半胱氨酸生成的二硫键,羧基末端为脯氨酰胺。主要存在于鲑鱼、鳗鱼和鳟鱼的甲状腺滤泡旁细胞中,相比于哺乳动物体内的降钙素,鱼类的降钙素活性最高,如从鲑鱼中提取的降钙素比来自猪的活力高20倍。

降钙素具有调节、降低血中钙、磷的作用，使这些钙、磷转移到骨骼中，强健骨骼和牙齿(Zaidi, et al., 2004)；促进P、Na、K、Ca和Mg的排泄，促使肾脏产生1,25-二羟基化胆固醇，间接影响VD的代谢；还可以抑制胃酸的分泌，刺激甲状腺激素和胰岛素的分泌(钟凤，等，2007；Fujimoto，et al.，2000)。

(三)脂类及脂肪酸类化合物

脂类也叫脂质，是一类疏水而非极性溶剂的生物有机大分子。目前研究较多的海洋活性脂质主要包括鱼油、ω-6系列不饱和脂肪酸、ω-3系列不饱和脂肪酸、海狗油、磷脂和糖脂等。

1. 鱼油和ω-3系列不饱和脂肪酸

鱼油是鱼体内的全部油类物质的统称，包括体油、肝油和脑油，是天然的保健食品，高品质的鱼油富含多不饱和脂肪酸(Polyunsaturated fatty acids, PUFAs)，因多不饱和脂肪酸中第一个不饱和键出现在碳链甲基端的第三位，称之为ω-3脂肪酸，也叫n-3多不饱和脂肪酸，主要包括α-亚麻酸(AIpha-linolenic acid, ALA)、二十碳五烯酸(Eicosapentaenoic acid, EPA)、二十二碳六烯酸(Docosahexaenoic acid, DHA)和二十二碳五烯酸(Docosapentaenoic acid, DPA)，其中最重要的是DHA和EPA，其主要来自冷水水域和深水海域海洋鱼类及一些中上层海水鱼类的鱼油，如三文鱼(Salmon)、沙丁鱼、鳟鱼(Trout)和鲑鱼(Char)、鳕鱼、鳀鱼、金枪鱼、鲭鱼、鲐鱼、秋刀鱼、步鱼和鲱鱼等(Guil-Guerrero and Belarbi, 2001)。同样DHA和EPA大量存在于金藻、甲藻、硅藻、红藻、褐藻、绿藻和隐藻中。

经消化吸收，DHA和EPA进入血液，能抑制血小板凝集，减少血栓的形成，预防心肌梗塞和脑梗塞；增加胆固醇的排泄，抑制内源性胆固醇的合成，抑制血液中脂肪的积累，从而起到降血脂和抗动脉硬化的作用；促进脑神经触角的延伸，使大脑细胞萎缩神经再度延长，使破坏的神经细胞组织再生，延缓大脑功能的衰老退化和预防老年痴呆的发生。EPA在降低血脂、降低胆固醇软化血管，预防心脑血管疾病方面表现突出，被称为“血管清道夫”(Rapoport, et al.，2007；Let，et al.，2005；Takahata, et al.，1998)。DHA是人体大脑中重要的组成物质，在促进脑细胞生长发育、改善大脑机能、增强记忆力、维护视力和对脑力劳动者的营养补充等方面具有重要作用，因此又被称为“脑黄金”(Von Schacky, et al.，2007；鲍建民，2006；Kamal-Eldin, et al.，2002)。国内还将富含DHA和EPA的鱼油巧妙地添加到金龙鱼油中，在国外富含DHA的海洋精制鱼油还被用于饮料、奶酪和糕点等(Ye, et al.，2009)。

另外，海带中含有一类在某些位置上含有顺式双键的多不饱和脂肪酸，其不含胆固醇，当被人体摄入后，在体内环加氧化酶的作用下能直接参与像前列腺素那样的生物活性物质的合成，从而对肌肉、心血管、神经及消化、生殖系统产生积极的影响(李八方，2009)。

2. 磷脂

各种鱼类的鱼籽和海胆的生殖腺都含有丰富的磷脂类化合物(Phospholipids)，枪乌贼类和柔鱼类的卵的磷脂含量更高，磷脂是脑、神经组织、骨髓、心、肝、卵和脾中不可缺少的组成部分，同时有助于脂的消化吸收、转运和形成，又是生物膜的重要结构物质。

磷脂被机体消化吸收后释放出胆碱，随血液循环系统送至大脑，与醋酸结合生成乙酰胆碱。当大脑中乙酰胆碱含量增加时，大脑神经细胞之间的信息传递速度加快，记忆功能得以增强，大脑的活力也明显提高(郝征红，等，1998)。磷脂中的胆碱对脂肪有亲和力，可促进脂肪以磷脂形式由肝脏通过血液输送出去或改善脂肪酸本身在肝中的利用，并防止脂肪在肝脏里的异常积聚(Navder, et al., 1997)。磷脂具有良好的乳化特性，能阻止胆固醇在血管内壁的沉积并能有效清除部分沉积物，同时改善脂肪的吸收与利用，具有预防心血管疾病的作用(Liang, et al., 1996)。磷脂还能降低血液黏度，促进血液循环，改善血液供氧循环，延长红细胞生存时间并增强造血功能(马虹，1995)。

(四)萜类化合物

萜类化合物(Terpenes)有许多的生理活性，如祛痰、止咳、祛风、发汗、驱虫、镇痛。海洋产品中萜类化合物主要存在于海藻和深海鱼类的肌肉组织，如沙丁鱼、银鲛和鲑鱼等。

萜类物质对不同的肿瘤均具有活性(刘辉，等，2014)，如体外抑制人体鼻咽癌细胞(KB细胞)、人体上皮癌(HEPZ)、正常人的二倍体纤维细胞(W1-38)、人起端猿病毒40-变异细胞(W-18Va-Z)和Hela细胞等；对各种致病性的杆菌和球菌具有活性(Wegerski, et al., 2006)，如变形杆菌、枯草杆菌、巨大芽孢杆菌、绿脓杆菌、大肠杆菌、沙门伤寒杆菌、溶血性链球菌、金黄色葡萄球菌、粪便葡萄球菌等等，对真菌和酵母也有效；还有抗疟原虫活性、降血脂作用、免疫调节作用和抗病毒作用(李八方，2009)。

(五)皂苷类化合物

皂苷(Saponin)别称碱皂体、皂素、皂甙、皂角苷或皂草苷。皂苷是苷元为三萜或螺旋甾烷类化合物的一类糖苷，主要分布于陆地高等植物中，也存在于海星和海参等海洋生物中。许多中草药如人参、远志、桔梗、甘草、知母和柴胡等的珍贵之处就在于这些草药的主要有效成分都含有皂苷。

来自于海参和海星的皂苷主要是海参皂苷和海星皂苷，它们对酵母菌等真菌有很强的抑制活性，但对细菌的抑制活性稍低(易杨华，等，2008)。另外，atratoxin B1可通过阻碍细胞壁的生物合成，改变细胞壁的代谢，又可溶解细胞器，引起细胞的程序性坏死，导致细胞凋亡；从 *Holothuria ragabunda* 中分离到的海参素Holothurin能有效抑制DNA和RNA的合成，引起细胞有丝分裂异常(李八方，2009)。

(六)类胡萝卜素

类胡萝卜素(Carotenoids)是一类碳氢化合物及其衍生物的总称。海洋微藻中发现的类胡萝卜素分子多是由8个异戊二烯单位结合而成的四萜。海洋微藻，特别是紫菜，含有相当数量的类胡萝卜素，产量可达33000μg/kg。类胡萝卜素被人体摄入后，可以被肠壁直接吸收，或者转化为维生素A(蔡晓湛，等，2005)，增强机体的免疫能力；具有抗氧化剂的功能，能清除体内自由基的不良影响(Fryburg, et al., 1995)；可阻止由辐射引起的白细胞下降(李怡岚等，2004)；对化学致癌物致突变性有明显的拮抗效果(田明胜等，2005)。Bertram(Bertram and Bortkiewicz, 1995)发现β-胡萝卜素和其他类胡萝卜素可加强细胞间隙连接的交流能力，从而抑制或降低癌症的发生和发展。

(七)微量元素功能因子

海洋生物中富含I、Se、Fe、Zn、Cu等微量活性元素。海带中碘和碘化物含量非常高，有防治缺碘性甲状腺肿的作用。各种鱼虾的肉中均含有微量元素Se，是一种人体必需的抗癌、防癌的微量元素，它对黄曲霉素 Bl 等致癌物具有破坏作用，对 Al、Sn 等对人体有害的金属毒性物质具有拮抗作用（阎浩林，等，2004）。Se 能清除体内代谢过程中产生的过多的自由基，从而抑制癌症和衰老，并能提高全身免疫功能（黄志斌，1996）。Se 为体内抗氧化剂，具有捕获各种反应所产生的活性高的自由基并使之成为惰性化合物的能力，可望开发出一种捕获自由基、抗氧化、保护心脏的药物食品。Zn 是非常重要的微量元素，在体内具有多种生理功能，尤其对小孩的生长发育更为重要。在鲍鱼、墨鱼中含有较高的 Fe，Fe 是人体血红蛋白的重要组成部分。

（八）维生素类功能因子

海洋动物体内一般含有多种维生素。尤其是脂溶性维生素 A、维生素 D 和维生素 E，此外还含有丰富的维生素 C 和 B 族维生素。维生素 A 含量高者有鲈类、大麻哈鱼籽、蚌肉、活虾、河蟹、梭子蟹等；维生素 E 含量高者有大麻哈鱼籽、贻贝、蛤蜊、红螺、乌鱼蛋、赤贝和扇贝等。鱼肝中维生素 A 和 D 含量丰富，由鱼肝制备的鱼肝油胶丸是常用的维生素 A、D 补充食品（关美君，等，2001）。带鱼中也含有丰富的维生素 A，是一种重要的防癌因子，所以经常食用带鱼，有防癌抗癌作用；鲨鱼巨大的肝，享有天然维生素 A、D 宝库之美称，而且鲨鱼从来不生癌症。实验证明，维生素 C 和 Se 联合作用能有效提高抗氧化能力，并能清除脂质自由基和羟自由基，体内过剩自由基被淬灭，就能保护细胞不被有害物质侵袭，达到抗衰老的目的（栾金水，等，2002）。鱼类中含有的丰富的维生素 E 是一种强的抗氧化剂，可清除自由基和增强人体免疫功能。

（九）其他海洋生物活性物质

具有生物活性的海洋成分还有许多，如褐藻中的羊栖菜多糖，由褐藻酸，硫酸多糖和褐藻淀粉等多种多糖组成，季宇彬等研究羊栖菜多糖对小鼠生长的影响发现（季宇彬等，2005），羊栖菜多糖具有清除体内自由基、抗脂质过氧化、增强机体的免疫功能和抗肿瘤能力；又如海带中的褐藻淀粉硫酸酯对高脂动物的血清脂蛋白代谢紊乱、血清细胞因子、脂肪酸代谢及机体免疫功能均有一定的调节作用。素有“海中鸡蛋”之称的贻贝，富含贻贝多糖、活性肽等，具有抗肿瘤、增强机体免疫力等功能。海洋贝类扇贝也含有一类具有抗凝血、抗动脉粥样硬化作用的氨基多糖。金乌贼全体均有药用价值，内壳具有收敛作用，肉具有养血滋阴功效，墨囊可用于止血，蛋具开胃利水之效（李八方，2009）。

三、畜禽类及其制品

畜禽肉类食品是人类最主要的蛋白质供应源，含有人体必需的各种氨基酸，营养价值高，属于优质蛋白。畜肉中的蛋白质含量约占 10％～20％，其中的必需氨基酸含量和利用率均较高。肉类中所含的脂肪因部位不同而异，含脂肪量自 10％到 30％不等，主要成分是甘油三酯和少量的胆固醇、卵磷脂。肉中碳水化合物较少，约含 1％～5％。肉类中还含有丰富的 B 族维生素。畜类动物内脏一般含脂肪较少，肝、肾等内脏主要是铁的理想来源，并富含维生素 A、D 等脂溶性维生素。

（一）胶原蛋白

胶原蛋白是一种多糖蛋白，呈白色，含有少量的半乳糖和葡萄糖，是细胞外基质（ECM）

的主要成分，分子量为300ku。到目前为止人们发现19种不同类型的胶原蛋白，其中容易分离出来且产量较高的只有5种。胶原蛋白在食品中有两方面的应用：一是功能，二是营养。人们食用含胶原蛋白丰富的食品，能有效地增加皮肤组织细胞的储水能力，增强和维持肌肤良好的弹性，延缓肌体的衰老，同时还可以强筋健骨，增强体质(曹荣安，等，2010)。用补钙来预防骨质疏松的观念已深入人心，但香港大学预防疾病研究院王凯教授指出，如果缺少胶原蛋白，用补钙来防治骨质疏松，再多的钙也无法改善。

猪肺在中医上被认为性甘、微寒、无毒能清热润肺，主治肺虚咳嗽，浓痰气臭，支气管炎，咽喉炎等症。经成分分析知猪肺总蛋白含量为12.51%±0.41，其中胶原蛋白含量为3.08%±0.12，可作为人体胶原蛋白的来源之一(李小勇，2007)。也有研究发现，从猪骨中提取的胶原蛋白经胰蛋白酶(人体胰腺可分泌)水解，可分离出一种能明显抑制血管紧张素转换酶(ACE)的9肽。将含此肽0.01%的混合物做静脉注射试验，对肾性高血压大鼠和自发性高血压大白鼠均有明显降压作用；口服给药15d，对自发性高血压有一定的降压作用(耿秀芳，等，2001)。羊肋软骨也是Ⅱ型胶原蛋白的重要来源，Ⅱ型胶原是RA的一种自身抗原，在关节炎的发生和发展中起重要作用，口服同种属或异种属Ⅱ型胶原均有抑制、减轻动物模型关节炎的作用(李振飞等，2013)。另外畜禽类的皮中也都含有丰富的胶原蛋白。

(二)肝素钠

肝素钠是黏多糖硫酸酯类抗凝血药，是由猪或牛的肠黏膜中提取的硫酸氨基葡聚糖的钠盐，属粘多糖类物质。能早期预防治疗各种疾病并发的播散性血管内凝血和治疗动、静脉血栓和肺栓塞，减轻不稳定性心绞痛症状、预防心肌梗塞，防止早期再梗塞，降低病死率。近年来研究证明肝素钠还有降血脂作用。

目前，肝素钠主要是从猪、羊小肠黏膜和牛肺等中提取。肠黏膜必须新鲜，由于黏膜污染有许多微生物，长时间保存会发酵产生肝素酶，分解肝素钠。在碱性和5%氯化钠条件下，可减缓微生物发酵和抑制肝素酶活性(任红媛，2007)。即，人们食用猪、羊肠道时应尽量选择新鲜的原料，另外使用新鲜肠衣做的腊肠也能较好的保存其中的有效成分。

(三)花生四烯酸(AA)

花生四烯酸(Arachidonic acid，简称AA)是人体大脑和视神经发育的重要物质，对提高智力和增强视敏度具有重要作用。AA具有酯化胆固醇、增加血管弹性、降低血液黏度，调节血细胞功能等一系列生理活性，对预防心血管疾病、糖尿病和肿瘤等具有重要功效。AA广泛分布于动物的脂肪中，是生物体内一种重要的多不饱和脂肪酸(丁兆坤，等，2007)。

猪肥膘为固体脂肪，加温可溶化为液体猪油，其中就含有花生四烯酸，它能降低血脂水平，并可与亚油酸、亚麻酸合成具有多种重要生理功能的前列腺素。AA在猪肉中的含量约为0.3%～0.5%，这种具有四个双键的不饱和脂肪酸在植物油脂中至今尚未发现(焦义兵，1995)。

(四)乌骨鸡黑色素

乌骨鸡的黑色素大量沉积在皮肤、肌肉、骨膜及部分内脏中。据《本草纲目》记载，乌骨鸡的药用效果与其皮、肉、骨中的黑色素多少有关。现代医学也认为乌骨鸡的食用和药用价值在于其体内的黑色素物质。乌骨鸡黑色素中含有大量自由基，其人体必须微量元素含量也高于乌骨鸡体内任何部位。食用乌骨鸡具有增加人体内红细胞色素、调节生理机能、提高机体免疫力、抗衰老等多种功能(孙亚真,2008)。

近年来,黑色素成为国际公认的人体平衡调理物质,它能捕获自由基,具有抗氧化功能,防止脂质过氧化。乌骨鸡黑色素有较强的清除DPPH.自由基能力,在浓度为0.1mg/mL,反应抑制率达70.98%,浓度为0.3mg/L时抑制率高达90.1%(胡泗才,等,1999)。研究表明,乌骨鸡黑色素能抑制NBT光化还原产物的产生,证明其能清除超氧阴离子,具有类似SOD的功能。乌骨鸡黑色素还能延长果蝇的平均寿命,提高果蝇的性活力,显著降低果蝇的褐脂素含量,表明其具有一定的延缓衰老的作用(徐幸莲,等,1999)。超氧化物歧化酶(SOD)是机体产生的内源性防御自由基损伤作用的重要抗氧化酶,它能催化超氧化物自由基O^{2-}的歧化反应,直接清除自由基,在阻碍生物膜过氧化、抗辐射损伤、预防衰老等方面起重要作用。机体内SOD的活性随着年龄的增加而逐渐下降。

四、发酵食品

利用微生物的作用而制得的食品称之为发酵食品。传统发酵食品历史悠久,种类众多,分布广泛,为人们所喜爱。许多国家和地区都有当地特色的传统发酵食品,如中国的酱油和腐乳,日本的纳豆和清酒,韩国的泡菜和大酱,意大利的色拉米香肠,高加索地区的开菲尔奶,土耳其的tarhana,非洲的garri,以及西方许多国家的面包、干酪和酸奶,都是人们餐桌上必不可少的美味佳肴。平凡的发酵食品虽然没有夺目的标签,但确实有着保健品的功效,其中含有多种功能性成分。

(一)大豆多肽类

一般豆酱、酱油、纳豆(日本的一种传统食品)等发酵食品都是以大豆作为主要原料,经*Aspergillus oryzae*、*Bacillus subtilis*等微生物发酵而成的,其中各种微生物产生的蛋白分解酶系作用于大豆原料中的蛋白质,生成很多低聚肽类。最近,现代酶工程及分子生物学等技术的发展可控制酶解程度,从而可调节多肽的链长以及氨基酸的组成。

大豆蛋白质经酶降解生成的多肽的生理功能研究取得了较大的进展,已有许多研究报道大豆多肽具有许多较新的生理功能,其营养生理功能总结如下,易消化吸收,促进能量代谢以及减肥作用,消除疲劳效果,增强肌肉作用;低过敏性,降胆固醇作用,抗氧化作用,降血压效果,调节胰岛素等。此外,大豆多肽对一些微生物如乳酸菌、双歧杆菌、酵母以及霉菌等的生长有一定的促进效果,还可促进有生物活性物质的生产,期待它在身体内发挥出更大的作用(唐传核,等,2000)。

(二)功能性低聚糖

低聚糖,又称双歧因子,是目前研究较多的一种功能活性成分,已明确具有改善人的消化系统功能、降低血压和血清胆固醇、降低有毒产物以增强机体免疫力延缓衰老等生理功能。国内已形成较大的市场,而且其产品也为消费者所接受。发酵大豆食品酱油、纳豆、豆豉、腐乳,含有较多的低聚糖类,既有天然存在的低聚糖如棉籽糖族低聚糖,又有发酵过程中产生的低聚糖。前者主要有棉籽糖、水苏糖、毛蕊花糖和花骨草糖等,在一些豆类中含量也较高,至于后者,主要是在微生物产生的特异性糖酶作用下产生的。

大豆发酵食品如韩式大酱、臭酱、豆豉中已发现的低聚糖有蔗果三糖(包括其三种异构体)、低聚果糖、低聚半乳糖、低聚异麦芽糖以及低聚木糖等。其中,低聚果糖是在发酵中产生的,主要是由蔗果三糖的三种异构体在果糖基转移酶的作用下形成的;而低聚半乳糖是由β-半乳糖苷酶转糖基作用形成的,在自然界许多微生物如根霉、毛霉等中都会产生半乳聚糖酶,它是一种内切糖苷酶,可以水解半乳聚糖产生低聚半乳糖。低聚异麦芽糖是支链淀粉的酶解产物,其分子中至少含有一个 α-1,6 糖苷键,在酱油中都有存在;而低聚木聚糖是木聚糖受木聚糖酶降解所得的产物(唐传核,等,2000)。

(三)褐色色素类(Brown Pigments)

豆酱和酱油中的褐色色素类主要是一类蛋白黑素(melanoidin),即是美拉德反应(Maillard reaction)的产物。一般大豆发酵制品的制造都需要半年至 1 年的后熟期,在此期间原料大豆蛋白质以及它的分解物多肽类与制品中的还原糖之间,就会持续发生美拉德反应,结果导致大量褐色色素作为最终产物在制品中蓄积。

蛋白黑素具有的生理功能为类似食物纤维的功能。它具有降血中的胆固醇、促进小肠上皮细胞的代谢以及改善肠内菌丛等功能;改善耐糖效果,蛋白黑素具有很强的胰蛋白酶抑制活性,抑制生成亚硝胺作用,抗变异原性及活性氧的消除作用。

(四)大豆异黄酮

在许多发酵食品中都发现了抗氧化活性物质。大豆异黄酮是有多种生理功能的生物类黄酮,已从大豆中分离出 9 种糖苷型异黄酮和 3 种游离型异黄酮,而许多研究表明游离型大豆异黄酮比糖苷型大豆异黄酮具有更强的抗自由基、抗氧化、抗肿瘤等生理活性(杜鹏等,2003)。在普通大豆食品中异黄酮主要以糖苷型形式存在,宋永生等的研究确认发酵处理使糖苷型大豆异黄酮部分转化为游离型大豆异黄酮,所以发酵后的豆豉比黄豆不仅游离氨基酸、B 族维生素含量明显增加,而且抗氧化活性大大增强,更有利于人体健康(宋永生,等,2002)。蒋立文等的研究也发现,虽然大豆发酵前后异黄酮的总含量基本保持不变,但在腊八豆的发酵过程中微生物产生的葡萄糖苷酶将糖苷型大豆异黄酮转化为游离型大豆异黄酮,因而大大提高了异黄酮的生理活性(蒋立文,等,2007)。

异黄酮具有人体雌激素样的功能,所以称“植物雌激素”。植物雌激素在人体中具有与生理雌激素相似作用或抗雌激素的双向作用,对低雌激素水平者有补给作用,对高雌激素水平者有抑制作用,亦即有平衡调节作用,对男性前列腺癌也有抑制作用。异黄酮还有抗氧化作用,异黄酮类它们都是双酚结构,使得酚羟基可以作用氢供体,能与自由基反应形成相应的离子和分子,淬灭自由基,终止自由基的连锁反应。异黄酮对糖尿病有一定的预防功能,这是因为异黄酮对肠道 α-葡萄糖苷酶酶活和糖的吸收有抑制效果。

6,7,4′-三羟基异黄酮有很强的抗氧化性,还可以抗骨质疏松、抑制血小板的反应性(吴定等,2001);异黄酮对多种癌症有抑制作用(Park,al.,2003;陈艳等,1999)。据报道,东方人较西方人乳腺癌、前列腺癌、发病率低,原因主要是东方人摄入的大豆食品中的异黄酮含量高,如日本人血液中所含异黄酮较欧美人高 7-110 倍。

(五)酚类物质

葡萄酒(尤其是红葡萄酒)大量存在多酚类物质(类黄酮、黄酮醇、花青素和单宁等),具有抗氧化和消除氧自由基、阻碍血小板凝集、防止低密度脂蛋白(LDL)的氧化和抗癌的作用(唐传核,等,2000)。因而具有预防癌症和动脉硬化的心血管循环系统疾病的保健功能。研究表明,法国人心血管疾病的发病率和死亡率都较其他西方国家的人低,是与他们经常饮用红葡萄酒有关(赵德安,2001)。

(六)呋喃酮类

呋喃酮类是酱油或豆酱中的氨基酸和葡萄糖在一定的温度和时间作用条件下,氨基酸的氨基和葡萄糖的羰基发生美拉德反应所产生。豆酱和酱油中已发现的呋喃酮类有3种,它们都是其中的风味物质,其中的HEMF呋喃酮(正4-羟基-2(5)-乙基-5(2)-甲基-3(2H)呋喃酮),是豆酱和酱油发酵形成过程中由酵母通过磷酸戊糖途径形成的,它不能在没有酵母参与的发酵过程中形成(Danji Fukushima, 2001)。在日本的发酵酱油中,HEMF的含量比较高,约为230×10^{-6} g/mL。日本市售豆酱中HEMF的含量从1.44—19.14μg/g。HEMF具有较强的抗癌作用,其抗氧化性高于VC(包启安,1995),有抑制肿瘤效果;经过诱发肿瘤鼠的抗癌性进行病理组织学检测,发现一日摄取4mg HEMF(每kg体重),即可减少鼠肿瘤发生率75%,肿瘤数也有减少,且其抗肿瘤作用强于BHA,而对体重及摄饵量无影响(张海德等,1999)。酱油的抗癌性已为研究所证实。

(七)大豆皂甙

大豆皂苷是由三萜类同系物(皂苷元)与糖(或糖酸)缩合形成的一类化合物。组成大豆皂苷的糖类是葡萄糖、半乳糖、木糖、鼠李糖、阿拉伯糖和葡萄糖醛酸(朱史齐,2002)。近年来研究表明大豆皂甙具有以下许多生理功能,降脂减肥、抗凝血、抗血栓、抗糖尿病,抑制过氧化脂质生成及分解、抗病毒、免疫调节、抑制或延缓肿瘤生长等作用。

研究表明,在大豆发酵食品大酱、腐乳的发酵过程中,大豆皂甙总量未发生大变化,但制曲过程中皂甙种类增加到8—9种,发酵过程中逐渐减少到4—5种,并发现大豆皂甙在发酵过程中皂甙糖基被部分水解或加上糖基。但对成品大酱中新皂甙生理活性未作研究。也有文献报道,由于霉菌的发酵使大豆皂甙发生水解作用,使得发酵、发芽后的大豆制品总皂甙含量降低。但张玉梅等测定腐乳中皂甙的含量为王致和腐乳占1.94%,广味腐乳占2.10%,高于一些豆腐制品(张玉梅,等,2001);油中的皂甙是从大豆转移的一次成分(张海德,等,1999)。

(八)吡咯喹啉醌(PQQ)

大豆、豆腐及大豆发酵食品中含有丰富的吡咯喹啉醌(PQQ),它在大豆和豆腐中的含量为9ng/g和24ng/g,而它在纳豆和味噌中的含量分别为61ng/g和17ng/g。

吡咯喹啉醌(PQQ),它是哺乳动物的氧化还原辅酶型维生素,尽管它作为维生素功能还没有最终确定,但是已经发现PQQ对哺乳动物有很多生理功能,它是醌蛋白的辅基,作为电子的受体或供体参与酶催化的氧化还原过程(Takaoki, 2003);它是哺乳动物的生长因子,缺乏PQQ的老鼠表现出很多不良症状,如生长缓慢,皮肤易损伤,繁殖能力低下(Steinberg, et al., 1994);它可以使神经生长因子(NGF)数量增加(Murase, et al., 1993)且可以对神经组织损伤起到修复作用(Zhao, et al., 2002);另外它还具有抗氧化作用。

(九)其他生物活性成分

除以上所述几种生物活性成分外，还有许多生物活性成分，如酱油中发现的共轭亚油酸，是大豆中的亚油酸经发酵而异构化形成的一种结合型亚油酸，有重要的生理保健功能，可以抑制癌症和动脉硬化、预防糖尿病和减少体内脂肪(Park，et al.，2003)；腐乳中的红曲也是一种功能性较强的生物活性成分；胆碱是发酵过程中大豆磷脂受微生物分泌的脂酶的降解释放出来的脑营养物质；除了大豆中原有的维生素如 VE 外，大豆发酵过程中的一些酶类还会富集一些维生素类，如纳豆中的 VK2，印尼的田北豆豉(天培)中 VB12 等都是已知的生理活性物质。

思考题

1. 美食养生要遵守的原则是什么？

2. 饮食养生有哪些方法？这些方法中你认为最基本的是哪种？请阐述理由。

3. 美食营养与食材有何关系？果蔬类美食的主要营养成分与功效有哪些？

4. 从不同类型食材的功效性成分角度，如何理解美食在健康养生中的作用？谈谈你的看法。

参考文献

[1]鲍建民.多不饱和脂肪酸的生理功能及安全性.中国食物与营养，2006(1):45-46.

[2]包启安.关于酱油抗癌性的研究.中国酿造，1995(2):15.

[3]卞杨.产后营养饮食与传统饮食的比较研究.求医问药.2013，11(6):321-322.

[4]蔡东联，朱炜.食物的配伍与巧搭.家庭医药.2011，11:86.

[5]蔡乐波.番茄红素抗癌作用的研究及进展.食品研究与开发，2004，25(4):6-10.

[6]蔡孟深，李中军.糖化学.北京:化学工业出版社，2006.

[7]蔡晓湛，贺银凤.β-胡萝卜素的研究进展.农产品加工学刊，2005(8):27-30.

[8]曹荣安，李浩，李良玉，张丽萍.胶原蛋白的生理功能特性及其应用.肉类工业，2010(1):7-9.

[9]常慧萍.南瓜多糖的降血脂作用研究.生物学杂志，2008，25(3):57-58.

[10]陈伯扬.微量元素钼的抗癌作用.微量元素与健康研究，2008，25(2):68-69.

[11]陈丽，张林维，薛婉立.褐藻寡糖的制备及抑菌性研究.中国饲料，2007(9):34-35.

[12]陈亮，李桃.元素硒与人体健康.微量元素与健康研究，2004，21(3):58-59.

[13]陈艳，张海德，张水华.酱油中黄酮类物质的测定及其抗氧化活性评价.中国调味品，1999(12):25-30.

[14]迟晓星，张涛，崔洪斌.大豆异黄酮对更年期妇女骨密度影响.中国公共卫生，2008，24(2):163-164.

[15]曾珊.老年高尿酸血症及痛风的营养治疗.实用老年医学，2005(6):290-292.

[16]戴晓梅，周正东.蔬菜的抗癌成分及其作用.食品科技，2001(1):69-70.

[17]丁兆坤，刘亮，许友卿.花生四烯酸研究.中国科技论文在线，2007，2(6):410-416.

[18]窦勇，胡佩红.褐藻胶寡糖制备及抑菌活性研究.广东农业科学，2009(12):161-163.

[19]杜鹏，霍贵.成传统发酵食品及其营养保健功能.广州食品工业科技，2003，20(1):110-112.

[20]杜志强，任大明，石皎，等.猴头菌丝多糖抗氧化功能研究.食品研究与开发，2007，28(4):105-107.

[21]高锦明.植物化学.北京:科学出版社，2003:191-193.

[22]高明春，高志玲，刘岱琳.姜黄素联合大豆异黄酮对胰腺癌 BxPc-3 细胞增殖及凋亡的影响.中国免疫学杂志，2013(4):400-402.

[23]葛丽霞，陈静．大豆异黄酮对糖尿病大鼠抗氧化能力的影响．食品科学，2007，28(3)：327-329.
[24]耿秀芳，李耀辉，张义军，李桂芝，王守训，孙晓丽，任维栋．猪骨胶原蛋白降压成分的提取与生物活性的研究．西安医科大学学报，2001(5)：418-421.
[25]龚显峰，王敏伟，池岛乔．辣椒素诱导人黑色素瘤 A375-S2 细胞凋亡的研究．中华肿瘤杂志，2005，27(7)：401-403.
[26]顾其胜．胶原蛋白的临床应用．中国修复重建外科杂志，2006，20(10)：1052-1058.
[27]顾维明．四季膳食调配．中国保健营养，1996(5)：50.
[28]古勇，李安明．类黄酮生物活性的研究进展．应用与环境生物学报，2006(2)：283-286.
[29]关美君，丁源．提高海洋生物资源的利用发展海洋药物及保健食品．中国水产，2001(2)：9-11.
[30]郭亚杰．彗星试验检测叶绿素的抗诱变性．毒理学杂志，2008，22(2)：149-151.
[31]郭艳，王蕾，韩梅，等．牛磺酸对阿尔茨海默病模型大鼠学习记忆能力影响．青岛大学医学院学报，2012，48(4)：355-358.
[32]韩俊娟，木泰华，张柏林．膳食纤维生理功能的研究现状．食品科技，2008，33(6)：243-245.
[33]韩梅，乔晋萍．医学营养学基础．北京：中国医药科技出版社，2011.
[34]韩忠敏，董卫华．白藜芦醇对食管癌 Eca109 细胞的抑制作用研究．现代预防医学，2011，38(4)：694-695.
[35]郝征红，李桂凤，秦宏伟，等．大豆功能性成分综合开发利用的现状与趋势．粮油食品科技，1998(9)：11.
[36]何丽娅，黄崇新，李松平．生姜对缺血性脑损伤时过氧化氢酶，Ca($^{2+}$)-ATPase 活性及乳酸含量的影响．医学理论与实践，1999，12(1)：7.
[37]何胜华，马莺，周泉城，等．菜籽植物甾醇降小鼠血脂功能的实验研究．中国油脂，2005，30(6)：60-62.
[38]何颖辉，周静，王跃生，等．樱桃花青素苷对佐剂性关节炎大鼠免疫功能和炎症因子的影响．中草药，2005，36(6)：874-878.
[39]胡泗才，王尚洪，李明慧，荣先恒，徐华泰，何远．泰和乌骨鸡及其黑素对小鼠红细胞过氧化氢酶及血浆过氧化脂质的影响．南昌大学学报(理科版)，1999(2)：7-9.
[40]黄春喜，袁建敏，周淑亮，等．牛磺酸对肉仔鸡生长性能，消化器官和免疫器官发育的影响．动物营养学报，2011，23(5)：854-861.
[41]黄进，罗琼，李晓莉，等．大豆异黄酮的降血糖活性研究．食品科学，2004，25(1)：166-170.
[42]黄玥，沈新南，刘艳妮，等．番茄红素预防大鼠高血糖及其作用机制．营养学报，2006，28(3)：244-246.
[43]黄宗锈，陈冠敏，林蔚．香菇多糖口服液抗突变作用的研究．中国公共卫生，2001，17(3)：231-232.
[44]纪静，王笑峰，马忠兵，等．刺参糖胺聚糖抗仙台病毒作用机制的探讨．现代生物医学进展，2009，9(6)：1060-1063.
[45]季宇彬，高世勇．羊栖菜多糖体外抗肿瘤作用及其诱导肿瘤细胞凋亡的机制研究．第八届全国中药和天然药物学术研讨会与第五届全国药用植物和植物药学学术研讨会论文集，2005.
[46]蒋葭兼，冉昇，吴婷婷，等．大豆异黄酮及其衍生物对宫颈癌细胞增殖的影响．大豆科学，2012，31(6)：1017-1020.
[47]蒋立文，周传云，夏菠，等．几种发酵豆制品中 γ-氨基丁酸含量的初步测定．中国酿造，2007，26(4)：62-64.
[48]姜文，王亚男，于竹芹，等．海带多糖对Ⅱ型糖尿病小鼠血糖水平的影响．临床医学工程，2012，19(9)：1465-1466.
[49]焦义兵．国内外关于肥猪肉的化学组成及食用功能的研究．山东食品科技，1995(4)：48.
[50]寇明钰，阚健全，赵国华，等．植物甾醇来源，提取，分析技术及其食品开发．粮食与油脂，2004(8)：9-13.
[51]兰泓，吕有勇．大蒜素对人胃癌细胞 BGC823 cyclin D1 和 p27^{Kip1} 表达的影响．癌症(英文版)，2003，22

(12):1268-1271.
[52]雷虹. Alpha-1-酸性糖蛋白在疲劳中的新发现. 第二军医大学学位论文,2011.
[53]李八方. 海洋保健食品. 北京:化学工业出版社,2009.
[54]李国莉,赵伟明,杨建军,等. 大豆异黄酮降血脂作用的研究. 食品科学,2006,27(10):528-531.
[55]李建文,杨月欣. 膳食纤维定义及分析方法研究进展. 食品科学,2007,28(2):350-355.
[56]李青仁,苏斌,李胜钏. 微量元素钴,镍与人体健康. 广东微量元素科学,2008(1):66-70.
[57]李帅,陈玮,刘洪,等. 黑米花青素对大鼠肠道菌群调节作用及抗氧化研究. 成都医学院学报,2011,6(3):219-222.
[58]李素云. 高脂血症的饮食管理和营养治疗. 中国实用乡村医生杂志,2008(11):7-8.
[59]李文胜. 蔬菜抑癌成分与作用. 广西园艺,2001(2):27.
[60]李小勇. 猪肺中胶原蛋白的提取及理化特性研究. 西南大学学位论文,2007.
[61]李小雨,王振宇,王璐. 食用菌多糖的分离,结构及其生物活性的研究进展. 中国农学通报,2012,28(12):236-240.
[62]李翊,王海青. 卡拉胶寡糖对放射损伤的防护作用. 中华放射医学与防护杂志,2005,25(2):116-117.
[63]李怡岚,乔珊珊,周蕾,等. β-胡萝卜素的抗辐射作用. 环境与健康杂志,2004,21(5):300-302.
[64]李玉厚,张录. 痛风的营养防治与食疗. 医疗装备,2006(8):72.
[65]李玉平. 生姜的利胆作用及有效成分. 国外医学中医中药分册,1986,8(1):24-26.
[66]李振飞,莎丽娜. 羊软骨中Ⅱ型胶原蛋白的提取纯化与鉴定. 食品科技,2013(3):233-236.
[67]梁慧敏,时小燕,随裕敏,等. 莲房花青素诱导人肝癌细胞 SMMC-7721 凋亡的研究. 中国实用医药,2011,6(19):37-38.
[68]廖建民,沈子龙. 海带多糖中不同组分降血脂及抗肿瘤作用的研究. 中国药科大学学报,2002,33(1):55-57.
[69]林丹,邓超,汤鲁宏,等. 霞水母糖蛋白抗疲劳作用的实验研究. 天然产物研究与开发,2009(5):862-865.
[70]刘春民,王抗美,邹玲. 花青素对近视青少年视疲劳症状及视力的影响. 中国实用眼科杂志,2005,23(6):607-609.
[71]刘浩,崔美芝,李春艳. 大蒜素对糖尿病大鼠血糖的影响. 中国临床康复,2004,8(21):4264-4265.
[72]刘辉,岳欣湄,吴敏. 倍半萜逆转肿瘤多药耐药机制研究进展. 中国药师,2014,17(1):149-152.
[73]刘积威. 超声波提取海带多糖及抗辐射作用研究. 中国社区医师医学专业,2011,13(23):4.
[74]刘荣耀,王家东. 槲皮素对人喉鳞状细胞癌细胞系 Hep-2 的作用. 临床耳鼻咽喉头颈外科杂志,2008,22(4):169-171.
[75]刘亚丽,胡国华,崔荣箱. ι-卡拉胶和 λ-卡拉胶的研究进展. 中国食品添加剂,2013(S1):196-201.
[76]刘玉芝,刘艳琴. 牛磺酸对肉仔鸡生产性能和免疫功能的影响. 扬州大学学报:农业与生命科学版,2009,29(4):45-48.
[77]鲁博,谈平. 蔬菜的营养功能与保健价值. 上海蔬菜,2010(1):76-77.
[78]卢锋,乔玲,马远方. 番茄红素对实验小鼠免疫功能的影响. 中国免疫学杂志,2006,22(2):151-155.
[79]栾金水,赵莉. 海洋食品的保健功能. 烹调知识,2002(1):26.
[80]马力. 食品化学与营养学. 北京:中国轻工业出版社,2007:317-319.
[81]马虹,黄浩夫. 临床用药大全. 上海:中国大百科全书出版社上海分社,1995.
[82]梅四卫,朱涵珍. 大蒜素的研究进展. 中国农学通报,2009,25(9):97-101.
[83]孟立科,杨思远,刘琳,等. 辣椒素对高脂血症豚鼠肝脏胆固醇和甘油三酯的影响. 中国生化药物杂志,2012,33(4):417-419.

[84]孟祥河，毛忠贵，潘秋月.叶黄素的保健功能.中国食品添加剂，2003(1):17-20.
[85]莫志贤，邵红霞.白藜芦醇苷体外对过氧化氢导致小鼠肝细胞损伤的保护作用.中国药理学通报，2000，16(5):519-521.
[86]牛娟娟，宋扬.海洋刺参多糖对宫颈癌细胞周期的影响及其机制.齐鲁医学杂志，2010，25(5):386-388.
[87]欧阳永长，马泽兰，黎银燕，等.微核试验评价辣椒素潜在的致突变性和抗突变性的研究.广州医学院学报，2012，40(5):9-11.
[88]彭杰，林树梅，胡建民.牛磺酸对STZ诱导大鼠胰岛细胞外液中SOD,GSH-PX,MDA及T-AOC含量的影响.中国畜牧兽医，2011，38(7):58-62.
[89]钱继宁，晋海江，蔡永兰.痛风病人的护理.全科护理，2010(10):722-723.
[90]秦晓蓉，张铭金，高绪娜，等.槲皮素抗菌活性的研究.化学与生物工程，2009，26(4):55-57.
[91]任国峰，杨俊峰，王萌，等.大豆异黄酮摄入对乳腺癌发病风险影响的荟萃分析.大豆科学，2012，31(5):817-821.
[92]任红媛，何泼，李红心.猪小肠黏膜中肝素钠提取与精制工艺研究.食品研究与开发，2007(1):78-81.
[93]芮慧强.因时而异的四季膳食.食品与健康，2008(12):9.
[94]沈莲清，苏光耀，王奎武.西兰花种子中硫苷酶解产物萝卜硫素的提纯与抗肿瘤的体外试验研究.中国食品学报，2009，8(5):15-21.
[95]师然新，徐祖洪，李智恩.降解的角叉菜多糖的抗肿瘤活性.海洋与湖沼，2000，31(6):653-656.
[96]宋永生，郝征红.发酵处理对豆豉抗氧化活性影响的研究.食品科学，2002，23(8):263-267.
[97]冉君花，刘辉.营养联合运动治疗对高脂血症病人血脂的影响.中国疗养医学，2009(2):102-103.
[98]孙杰，韩丽君，张立新，等.比色法测定海藻植物促生长剂中甜菜碱的含量.海洋科学，2007，31(11):5-8.
[99]孙静，黄建.十字花科蔬菜的防癌作用.国外医学：卫生学分册，2003，30(1):20-24.
[100]孙丽萍，薛长湖，许家超，等.褐藻胶寡糖体外清除自由基活性的研究.中国海洋大学学报(自然科学版)，2005，35(5):811-814.
[101]孙文忠，魏媛媛，曾曼丽，等.海带多糖对人鼻咽癌HONE1细胞裸鼠移植瘤的抑制及凋亡相关基因的调控.实用医学杂志，2013(4):535-537.
[102]孙亚真.乌骨鸡黑色素的测定及其理化性质研究.南昌大学学位论文，2008.
[103]孙志慧.食物营养与养生.天津：天津科学技术出版社，2013:53-56.
[104]唐传核，彭志英.浅析大豆发酵食品的功能性成分.中国酿造，2000(5):8-10.
[105]田嘉伟，龙少华，李晓丹，等.海带多糖对高脂血症小鼠血脂和瘦素水平的影响.中国海洋药物杂志，2012，3(6):37-40.
[106]田明胜，郭红卫.天然β-胡萝卜素拮抗化学致癌物致突变性.中国公共卫生，2005，21(1):67-68.
[107]田秀红.蔬菜活性成分的抗癌作用与合理膳食.长江蔬菜，2008(7X):16-19.
[108]王传栋，蓝天，郭效东，等.南瓜多糖抑瘤及增强红细胞免疫吸附作用研究.中国当代医药，2012，19(4):17-18.
[109]王红育，李颖.高血脂人群的膳食营养要求.中国食物与营养，2005(1):53-55.
[110]王国明，陈俊荣，李积胜.牛磺酸和锌对氟致神经系统损伤的拮抗作用.中国工业医学杂志，2008，20(6):399-400.
[111]王慧铭，黄素霞，孙炜.香菇多糖对小鼠降血糖作用及其机理的研究.中国自然医学杂志，2005，7(3):181-184.
[112]王见冬，钱忠明.萝卜硫素研究进展.食品与发酵工业，2003，29(2):76-80.
[113]王洁，陆克义，李险峰，等.牛磺酸预处理对大鼠心肌梗死的保护作用.中国药理学通报，2012，28(5):

647-650.

[114]王界年,王圣泳,沈斌,等.海带多糖对肾上腺素代谢产物损伤血管内皮依赖性舒缩功能的影响.中国药理学通报,2012,28(3):351-354.

[115]王静凤,王奕,赵林,等.日本刺参的抗肿瘤及免疫调节作用研究.中国海洋大学学报(自然科学版),2007,37(1):93-96.

[116]王曼玲,徐建民.海参糖胺聚糖研究现状.中国处方药,2005(6):67-70.

[117]王倩,刘淑集,吴成业.糖蛋白的制备,结构分析及生理功能研究现状.福建水产,2012,34(6):498-503.

[118]王庭祥,王庭欣,刘峥颢,等.海带多糖对小鼠肠黏膜组织 SIgA 的影响.安徽农业科学,2009,37(12):5515-5520.

[119]王伟江.天然活性单萜——柠檬烯的研究进展.中国食品添加剂,2005(1):33-37.

[120]王雪梅,谌徽,李雪姣,等.天然活性单萜—柠檬烯的抑菌性能研究.吉林农业大学学报,2010,32(1):24-28.

[121]王亚男,于竹芹,李晓丹,等.海带对小鼠四氧嘧啶糖尿病模型的降血糖作用研究.临床医学工程,2012,19(7):1063-1056.

[122]王铮,马清涌,任雷,等.白藜芦醇对重症急性胰腺炎急性肺损伤作用的实验研究.四川大学学报(医学版),2007,37(6):904-907.

[123]吴定,江汉湖.发酵大豆制品中异黄酮形成及其功能.中国调味品,2001(6):3-6.

[124]魏来,赵春景.番茄红素抗氧化和调节血脂作用的研究进展.中国药业,2004,13(10):21-23.

[125]魏文志,夏文水,吴玉娟.小球藻糖蛋白的分离纯化与抗氧化活性评价.食品与机械,2006,22(5):20-22.

[126]夏敏.必需微量元素的生理功能.微量元素与健康研究,2003,20(3):41-44.

[127]夏延斌,迟玉洁,朱旗.食品风味化学.北京:化学工业出版社,2008:68-73.

[128]项明洁,刘明,彭奕冰,等.低聚果糖对双歧杆菌增殖效果及肠道菌群的影响.检验医学,2005,20(1):49-51.

[129]肖素荣,李京东.几种植物提取物的生理特性及其应用.中国食物与营养,2009(11):21-23.

[130]邢岩,李智慧,田庆伟,等.番茄红素对实验性高脂血症小鼠的保护作用.中国食品添加剂,2007(4):81-84.

[131]熊华.生姜的应用研究进展.中国调味品,2009,34(11):38-40.

[132]徐国华,韩志红.南瓜多糖的抑瘤作用及对红细胞免疫功能的影响.武汉市职工医学院学报,2000,28(4):1-4.

[133]徐进,严卫星.低聚果糖降血脂作用的动物研究.中国食品卫生杂志,2001,13(4):7-8.

[134]胥晶,张涛,江波.国内外膳食纤维的研究进展.食品工业科技,2009(6):360-362.

[135]许文玲,李雁,王雪霞.番茄红素的提取及生理功能的研究.农产品加工.学刊,2006(7):4-7.

[136]徐幸莲,庄苏,陈伯祥.乌骨鸡黑色素对延缓果蝇衰老的作用.南京农业大学学报,1999(2):108-111.

[137]徐耀庭,李劲松,顾炜,等.D-柠檬烯诱导人膀胱癌细胞周期阻滞及凋亡的研究.中国医学工程,2010,18(3):6.

[138]阎浩林,何汉洲,蔡苏兰,等.硫酸软骨素酶产生菌的筛选及酶的分离纯化.微生物学报,2004,44(1):79-82.

[139]闫倩倩,周玉珍,张雨青.紫甘薯花青素对小鼠急性乙醇性肝损伤的预防保护作用.江苏农业科学,2012,40(5):265-266.

[140]艳秋.橡胶材料基础.北京:化学工业出版社,2006.

[141]杨奎真.蓝莓花青素体外抑制乙型肝炎病毒的初步研究.胃肠病学和肝病学杂志,2013,22(4):380-381.
[142]杨群辉,杨玉娟,张磊,等.牛磺酸对异丙肾上腺素所致大鼠心肌损伤时抗氧化功能的影响.黑龙江畜牧兽医,2007(9):84-85.
[143]杨秀娟,赵晓燕,马越,等.花青素研究进展.中国食品添加剂,2005(4):17.
[144]杨子峰,洪志哲,唐明增,等.白藜芦醇对小鼠艾滋病治疗作用的实验研究.广州中医药大学学报,2006,23(2):148-150.
[145]叶春,聂开慧.对40种新鲜蔬菜中总黄酮含量的测定.山地农业生物学报,2000,19(2):121-124.
[146]易杨华,李玲,孙鹏,等.海参皂苷活性成分研究.2008年中国药学会学术年会暨第八届中国药师周论文集,2008.
[147]应长江,周晓燕,李伟.辣椒素对大鼠糖尿病肾病的影响及其作用机制.中国老年学杂志,2012,32(17):3707-3709.
[148]于良,吴胜利,张梅,等.白藜芦醇及环保菌素A联用对人体周血T细胞免疫功能的影响.细胞与分子免疫学杂志,2003,19(6):549-551.
[149]于文利,舒伯,赵亚平,等.番茄红素生理功能的动物实验评价.无锡轻工大学学报,2005,24(1):99-101.
[150]于岩,辛秀琛,孙秀波,等.蔬菜的营养功能及某些蔬菜中的天然有害成分.现代园艺,2008(6):45-47.
[151]张爱军,李兴华,王美纳,等.辣椒素对银屑病小鼠模型的作用.中国皮肤性病学杂志,2004,18(6):333-335.
[152]张海德,张水华.酱油中生理活性成分.食品科学,1999(1):7-9.
[153]张庭廷,童希琼,刘锡云.大蒜素降血脂作用及其机理研究.中国实验方剂学杂志,2007,13(2):32-35.
[154]张文举,陈宝田,王彩云,等.槲皮素止泻机制研究.第一军医大学学报,2004,23(10):1029-1031.
[155]张文众,李宁,李蓉.大豆异黄酮的雌激素样作用研究.卫生研究,2008,37(6):707-709.
[156]张艳,张丽,王俊芳.植物甾醇对预防血管动脉硬化的作用.西北国防医学杂志,2012,33(4):466-468.
[157]张玉梅,邱隽等.哈尔滨市几种大豆制品中大豆皂甙含量的调查.中国食品卫生杂志,2001,13(5):24-26.
[158]张月杰,卢明锋,吉爱国.刺参多糖药理作用研究进展.中国生化药物杂志,2012,33(1):74-77.
[159]赵德安.大豆及发酵食品的营养保健功能.中国酿造,2001.
[160]赵树欣.应重视对我国传统发酵食品的研究—兼论发酵食品中的功能成分.食品工业,2004(1):27-29.
[161]赵雪,董诗竹,孙丽萍,等.海带多糖清除氧自由基的活性及机理.水产学报,2011,35(4):531-538.
[162]赵秀玲.蓝莓的成分与保健功能的研究进展.中国野生植物资源,2012,30(6):19-23.
[163]志斌.水产品综合利用工艺学.中国农业出版社,1996.
[164]钟凤,徐珞,鹿勇.甲状腺胃动素的表达及其临床意义.中华内分泌代谢杂志,2007,23(5):416-421.
[165]周景欣,袁杰利,迟俐,等.双歧杆菌低聚果糖制剂对便秘人群肠道菌群的调整作用.中国微生态学杂志,2006,18(5):399-400.
[166]周志明,冯义柏,周玉杰.白藜芦醇对血管平滑肌细胞增殖的影响.中华老年心脑血管病杂志,2004,6(5):335-337.
[167]朱海霞,郑建仙.叶黄素(Lutein)的结构,分布,物化性质及生理功能.中国食品添加剂,2005(5):48-55.
[168]朱兰香,陈卫昌,许春芳,等.大蒜素对二甲基亚硝胺诱发的肝纤维化大鼠的保护作用.中草药,2005,35(12):1384-1387.

[169]朱史齐.欣谈酿造酱油中的功能性物质.中国调味品,2002(9):3-9.

[170]卓文.日常生活保健方.上海:上海科学技术文献出版社,2004:21.

[171]祝雯,林志铿,吴祖建,等.河蚬中活性蛋白 CFp-a 的分离纯化及其活性.中国水产科学,2004,11(4):349-353.

[172]左耀明,叶士伶.南瓜多糖的提取分析和降血糖试验研究.食品科学,2001,22(12):56-58.

[173]Akhani S P, Vishwakarma S L, Goyal R K. Anti-diabetic activity of Zingiber officinale in streptozotocin-induced type I diabetic rats. Journal of Pharmacy and Pharmacology,2004,56(1):101-105.

[174]Aprikian O, Duclos V, Guyot S, et al. , Apple pectin and a polyphenol-rich apple concentrate are more effective together than separately on cecal fermentations and plasma lipids in rats. The Journal of Nutrition,2003,133(6):1860-1865.

[175]Al-Qattan K K, Alnaqeeb M A, Ali M. The antihypertensive effect of garlic (Allium sativum) in the rat two-kidney-one-clip goldblatt model. Journal of Ethnopharmacology,1999,66(2):217-222.

[176]Awad A B, Downie A, Fink C S, et al. Dietary phytosterol inhibits the growth and metastasis of MDA-MB-231 human breast cancer cells grown in SCID mice. Anticancer Research,1999,20(2A):821-824.

[177]Bakri I M, Douglas C W I. Inhibitory effect of garlic extract on oral bacteria. Archives of Oral Biology,2005,50(7):645-651.

[178]Bertram J S, Bortkiewicz H. Dietary carotenoids inhibit neoplastic transformation and modulate gene expression in mouse and human cells. The American Journal of Clinical Nutrition, 1995, 62(6):1327-1336.

[179]Bertram J S, Pung A O, Churley M, et al. Diverse carotenoids protect against chemically induced neoplastic transformation. Carcinogenesis,1991,12(4):671-678.

[180]Bhandari U, Sharma J N, Zafar R. The protective action of ethanolic ginger (Zingiber officinale) extract in cholesterol fed rabbits. Journal of Ethnopharmacology,1998,61(2):167-171.

[181]Borstad G C, Bryant L R, Abel M P, et al. Colchicine for prophylaxis of acute flares when initiating allopurinol for chronic gouty arthritis. The Journal of Rheumatology,2004,31(12):2429-2432.

[182]Boyer J, Liu R H. Apple phytochemicals and their health benefits. The Journal of Nutrition, 2004,3:5.

[183]Carter O, Bailey G S, Dashwcod R H. The dietary phytcehemlcal chlorophyllin alters E-codherin and beta-eatenin expressionin human colon cancer cell. J Nutr,2004,134(12):3441-3444.

[184]Choi E J, Chee K M, Lee B H. Anti-and prooxidant effects of chronic quercetin administration in rats. European Journal of Pharmacology,2003,482(1):281-285.

[185]Choi Y H, Yan G H. Anti-allergic effects of scoparone on mast cell-mediated allergy model. Phytomedicine,2009,16(12):1089-1094.

[186]De Stefani E, Boffetta P, Ronco A L, et al. Plant sterols and risk of stomach cancer: a case-control study in Uruguay. Nutrition and Cancer,2000,37(2):140-144.

[187]Di Mascio P, Murphy M E, Sies H. Antioxidant defense systems: the role of carotenoids, tocopherols, and thiols. The American Journal of Clinical Nutrition,1991,53(1):194S-200S.

[188]Dwyer J H, Navab M, Dwyer K M, et al. Oxygenated Carotenoid Lutein and Progression of Early Atherosclerosis The Los Angeles Atherosclerosis Study. Circulation,2001,103(24):2922-2927.

[189]Fryburg D A, Mark R J, Griffith B P, et al. The effect of supplemental beta-carotene on immunologic indices in patients with AIDS: a pilot study. The Yale Journal of Biology and Medicine,1995,68(1-2):

19.
[190]Fujimoto K, Fujimoto H, Ohata M. Changes of serum calcitonin in stress load. Journal of Bone and Mineral Metabolism,2000,18(1):22-26.
[191]Fukushima D. Recent progress in research and technol- ogy on soybeans. Food Sci Technol Res., 2001,7(1):8-16.
[192]Granado F, Olmedilla B, Blanco I. Nutritional and clinical relevance of lutein in human health. British Journal of Nutrition,2003,90(3):487-502.
[193]Guil-Guerrero J L, Belarbi E H. Purification process for cod liver oil polyunsaturated fatty acids. Journal of the American Oil Chemists' Society,2001,78(5):477-484.
[194]Handelman G J, Nightingale Z D, Lichtenstein A H, et al. Lutein and zeaxanthin concentrations in plasma after dietary supplementation with egg yolk. The American Journal of Clinical Nutrition,1999, 70(2):247-251.
[195]He X J, Liu R H. Triterpenoids isolated from apple peels have potent antiproliferative activity and may be partially responsible for apple's anticancer activity. Journal of Agricultural and Food Chemistry,2007,55: 4366-4370.
[196]He XJ, Liu R H. Phytochemicals of apple peels: isolation, structure elucidation, and their antiproliferative and antioxidant activities. Journal of Agricultural and Food Chemistry,2008,56:9905-9910.
[197]Hertog M G L, Hollman P C H, Katan M B. Content of potentially anticarcinogenic flavonoids of 28 vegetables and 9 fruits commonly consumed in the Netherlands. Journal of Agricultural and Food Chemistry,1992,40(12):2379-2383.
[198]Hubbard G P, Wolffram S, Lovegrove J A, et al. Ingestion of quercetin inhibits platelet aggregation and essential components of the collagen-stimulated platelet activation pathway in humans. Journal of Thrombosis and Haemostasis,2004,2(12):2138-2145.
[199]Hu H, Zhang Z, Lei Z, et al. Comparative study of antioxidant activity and antiproliferative effect of hot water and ethanol extracts from the mushroom Inonotus obliquus, Journal of Bioscience and Bioengineering,2009,107(1):42-48.
[200]Janezic S A, Rao A V. Dose-dependent effects of dietary phytosterol on epithelial cell proliferation of the murine colon. Food and Chemical Toxicology,1992,30(7):611-616.
[201]Kadnur S V, Goyal R K. Beneficial effects of Zingiber officinale Roscoe on fructose induced hyperlipidemia and hyperinsulinemia in rats. Indian Journal of Experimental Biology,2005,43(12):1161.
[202]Kamal-Eldin A, Yanishlieva N V. N-3 fatty acids for human nutrition: stability considerations. European Journal of Lipid Science and Technology,2002,104(12):825-836.
[203]Kerry H. Functional proteins and hydrolysates. Prepared Foods,2005,30(4):123-129.
[204]Klipstein-Grobusch K, Launer L J, Geleijnse J M, et al. Serum carotenoids and atherosclerosis: the Rotterdam Study. Atherosclerosis,2000,148(1):49-56.
[205]Lee H S, Suh J H, Suh K H. Preparation of antibacterial agent from seaweed extract and its antibacterial effect. Journal-Korean Fisheries Society,2000,33(1):32-37.
[206]Let M B, Jacobsen C, Meyer A S. Sensory stability and oxidation of fish oil enriched milk is affected by milk storage temperature and oil quality. International Dairy Journal,2005,15(2):173-182.
[207]Liang H Q, Rye K A, Barter P J. Remodelling of reconstituted high density lipoproteins by lecithin: cholesterol acyltransferase. Journal of Lipid Research,1996,37(9):1962-1970.
[208]Li S T. Biological biomaterial: tissue-derived biomaterials(collagen) Park J B, Brongino J. Biomateri-

als Principles and Applications, New York: Marcel Dekker Inc. USA,2003:117-140.

[209]Liu R H. Health benefits fruit and vegetables are from additive and synergistic combinations of phytochemicals. Am. J Clin. Nutr. ,2003,78(3Suppl):517-520.

[210]Lu Y, Zhang B Y, Dong Q, et al. The effects of Stichopus japonicus acid mucopolysaccharide on the apoptosis of the human hepatocellular carcinoma cell line HepG2. The American Journal of the Medical Sciences,2010,339(2):141-144.

[211]Mallya S K, Partin J S, Valdizan M C, et al. Proteolysis of the major yolk glycoproteins is regulated by acidification of the yolk platelets in sea urchin embryos. The Journal of Cell Biology,1992,117(6): 1211-1221.

[212]Malini T, et al. Comparative study of the effects of beta-sitosterol, estradiol and progesterone on selected biochemical parameters of the uterus of ovariectomised rats. J. Ethnopharma- col,1992,36 (1):51-55.

[213]Mendilaharsu M, De Stefani E, Deneo-Pellegrini H, et al. Phytosterols and risk of lung cancer: a case-control study in Uruguay. Lung Cancer,1998,21(1):37-45.

[214]Minghetti P, Sosa S, Cilurzo F, et al. Evaluation of the topical anti-inflammatory activity of ginger dry extracts from solutions and plasters. Planta Medica,2007,73(15):1525-1530.

[215]Miura T, Muraoka S, Fujimoto Y. Inactivation of creatine kinase induced by stilbene derivatives. Pharmacology & Toxicology,2002,90(2):66-72.

[216]Murase K, Hattori A, Kohno M, et al. Stimulation of nerve growth factor synthesis/secretion in mouse astroglial cells by coenzymes. Biochem Mol Biol Int,1993,30:615-621.

[217]Nagai T, Izumi M, Ishii M. Fish scale collagen preparation and partial characterization. Int. J Food Sci Tech,2004,39:239-244.

[218]Nagai T, Suzuki N. Isolation of collagen from fish waste material-skin, bone and fin . Food Chem, 2000,68:277-281.

[219]Navder K P, Baraona E, Lieber C S. Polyenylphosphatidylcholine attenuates alcohol-induced fatty liver and hyperlipemia in rats. The Journal of Nutrition,1997,127(9):1800-1806.

[220]Nie H, Meng L, Zhang H, et al. Analysis of anti-platelet aggregation components of Rhizoma Zingiberis using chicken thrombocyte extract and high performance liquid chromatography. Chinese Medical Journal (English Edition),2008,121(13):1226.

[221]Qiong L, Jun L, Jun Y, et al. The effect of Laminariajaponica polysaccharides on the recovery of the male rat reproductive system and mating function damaged by multiple mini-doses of ionizing radiations . Environ Toxicol Pharmacol,2011,31(2):286-294.

[222]Paiva S A R, Russell R M. β-carotene and other carotenoids as antioxidants. Journal of the American College of Nutrition,1999,18(5):426-433.

[223]Rapoport S I, Rao J S, Igarashi M. Brain metabolism of nutritionally essential polyunsaturated fatty acids depends on both the diet and the liver. Prostaglandins, Leukotrienes and Essential Fatty Acids, 2007,77(5):251-261.

[224]Park K Y, Jung K O, Rhee S H, et al. Antimutagenic effects of doenjang (Korean fermented soypaste) and its active compounds. Mutation Research,2003,523-524:43-53.

[225]Peterson D W. Effect of soybean steroids in the diet on pIasma and Iiver choIesteroI in chicks . Proc Soc Exp Biol Med,1951,78:143.

[226]Pillai T G, Nair C K K, Janardhanan K K. Enhancement of repair of radiation induced DNA strand

breaks in human cells by Ganoderma mushroom polysaccharides. Food Chemistry,2010,119(3):1040-1043.

[227]Pollak O J. Reduction of blood cholesterol in man. Circulation,1953,7(5):702-706.

[228]Slavin J L. Dietary fiber and body weight. Nutrition,2005,21(3):411-418.

[229]Sripramote M, Lekhyananda N. A randomized comparison of ginger and vitamin B6 in the treatment of nausea and vomiting of pregnancy . Journal of the Medical Association of Thailand Chotmaihet Thangphaet,2003,86(9):846-853.

[230]Stahl W, Sies H. Lycopene: a biologically important carotenoid for humans?. Archives of Biochemistry and Biophysics,1996,336(1):1-9.

[231]Steinberg F M, Gershwin E, Rucker R B. Dietary pyrroloquinoline quinine: growth and immune response in BALA/c mice. J Nutr,1994,124:744-753.

[232]Sun C, Hou Z, Liu M, et al. Effects of taurine on enzyme leakage and morphology of heart in hypothermal preservation. Chinese Heart Journal,2008,2:8.

[233]Takahata K, Monobe K, Tada M, et al. The benefits and risks of n-3 polyunsaturated fatty acids. Bioscience, Biotechnology, and Biochemistry,1998,62(11):2079-2085.

[234]Takaoki K, Tadafumi K. A new redox-cofactor vitamin for mammals. Nature,2003,422:832.

[235]Thomas A, Harding K G, Moore K. Alginates from wound dressings activate human macrophages to secrete tumour necrosis factor-α. Biomaterials,2000,21(17):1797-1802.

[236]Tsou M F, Lu H F, Chen S C, et al. Involvement of Bax, Bcl-2, Ca^{2+} and caspase-3 in capsaicin-induced apoptosis of human leukemia HL-60 cells. Anticancer Research,2006,26(3A):1965-1971.

[237]Vayndorf E M, Lee S S, Liu R H. Whole apple extracts increase lifespan, healthspan and resistance to stress in caenorhabditis elegans. Journal of Functional Foods,2013(5):1235-1243.

[238]Von Schacky C, Harris W S. Cardiovascular benefits of omega-3 fatty acids. Cardiovascular Research, 2007,73(2):310-315.

[239]Wegerski C J, Sonnenschein R N, Cabriales F, et al. Stereochemical challenges in characterizing nitrogenous spiro-axane sesquiterpenes from the Indo-Pacific sponges *Amorphinopsis* and *Axinyssa*. Tetrahedron,2006,62(44):10393-10399.

[240]Wu D, Duan W, Liu Y, et al. Anti-inflammatory effect of the polysaccharides of Golden needle mushroom in burned rats. International Journal of Biological Macromolecules,2010,46(1):100-103.

[241]Ye A, Cui J, Taneja A, et al. Evaluation of processed cheese fortified with fish oil emulsion. Food Research International,2009,42(8):1093-1098.

[242]Yoshikawa M, Yamaguchi S,Kunimi K, et al. Stomachic principles inginger. Ⅲ. An anti-ulcer principle, 6-gingesulfonic acid, and three monoacyldigalactosy-lglycerols, gingerglycolipids A, B, and C, from Zingiberis Rhizoma originating in Taiwan. Chem Pharm Bull (Tokyo),1994,42(6):1226-1230.

[243]Young R W, Beregi Jr J S. Use of chlorophyllin in the care of geriatric patients. Journal of the American Geriatrics Society,1980,28(1):46-47.

[244]Zaidi M, Moonga B S, Huang C L H. Calcium sensing and cell signaling processes in the local regulation of osteoclastic bone resorption. Biological Reviews,2004,79(1):79-100.

[245]Zhao Y F, Min X R, Tang H B. Effects of pyrroloquinoline quinone on repair of injured sciatic nerve in rats. Chinese Journal of Biochemical Pharmaceutics,2002,23(2):55-57.

第9章 美食养生案例

本章内容提要：中国美食原料资源丰富，美食种类繁多，色、香、味、形各异，形成了灿烂的中国美食文化。本章将对不同类别原料烹制的代表性美食作一介绍，同时对"红楼美食"也作简要的介绍，了解其配料组成、风味营养特色以及对人类健康养生的作用等；从而为人们正确选择与享用美食提供参考依据。

引 言

《黄帝内经》中有较多内容谈及了人生病的原因以及很多养生的方法，坚持"食疗不愈，然后命药"的原则，提倡通过食物调养来促进身体健康；长期服用药物对人产生的副作用是大家所共知的，会产生药物依赖，不但影响药物的使用疗效同时对人体产生很大的副作用；从中医理论角度，不能依赖药物来补益元气，能够补益元气的只有我们天天食用的食物。因此，除了人得了急病需通过药物或外科治疗外，食物养生是促进身体健康的重要途径。前面章节中已系统介绍了美食在人们日常生活及生命健康中的重要性，美味佳肴除给人的感官上带来愉悦外，在营养功效上也起到非常重要的作用，尽管根据药食同源的原则，很多食物也具有一定的药性，但其治疗疾病效果上还不能达到短期治病的目的，因此，合理饮食可以作为预防疾病和强身健体的重要手段，建议人们通过对不同种类美食的食料组成及其营养功效等特点的认识，正确利用日常生活中触手可及的美食来调养好自己的身体。以下将通过不同原料类别的美食向读者介绍美食养生。

第一节 水产美食(品)与健康

水产美食所用食材的主要来源之一是海洋。我国拥有近300万平方公里的海域与3.2万公里长的海岸线，海产资源丰富，种类繁多，除鱼、虾、蟹、贝和海藻类外，还有各种棘皮动物和软体动物等，以此为食材制作的美味食品更是数不胜数，海洋美食不但营养丰富，更是因味道鲜美深受民众喜爱。海产美食大多富含蛋白质，其中的蛋白质富含多种氨基酸，其组成及含量适合人体的需要，是人体所需蛋白质的良好来源，除此之外还富含微量元素，尤其是人体容易缺乏的几种微量元素如铁、锌和硒等。与畜禽产品相比，其氨基酸组成合理，脂肪含量相对较低，且多为不饱和脂肪酸。在饮食养生上，如果每周吃上几次海产品，对人体健康大有益处。如海鱼、海带等海藻类海产品多富含多种微量元素，有助于人的新陈代谢和防止自由基的形成，对预防癌症有比较好的效果，海带还能有选择性地滤除镉、锶等重金属致癌物。经常食用海产美食不但可以补充人体所必需的各种营养和微量元素，还有增强免疫力、预防疾病、美容养颜、防癌和改善新陈代谢等保健作用，尤其对于经常处于精神紧张且缺乏运动的上班族来说，经常食用海产食品是非常必要的。随着我国疾病谱的变化，特别是高血压、高血脂和高血糖等疾病发病率的上升，以及人们对海产品的深入了解，相信海产美食的消费量将日益增加，并根据具体人群与季节的特点正确的选择，以更好地发挥海产美食各自的营养价值与保健功能。

海产美食与男性健康方面 男性在生理与工作方式等方面与女性有较大的差异。从组成蛋白质的氨基酸需求上来说，精氨酸是成年男性精子形成的重要成分，人体并不能自身合成精氨酸，必须从外界摄取，经常食用富含精氨酸的海鲜美食有助于男性健康；如章鱼、墨鱼、海参等海产品都含有大量的精氨酸；牡蛎中所含丰富的牛磺酸有明显的保肝利胆作用，另外，牡蛎还富含锌等微量元素，多吃牡蛎不但可以预防男性不育，还有补肾益精的作用。牡蛎中的氨基乙磺酸又有降低血胆固醇浓度的作用，可预防老年男性动脉硬化等心血管疾病。

海产美食与女性健康方面 女性多吃海产食品有保护乳房的作用。鱼类中的章鱼、带鱼、鱿鱼，贝类中的牡蛎及藻类中的海带还有海参等海产品富含人体必需的微量元素，有独特的保护乳腺的作用。碘是人体必需的又自身不能合成的微量元素，孕妇应该多吃海产品以补充妊娠期人体所需求的碘，在补充叶酸的同时不能忘了补充碘，孕妇严重缺碘会造成流产、死胎、先天性畸形和早产，会影响孩子的智商和生长发育。妇女更年期综合征和怀孕期间皆宜食用牡蛎为原料的海产美食；青春期的女孩对营养的需要量很大且具有多样性，应提倡多食海鲜食品，如果膳食营养单一，容易导致发育迟缓。

海产美食饮食对人情绪的影响 脾气暴躁易怒的人群建议多食海产美食，如采用海鱼、虾、贝类和海藻等原料制作的美食，同时要注意饮食清淡、少盐和少糖，容易健忘的人也可以多吃富含维生素A和维生素C的海产品，有助于改善记忆。海产美食大多富含ω-3脂肪酸、丰富的矿物质和维生素等，是预防抑郁症的最好食品；美国科学家研究表明，当人体缺乏ω-3脂肪酸时就会情绪低落，因此经常食用海产品的人比不食用海产品的人在精神和生理上都要更加健康。

以下选择几种典型的几种海(水)产美食，介绍其制作方法与养生保健功能。

一、雪菜大汤黄鱼

雪菜大汤黄鱼所用食材大黄鱼，产自浙江舟山东海渔场，咸菜产自具有悠久历史的浙东，是当地传统特色农产品雪里蕻(又称雪菜)，此菜肴是宁波酒楼、饭店常年供应的传统名菜，也是沿海民间筵席上的上等菜肴。

(一)用料及制法

此菜肴选择的配料为大黄鱼750克，冬笋50克，腌雪里蕻100克。调料：黄酒15克，姜10克，小葱20克，盐5克，味精1克，猪油(炼制)40克。

将黄鱼剖洗干净，剁去胸鳍、背鳍，在鱼身的两侧面各剖几条细纹刀花；将雪里蕻菜梗切成细粒；炒锅置旺火，下入熟猪油，烧至七成热，投入姜片略煸，继而推入黄鱼煎至两面略黄，烹上黄酒，盖上锅盖稍焖；然后，舀入沸水750毫升，加入葱结，改为中火焖烧8分钟；烧至见鱼眼珠呈白色，鱼肩略脱时，拣去葱结，加入精盐，放进笋片、雪里蕻咸菜粒和熟猪油10克，改用旺火烧沸；当卤汁呈乳白色时，添加味精，将鱼和汤同时盛在大碗内，撒上葱段，即成。

（二）营养及功效

中医学认为黄鱼味甘，性温，有养肾固精、健脾开胃、益气补虚等功效；蛋白质、脂肪、磷和铁含量高，微量元素硒以及维生素硫胺素、核黄素和尼克酸等含量丰富；可用于治疗身体羸瘦，头晕失眠，脾胃虚寒诸症。雪菜大汤黄鱼为宁波一道极富特色的传统名菜，鱼含菜香，菜透鱼鲜，汤汁乳白浓醇，味道鲜爽可口。冬笋是一种富有营养价值并具有医药功能的美味食品，质嫩味鲜、清脆爽口，含有蛋白质和多种氨基酸、维生素以及钙、磷、铁等微量元素以及丰富的膳食纤维，能促进肠道蠕动，既有助于消化，又能预防便秘和结肠癌的发生。雪里蕻含胡萝卜素和维生素C丰富，可补充鱼的维生素含量少的缺点；雪里蕻味辛，可去黄鱼的腥味，使菜味更美。

二、芙蓉银鱼

芙蓉银鱼是一道较简单而美味的家常菜肴。主料银鱼别名玻璃鱼、银条鱼、面条鱼，是中国名贵淡水产品之一，银鱼因体长略圆，细嫩透明，色泽如银而得名；其产于长江口，以太湖银鱼为代表，早在明代时与松江鲈鱼、黄河鲤鱼和长江鲥鱼并称中国四大名鱼，被视为席上珍品。

（一）用料及制法

此菜肴的主要配料组成为鱼200克，鸡蛋清5只，熟火腿15克，青菜丝、水发香菇丝各少许，料酒15克，香油、上汤、生粉各适量。

制作方法：取银鱼去头抽去肠后洗净滤干水，放在滚水锅中氽熟，洗清滤干水待用；将鸡蛋清加入适量盐、料酒、味精和水和生粉水打成薄粥形，将氽熟的银鱼放入拌匀；热锅，下熟猪油，烧至四成熟时，将鸡蛋蛋清徐徐倒入油锅中，边倒边用铁勺轻轻搅动，待其上浮溜熟后，倒入漏勺，滤去油；锅置火上，将香菇、火腿、青菜丝倒入，加上汤和适量的酒、盐、味精煮滚，再把溜好的蛋白银鱼倒入烧滚，用生粉水勾芡，淋上香油即可。

（二）营养及功效分析

根据现代营养学分析，本菜肴主料银鱼营养丰富，营养组成特点为高蛋白和低脂肪。本菜肴特点是食用时银鱼不去鳍、骨，属“整体性食物”，因此，营养完全，有利于人体增进免疫功能和健康长寿。对人体的功效方面，具有养胃阴、和经脉、润肺止咳、补虚利尿之功能，适宜消化不良、营养缺失、体质虚弱者食用。此菜清淡可口，是健胃消食的食疗方；但皮肤病患者须忌食。

三、酸辣蜜汁北极虾

酸辣蜜汁北极虾的主要食材为北极虾，因产自北极附近海域，吃起来有淡淡甜味，因此在中国又称为北极甜虾。北极虾捕捞于北大西洋海域，海上冷冻，保证新鲜。煮熟的北极虾颜色呈粉红色，肉白紧。

(一)用料及制法

此菜肴的主要配料组成为北极虾300克，葱5克，姜5克，蒜5克，采用适量的配料组分：干辣椒、小米椒、料酒、蚝油、番茄酱、海鲜酱、鱼露、白醋、白糖和植物油。制作方法：北极虾提前放在冰箱冷藏室解冻至7、8分取出；均匀地裹上一层干淀粉；锅内放油加热至高温，把虾子一个一个放入以防黏连；炸至表面金黄，捞起备用；根据个人口味把海鲜酱、番茄酱、蚝油、鱼露、料酒、白醋和糖混合调成酱汁备用，其中番茄酱是很重要的元素，既可以增加酸酸甜甜讨喜的味道，同时也让色泽更加漂亮；葱、姜、蒜切末，干红辣椒切碎；锅里留少许底油，先放蒜、姜末爆香；再放入葱、辣椒末一起炒香；放入事先调好的酱汁拌匀；最后倒入炸好的虾子，翻炒两下，就可以关火起锅。喜欢辣的可以同时放入小米椒，搭配着吃很过瘾。

(二)营养及功效

根据现代营养学分析，此菜肴采用的主料北极虾富含铜，铜是人体健康不可缺少的微量营养素，对于血液、中枢神经和免疫系统，头发、皮肤和骨骼组织以及大脑和肝、心等内脏的发育和功能有重要影响。富含磷，具有构成骨骼和牙齿、促进成长及身体组织器官的修复、供给能量与活力、参与酸碱平衡的调节等作用。主要功效有祛脂降压、通乳生乳、提高免疫力、疗头痛头晕等。适宜出现头晕、乏力、易倦、耳鸣、眼花，皮肤黏膜及指甲等颜色苍白，体力活动后感觉气促、骨质疏松、心悸症状的人群；也适宜甲状腺功能亢进、身体虚弱以及病后需要调养的人；也适宜小儿孕妇食用。

四、香辣鱿鱼

(一)用料及制法

鱿鱼，又称句公、柔鱼或枪乌贼，是软体动物门头足纲鱿目开眼亚目的动物。此菜肴的配料组成为鲜鱿鱼、洋葱、姜片、干辣椒、花椒、青椒、大蒜和葱，适量的花生油、盐、鸡精、味精和蚝油。

制作方法：鱿鱼去内脏、去皮后洗净切条；锅里放入适量的水，烧开后，将鱿鱼条烫一下，鱿鱼卷边即可滤水待用。干辣椒剪段备用，大蒜剥皮横切片，姜切小片，葱洗净切寸长，青椒切滚刀；锅洗净烧干水，中小火，倒入适量花生油，依次放入干辣椒、花椒、姜片和蒜片，煸炒至辣椒变色；倒入鱿鱼片翻炒至表面油亮，倒入味极鲜(酱油)，再翻炒；然后依次加入青椒、葱段炒匀；调入适量盐、鸡精、味精、蚝油，即可起锅。

(二)营养及功效

根据现代营养学分析，每100克枪乌贼鲜肉含蛋白质约15克，维生素A为230国际单位，约为乌贼的2倍，鱿鱼除了富含蛋白质及人体所需的氨基酸外，还含有大量牛磺酸，是一种低热量食物。其主要功效为可抑制血中的胆固醇含量，缓解疲劳，恢复视力，改善肝脏功能；其含有的多肽和硒等微量元素有抗病毒、抗射线作用。中医认为，鱿鱼有滋阴养胃、补虚润肤的功能。鱿鱼须煮熟透后再食，皆因鲜鱿鱼中有一种多肽成分，脾胃虚寒的人应少吃。另外，文献研究表明，鱿鱼涉及的安全问题是其含有危害性的甲醛，除了加工因素外，自然原料中的内脏和肌肉中的甲醛含量相对其他水产品较高，应注意防范；最后，食用鱿鱼美食产品的同时应注意原料的新鲜卫生，防止原料不新鲜而导致过量胺类（二甲胺和三甲胺等）物质的产生，从而对人体造成毒害作用。

五、天冬扒蛤蜊肉

天冬是为百合科植物天门冬的块根，性寒，味甘，微苦；具有养阴清热、润肺滋肾的功效；而蛤蜊肉性寒，味咸，这两味是药食同用的佳品搭配。它是一盘味道鲜美的药膳，具有滋阴润燥、降火散结的功效；烹制的药膳，味道鲜美，滑爽适口，为佐餐的海鲜佳肴。

（一）原料及做法

原料：蛤蜊肉 300 克，天冬 20 克，葱末、姜末、鸡精、精盐、烹调油、水淀粉、香油、香菜叶各适量。

制作方法：先将蛤蜊肉去除泥沙，洗净备用。将天冬用冷水浸泡 20 分钟后，上火煮 20 分钟。锅上火，打底油，用葱、姜末爆香，下蛤蜊肉迅速翻炒，再下天冬及汁，加适量水炖 20 分钟，入精盐找口，捞出蛤蜊肉及天冬装盘。原汁回锅，加水淀粉做成芡汁，滴入香油，将芡汁浇在蛤蜊肉上。撒上香菜叶上桌。

（二）功效

蛤蜊肉含有蛋白质、脂肪、碳水化合物、钙、磷、铁、碘、维生素 A、维生素 B_1、维生素 B_2、烟酸等营养成分，具有滋阴利水、化痰软坚的作用。《本草经疏》载：“蛤蜊其性滋润而助津液，故能润五脏，止消渴，开胃也。咸能入血软坚，故主妇人血块及老癖为寒热也。”天冬性寒，味甘苦，入肺、胃经，据测定，含有天门冬素、黏液质、β-谷甾醇、菝葜皂苷元、5-甲氧基甲基糠醛及鼠李糖、木糖和葡萄糖等成分，具有滋阴润燥、清肺降火的功效。《日华子本草》曰：天冬“镇心，润五脏，益皮肤，悦颜色，补五劳七伤”。因其性寒，又有滋阴润燥的作用，因此适宜内有虚热、口渴上火者食用，同时两味药均能治疗消渴症，故糖尿病患者亦宜食之，能有辅助疗效。

第二节　发酵性美食与健康

自然界中很多种微生物都可用于美食的制造，这些食品又称发酵性美食。发酵性美食最大的优点是食材通过有益微生物的发酵（生长与代谢）作用产生原本没有的化学物质，这些物质或对食品的色香味形产生重要作用，或更重要的是可能产生各种健康有关的生理活性物质或常用的营养物质,如维生素、健康脂类或蛋白质等。在众多发酵性食品中,与日常饮食生活与健康最为相关的为乳酸菌。经乳酸菌发酵作用而制成的产品称为乳酸发酵食品。乳酸菌有23个属,共有200多种。常见的有乳杆菌属、链球菌属、明串珠菌属、双歧杆菌属和片球菌数五个属。除极少数外,其中绝大部分都是人体内必不可少的且具有重要生理功能的菌群,其广泛存在于人体的肠道中,所以乳酸菌又称益生菌。大量研究表明,乳酸发酵食品具有提高酸度,改善风味;增加营养组分,提高营养价值;延长食品保质期,防止腐败;增强人体免疫力、减少疾病等特点。

乳酸菌在食品中应用广泛,占食品总量的25%以上,乳酸菌发酵食品被誉为"21世纪的健康食品"。食品原料经乳酸菌发酵后,能使蛋白质、脂肪和糖类分解为人体更易吸收的预消化状态,同时还能增加可溶性钙、磷、铁和某些B族维生素的含量,提高它的消化吸收性能和营养价值。由于乳酸菌,或乳酸菌与其他微生物一起可利用许多种食品原料作为发酵底物,所以乳酸发酵食品种类繁多。到目前为止,乳酸菌已广泛应用于乳制品、蔬菜制品、肉制品和饮料制品等的加工中,人类日常食用的泡菜、酸奶、酱油、豆豉(纳豆菌)等都是应用了乳酸菌原始而简单的随机天然发酵的代谢产物。可以说,每一类发酵食品中都有乳酸发酵食品的代表,而其他任何一种微生物的发酵食品都不能与之相比。随着微生物学的发展,揭示了乳酸菌对人体健康有益作用的机理,因此,乳酸发酵产品更加受到人们的重视,有的产品已占有了广大的市场,赢得了消费者的信赖,具有广阔的市场前景。

一、发酵性酸奶

(一)乳酸菌发酵酸牛奶

1. 制作原理与产品特点

乳酸菌发酵酸奶是以牛奶为主要原料经乳酸菌发酵后制作而成的,含有丰富的蛋白质、脂肪、糖类、各种维生素及钙磷铁钠等人体必需的营养素,具有良好的营养和保健作用。乳酸菌在牛乳中生长繁殖,发酵分解乳糖,产生乳酸等有机酸,导致乳的pH值下降,使乳酪蛋白在其等电点附近发生凝聚,形成的酸奶称凝固型酸奶。其产品酸味纯正、口感细腻,具有良好咀嚼感,可用作传统美食中冷食类甜点及蛋白类菜肴的搭配品。另外,发酵性酸奶在发酵剂选择中可另加嗜酸乳杆菌或双歧杆菌以增加这2种菌在人体肠道中的定植量,进一步提高酸奶的保健功能。另外也可添加明串珠球菌,提高酸奶中维生素 B_2 和维生素 B_{12} 的含量,并增加香味;添加双乙酰乳链球菌,也可增加酸奶的香味。根据发酵原料可分为花色酸奶如各种水果酸奶,宁波大学食品生物技术实验室目前正在开发的紫薯发酵酸奶,集紫薯中的功能性色素即各种花色素苷与发酵酸奶的功能特性于一体,既增加了酸奶的天然色素产生美丽的色泽,同时又大大增加了酸奶的营养价值与功能性,因紫薯具有较强的生物活性,如抗氧化、抑制肿瘤、增强免疫调节和提高记忆力等生理功效。

2. 营养价值与适宜人群

凝固型酸奶的蛋白质含量高且不含添加剂,其中的脂肪、乳糖含量很低,可有效缓解乳糖不耐症。酸奶中的胆碱含量较高,有降低血液中胆固醇的作用,可预防血管硬化;患有阴道感染的妇女,饮用酸奶能使病情改善;高血压患者及中老年人要多喝酸奶,以达到吸收更多钙质的目的。大病初愈的患者适宜饮用酸奶,这是因为在手术或其他慢性治疗中,会使用大量的抗生素,使肠道菌群发生很大的变化,食用酸奶则可发挥调理肠胃的作用,使身体康复,即具有其他食品不可替代的作用。

饮食安全提示:被称为“老少皆宜”食品的酸奶,也有不适合食用的人群;婴儿不宜饮用酸奶,因酸奶破坏了对婴儿有益菌群的生长条件,还会影响婴儿正常消化功能和神经系统的生长发育;胃酸过多的胃病患者少饮用酸奶为好,过量饮用酸奶特别是冷藏酸奶会使胃酸浓度过高,影响食欲与消化功能,不利于人体健康。

(二)羊奶发酵酸奶

1. 原理及制法

羊奶营养价值很高,富含蛋白质、脂肪、乳糖、矿物质及多种维生素,其中酪蛋白与乳清蛋白比例接近人乳,Ca^{2+} 和环核苷酸高于牛奶,且酪蛋白胶粒和乳脂肪球较小,更有利于人体的吸收利用,但羊奶中低级挥发性脂肪酸浓度较高,易使羊奶产生膻味。利用乳酸菌发酵生产酸羊奶,可消除羊奶膻味。生产羊奶酸奶最佳工艺参数为嗜酸乳杆菌与嗜热链球菌配比为 1∶1,菌种添加量为 3%,加糖量为 9%。据此参数生产的羊奶酸奶,组织结构细腻光滑,无乳清析出,无羊奶膻味。

发酵酸羊奶的制作流程将羊奶粉用水配成乳固形物的质量分数为 14%的复原乳,在 4℃贮藏 12h,使乳蛋白充分水合后,预热到 50~60℃,添加 7%的蔗糖,充分搅拌,使糖溶解,然后在 15MPa 下均质后,经 80℃/20min 杀菌处理,迅速冷却至 38~41℃,接种干酪乳杆菌等乳酸菌发酵剂,在恒温培养箱内发酵,待乳凝固后在 5℃下冷藏后发酵 24h,即为成品。

2. 营养价值及适宜人群

李时珍《本草纲目》中记载:“羊奶甘温无毒,补寒冷虚乏,润心肺,治消渴,疗虚劳,益精气,补肺肾气和小肠气。”酸羊奶在保持原鲜羊奶的风味和营养的基础上,加入多种益生菌更有助于消化,利于肠胃蠕动,促进食欲,纠正儿童挑食习惯,也适宜营养不良、虚劳羸弱、消渴反胃、肺痨(肺结核)、咳嗽咯血和患有慢性肾炎之人食用。羊奶是肾病病人理想的食品之一,也是体虚者的天然补品。急性肾炎和肾功能衰竭患者不适于喝羊奶,以免肾脏加重负担;慢性肠炎患者也不宜喝羊奶,避免生(胀)气,影响伤口愈合,腹部手术患者一两天内不喝羊奶。

二、胡萝卜-冬瓜混合发酵蔬菜汁

此发酵果蔬汁美食是以两种蔬菜胡萝卜和冬瓜为原料,将制得的胡萝卜汁和冬瓜汁经混合得到蔬菜汁,经巴氏灭菌处理,接入乳酸菌进行发酵与后熟处理过程。该产品色泽鲜艳,口感爽口,不添加任何香辛料,有蔬菜的风味与乳酸发酵风味,老少皆宜,深受消费者喜爱。有保温箱的家庭可通过购买自主开发生产的泡菜发酵剂(如泡乐美等品牌)自制。

(一)配料与制作方法

乳酸菌发酵蔬菜汁的最佳制作配方为:冬瓜汁和胡萝卜汁配比 1∶1,加盐量 2.0%,加糖量 5.0%,乳酸菌添加量 1.0%,发酵温度 41℃,发酵时间 24h。制作过程中可通过改变发酵温度、菌种添加量、蔬菜汁的不同比例以及口味的要求进行调配优化,以期得到满足消费者口味的新型胡萝卜冬瓜混合蔬菜汁的乳酸菌饮料。

简单的工艺流程：胡萝卜、冬瓜→清洗去皮→切片→灭酶→打浆→榨汁→过滤→杀菌→冷却(至40℃)→加入活化好的乳酸菌→发酵→调配→均质→成品。

(二)营养价值

冬瓜为葫芦科植物，全国各地均有栽培，其营养成分丰富，耐贮藏运输、耐热性强、肉质洁白、脆爽多汁，是适于现代化农产品加工的良好原料，而且它还具有利尿、清热、化痰、解渴等功效，在医药领域中也有着广泛的用途。胡萝卜，又称甘荀，伞形科胡萝卜属两年生草本植物，以肉质根作蔬菜食用。胡萝卜营养丰富，具有保护视力、提高机体免疫力等多种生理功效，且来源广泛，价格低廉。胡萝卜中含有丰富的胡萝卜素和多种营养素，其胡萝卜素单位含量比一般水果、蔬菜高数倍至数十倍，居于常用水果蔬菜之首。以胡萝卜汁和冬瓜汁为原料，添加乳酸菌进行发酵，得到的新型植物乳酸菌发酵饮料不仅含有较丰富的蛋白质、碳水化合物、维生素C、矿物质等成分，能防止脂肪堆积等多种功效，而且具有更好的风味。

三、泡菜

泡菜是一种很古老的传统发酵蔬菜产品，在我国以四川泡菜最为著名，有文字记载的就有1500多年的历史，因其含有丰富的文化内涵和得天独厚的自然生产条件，其生产量已占全国的一半以上。现代乳酸菌发酵技术的研究进展将赋予泡菜产品更多营养和健康。泡菜生产原料主要有多种叶类蔬菜如白菜、甘蓝、莴苣等，根茎类的如萝卜、胡萝卜、茭白和莲藕等，瓜果类如黄瓜等，这些蔬菜在营养价值方面有各自的特点与相关功能。

(一)制作原理与方法

泡菜的制作原理是采用不同种类蔬菜通过以乳酸菌为主的微生物发酵过程。乳酸菌发酵蔬菜之所以能使蔬菜保持新鲜，是因为乳酸菌及其代谢产物中既不具备分解纤维素的酶系统，又不具备水解蛋白质的酶系，因此蔬菜发酵过程中既不会破坏植物细胞组织，又不会分解蛋白质、氨基酸，既能保鲜，又能增强产品风味。此外，乳酸菌可以发酵食物中碳水化合物，分泌具有抗菌性能的乳酸菌素及产生有机酸，如乳酸等酸性物质、少量酒精和二氧化碳等，抑制一些腐败菌或致病菌的生长，改善食品的品质和风味；同时，经过乳酸菌发酵可提高蔬菜原料的可消化性，并产生一些维生素、抗氧化剂等。

甘蓝乳酸菌发酵的一般过程是先将新鲜甘蓝去掉外叶，清洗后切成小块，同时要配制卤汁，即将一定量的盐和糖(可根据口味)加入水中；另取花椒(0.1%)，将它们放入纱布袋中包好并放入水中煮沸杀菌，然后放入有卤汁的发酵容器中，大量生产可用专用腌制罐，家庭小量生产一般用泡菜坛，将卤汁完全冷却后再将切分好的甘蓝放入坛中，把菜压紧并使之全部浸入卤汁中，如有条件可加1%白酒，然后加盖，盖严，并在水封槽内加水，以隔绝外界的空气扩散进入至坛内，使坛内保持厌氧状态，有利于乳酸菌发酵。

(二)风味营养及食用建议

现代低盐腌制发酵技术因功能性乳酸菌的介入更使泡菜具备营养和保健功能。据现代营养学和保健科学研究结果，乳酸菌因缺乏植物胞壁分解的酶系统而不至于破坏植物细胞组织，不会降低蔬菜原有的营养价值；相反，乳酸菌通过代谢形成的产物中含有多种氨基酸、维生素等，提高了泡菜的营养价值。同时，在发酵过程中还可产生少量的2-庚酮、2-壬酮和酯类等风味物质，可赋予爽脆的口感和清香宜人的香味。泡菜中乳酸菌和其他微生物能抑制消化道病菌，使肠内微生物的分布趋于正常化，有助于对食物的消化和吸收。还有大量研究表明乳酸菌及代谢产物对增强免疫功能、缓解肠道炎症、抑制内源致病菌及维持肠道健康等具有重要作用。

一般人群均可食用。泡菜在食用前应鉴别泡菜成品的质量，合格的泡菜成品应清洁卫生，且有新鲜蔬菜原有的色泽，香气浓郁，组织韧嫩，质地清脆，咸酸适度，稍有甜味和鲜味，尚能保持原料原有的特殊风味；凡是色泽变暗、组织软化、缺乏香气、过咸过酸过苦的泡菜，都是不合格的，应拒食。

四、黑麦酸面包

黑麦酸面包是以黑麦面粉或小麦面粉加黑麦面粉为主要原料，添加酵母菌、乳酸菌和水等调制成面团，经发酵、烘烤而成的食品。黑麦酸面包除具有普通面包的优点外，还有酸香风味。

(一)制作原理和方法

小麦面粉中含有丰富的谷蛋白，可以提供结合水和保存气体的能力，因此可以制作松软的面包；另外，国内外研究较多的黑麦中含有的抗冻蛋白对提高冷冻面团的加工特性和冷冻食品的质量具有重要的作用，而黑麦面粉中缺乏谷蛋白因此其保存气体的能力远不如小麦面粉，难于烘烤出松软、多孔的面包。但是，黑麦面粉中含有戊聚糖，戊聚糖的溶解性和膨胀性随着 pH 的降低而增加，当 pH 降低至 4.9 时，其溶解性和膨胀性达到最佳。此外，黑麦面粉中的淀粉酶随着酸化程度的增加也被抑制，酸化也会对淀粉颗粒的结构产生正面的影响，可以使其结合水及保存气体的能力大大增强。因此，通过乳酸菌发酵产酸可克服黑麦面粉的缺点，生产人们喜爱食用的酸面包。酸面包的生产过程与普通面包基本相同，只是在生产酸面包用的发酵剂中除了有酵母菌外，还有乳酸菌。

简单制作流程：调制面包（原料、辅料、发酵剂和水）→发酵→切块→醒发→整形→烘烤→出炉→冷却→包装→成品。

(二)营养价值

纯谷物面包热量低，富含膳食纤维和多种氨基酸，营养丰富，根据个人喜好配合牛奶、果酱或鸡蛋、新鲜蔬菜或肉类等一起食用，可提供人体所需的全面综合营养。对于需要控制饮食的人群，在控制其他食物的摄入时能从谷物面包中得到所需营养，减低热量储存。

五、糟制带鱼

糟制带鱼是我国一种传统的特色食品。每到秋冬季节，沿海居民选取新鲜的带鱼将其腌制、放在通风阴凉处晾干、加入酒糟，置于坛中糟醉成熟，制得的糟醉鱼骨酥肉烂，咸中有甜，不但风味独特，适口性极强，而且富含钙、镁、磷、铁等多种矿物质成分，一直以来都是佐餐的传统佳肴。

(一)制作原理和方法

糟制带鱼产品其浓郁的风味是由于复杂的微生物发酵作用，对食品配料中原有的组分经生物转化后产生的一系列生物化学物质，特别是蛋白质分解后产生的代谢产物是构成特征性风味的关键组分。例如乳酸菌能分泌转氨酶，专一性地分解各种氨基酸，如含支链的氨基酸（如亮氨酸、异亮氨酸和缬氨酸），含芳基的氨基酸（如苯丙氨酸、酪氨酸和色氨酸）、含硫的氨基酸（如半胱氨酸和蛋氨酸）或酸性氨基酸（如天门冬氨酸）。由支链氨基酸形成的 α-酮酸被认为具有奶酪风味，经进一步分解产生其他风味物质如醛类、醇类和羧酸类。乳酸菌等优势微生物的生长代谢，不利于霉菌等腐败性微生物的生长，从而使鱼肉在优势微生物的代谢下，碳水化合物生成醇类等风味物质增加了香味，蛋白质等组分进一步代谢，也使得组织结构更加紧密。糟制带鱼制作的简要工艺流程：鲜鱼→清洗→剖割、去杂→清洗沥干→切块腌制→干燥→糟制→杀菌→冷却→成品。

（二）营养与养生功效

带鱼为高脂鱼类，含蛋白质、脂肪、维生素 B_1、B_2 和烟酸、钙、磷、铁、碘等成分；带鱼的脂肪含量高于一般鱼类，且多为不饱和脂肪酸，这种脂肪酸的碳链较长，具有降低胆固醇的作用。全身的鳞和银白色油脂层中还含有一种抗癌成分 6-硫代鸟嘌呤，对辅助治疗白血病、胃癌、淋巴肿瘤等有益。带鱼含有丰富的镁元素，对心血管系统有很好的保护作用，有利于预防高血压、心肌梗死等心血管疾病。常吃带鱼还有养肝补血、泽肤养发及健美的功效。另外，糟制带鱼这一特色美食所用到的酒糟作为发酵副产品，其含有的发酵产物中的活性成分及其功效作用正是目前国内外正在研究的热点。

第三节　菌菇类食品与健康

一、香菇肉末豆腐

香菇肉末豆腐是一道很家常的菜肴。香菇和肉末能增加豆腐的香味，也使得营养更加全面；加入少量的辣椒油来制作，让这道菜成品后颜色金红亮丽，但又不像川菜那样麻辣；豆腐在吸收香味后依然软嫩，味道十足，令人赞不绝口。

（一）用料及制法

此菜肴的主料为：豆腐 1 块，猪肉 50 克，香菇 4 朵，辅料为水淀粉，调料为食盐、酱油、姜、干辣椒、小葱、胡椒粉、辣椒油、植物油各适量。制作方法：将豆腐放入加了盐的开水中泡 3 分钟，准备好水淀粉，再加入盐、胡椒粉等调料，烧热锅，加入辣椒油和普通油混合，再下入姜末、红辣椒末和葱白一起煸炒，煸炒出香味后加入肉末一起翻炒；肉末翻炒变色后加入香菇末一起翻炒，再加入盐和酱油调味；锅中加入适量的水煮开，水开后下入小块的豆腐，加上盖子煮上 2 分钟，再加入准备好的水淀粉勾芡，加大火，待芡汁煮到浓稠时关火，盛入碗中，表面撒些小葱末即可。

（二）营养与养生功效

本菜肴主料为香菇，香菇营养丰富，富含多种氨基酸，人体所必需的 8 种氨基酸中，香菇就含有 7 种。香菇中含有较多具有抗癌作用的多糖，还含有钙、铁、锰等人体必需的矿物质元素。1 千克香菇中的维生素 D 可达 1000 国际单位，是鱼肝油的 10 倍。正常成年人每天需要 400 单位的维生素 D，按这一标准，人们每天只要吃 3～4 个经日光晒干的香菇，就能满足肌体代谢的需求。维生素 D 能促进钙、磷的消化吸收，并沉积于骨骼和牙齿中，有助于儿童骨骼、牙齿的生长发育，防治佝偻病并防止成年人骨质疏松症的发生。中医认为，干香菇味甘，具有益胃助食、化痰治风、理气破血的功效；对于缺铁性贫血、小儿佝偻病、糖尿病、高血脂症等具有良好的辅助治疗作用。现代医学研究证明，香菇多糖能提高辅助性 T 细胞的活力而增强人体免疫功能。

二、木耳炒油菜

木耳炒油菜是一道很清淡的素菜。油菜又叫寒菜、胡菜、苔芥、青菜等，属十字花科白菜变种。原产我国，南北广为栽培，四季均有供应。颜色深绿，帮如白菜，质地脆嫩，略有苦味。油菜的营养素含量及其食疗价值可称得上诸种蔬菜中的佼佼者，其中维生素 C 含量比普通大白菜高 1 倍多。木耳质地柔软，口感细腻，味道鲜美，风味独特，是一种营养丰富的著名食用菌；可荤可素，不仅为菜肴大添风采，而且能养血驻颜，祛病养颜。

(一)用料及制法

此菜肴的主要配料组成为：油菜 200 克，木耳(水发)50 克，水淀粉、食盐、鸡精、姜、香油和植物油各适量。制作方法：木耳提前泡发，油菜洗净沥水，锅中放植物油熬香，加入碎姜；下入木耳炒匀，加入盐和一点水烧开，加入油菜翻炒均匀；芡入水淀粉加入鸡精调味，出锅前淋入香油即可。

(二)营养与养生功效

根据现代营养学分析，此菜肴采用的主料木耳干品可食部分每 100 克含蛋白质 9.4～10.6 克，脂肪 0.2～1.2 克，碳水化合物 65.5～70.5 克，热量 300～400 千卡，粗纤维 4.2～7.3 克，还含有钙、磷、铁、胡萝卜素、硫胺素、核黄素、烟酸等营养物质。中医认为，黑木耳性平、味甘，具有滋补养身、益气养血、清涤肠胃和镇静止痛等功效；可用于高血压、血管硬化、痔疮出血、产后虚弱等症状。黑木耳对于冠心病和心脑血管疾病有保健治疗作用。

三、银耳雪梨羹

银耳无香无味，但以柔脆嫩美之滋感取胜。《本草诗解药注》谓：“白耳有麦冬之润而无其寒，有玉竹之甘而无其腻，诚润肺滋阴之要品，为人参、鹿茸、燕窝所不及。”银耳宜于烹制甜味菜肴，蒸、煮、炖、烩皆宜，并且强调食疗宜于蒸、滋养宜于煮、冬补宜于炖的烹制原则。

(一)用料及制法

此菜肴的主要配料组成为银耳若干朵，雪梨 1 个，枸杞子、冰糖和纯净水各适量。制作方法：银耳用温水完全泡发开，剪去蒂，撕成小朵；银耳放入锅中，倒入足量冷水，烧开后转小火炖 40 分钟左右；炖银耳的空当，把雪梨去皮切成块；银耳炖到汤汁稍有黏稠的时候，倒入梨块，继续炖 15 分钟；开盖放入枸杞子和冰糖，继续加盖炖 5 分钟即可。

(二)营养与养生功效

根据现代营养学分析，此菜肴采用的主料银耳干品可食部分每 100 克含蛋白质 10 克，脂肪1.28克,碳水化合物71.2克,粗纤维2.75克,无机盐5.44克,以及B族维生素等。银耳所含17种氨基酸中包括7种人体必需氨基酸。中医认为,银耳性平、味甘,具有滋阴润肺、止咳养胃、生津益气之功效;对于虚弱咳嗽、痰中带血、虚热口渴等症状有一定疗效。另据报道,银耳中的多糖等成分,具有抗肿瘤、抗炎症、抗辐射和增强人体免疫力等作用。

四、草菇菜心

草菇菜心以其幼嫩的菌苞供食,此时的草菇原料氨基酸含量较高,口感柔脆爽滑,味道鲜美。草菇多以整只食用,加工时去掉菌柄下部的泥根,在菌盖上划一十字形刀口,便于入味,烹饪前须用沸水煮烫。

(一)用料及制法

此菜肴的主要配料组成为草菇若干朵,小白菜若干根,色拉油、食盐、生抽、蚝油和水淀粉各适量。制作方法:草菇洗净,大的对半剖开,小的取整,用沸水焯一下;菜心在淡盐水中泡10分钟,冲洗干净;锅里放入食用油,六七成热时放入草菇爆炒,加入少许高汤或开水煮一小会儿;加入生抽、蚝油,加洗净的菜心继续翻炒,菜心快熟时加些精盐,湿淀粉勾芡即可。

(二)营养与养生功效

根据现代营养学分析,此菜肴采用的主料草菇可食部分每100克含水分92.3克,蛋白质2.7克,脂肪0.2克,碳水化合物2.7克,膳食纤维1.6克,钾、钠、钙、磷、铁、锌、硒等矿质元素含量丰富,此外还含有硫胺素、尼克酸等维生素。中医认为,草菇性寒、味甘,具有消暑去热、养阴生津之功效。现代医学研究表明,草菇中所含蛋白、氮浸出物和嘌呤碱等具有抑制癌症的作用。据报道,常吃草菇还可以降低高血压和高胆固醇,并能加强肝肾功能。

五、平菇炒肉

(一)用料及制法

平菇菌肉洁白,鲜美甘甜,有类似鲍鱼或者牡蛎的风味,口感嫩脆爽滑,经焯后可以增加腴润的效果。此菜肴的主要配料组成为平菇300克,五花肉150克,洋葱、红辣椒、色拉油、食盐、葱、姜、料酒、生抽和白糖各适量。制作方法:平菇剪去根部,分成小朵;冲洗后沥干水分,大朵的撕开;五花肉切片、姜和洋葱切丝,红辣椒和大葱切段备用;起油锅,小火煸炒五花肉至金黄色,取出肉片;下入洋葱丝和姜丝爆出香味;下入平菇大火翻炒,烹入料酒和生抽,加一点点糖调味;下入葱段和红辣椒段,翻炒几下;用盐调味,起锅前,下入炒好的肉片兜匀即可。

(二)营养与养生功效

平菇含有抗肿瘤细胞的硒、多糖体等物质,对肿瘤细胞有很强的抑制作用,且具有免疫特性;平菇含有的多种维生素及矿物质可以改善人体新陈代谢、增强体质、调节植物神经功能等作用,故可作为体弱病人的营养品。功效作用方面,平菇性平,味甘,具有补虚、抗癌的功效,能改善人体新陈代谢,增强体质,调节植物神经系统。平菇还有追风散寒、舒筋活络的作用,可治腰腿疼痛、手足麻木、经络不适等症。此外,平菇对肝炎、慢性胃炎、胃及十二指肠溃疡、软骨病、高血压等都有疗效,对降低血胆固醇和防治尿道结石也有一定效果,对女性更年期综合症可起到调理作用。

六、冬瓜竹荪排骨汤

竹荪是寄生在枯竹根部的一种隐花菌类，形状略似网状干白蛇皮，它有深绿色的菌帽，雪白色的圆柱状的菌柄，粉红色的蛋形菌托，在菌柄顶端有一围细致洁白的网状裙从菌盖向下铺开，被人们称为"雪裙仙子"、"山珍之花"、"真菌之花"、"菌中皇后"。竹荪营养丰富，香味浓郁，滋味鲜美，自古就列为"草八珍"之一。

(一)用料及制法

此菜肴的主要配料组成为：猪大排500克，冬瓜200克，竹荪50克，食盐、葱、姜、胡椒粉、纯净水各适量。制作方法：排骨洗干净后放入清水中泡去血水，泡好沥干水后冷水入锅焯净血水，然后用流水冲去浮沫，同时将竹荪泡发；排骨重新放入锅内，加入足够的清水和一块姜，大火烧开后改小火炖；炖排骨的功夫，将冬瓜去皮切小丁，泡好的竹荪洗干净切成小段；排骨汤炖至七八成熟后，放入冬瓜丁和竹荪；大火烧开后改小火炖十分钟左右，放盐和胡椒粉调味即可。

(二)营养与养生功效

竹荪是名贵的食用菌，同时也是食疗佳品，营养丰富，据测定干竹荪中含蛋白质19.4%、脂肪2.6%，碳水化合物总量60.4%，其中菌糖4.2%、粗纤维8.4%，灰分9.3%。竹荪对高血压、神经衰弱、肠胃疾病等具有保健作用。其还具有特异的防腐功能，夏日加入竹荪烹调的菜、肉多日不变馊。竹荪具有滋补强壮、益气补脑、宁神健体的功效；补气养阴，润肺止咳，清热利湿。竹荪能够保护肝脏，减少腹壁脂肪的积存，有俗称"刮油"的作用；云南苗族人患癌症的几率较低，这可能与他们经常用竹荪与糯米一同泡水食用有关。现代医学研究也证明，竹荪中含有能抑制肿瘤的成分。

第四节　果蔬类食品与健康

一、红烧冬瓜

冬瓜性凉而味甘，能够消热解毒、利尿消肿、止渴除烦。冬瓜包括果肉、瓤和籽，含有丰富的蛋白质、碳水化合物、维生素以及矿质元素等很高的营养成分。

(一)用料及制法

此菜肴的主要配料组成为：冬瓜400克，排骨200克，生姜1块，干贝丁100克，香油1小匙，精盐2小匙，味精1小匙。制作方法：排骨洗干净，放入沸水中氽烫后去血水，捞出，沥干水分；生姜洗净拍松，冬瓜切厚片；砂锅中放入清水，加入排骨、干贝丁生姜，用大火烧开后，用小火煲40分钟，待排骨熟透后加入冬瓜片；冬瓜煮熟后，加入精盐、味精、香油即可。

(二)营养与养生功效

不同产地的冬瓜营养成分略有差异，以中国广东产冬瓜为例，每100克鲜冬瓜中含有蛋白质0.3克，碳水化合物1.8克，膳食纤维0.9克，钾65毫克，钠0.2毫克，磷14毫克，镁5

毫克，铁0.1毫克，抗坏血酸27毫克，维生素E 0.02毫克，核黄素0.01毫克，硫胺素0.01毫克，尼克酸0.2毫克。研究表明，冬瓜维生素中以抗坏血酸、硫胺素、核黄素及尼克酸含量较高，具防治癌症效果的维生素B_1，冬瓜籽中含量相当丰富；矿质元素有钾、钠、钙、铁、锌、铜、磷、硒等8种，其中含钾量显著高于含钠量，属典型的高钾低钠型蔬菜，对需进食低钠盐食物的肾脏病、高血压、浮肿病患者大有益处，其中元素硒还具有抗癌等多种功能；含有除色氨酸外的7种人体必需氨基酸，谷氨酸和天门冬氨酸含量较高，还含有乌氨酸和γ-氨基丁酸以及儿童特需的组氨酸；冬瓜不含脂肪，膳食纤维高达0.8%，营养丰富而且结构合理，营养质量指数计算表明，冬瓜为有益健康的优质食物。

二、黄瓜爆肉丁

黄瓜味甘，甜、性凉、苦；具有除热、利水利尿、清热解毒的功效。

(一)用料及制法

此菜肴的主要配料组成为：里脊肉300克、黄瓜1根，香油、料酒、盐、甜面酱、白砂糖、淀粉适量。制作方法：里脊肉洗净，切成1.5cm×1.5cm的小丁，放入碗中，加入盐、淀粉、料酒，腌10分钟；黄瓜洗净切成1.5cm×1.5cm的小丁备用；炒锅上火加热后放油至6成热，放入腌制好的里脊肉丁炒至半生，盛出备用；大火加热锅里剩余的油至6成热，加入黄瓜丁炒至5成熟，备用；炒锅里留一点底油，放入甜面酱翻炒至颜色发红，加入料酒、白砂糖，放入炒好的里脊肉丁和黄瓜丁翻炒均匀，淋入香油出锅即可。

(二)营养与养生功效

黄瓜中的营养元素含量(每100克)包括：热量15千卡、蛋白质0.65克、脂肪0.11克、碳水化合物3.63克、纤维0.5克、糖1.67克、钙16毫克、铁0.28毫克、镁13毫克、磷24毫克、钾147毫克、钠2毫克、锌0.2毫克、维生素C 2.8毫克、维生素B 10.027毫克、核黄素0.033毫克、烟酸0.098毫克、叶酸7微克、维生素A 5微克、维生素E 0.03毫克、维生素K 16.4微克、饱和脂肪酸0.037克、单不饱和脂肪酸0.005克、多不饱和脂肪酸0.032克。黄瓜具有除湿、利尿、降脂、镇痛、促消化的功效。尤其是黄瓜中所含的纤维素能促进肠内腐败食物排泄，而所含的丙醇、乙醇和丙醇二酸还能抑制糖类物质转化为脂肪，对肥胖者和高血压、高血脂患者有利。黄瓜具有如下功效：①抗肿瘤。黄瓜具有提高人体免疫功能的作用，达到抗肿瘤目的。②抗衰老。黄瓜中含有丰富的维生素E，可起到延年益寿，抗衰老的作用；黄瓜有较强生物活性的酶促进机体代谢，扩张皮肤血管等，其机理有待进一步研究。③减肥强体。黄瓜中所含的丙醇二酸，可抑制糖类物质转变为脂肪。④健脑安神。黄瓜含有维生素B_1，对改善大脑和神经系统功能有利，能安神定志。⑤防止酒精中毒。黄瓜中所含的丙氨酸、精氨酸和谷胺酰胺对肝脏病人，特别是对酒精性肝硬化患者有一定辅助治疗作用，可防治酒精中毒。⑥降低血糖。黄瓜中所含的葡萄糖甙、果糖等不参与通常的糖代谢，故糖尿病人以黄瓜代淀粉类食物充饥，血糖非但不会升高，甚至会降低。

三、苦瓜煎蛋

苦瓜气味苦、无毒、性寒，具有清热祛暑、明目解毒、降压降糖、利尿凉血、解劳清心、益气壮阳之功效。

(一)用料及制法

此菜肴的主要配料组成为:苦瓜、鸡蛋、食盐和植物油。制作方法:苦瓜洗净去瓜蒂,对半切开,去瓤,切成薄片;放入沸水中焯一下之后,倒在滤网中沥干水分;鸡蛋打入碗内打散,加入盐拌匀;放入焯过水的苦瓜片,搅拌均匀;平底锅加热,加入植物油,晃动锅子,使油分布均匀;倒入苦瓜蛋液,用小火慢慢煎至底部凝固;翻面继续煎另一面,两面都煎至金黄,取出放在案板上,切小块装碟即可。

(二)营养与养生功效

苦瓜的可食用部分占81%,每100克中含能量79千卡,水分93.48克,蛋白质1克,脂肪0.1克,膳食纤维1.4克,碳水化合物3.5克,灰分0.6克,胡萝卜素100微克,视黄醇17微克,硫胺素0.03毫克,核黄素0.03毫克,尼克酸0.4毫克,维生素C 56毫克,维生素E 0.85毫克,钾256毫克,钠2.5毫克,钙14毫克,镁18毫克,铁0.7毫克,锰0.16毫克,锌0.36毫克,铜0.06毫克,磷35毫克,硒0.36微克。苦瓜有着很高的营养价值,苦瓜中的苦瓜甙和苦味素能增进食欲,健脾开胃;所含的生物碱类物质奎宁,有利尿活血、消炎退热、清心明目的功效。苦瓜的功效包括:防癌抗癌,苦瓜蛋白质成分能提高机体的免疫功能,使免疫细胞具有杀灭癌细胞的作用;苦瓜汁含有的蛋白成分,能加强巨噬细胞能力,临床上对淋巴肉瘤和白血病有效;从苦瓜籽中提炼出的胰蛋白酶抑制剂,可以抑制癌细胞所分泌出来的蛋白酶,阻止恶性肿瘤生长;苦瓜中所含的苦味素可抑制恶性肿瘤分泌蛋白质,防治癌细胞的生长和扩散;苦瓜中维生素C和维生素B_1的含量高于一般蔬菜。国内外研究发现,苦瓜对于艾滋病、癌症和糖尿病的防治具有潜在的食疗价值。

四、蛋黄焗南瓜

(一)用料及制法

此菜肴的主要配料组成为:南瓜500克,咸蛋(蛋黄)2个,食盐1.5茶匙,淀粉100克和白糖1茶匙。制作方法:南瓜洗干净后去皮,去掉中心的瓜瓤,然后切成1厘米宽4厘米长的段;切好的南瓜段中放入1茶匙盐拌匀,腌制20分钟;咸鸭蛋取出蛋黄,并用小勺压碎备用;腌好的南瓜段控干水分后,放入干淀粉充分拌匀,使每一条上都沾有淀粉;锅中放油,五成热时,放入南瓜条慢火炸至颜色变得浅黄,并且变硬后沥干油捞出;另起锅,锅中留少许的底油,放入压碎的咸蛋黄,小火慢慢炒;当咸蛋黄炒出泡沫时再放入炸好的南瓜条,调入1/2茶匙盐和白糖,调匀即可。

(二)营养与养生功效

南瓜中富含淀粉、蛋白质、胡萝卜素、维生素B、维生素C和钙、磷等成分,营养丰富。南瓜性温,味甘无毒,有润肺益气、化痰排脓、美容抗痘等功效;另外,南瓜也可以起到防癌抗癌的作用;南瓜中含有大量的锌,有益皮肤和指甲健康,其中抗氧化剂β胡萝卜素具有护眼、护心的作用,还能很好地消除亚硝胺的致突变作用,制止癌细胞的出现。南瓜可以帮助胃消化保护胃黏膜,南瓜中含有的果胶还可以保护胃肠道黏膜,免受粗糙食品刺激,促进溃疡愈合,所含成分能促进胆汁分泌,加强胃肠蠕动,帮助食物消化,适宜于胃病者。另外南瓜还可以有效地防治糖尿病、降低血糖，南瓜籽也是很好的食物，有驱虫的作用。

五、丝瓜炒肉

丝瓜性凉、味甘，具有清热、解毒、凉血止血、通经络、行血脉、美容、抗癌等功效。

（一）用料及制法

此菜肴的主要配料组成为：丝瓜2条，肉200克，油、蒜、盐、淀粉、生抽各适量。制作方法：丝瓜洗净切块；肉切丝，加入淀粉拌匀；锅里放油，加热至7成热，放入蒜瓣炒香；倒入丝瓜块，翻炒，1分钟后，加入已用淀粉拌匀的肉丝，快速炒动几下，倒一点生抽，继续炒1分钟；加一点清水，焖1分钟；加入适量的盐，出锅即可。

（二）营养与养生功效

丝瓜营养丰富，富含蛋白质、脂肪、碳水化合物、钙、磷、铁及维生素B_1、维生素C，还有皂甙、植物黏液、木糖胶、丝瓜苦味质、瓜氨酸等。每100克含蛋白质1.4～1.5克，脂肪0.1克，碳水化合物4.3～4.5克，粗纤维0.3～0.5克，灰分0.5克，钙18～28毫克，磷39～45毫克，核黄素0.03～0.06毫克，尼克酸0.3～0.5毫克。抗坏血酸5～8毫克。

因为富含防止皮肤老化的B族维生素，增白皮肤的维生素C等成分，丝瓜能保护皮肤、消除斑块，使皮肤洁白、细嫩，是不可多得的美容佳品，故丝瓜汁有"美人水"之称。女士多吃丝瓜还对调理月经不顺有帮助。丝瓜的功效包括抗坏血病：丝瓜中维生素C含量较高，可用于抗坏血病及预防各种维生素C缺乏症；健脑美容：由于丝瓜中维生素B等含量高，有利于小儿大脑发育及中老年人大脑健康；丝瓜藤茎的汁液具有保持皮肤弹性的特殊功能，能美容去皱；抗病毒、抗过敏：丝瓜提取物对乙型脑炎病毒有明显预防作用，在丝瓜组织培养液中还提取到一种具有很强的抗过敏功效的物质。

六、醋熘西葫芦

西葫芦（拉丁学名，*Cucurbita pepo* L.），别名熊（雄）瓜、茭瓜、白瓜、小瓜、番瓜、角瓜、荀瓜等；一年生草质粗壮藤本（蔓生），有矮生、半蔓生、蔓生三大品系。富含蛋白质、矿物质和维生素等物质，不含脂肪，还含有瓜氨酸、腺嘌呤、天门冬氨酸等物质，且含钠盐很低。

（一）用料及制法

主要配料组成为：嫩西葫芦1个，大蒜3瓣，干红辣椒2个，盐、醋、鸡精、植物油各适量。制作方法：嫩西葫芦洗净，纵向切成四半，然后横切成片，较老的西葫芦要去瓤后再切片；大蒜切丁，干红椒切小段；锅烧热，放入适量植物油，热锅凉油炒；放入蒜丁和辣椒段爆香，放入西葫芦片，不停翻炒；西葫芦片开始变色时，烹入醋、放盐、鸡精，翻炒均匀，最后放盐，出锅即可。

（二）营养与养生功效

西葫芦含有较多营养物质，尤其是钙的含量极高。不同品种每100克可食部分（鲜重）营养物质含量如下：蛋白质0.6～0.9克，脂肪0.1～0.2克，纤维素0.8～0.9克，糖类2.5～3.3克，胡萝卜素20～40微克，维生素C 2.5～9毫克，钙22～29毫克。中医认为西葫芦具有清热利尿、除烦止渴、润肺止咳、消肿散结的功能；可用于辅助治疗水肿腹胀、烦渴、疮毒以及肾炎、肝硬化腹水等症；具有除烦止渴、润肺止咳、清热利尿、消肿散结的功效；对烦渴、水肿腹胀、疮毒以及肾炎、肝硬化腹水等症具有辅助治疗的作用；能增强免疫力，发挥抗病毒和肿瘤的作用；能促进人体内胰岛素的分泌，可有效地防治糖尿病，预防肝肾病变，有助于增强肝肾细胞的再生能力。

七、麻辣肉丁毛豆

毛豆因为它的豆荚上有毛，所以叫毛豆。毛豆味甘，性平，无毒；能驱除邪气，止痛，消水肿；能除胃热，通瘀血，解药物之毒。

(一)用料及制法

此菜肴的主料：毛豆 500 克，瘦猪肉 100 克；调料：植物油 50 克，白砂糖 8 克，酱油 15 克，豆瓣辣酱 30 克，味精 2 克，花椒粉 5 克，黄酒 10 克。制作方法：毛豆剥去豆荚待用，猪瘦肉洗净切丁；炒锅放置火上，待锅烧热后，放入油 20 克，油热后投入肉丁煸炒，烹入黄酒和酱油，肉丁熟后盛出；炒锅洗净，烧热后倒入油 30 克；待锅内油热后，下豆瓣辣酱煸炒至香；放毛豆炒匀，加白糖、黄酒；炒至毛豆成熟，倒入肉丁，加味精，花椒粉再翻炒几下，即可出锅。

(二)营养与养生功效

毛豆既富含植物性蛋白质，又有非常高的钾、镁元素含量，B 族维生素和膳食纤维特别丰富，同时还含有皂甙、植酸、低聚糖等保健成分，对于保护心脑血管和控制血压很有好处。此外，夏季吃毛豆还能预防因为大量出汗和食欲不振造成营养不良、体能降低、容易中暑等情况。更值得一提的是，嫩毛豆的膳食纤维含量高达 4.0%，不愧为蔬菜中的纤维素量冠军，常食用毛豆，可以增加人体肠道蠕动，促进废弃物排泄，增进人体健康。

八、干煸四季豆

干煸又称煸炒或干炒，是一种较短时间加热烹饪制作菜肴的方法。原料经刀工处理后，投入小油量的锅中，中火热油不断翻炒，原料见油不见水汁时，加调味料和辅料继续煸炒，至原料干香滋润而成菜的烹调方法。主要原料四季豆性甘、淡、微温，有调和脏腑、安养精神、益气健脾、消暑化湿和利水消肿的功效。

(一)用料及制法

此菜肴的主料：四季豆 500 克，猪肉末 80 克，芽菜 50 克，干红辣椒段 10 克；调料：精盐 1/2 小匙，味精 1/3 小匙，酱油 1/2 小匙，料酒 1 小匙，熟猪油 5 小匙。制作方法：将四季豆撕去豆筋，洗净，掰成两段；芽菜清洗干净，切成末；锅中加油烧热，放入猪肉末煸干水分，加入芽菜末煸香，捞出，再放入干红辣椒段、四季豆煸炒；然后放入猪肉末、芽菜末，烹入料酒煸至干香，加入酱油、精盐、味精炒匀，出锅装盘即可。

(二)营养与养生功效

四季豆富含蛋白质和多种氨基酸，常食可健脾胃，增进食欲。四季豆含有皂甙和多种球蛋白等成分，具有提高人体免疫力，增强抗病能力的功效；四季豆可以激活人体的免疫抗体，具有抗肿瘤作用；四季豆可以刺激骨髓的造血功能，增强患者的抗感染能力，诱导成骨细胞的增殖，促进骨折愈合；食用四季豆对于皮肤和头发大有好处，可以提高肌肤的新陈代谢，促进机体排毒，令肌肤常葆青春。

第五节　畜禽类食品与健康

来源于动物的美食包含完整的蛋白质，含有人体所需的所有基本氨基酸，是人类生存的较好能量及营养来源。动物性蛋白质的氨基酸组成更适合人体需要，且赖氨酸含量较高，有利于补充植物蛋白质中赖氨酸的不足。因此，适量地吃些肉类美食可以起到强身健体的作用，本节将向读者介绍几种有关畜禽类美食养生的案例。

一、榴莲炖鸡

（一）原料及做法

原料：榴莲 50 克，鸡 1 只（约重 600 克），姜片 10 克，核桃仁 50 克，红枣 50 克，清水约用 1500 克，盐少许。

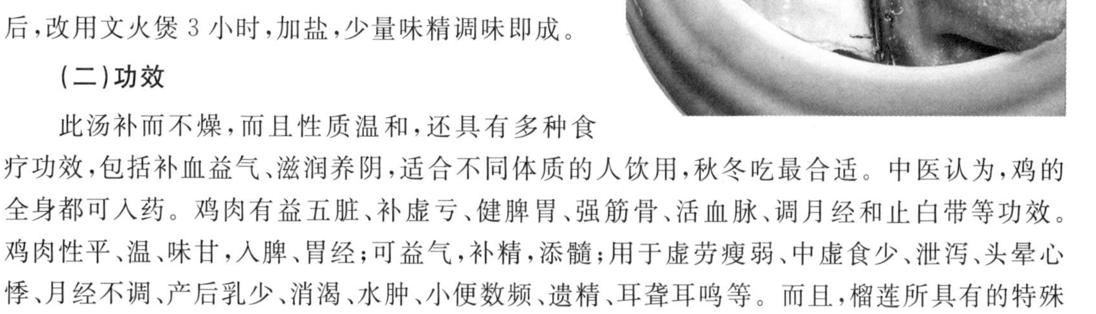

做法：①鸡洗干净去皮，放入滚水中，浸约 5 分钟，斩成大块；核桃仁用水浸泡，去除油味；红枣洗净去核；榴莲去嫩皮，留下大块的外皮，可以取果肉，也可以取汁，把外皮切小，因为味道比较重，少放一点为好。②把鸡、姜片、核桃仁、枣、榴莲皮与榴莲肉同放入锅内滚开水中，加姜片，用猛火滚起后，改用文火煲 3 小时，加盐，少量味精调味即成。

（二）功效

此汤补而不燥，而且性质温和，还具有多种食疗功效，包括补血益气、滋润养阴，适合不同体质的人饮用，秋冬吃最合适。中医认为，鸡的全身都可入药。鸡肉有益五脏、补虚亏、健脾胃、强筋骨、活血脉、调月经和止白带等功效。鸡肉性平、温、味甘，入脾、胃经；可益气，补精，添髓；用于虚劳瘦弱、中虚食少、泄泻、头晕心悸、月经不调、产后乳少、消渴、水肿、小便数频、遗精、耳聋耳鸣等。而且，榴莲所具有的特殊气味有开胃、促进食欲之功效，其中的膳食纤维还能促进肠蠕动。

二、乌鸡山药煲

乌骨鸡为雉科动物，因皮、肉、骨嘴均为黑色，故而得名。乌鸡性平、味甘，具有滋阴清热、补肝益肾、健脾止泻等作用。食用乌鸡，可提高生理机能、延缓衰老、强筋健骨、对防治骨质疏松、佝偻病、妇女缺铁性贫血症等有明显功效；此美食适合不同体质的人群，尤其对体虚血亏、肝肾不足、脾胃不健的人效果更佳。

山药是一种普通的家常菜，食用口感好；其中含有淀粉酶、多酚氧化酶等物质，有利于脾胃消化吸收功能，是一味平补脾胃的药食两用之品；不论脾阳亏或胃阴虚，皆可食用。临床上常与胃肠饮同用，治脾胃虚弱、食少体倦、泄泻等病症。

(一)原料及做法

配料:主料为乌骨鸡1只(每只200克以上)和山药400克;配料适量,有葱、姜、桂圆、红枣以及料酒和白糖。

做法:先把乌鸡洗净,剁成小块。放入锅中焯一下,以去除血腥味道;捞出后用凉水洗净,放入压力锅中;取葱切段,姜切片,桂圆剥去皮;把葱、姜、桂圆放入锅中,随后加料酒、白糖和盐。

将山药洗净去皮,切成小段,放入锅中,放入适量的水,后加入洗净的红枣,放入锅中,盖上锅盖,中火烧煮40分钟即熟,并保温。到常压后打开锅盖,加适量盐和味精调味,便可食用。

(二)营养功效分析

乌骨鸡含有丰富的蛋白质及B族维生素和维生素E等,其蛋白质含量比鸭肉、鹅肉多,乌骨鸡还含有丰富的黑色素,入药后能起到使人体内的红血球和血色素增生的作用。烟酸、维生素E、磷、铁、钾、钠的含量均高于普通鸡肉;还含有一般在植物中才含有的黄酮类化合物(鸡肉中含量达1.89%)。其中氨基酸经检测含有19种,有27种微量元素,具有保健、美容、防癌三大功效。山药含有皂甙、黏液质,胆碱、淀粉、糖类、蛋白质和氨基酸、维生素C等营养成分;山药几乎不含脂肪,所含黏蛋白能预防心血管系统的脂肪沉积,防止动脉硬化。含有的皂甙、游离氨基酸和多酚氧化酶等物质,为病后康复食补之佳品;含有的淀粉酶可帮助消化,山药中的黏多糖物质与矿物质相结合,可以形成骨质,使软骨具有一定弹性。食用山药还能增加人体T淋巴细胞,增强免疫功能,延缓细胞衰老。由于山药含有丰富的维生素和矿物质,所含热量又相对较低,因此,又是一种很好的减肥健美的营养食品;有人称山药为延年益寿的健康食物。

三、冬菇黄焖斑鸠

(一)原料及做法

原料:斑鸠1000克,香菇(鲜)100克,盐15克,味精1克,酱油20克,胡椒粉1克,香油1克,猪油100克,淀粉10克。

做法:①宰杀斑鸠,去内脏,用清水洗净,控去水,用甜酱油10克、咸酱油10克、精盐10克调成汁,抹遍斑鸠胴体内外,腌渍片刻后放入大汤碗内,注入上汤,入笼蒸至肉烂取出,晾凉。②炒锅置旺火上,倒入熟猪油1000克烧至七成热,下斑鸠炸至金黄色,出锅倒入漏勺沥油,待斑鸠稍凉时,用刀剁成大方块。③炒锅复置火上,放熟猪油25克烧热,下冬菇炒香,倒入蒸斑鸠的汁水,放入斑鸠块,加精盐5克、胡椒粉、味精烧沸,待汤汁浓稠,斑鸠入味时,捞

出斑鸠块码入盘内，用蚕豆粉10克加水调稀勾芡，淋入熟猪油5克，出锅浇在斑鸠块上，淋上芝麻油即成。

(二)功效

斑鸠性甘、平，肉质细嫩，滋味鲜美，益气、明目、强筋骨、治虚损、呃逆。此美食适用于气虚的人食用，对于因维生素A缺乏而患有夜盲症的患者，有辅助的治疗作用；特别适合大病初愈、身体虚弱的人食用；也适合手术后的患者及贫血的人护理时食用。

四、猪蹄

猪蹄含有较多的蛋白质、脂肪和碳水化合物，并含有钙、镁、磷、铁及维生素A、维生素B_1、维生素B_2、维生素C、维生素D、维生素E、维生素K等成分。而且，它富含胶原蛋白质，多吃可使皱纹推迟发生和减少，对人体皮肤有较好的保健美容作用。猪蹄具有补血、通乳、托疮毒、去寒热等作用，可用于产后乳少、痈疽、疮毒、虚弱等症，有润滑肌肤、健腰脚等功能，有助于防治脚气病、关节炎、贫血、老年性骨质疏松症等疾病，还有助于青少年生长发育、强健身体。中医认为，猪蹄性平，味甘咸，具有补虚弱，填肾精，健腰膝等功能。历代医家均喜欢以猪蹄为食方，实践证明疗效确切，下面列举一二。

(一)美容食疗

猪蹄1个，桑白皮、白芍、玉竹、白芷各90克，商陆、白术各60克，将以上7味药研细。猪蹄及药置于锅中加水3碗，煎取1碗后去渣，备用。每次取少量，兑入温水，用来洗手和面。此方有祛风活血、润燥滋阴的功用，用后可使皮肤光滑鲜嫩，洁白细腻，从而达到美化容颜及抗衰老的目的。

(二)治雷诺综合征

猪蹄1个，毛冬青30克，鸡血藤50克，丹参50克。猪蹄洗净与上述药一起煮，猪蹄烂熟后，弃药渣，吃猪蹄喝汤，孕妇禁用。

(三)治产后少乳

猪前蹄1个，黄芪18～20克，当归10克，炮山甲6克，通草6克。先将猪蹄煮至熟烂，取出汤汁待用，然后用猪蹄汤加适量黄酒煎余药，水沸1小时后取汤服用。

(四)治产后出血

猪蹄1个，香菇15克，带衣花生米50克，大枣20克。将花生、香菇洗净，再将猪蹄洗净去毛、蹄甲刮净，用刀切断，四味共放锅中，加清水、盐及其他调料，用火炖，待猪蹄肉熟烂后食用。此美食可用于气虚出血和脾胃虚弱之证的调养和治疗。

五、兔肉

俗话说："飞禽莫如鸪，走兽莫如兔。"这是对兔肉营养作用与保健价值的高度评价。《本草纲目》记载："兔肉凉血，解热毒，利大肠。兔血凉血活血，解胎中热毒。催生易产。"除兔肉、兔血外，兔肝、兔脑、兔骨，连兔屎（称为明月砂）皆可入药。

兔肉蛋白质含量高，富含卵磷脂，是儿童、青少年大脑和其他器官发育不可缺少的物质。兔肉能健脑益智，可保护血管壁，阻止血栓形成，对高血压、冠心病、糖尿病患者很有益处。兔肉中含有多种维生素和 8 种人体所必需的氨基酸，特别是富含赖氨酸，可以调节人体代谢平衡，增加食欲，能促进人体发育，提高钙的吸收，加速骨骼生长，增强免疫功能，并有提高中枢神经组织功能的作用。兔肉质地细嫩，结缔组织和纤维少，比猪、牛、羊等肉类容易消化吸收，特别适合儿童和老年人食用，故被称为"保健肉"。

兔肉被称为"荤中之素"的佳肴，是因为它所含的脂肪和胆固醇比其他肉类低，且又多为不饱和脂肪酸，既能强身健体，使肌肉丰满健壮、抗衰老，又可保持身体苗条，是肥胖患者理想的肉食，能增强皮肤细胞活性、保持皮肤弹性，润肤美容，所以深受人们，尤其是女士的青睐，被誉为"美容肉"。

（一）芝麻兔

1. 原料及做法

原料：兔 1 只，黑芝麻 30 克，葱白、花椒、盐、味精、麻油各适量。

做法：将黑芝麻淘洗干净，炒香。洗净的兔肉放入砂锅，加清水适量和葱白、花椒、食盐，先用武火煮沸，再用文火炖煮 1～2 小时，以肉熟烂为度。然后投入卤水锅中，用文火继续煨炖 1 小时左右，捞出晾凉。将味精和麻油调匀，涂在兔肉表面，再撒上黑芝麻。佐餐食用。

2. 功效

芝麻兔适合肝肾两虚、消渴多饮、小便频多、形体消瘦、头晕眼花、腰脚酸软、须发早白、大便燥结者食用。

（二）陈皮兔肉

1. 原料及做法

原料：兔肉 250 克，陈皮 5 克，精盐、葱、姜、料酒、花椒、干辣椒、酱油、醋、辣油、白糖。味精、麻油各适量。

做法：将宰杀、洗净的兔肉切成肉丁，放入碗内，加入适量精盐、菜油、葱段、姜片和料酒，拌匀，腌制 30 分钟。陈皮用温水浸泡 10 分钟，切成小块。将铁锅用武火加热，倒入适量菜油，烧至七成热时，投入干辣椒，炸成棕黄色，再放入兔肉了，炒至肉色发白，加入陈皮和适量花椒、葱节、姜片，继续翻炒，待兔肉丁干酥后，烹入鲜汤、酱油、醋、辣油、白糖和味精，收干汁液停火，淋上麻油。佐餐食用。

2. 功效

陈皮兔肉适合脾虚气弱、身倦乏力、纳谷不香、面色少华、皮肤紫癜等患者食用，也可作为老年人及心血管疾病、高脂血症等患者的保健食品。

(三)兔肉汤

1. 原料及做法

原料:兔1只,食盐、味精各适量。

做法:将宰杀洗净的兔肉切块,放入砂锅,加清水高出肉面,先用武火煮沸,再用文火煨炖2～3小时,待兔肉熟烂、汤汁稠浓后停火,加盐、味精调味。兔肉当点心食用,汤汁代茶,口渴即饮。

2. 功效

它适合阴虚燥热、口渴多饮、消谷善饥、形体消瘦、舌燥心烦,阴虚血热,吐血、便血者食用。

(四)红枣炖兔肉

1. 原料及做法

原料:兔肉500克,大枣50克,料酒、葱白、食盐、味精各适量。

做法:将宰杀洗净的兔肉切成小块,大枣洗净,与兔肉一并放在瓦锅内,加入沸水适量及料酒、食盐、葱白。将瓦锅放在蒸锅内,隔水蒸炖1～2小时,以兔肉和大枣熟烂为度。加味精调味。当点心食用。

2. 功效

对脾胃气虚、食欲不振、气短自汗、头晕心悸、面色萎黄、紫癜暗淡及反复出现患者有一定的功效。

第六节　“红楼美食”与健康

中国古代四大名著之一《红楼梦》是一部具有高度思想性和高度艺术性的伟大作品,代表古典小说艺术的最高成就之一。其中的饮食文化也特别引人关注,约有三分之一的篇幅涉及丰富多彩的饮食文化活动,作品中有大量描述烹调食谱、点心饮料及宴饮场景。据不完全统计,《红楼梦》中描写的食品多达186种,其中暗藏了不少养生保健方法,蕴含着丰富的饮食与健康养生的关系,如贾府在饮食方面不仅追求享口福,更重要的是强调吃得健康,对食养食补尤为重视。以下就代表性的红楼养生美食作一介绍。

一、海参枸杞烩鸽蛋

(一)菜肴背景及特色

鸽子蛋为清宫御食,有清宫档案可查,其做法多种多样,扬州盛行鸽馔,鸽肉、鸽蛋为高档筵席常用之物,《红楼梦》第四十回“史太君两宴大观园金鸳鸯三宣牙牌令”,其中提到李纨端了一碗放在贾母桌上,这碗中盛放的就是精心为贾母烹饪的海参枸杞烩鸽蛋。海参枸杞烩鸽蛋属于低温环境作业人群食谱、肢寒畏冷食谱、增肥食谱。海参枸杞烩鸽蛋的海参肥烂，油润爽滑；鸽蛋酥软，鲜香适口。

(二)营养与养生功效

海参枸杞烩鸽蛋这个菜谱里面用到了两种非常有养生价值的食材，即海参和枸杞。海参是典型的高蛋白低脂肪海产原料，除含有丰富的矿物质元素和提供优质蛋白质外，还含有生物活性成分如海参素、海参皂苷和酸性黏多糖等，具有补精益气、滋阴壮阳的功效；而枸杞具有温热、养肝明目，在抗氧化、提高免疫力等方面具有重要的作用。鸽蛋的营养价值也很高，是含有高蛋白和高维生素的营养食物，可以改善皮肤细胞活性、增加颜面部红润，多吃鸽蛋对人身体是有很多益处的。海参枸杞烩鸽蛋不但具有滋阴润肺、补肝明目、改善皮肤细胞活力、增强皮肤弹性、改善血液循环、清热解毒等功效，而且还很适用于肾亏腰痛、夜盲、视力减退等症的人群食用，会起到积极的效果。由于这道菜中鸽子蛋是主料之一，有“蛋中之王”的美称，常吃可预防儿童麻疹；其中蛋白质含量高，特别富含卵磷脂，是一种构成神经组织和脑代谢中的重要物质，因此，这道美食不仅能促进幼儿的生长，也能抑制老年血小板凝聚，阻止血栓形成，防止动脉硬化，功效显著。

(三)适用人群及注意事项

此道红楼美食是较适用于老年人、儿童、体虚、贫血者人群的理想营养美食；由于脂肪含量较低，适合高血脂症患者食用；钙和磷的含量在蛋类中相对较高，非常适于婴幼儿食用。食积胃热者、孕妇不宜食用。切记海参不宜与甘草、醋同食；枸杞一般不宜和过多药性温热的补品如桂圆、红参、大枣等共同食用。

二、冰糖燕窝粥

(一)背景及特色

在中国四千年文字记载的历史中，粥的踪影伴随始终。关于粥文化的早期文字见诸于《周书》“黄帝始烹谷为粥”。进入中古时期，粥的功能更是将“食用”和“药用”高度融合，进入了带有人文色彩的“养生”层次。例如，小麦粥具有止消渴烦热的功效，寒食粥主治益气、治脾胃虚寒、下泄呕吐和小儿出痘疮面色苍白；甜浆粥除具有润肤的作用外还对体虚久嗽、便秘等症有良效。《红楼梦》中的粥亦是种类繁多，功效各异；《红楼梦》第四十五回“金兰契互剖金兰语，风雨夕闷制风雨词”中提到黛玉属阴虚咳嗽，宝钗建议其坚持喝冰糖燕窝粥；纵观《红楼梦》的描述，林黛玉反复咳嗽、咳痰、喘息、消瘦、午后潮热、两颧潮红、面如桃花，后来又痰中带血，甚至大口吐血。这些症状皆说明林黛玉患的是肺痨之症；她的肺痨之症又偏于阴虚，燕窝粥正好是能够养阴润燥，化痰止咳，又是药中至平至美者，常吃也无毒副作用，故很适合林黛玉食用。《红楼梦》中还在多个章回里描写吃燕窝的情节，如第十四回写秦可卿身体损亏吃燕窝，八十七回宝玉因哀悼晴雯，未吃晚饭，一夜未眠，袭人要厨房做燕窝汤给宝玉吃等。

(二)营养及养生功效

冰糖燕窝粥是众多粥中之佼佼者，配料中的食材主要为三种，即白米、冰糖和燕窝，其中关键原料是燕窝。中医称白米粥具有滋补元气、止泻功效、生津液、清理胃肠、润泽肝腑、平肝散火的效果，减肥美容的效果也甚佳。现代燕窝养生研究中心各项数据表明，米汤能让燕窝的营养价值发挥到极致，并且空腹食燕窝为最佳食用方法。燕窝养生粥，选用上等的白米经大火翻煮，小火慢熬而成，讲求软、绵、滑的精致口感，搭配燕窝、精致小菜，健康养生从此开始。可见红楼梦中薛宝钗尽管不是医生，建议的此道食谱却很符合中医理论。作为药膳，燕窝加黄芪能治疗体虚自汗；与人参配伍可治疗噤口痢；加白梨、冰糖可治疗老年性痰喘；与西洋参共炖可补气提神等。

(三)适用人群及注意事项

用燕窝再配以补中益气、和胃润肺的冰糖，烹制成甜品，适合身体虚弱的老人、营养不良者，以及老年慢性支气管炎、支气管扩张、肺气肿、肺结核、咯血吐血和胃痛病人服用。对因肺阴虚所致的咽干、肾阴不足的烦热、胃阴不足的纳呆以及癌症术后久咳不止、咽干音哑、反胃纳差者，也有一定的补益和辅助治疗效果。燕窝是一道珍贵的补品，适用于中老年人体弱、虚损消瘦、肺燥久咳以及肺痨咳血、噎膈反胃诸症。由于此道美食非常滋腻，因此在服用过程中有两类人须特别注意：第一类是感冒病人，按传统中医的说法，感冒的时候，不宜吃特别滋腻的补品，容易导致感冒难以治愈，中医称恋邪，因此有些感冒患者在感冒期间尽量慎用燕窝比如燕窝粥或燕窝制品。第二类是脾胃虚弱、寒湿困脾病人，燕窝本身滋腻，可以困脾生痰。

三、枣泥山药糕

(一)背景及特色

《红楼梦》第十一回写道，凤姐儿到了初二，吃了早饭，来到宁府，和秦氏坐了半日，说了些闲话儿，又将这病无妨的话开导了一遍。秦氏说道："好不好，春天就知道了。如见过了冬至，又没怎样，或者好的了也未可知。婶子回老太太，太太放心吧。昨日老太太赏的那枣泥馅的山药糕，我倒吃了两块……"这便是"枣泥山药糕"这道红菜的出处。枣泥山药糕易于消化，味道清甜，而红枣可以补气血，山药可以健脾胃，对可卿这些病中之人，是不错的补养小食。枣泥山药糕属于点心菜谱，主要原料是糯米粉、山药、无核红枣，采用清蒸工艺。枣泥山药糕微甜丝滑，味道清香甜美、糯而不烂，易于消化，而红枣可以补气血，山药可以健脾胃，对病中之人，是不错的补养甜点。

(二)营养与养生功效

此道美食有两种山药可供选用：一种是紫山药；另一种铁棍山药。铁棍山药大家都知道，很糯口感好，营养价值高，而紫山药在市面上较难找到，主要生长在长江以南的一些省份，紫山药也称"紫人参"，内含有各种促进荷尔蒙合成的基本物质，常吃紫山药有促进内分泌的作用，有益于皮肤保湿，还能促进细胞的新陈代谢，对美容有很大的功效，又被称作"蔬菜之王"。

春天是各种慢性胃炎、胃溃疡、胆结石、肝炎等疾病最易复发的季节，因此春天饮食应多吃点甘味的食品，以补益人体的脾胃之气。中医所说的甘味食物，首推的是大枣和山药，山药味甘，性平和无毒，能健脾益气、强壮肌肉。红枣能补脾和胃，益气生津，养血安神，民间素有"每天吃枣，郎中少找"之说。因此，将大枣和山药放在一起做成点心的话，不仅可以预防胃炎、胃溃疡的复发，还可以减少患流感等感染性疾病的概率。并且红枣能补气养血，对于防癌抗癌和维持人体脏腑功能都有一定效果。

（三）适用人群及注意事项

枣泥山药糕补血养气，对于容易发生贫血的女性和中老年人来说，红枣能增加血清总蛋白和白蛋白的含量，对于急慢性肝炎、肝硬化患者及血清转氨酶活力较高的病人，有降低血清谷丙转氨酶的功效。食材中的山药适用于身体虚弱、食欲不振、消化不良、久痢泄泻等脾胃功能不好的人群。将枣泥与山药混合制作的糕点，既能饱腹还能健脾胃的健康养生糕点，亦不失为体虚的妇女、老人最经济最安全的食疗佳品。

此道美食糕点制作方面需要注意几点：①首先山药和莲藕一样，有粉脆之分，粉山药蒸熟后，黏性低，粉质重，易压制成面团，适用于制作山药糕。而脆山药蒸熟后，质脆黏性强，水分较多，呈浓稠状，建议别买脆山药。粉山药切面的颗粒粗大，黏液较少，山药表皮的毛较多；脆山药切面的颗粒细滑，黏液很多，山药表皮的毛则较少。②山药切片后需立即浸泡在清水中，防止其氧化发黑；处理山药时要戴上手套，以防止山药黏液刺激手部皮肤，引起过敏发痒。③清蒸山药糕的碟子，可先抹点油防止黏底，也可在山药糕的底部垫上红萝卜片，避免其黏底。

四、酒酿清蒸鸭子

（一）背景及特色

酒酿清蒸鸭子也是《红楼梦》美食之一，出自第六十二回，其色泽鲜艳，鸭子酥烂而完整，口味咸中有甜，鲜而醇香。酒酿清蒸鸭子也是南方菜的一种，“水居者腥”，所以蒸鸭多以带甜的酒酿或酒辟味。据说这道菜也是满汉全席里面的一道菜品。贾宝玉吃厌山珍海味，过生日酒醉饭饱，应该不想再吃了吧？一看到女婢芳官到厨房里要的一碗酒酿清蒸鸭子，闻着喷香，尝一尝，哪知道比往常之味倒有胜些似的，又泡汤一吃，十分香甜可口。平常吃惯鸡鸭鱼肉，膻腥油腻，尝一尝清淡如酒酿、鸭肉，倒会感到口味别致，与众不同。酒酿清蒸鸭子，酒酿与鸭肉清蒸，可去腥改味，相互配合，口感极好，又起到良好补益作用。由酒酿清蒸其浓浓酒意浸透，而不会使人酒醉；鸭肉配酒酿清蒸，清香扑鼻，使人心醉神迷。清蒸的烹调方法，以淡寓浓，清淡中品尝出浓郁，淡意中出清香；酒不醉人人自醉，醉在此道美食的清纯、汤浓、味美、酒香和神韵。

（二）营养与养生功效

《本草纲目》中称酒酿“能杀百邪恶毒，通血脉、厚肠胃，润皮肤，散湿气，养肝脾，消愁怒，宣言畅意，热饮甚良”，与鸭肉同蒸有很好的食疗作用。据《本草纲目》记载，鸭肉有养颜滋阴、调理脏腑的作用；在中医学中，鸭肉性寒、味甘，归脾、胃、肺、肾经，可大补虚劳、滋五脏之阴、清虚劳之热、补血行水、养胃生津。现代营养学研究表明，鸭肉为白色肉，为优质脂肪供应的动物肉之一，所含的B族维生素和维生素E可促进皮肤细胞的新陈代谢，同时使皮肤更滑嫩，更有光泽；鸭肉中含有较为丰富的烟酸，它是构成人体内两种重要辅酶的成分之一，对心肌梗死等心脏疾病患者有保护作用。而酒酿则有活血美颜的作用，在我国民间，很多女性在坐月子的时候，每天都会吃上一碗酒酿蛋花，既促进产后恢复、滋补身体、调整内分泌，又能增加奶水，两全其美。鸭的烹调方法不同，滋补性能各异，如鸭肉用砂锅煨汤，加火腿共煮，味鲜香美，滋阴清热，健脾养胃。

(三)适用人群及注意事项

此美食适合体内有热、上火的人食用；发低热、体质虚弱、食欲不振、大便干燥和营养不良性水肿的人，食之更佳。鸭肉中的脂肪酸熔点低，易于消化，也适合老人小孩服用。烹制时一般不要同时将鸭一起蒸，应等鸭肉熟烂后再加入酒酿同蒸。

五、茄鲞

(一)背景及特色

此道菜为著名的红楼美食，出自《红楼梦》第四十一回，刘姥姥带着新鲜的瓜果蔬菜，第二次来到了与她的生活有着天壤之别的贾府，这一次，她受到了贾母的款待，吃了不少没吃过的新鲜玩意儿，茄鲞(音“响”xian)就是其中一种。茄鲞，顾名思义自然与“茄子”有关了，可哪晓得刘姥姥一尝，却说：“这哪有茄子味啊，别唬我了”，难道这茄鲞真不是茄子做的？还是内中有何蹊跷呢？其实，这茄鲞还真是货真价实的茄子做的。是以茄子干为主料的一道菜。茄子干是平民百姓家的下饭菜，特别是江浙老百姓的一道寻常菜肴，锦衣玉食的豪门贵族，何以也吃这个呢，但它的确也是一个很好的食疗佳品。

(二)营养与养生功效

茄子属于黑色类食材之一，含有丰富的蛋白质、脂肪、碳水化合物及微量元素；茄子皮中B族维生素和钙磷铁元素丰富，其中VE也很丰富，它可以提高细胞膜的一些抗氧化能力，及时清除有害自由基，从而具有抗氧化的作用，对抗衰老、美容和延缓皮肤衰老具有积极的作用，同时对血管也有保护作用，可以预防高血压，预防动脉硬化。茄子中也含有非常丰富的维生素P，它可以保护血管正常的能力，如提高血管的抗病能力，同时它可以降低微血管的脆性和通透性，而且还保持细胞和血管壁的正常渗透，同时增加血管的韧性和弹性，如可防止脑中风的脑出血。茄子还含有丰富的皂草苷，能降低胆固醇，研究学者通过动物学实验研究，发现皂草苷可使体内胆固醇含量下降10%，食用茄子汁可以降低胆固醇，另外，茄子里面的纤维也有降低胆固醇的作用；在美国宣布的12种降低胆固醇的食品中，茄子排行首位。在中医学上，茄子性寒，是甘寒之品。它主要归脾胃和大肠经，能够清热解毒，在临床上可以治疗热毒疮痈和皮肤溃疡，只要很简单地将茄子捣烂外敷即可。

茄鲞美食所用食材中有香菇，香菇有素中之肉的说法，含有人体必需的8种氨基酸，是食疗的佳品；在中医的功效研究中即为补中益气。香菇中含有的香菇多醣，对于肿瘤细胞的增殖具有较高的抑制率，是一种抗癌食材，肿瘤病人手术后服用可防止癌细胞的转移；鲜香菇30克，每天可煎汤服用。如用干香菇可减半泡发，泡的水可别倒掉，现代动物实验结果，用香菇浸出液饲喂有移植性癌细胞的小鼠，五周以后癌细胞消失。

(三)适用人群及注意事项

对于茄鲞来说，一般人群均可食用，可清热解暑，对于易长痱子、生疮疖的人尤为适宜；但脾胃虚寒、哮喘者不宜多吃；体弱、便溏者不宜多食；手术前吃含茄子的食物，麻醉剂可能无法被正常地分解，会拖延病人苏醒时间，影响病人康复速度。

思考题

举出三种以上你身边的美食案例，评述其主要的营养功效以及对健康的影响或食用注意事项。

参考文献

[1]博睿.天冬扒蛤蜊肉.开卷有益(求医问药),2013(10):64.
[2]陈静霞,余静.兔肉的营养价值及其加工业现状.肉品研究,2008(12):69-71.
[3]曹雪芹.红楼梦.石家庄:花山文艺出版社,1996.
[4]蔡寅,刘敏,吴勋贵,等.苦瓜多糖抗肿瘤及免疫增强活性的研究.药学与临床研究,2010,18(2):131-134.
[5]常怡.苦瓜功能成分制备及降糖效果研究.湖南农业大学硕士论文,2012.
[6]陈岗.银耳多糖的功能特性及其应用.中国食品添加剂,2011(4):144-148.
[7]陈瑞宁.酒酿清蒸鸭子.快乐养生,2010(3):12.
[8]程超,李伟,汪兴平.平菇水溶性多糖结构表征与体外抗氧化作用.食品科学,2005,26(8):55-57.
[9]段学武,庞学群,张昭其.草菇低温贮藏及有关生理变化研究.热带作物学报,2000,21(4):75-79.
[10]范柳萍,张慜,韩娟,等.不同处理工艺对真空油炸毛豆品质的影响.食品与生物技术学报,2005,24(2):30-37.
[11]高梦祥,杨凤琴.冬瓜多酚氧化酶的特性及抑制剂研究.食品科技,2008(2):11-14.
[12]郭本恒.益生菌.北京:化学工业出版社,2013:93-125.
[13]郭宏伟.猪蹄的食疗功效.健康生活,2002(11):14.
[14]韩春然,马永强,唐娟.黑木耳多糖的提取及降血糖作用.食品与生物技术学报,2006,25(5):111-114.
[15]韩晓娜.苦冬瓜化学成分研究.苏州大学硕士论文,2012.
[16]胡庆国.毛豆热风与真空微波联合干燥过程研究.江南大学博士论文,2006.
[17]胡书芳,王雁萍.乳酸菌在泡菜生产中的应用.安徽农业科学,2008,36(21):9275-9276,9327.
[18]黄黎慧,黄群,于美娟.南瓜的营养保健价值及产品开发.现代食品科技,2005,21(3):176-179.
[19]蒋新宇,黄海伟,曹理想,等.毛木耳对Cd^{2+}、Cu^{2+}、Pb^{2+}、Zn^{2+}生物吸附的动力学和吸附平衡研究.环境科学学报,2010,30(7):1431-1438.
[20]金兰.近三十年红楼饮食文化研究综述.扬州大学烹饪学报,2008(4):11-13.
[21]金晖.南瓜多糖的功能性质及其降糖作用机制研究.中国计量学院硕士论文,2013.
[22]赖来展,魏振承,赖敬君.黑毛乌骨鸡的营养功能分析.广东农业科学,2003(3):50-51.
[23]李兴春.食物营养与合理搭配.北京:人民军医出版社,2007:30-32,104-121.
[24]黎炎,李文嘉,王益奎,等.丝瓜络化学成分分析.西南农业学报,2011,24(2):529-534.
[25]林陈强,陈济琛,林戎斌,等.竹荪资源综合利用研究进展.中国食用菌,2011,30(2):8-11.
[26]林洪.水产品营养与安全.北京:化学工业出版社.2007.
[27]刘安军,何立蓉,郑捷,等.发酵带鱼乳酸菌种的筛选及其工艺优化.现代食品科技,2010,29(9):948-951.
[28]刘雅静,袁延强,刘秀河,等.黑木耳营养保健研究进展.中国食物与营养,2010(10):66-69.
[29]刘宜生.西葫芦史话.中国瓜菜,2008(1):49-50.
[30]逯连静.草菇采后生理生化及保鲜方法的研究.南京农业大学硕士论文,2011.
[31]麻海峰,王艳华,李海.四季豆热风干燥脱水工艺.农业科技与装备,2010(5):51-53.

[32]马素云，贺亮，姚丽芬. 银耳多糖结构与生物活性研究进展. 食品科学，2010，31(23)：411-416.
[33]毛波. 从南瓜中制取多糖、果胶和南瓜粉的工艺研究. 湖北工业大学硕士论文，2012.
[34]茉琳. 红楼美食—海参枸杞烩鸽蛋. 人人健康，2013(6)：72.
[35]潘永勤，李菁，朱伟杰，等. 丝瓜降血脂及抗氧化作用的实验研究. 中国病理生理杂志，2008，24(5)：873-877.
[36]秦雨. 神奇的鳗鱼. 中老年保健，2005(5)：20.
[37]任瑞珍. 黄瓜营养液育苗关键技术研究. 南京农业大学硕士论文，2012.
[38]中国食品学会国际乳酸菌大会. 乳酸菌与健康. 中外食品，2013(1)：19-20.
[39]谭汝成，熊善柏，张晖. 酒糟鱼糟制方法的研究. 食品工业科技，2007，28(7)：119-121，188.
[40]王桂香. 海鱼的食疗功效. 海风渔韵，2007(5)：55.
[41]王国佳，曹红. 香菇多糖的研究进展. 解放军药学学报，2011，27(5)：451-455.
[42]王国英，董海洲，王兆升，等. 西葫芦多酚氧化酶酶学特性研究. 食品工业科技，2012，2：154-159.
[43]王宏雨，江玉姬，谢宝贵，等. 竹荪提取物体内抗氧化活性. 热带作物学报，2011，32(1)：6-78.
[44]王会娟. 平菇降解黄曲霉毒素的研究. 中国农业科学院硕士论文，2012.
[45]王利斌. 预冷结合气调对四季豆保鲜效果的影响. 南京农业大学硕士论文，2012.
[46]王昕，李建桥. 饮食健康与食品文化. 北京：化学工业出版社，2003.
[47]许世卫. 大枣主张. 青岛：青岛出版社，2006.
[48]徐莹. 发酵食品学. 郑州：郑州大学出版社，2011：270-273.
[49]颜军，徐光域，郭晓强，等. 银耳粗多糖的纯化及抗氧化活性研究. 食品科学，2005，26(9)：169-172.
[50]杨洁彬. 乳酸菌生物学基础及应用. 北京：中国轻工业出版社，1996：143-164.
[51]杨铭铎，龙志芳，李健. 香菇风味成分的研究. 食品科学，2006，27(5)：223-226.
[52]袁德培. 竹荪的研究进展. 湖北民族学院学报·医学版，2006，23(4)：39-41.
[53]张云侠. 平菇多糖的提取、鉴定及其抗氧化活性研究. 安徽大学硕士论文，2012.
[54]张永明，孙晓蕾. 鸡肉的营养价值与功能. 肉类工业，2008(8)：31-32.
[55]张赞彬，孙哗，徐丽蓓，等. 乳酸菌发酵胡萝卜冬瓜混合蔬菜汁饮料的工艺研究，食品工业，2010，(5)：69-72.
[56]赵立彬，童军茂. 四季豆贮藏保鲜技术的研究. 保鲜与加工，2007(6)：22-25.
[57]郑存娜. 苦瓜冷藏保鲜及冷激处理技术研究. 福建农林大学硕士论文，2013.
[58]钟耀广，林楠，王淑琴，等. 香菇多糖的抗氧化性能与抑菌作用研究. 食品科技，2007(7)：141-144.
[59]卓成龙，宋江峰，李大婧，等. 微波处理对毛豆仁 POD 酶活的影响. 食品科学，2010，31(14)：289-293.
[60]Ashraf R，Vasiljevic T，Day SL，et al. Lactic acid bacteria and probiotic organisms induce different cytokine profile and regulatory T cells mechanisms. Journal of Functional Foods，2014(6)：395-409.
[61]Ashraf R，Vasiljevic T，Smith S C，et al. Effect of cell-surface components and metabolites of lactic acid bacteria and probiotic organisms on cytokine production and induction of CD25 expression in human peripheral mononuclear cells. Journal of Dairy Science，2014(97)：2542-2558.
[62]Cheong EYL，Sandhu A，Jayabalan J，et al. Isolation of lactic acid bacteria with antifungal activity against the common cheese spoilage mould penicillium commune and their potential as biopreservatives in cheese. Food Control，2014(46)：91-97.
[63]de Castro R J S，Sato H H. Functional properties and growth promotion of bifidobacteria and lactic acid bacteria strains by protein hydrolysates using a statistical mixture design. Food Bioscience，2014(7)：19-30.
[64]Jamuna M，Jeevaratnam K. Isolation and characterization of lactobacilli from some traditional fermented

foods and evaluation of the bacteriocins. The Journal of General and Applied Microbiology, 2004, 50 (2): 79-90.

[65]Lee C H. Lactic acid fermented foods and their benefits in Asia. Food Control, 1997(8): 259-269.

[66]Yoon K Y, Woodams E E, Hang Y D. Production of probiotic cabbage juice by lactic acid bacteria. Bioresource Technology, 2006(97): 1427-1430.

[67]Sidebottom C, Buckley S, Pudney P, et al. Heat-stable antifreeze protein from grass. Nature, 2000, 406: 256-261.